Echtzeitfähige Produktionsplanung und -regelung in der Auftragsabwicklung des Maschinen- und Anlagenbaus

Von der Fakultät für Maschinenwesen
der Rheinisch-Westfälischen Technischen Hochschule Aachen
zur Erlangung des akademischen Grades eines
Doktors der Ingenieurwissenschaften
genehmigte Dissertation

vorgelegt von

Christoph Meier

Berichter:

Univ.-Prof. Dr.-Ing. Dipl.-Wirt.Ing. Günther Schuh
apl. Prof. Dr.-Ing. Volker Stich

Tag der mündlichen Prüfung: 08. Juli 2013

Schriftenreihe Rationalisierung

Christoph Meier

Echtzeitfähige Produktionsplanung und -regelung in der Auftragsabwicklung des Maschinen- und Anlagenbaus

Herausgeber:
Prof. Dr.-Ing. Dipl.-Wirt.Ing. G. Schuh

Band 117

fir an der RWTH AACHEN

Bibliografische Information der Deutschen Nationalbibliothek
Die Deutsche Nationalbibliothek verzeichnet diese Publikation in der Deutschen Nationalbibliografie; detaillierte bibliografische Daten sind im Internet über http://dnb.ddb.de abrufbar.

Christoph Meier:

Echtzeitfähige Produktionsplanung und -regelung in der Auftragsabwicklung des Maschinen- und Anlagenbaus

1. Auflage, 2013

Druck: KN Digital Printforce GmbH, Stuttgart

Apprimus Verlag, Aachen, 2013
Wissenschaftsverlag des Instituts für Industriekommunikation und Fachmedien an der RWTH Aachen
Steinbachstr. 25, 52074 Aachen
Internet: www.apprimus-verlag.de, E-Mail: info@apprimus-verlag.de

Printed in Germany

ISBN 978-3-86359-144-1

D 82 (Diss. RWTH Aachen University, 2013)

Danksagung

Die vorliegende Dissertation entstand während meiner Tätigkeit als wissenschaftlicher Mitarbeiter am Forschungsinstitut für Rationalisierung (FIR) an der Rheinisch-Westfälischen Technischen Hochschule (RWTH) in Aachen.

Meinem Doktorvater Prof. Dr.-Ing. Dipl.-Wirt.Ing Günther Schuh sowie dem Koreferenten Prof. Dr.-Ing. Volker Stich danke ich dafür, dass sie mir die Möglichkeit zur Promotion sowie das Vertrauen und die Unterstützung bei der Durchführung des Promotionsvorhabens gaben. Zudem danke ich Herrn Prof. Dr.-Ing. Dr. h. c. Dieter Weichert für die Übernahme des Vorsitzes sowie Herrn Prof. Dr.-Ing. Peter Gold für die Übernahme des Beisitzes in der Prüfungskommission.

Darüber hinaus bedanke ich mich bei allen Kolleginnen und Kollegen des FIR, insbesondere des Bereiches Produktionsmanagement, für die herausragende und sehr freundschaftliche Zusammenarbeit in dieser Zeit. Besonders danken möchte ich an dieser Stelle Dr. Andrè Brunner, Dr. Carsten Schmidt, Jerome Quick sowie Dr. Tobias Brosze, die mir im Entstehungsprozess stets mit Rat und Tat zur Seite standen.

Mein ganz herzlicher Dank gilt schließlich meiner Familie und dabei zuallererst meiner wundervollen Frau Selma, welche mir in dieser intensiven Zeit den Rücken freigehalten und mich, wo sie nur konnte, unterstützt hat. Meinen lieben Eltern Katharina und Gerald Meier danke ich für ihre stets liebevolle Unterstützung sowie die jederzeit uneingeschränkte Förderung meiner Ausbildung.

Meiner Familie widme ich diese Arbeit.

Hilden im Juli 2013,

Christoph Meier

Inhaltsverzeichnis

Abbildungsverzeichnis

Abkürzungsverzeichnis

ABS	Antiblockiersystem
AF	Alarmfilter
APMS	International Conference on Advances in Production Management Systems
APS	Advanced Planning and Scheduling
ARIS	Architektur Integrierter Informationssysteme
Auto-ID	Automatische Identifikation
AWK	Aachener Werkzeugmaschinen-Kolloquium
BDE	Betriebsdatenerfassung
BIBA	Bremer Institut für Produktion und Logistik
BKT	Betriebskalendertag(e)
BMBF	Bundesministerium für Bildung und Forschung
BMS	Bionical Manufacturing System
BoA	Belastungsorientierte Auftragsfreigabe
bspw.	beispielsweise
bzgl.	bezüglich
bzw.	beziehungsweise
ca.	circa
CONWIP	Constant-Work-In-Process
CPS	Cyber-Physische Systeme
d. h.	das heißt
DBF	Dezentrale bestandsorientierte Fertigungsregelung
DFG	Deutsche Forschungsgemeinschaft
DIN	Deutsches Institut für Normung e. V.
DLZ	Durchlaufzeit
e. V.	eingetragener Verein
E/A-Stabilität	Eingangs-/ Ausgangsstabilität
EDV	Elektronische Datenverarbeitung
eKanban	elektronische Kanban
EPC	Electronic Product Code
EPCIS	Electronic Product Code Information Service
ERP	Enterprise Resource Planning

ESP	Elektronisches Stabilitätsprogramm
et al.	Et alii (lat. „und andere")
etc.	et cetera (lat. „und im Übrigen")
evtl.	eventuell
f.	folgende (Seite)
ff.	fortfolgende (Seiten)
FIR	Forschungsinstitut für Rationalisierung e. V. an der RWTH Aachen
FSZ	Fortschrittszahlenkonzept
ggf.	gegebenenfalls
GPRS	General Packet Radio Service
GPS	Global Positioning System oder Ganzheitliches Produktionssystem
GS1	Global Standards One
HMS	Holonic Manufacturing System
HRPM	High Resolution Production Management
HRSCM	High Resolution Supply Chain Management
Hrsg.	Herausgeber
IEC	International Electrotechnical Commission
IFA	Institut für Fabrikanlagen und Logistik der Universität Hannover
IML	Fraunhofer Institut für Materialfluss und Logistik Dortmund
IMS	Intelligent Manufacturing System
inkl.	inklusive
insb.	insbesondere
IT	Informationstechnologie
IuK	Informations- und Kommunikationstechnologie
iwb	Institut für Werkzeugmaschinen und Betriebswissenschaften der TU München
KMU	Kleine und mittlere Unternehmen
LTT	Liefertermintreue
MAS	Multi-Agenten-System
MATLAB	MATrix LABoratory
Max.	Maximum
MDE	Maschinendatenerfassung
MES	Manufacturing Execution System
Min.	Minute(n) oder Minimum

Mio.	Million(en)
MIS	Management Information System
MK	motorische Komponente (des normativen Produktionsmanagements)
Mrd.	Milliarde(n)
MRP	Material Requirements Planning
MRP II	Manufacturing Resource Planning
MSC	Model of Systemic Control
MWP	Managementmodell Wandlungsfähiger Produktionssysteme
MZ	Monitoringzentrum
OEM	Original Equipment Manufacturer
ONS	Object Naming Service
OPT	Optimised Production Technology
PAC	Production Authorisation Cards
PAM	Programmanpassungsmechanismus
PC	Personal Computer
PKZ	Prozesskoordinationszentrum
PL	Prozessleitung
PM	Produktionsmanagement
POLCA	Paired-cell overlapping Loops of Cards with Authorisation
PPP	Produktionsprogrammplanung
PPR	Produktionsplanung und –regelung
PPS	Produktionsplanung und –steuerung
PRZ	Prozessregelzentrum
PSE	Projektstrukturelement
PSP	Projektstrukturplan
PTKA	Projektträger Karlsruhe (im Karlsruher Institut für Technologie)
RE	Rekursionsebene
RFID	Radio Frequency Identification
ROCE	Return On Capital Employed
RTE	Real-Time Enterprise
RWTH	Rheinisch-Westfälische Technische Hochschule Aachen
S.	Seite(n)
SaaS	Software-as-a-Service
SCEM	Supply Chain Event Management

SCM	Supply Chain Management
SEM	Stabilitätserfassungsmechanismus
SFB	Sonderforschungsbereich
SGM	Systemgestaltungsmechanismus
SK	sensorische Komponente (des normativen Produktionsmanagements)
SOA	Serviceorientierte Architektur(en)
sog.	so genannt
SQL	Structured Query Language
SUM	Stuttgarter Unternehmensmodell
TSM	Team-Syntegrity-Model
TU	Technische Universität
u.	und
u. a.	und andere oder unter anderem
u. U.	unter Umständen
UbiComp	Ubiquitous Computing
UEM	Umwelterfassungsmechanismus
usw.	und so weiter
VDI	Verein Deutscher Ingenieure
VDMA	Verband Deutscher Maschinen- und Anlagenbau e. V.
vgl.	vergleiche
vs.	versus
VSM	Viable System Model
WCS	Wearable Computing System
WiP	Work-in-Progress
XML	Extensible Markup Language
z. B.	zum Beispiel
z. T.	zum Teil

1 Einleitung

1.1 Ausgangssituation und Problemstellung

Trotz anhaltender Schulden- und Währungskrise wurden im Jahr 2011 so viele Waren wie noch nie aus Deutschland exportiert (vgl. STERN 2012). Mit mehr als einer Billion Euro Umsatz hat der ehemalige Export-Weltmeister Deutschland damit einen neuen Rekordwert erreicht. Die hohe Auslandsnachfrage führte auch dazu, dass die deutsche Wirtschaft dem globalen wirtschaftlichen Abschwung bisher zu trotzen im Stande war. Erste Indikatoren weisen aber auch für Deutschland eine Abschwächung bei den Auftragseingängen aus und beurteilen die Aussichten für die Industrieproduktion für das Jahr 2012 vorerst verhalten (vgl. BMWI 2012). Verringerten sich die Auftragseingänge im ersten Quartal 2012, konnte im Mai wieder ein leichter Anstieg im Vergleich zum Vormonat um 0,6 % festgestellt werden (vgl. DE WECK 2012). Gegenüber dem Vorjahr sank der Wert der Auftragseingänge jedoch um 5,4 % und jüngst vorgelegte Daten zeigen, dass die Widerstandskraft schwindet, indem das Unternehmensvertrauen im Juni 2012 auf den niedrigsten Wert seit mehr als zwei Jahren sank.

Mit einer Exportquote von mehr als 75 % bei einem Gesamtumsatz von 173,4 Mrd. Euro im Jahr 2010 ist die Branche des Maschinen- und Anlagenbaus eine wichtige Stütze der deutschen (Außen-)Wirtschaft (vgl. VDMA 2011, S. 9). Über 900.000 Beschäftigte in mehr als 6.200 Unternehmen machen den Maschinen- und Anlagenbau zu einem der größten Arbeitgeber Deutschlands, wobei ca. 87 % der Unternehmen dabei weniger als 250 Mitarbeiter beschäftigen und somit den kleinen und mittleren Unternehmen (KMU) zuzurechnen sind (vgl. VDMA 2011, S. 6). Der Auftragseingang im Maschinen- und Anlagenbau wuchs 2010 im Vergleich zum Vorjahr in Deutschland um reale 36 %; das Auslandsgeschäft legte gar um 39 % zu (vgl. VDMA 2011, S. 16). Damit ist der deutsche Maschinen- und Anlagenbau mit einem Weltmarktanteil von knapp 20 % nach wie vor Gesamtmarktführer bei den Investitionsgütern sowie bei 17 von 32 international vergleichbaren Fachzweigen Weltmarktführer, in elf weiteren Kategorien zweiter bzw. dritter Sieger (vgl. VDMA 2011, S. 29ff.).

Produzierende Unternehmen des deutschen Maschinen- und Anlagenbau sehen sich jedoch einem immer rascher wandelnden Wettbewerbsumfeld ausgesetzt (vgl. LOPITZSCH 2005, S. 4f.; NYHUIS ET AL. 2005; WIENDAHL, H.-P. ET AL. 2007, S. 1; NYHUIS ET AL. 2008, S. 2; ABELE U. REINHART 2011, S. 10ff.; SCHUH ET AL. 2011C, S. 64). Trotz regelmäßiger Schwankungen bei den Auftragseingängen (vgl. VDMA 2011, S. 16ff.) müssen die Aufträge bei kurzen Lieferzeiten termingerecht fertiggestellt werden, da die Liefertermintreue (LTT) zum Kunden die mit Abstand führende logistische Zielgröße der Branche darstellt (vgl. SCHUH U. STICH 2011, S. 15). Darüber hinaus agieren Unternehmen des Maschinen- und Anlagenbaus heutzutage in globalen Wertschöpfungsnetzwerken, bilden globale Unternehmenskooperationen oder werden durch ausländische Investoren (teil-)finanziert (vgl. ABELE U. REINHART 2011, S. 11). Zur Aufrechterhaltung der Wettbewerbsfähigkeit müssen zudem in immer kürzeren Zyklen neue oder modernisierte Produkte auf den Markt gebracht werden (vgl. STEVEN 2005; BRETZKE 2006, S. 7; NYHUIS ET AL. 2008, S. 13; NYHUIS U. WIENDAHL, H.-P. 2010, S. 20; ABELE U. REINHART 2011, S. 15; ELLERKMANN 2011, S. 229; WIENDAHL, H.-H. 2012, S. 210). Ein rascher Technologiewandel bewirkt häufigere Innovationssprünge, welche wiederum zu häufig neuen Produktgenerationen führen (vgl. NYHUIS ET AL. 2008; ABELE U. REINHART 2011, S. 18) und den Prozess der Wissensalterung beschleunigen. Kunden fordern zudem individualisierte Produkte, was die logistische Bewältigung einer immer größer werdenden Zahl von Produkt- und Leistungsvarianten nach sich zieht (vgl. HOFMANN 2006, S. 75; KERSTEN ET

AL. 2006, S. 233; OVERMEYER ET AL. 2006, S. 205; SCHUH U. WESTKÄMPER 2006, S. 7; ABELE U. REINHART 2011, S. 15). Nicht zuletzt wirken Treiber wie die Energiewende in Deutschland, die globale Ressourcenverknappung und das allgemein wachsende Umweltbewusstsein der Bevölkerung auf die Unternehmen des Maschinen- und Anlagenbaus, was in der Folge zu einer abnehmenden Determinierbarkeit innerhalb der gesamten Branche führt.

Unternehmen des Maschinen- und Anlagenbaus begegneten den veränderten Marktbedingungen in der Vergangenheit mit einer Konzentration auf ihre jeweiligen Kernkompetenzen und verlagerten in hohem Maße verschiedene Entwicklungs- oder Produktionsschritte auf andere Unternehmen mit komplementären Kompetenzen (vgl. EGGERS U. KINKEL 2002, S. 435f.; KILLICH U. LUCZAK 2003, S. 1ff.; MEIER ET AL. 2004, S. 86; SUCKY 2004, S. 1ff.; SCHUH ET AL. 2006b, S. 226; SCHMIDT ET AL. 2008, S. 73; SCHÖNSLEBEN 2011, S. 69f.). Die bereits bestehende interne Komplexität an Planungs- und Steuerungsprozessen ist somit durch die zunehmende unternehmensübergreifende Auftragsabwicklung noch weiter angewachsen (vgl. FREITAG ET AL. 2004, S. 24f.; STRAUBE ET AL. 2005, S. 86f.; WIENDAHL, H.-H. 2005, S. 251; BRETZKE 2006, S. 12; GÜNTHER U. TEMPELMEIER 2009, S. 2; SCHUH ET AL. 2012a, S. 3). Diese in Summe große Vielfalt der Planungs- und Steuerungsprozesse stellt die Organisationen und Informationssysteme vor einen erheblichen Koordinationsaufwand (vgl. SCHOLZ-REITER ET AL. 2006b) und erfordert eine organisatorische Flexibilität in dynamisch vernetzten Wertschöpfungsnetzwerken (vgl. SCHUH 2005, S. 13; GÜNTHNER ET AL. 2006, S. 307; HOFMANN 2006, S. 75; KERSTEN ET AL. 2006, S. 233; VOIGT ET AL. 2006, S. 96), wobei sich viele Unternehmen diese organisatorische Flexibilität heute jedoch über ein kostenintensives Bevorratungsniveau, Zusatzschichten und Überstunden „erkaufen" (vgl. SCHUH U. STICH 2011, S. 15). Bestände müssen mit hohem Kapitaleinsatz finanziert werden und beinhalten das Risiko, nur eingeschränkt flexibel auf Änderungsbedarfe reagieren zu können. Im Hinblick auf eine nachhaltige Stärkung der Wettbewerbsposition und im Sinne einer Krisenvermeidung müssen die Unternehmen des Maschinen- und Anlagenbaus effiziente, schnelle und zuverlässige Prozesse gestalten, welche sich jederzeit an veränderte Anforderungen anpassen lassen (vgl. VDMA 2011, S. 33). In diesem Zusammenhang stehen eine schnelle Reaktionsfähigkeit, ein hohes Maß an Flexibilität sowie die Robustheit der Prozesse bei der Gestaltung von Produktions- bzw. Logistiksystemen im Vordergrund (vgl. FLEISCH U. ÖSTERLE 2004, S. 17; NYHUIS 2008b, S. 186; WILDEMANN 2008, S. 20). Wettbewerbsvorteile erzielen in Zukunft diejenigen Unternehmen, welche schneller auf Veränderungen reagieren bzw. mögliche Veränderungen antizipieren können (vgl. SCHOLZ-REITER ET AL. 2006b, S. 1; NYHUIS 2008b, S. 186; WIENDAHL, H.-H. 2008, S. 276).

Die Planung und Durchführung der Abwicklung von Kundenaufträgen im Maschinen- und Anlagenbau, von der Angebotsbearbeitung bis zum Versand der fertigen Ware, wird heute nach wie vor vom operativen Aspekt der Produktionsplanung und -steuerung (PPS) fokussiert (vgl. SCHUH ET AL. 2012C, S. 29). Die PPS ist dabei mit ihren Aufgaben und Prozessen nahezu vollständig in IT-Systemen abgebildet (vgl. CARR 2004, S. 10f.; BAUHOFF ET AL. 2011, S. 13), jedoch mangelt es für die notwendige Beherrschung der dynamischen Einflüsse auf die Prozessabläufe innerhalb der Auftragsabwicklung an der Nutzung entscheidungsrelevanter und dabei insb. echtzeitnaher Informationen (vgl. FLEISCH ET AL. 2005, S. 4; GÜNTHNER 2008, S. 389; SCHUH ET AL. 2008b, S. 268; SWAFFORD ET AL. 2008, S. 288; WINDT 2008, S. 352; ZHOU 2009, S. 252). Die Ursache ist dafür z. T. die fehlende oder fehlerhafte Rückkopplung relevanter Prozessdaten, sodass die mithilfe der IT-Systeme ermittelten Planungsergebnisse von der tatsächlichen Prozesssituation abweichen (vgl. FLEISCH ET AL. 2005, S. 12; WINDT 2006, S. 282f.; WILDEMANN 2008, S. 20). Moderne Informationstechnologien wie Radio Frequency Identification Devices (RFID), Maschinen- oder Betriebsdatenerfassungssysteme stellen zwar echtzeitnahe Informationen zur Verfügung, die in den Planungs- und Steuerungssystemen hinterlegten Logiken sind jedoch nicht in der Lage, diese adäquat zu verarbeiten (vgl. FLEISCH ET AL. 2005; ARICA U. POWELL 2010, S. 3f.; SCHUH 2010; ABELE U. REINHART 2011, S. 121f. u. 178; SCHOLZ-REITER ET AL. 2011b, S. 17).

Die in Wissenschaft und Praxis angeführten, strukturellen bzw. konzeptionellen Schwächen der nach wie vor vorherrschenden Planungs- und Steuerungslogik des Manufacturing Resource Planning (MRP II) adressieren vorrangig die Aspekte der Partial- bzw. Sukzessivplanungsweise. So weichen oftmals die ermittelten Daten der Planung von den tatsächlichen Werten innerhalb der Steuerung ab. Aufgrund der Verwendung eingeschränkter Partialmodelle ist eine Planung nach gesamtheitlichen betriebswirtschaftlichen Zielsetzungen durch die Aufteilung in kleine Aufgabenbereiche zudem nicht möglich (vgl. HELLMICH 2003, S. 208; HUFGARD U. HECHT 2005, S. 152). Vielmehr erfolgt eine Optimierung entkoppelter Teilplanungen, was sich widersprechende Lösungen generiert (vgl. HUFGARD U. HECHT 2005 S. 152f.; FINKLER 2006, S. 25; KIENER 2006, S. 269). Durch die Zergliederung der PPS-Aufgaben in kleine Aufgabenbereiche ist keine parallele Betrachtung von Material, Kapazität und Terminen möglich und damit auch keine optimale Lösung des Gesamtproblems. Darüber hinaus wird eine sehr detaillierte Planung, welche einen exakt deterministischen Ablauf voraussetzt, auf die dynamische Steuerung stochastischer Probleme angewandt, was bereits im Ansatz inadäquat ist (vgl. KIESEWETTER 1991, S. 16). Produktionspläne sind, wenn sie in der Fertigung angelangt sind, oftmals bereits veraltet, was eine Loslösung der Steuerung von der Planung nach sich zieht. H.-H. WIENDAHL spricht in diesem Zusammenhang von einem unausweichlichen Fehlerkreis, bei dem die Beteiligten die Situation im wahrsten Sinne des Wortes „meistern" (vgl. WIENDAHL, H.-H. 2002, S. 15ff.). Von der PPS zunehmend „falsch" vorgegebene Werte mindern das Vertrauen der Mitarbeiter. In der Folge werden Rückmeldungen bzw. die Datenpflege vernachlässigt und schließlich plant jeder „am System vorbei" (vgl. SPATH ET AL. 2001, S. 10), was den Aufwand für die manuelle Auftragssteuerung oftmals auf ca. 90 % des gesamten PPS-Personalaufwands ansteigen lässt. Zusätzlich dazu besitzen manuelle Eingriffe wie Vertauschungen von Auftragsreihenfolgen signifikant negative Einflüsse auf die logistische Zielerreichung hinsichtlich einer hohen Liefertermintreue sowie kurzer Durchlaufzeiten (vgl. LÖDDING 2008, S. 78f.).

Sukzessiv nacheinander durchzuführende Planungs- und Steuerungsschritte führen weiterhin dazu, dass zu Beginn des sog. MRP-Laufes Schätzwerte als Input für bestimmte Planungsschritte dienen müssen, da genauere Informationen erst später im Planungsablauf ermittelt werden können. Dies hat zur Folge, dass oftmals arithmetische Mittelwerte (z. B. Durchlaufzeiten) für die Planung genutzt werden, wohingegen die statistische Streuung der Mittelwerte unberücksichtigt bleibt. Da die Ergebnisse einer Planungsstufe in einer hierarchisch ausgerichteten PPS gleichzeitig die Ausgangsbasis für die nachfolgende Planungsstufe darstellen, resultieren daraus wechselseitige Abhängigkeiten. Diese Abhängigkeiten führen insb. bei kurzfristigen Änderungsbedarfen dazu, dass deren Auswirkungen häufig zu spät erkannt und damit nicht mehr berücksichtigt werden können (vgl. SCHUH U. WESTKÄMPER 2006, S. 7). Einer Verbesserung der Planungsbasis steht ebenso entgegen, dass tatsächlich ermittelte Werte im Rahmen der Steuerung kaum in die Planungsprozesse einfließen. Es fehlt an dieser Stelle an Mechanismen, welche Erfahrungswerte zurückspielen und diese bei späteren Prozessdurchläufen nutzbar machen. Die Ist-Situation wird nicht ausreichend genau erfasst, was sowohl Informationen zum konkreten Auftragsfortschritt als auch zu aufgetretenen Störungen mit einschließt (vgl. FLEISCH ET AL. 2005, S. 12; KLETTI

2006, S. 86ff.). Manufacturing Execution Systeme (MES) schließen diese Lücke zwar informationstechnisch (vgl. KLETTI 2006, S. 73 u. 123), interagieren aber nicht wechselseitig mit der Planungsebene. Ebenso scheitern unternehmensübergreifend simultan planende Advanced-Planning-and-Scheduling- (APS-)Ansätze an der Problematik der intertemporalen Interdependenzen bei der Entscheidungsfindung und verfügen darüber hinaus auch lediglich über statische Planungsmodelle (vgl. SUHL U. VOß 2004, S. 65). Störungen und Änderungen im Prozessablauf lassen sich darüber hinaus aufgrund der Komplexität innerhalb der MRPII-Logik zudem nicht zeitnah kompensieren, da der Planungslauf meist nur einmal am Tag durchgeführt wird. Die im Unternehmen existierenden und bis dato wenig integrierten Planungsebenen müssen somit von einer rückkopplungsarmen und entkoppelten Auftragssteuerung hin zu einem kaskadierten Regelungssystem vernetzt werden, um schnell(er) auf Veränderungen reagieren zu können (vgl. FLEISCH ET AL. 2008, S. 453). Dabei ist jedoch darauf zu achten, dass die Rückkopplung von Informationen über die Änderung des Systemzustandes, als wesentlichem Baustein eines geschlossenen Wirkungsweges, rechtzeitig und genau zu erfolgen hat (vgl. WIENDAHL, H.-H. U. BEHRINGER 2006, S. 23ff.).

Rechtzeitigkeit wird in diesem Zusammenhang oftmals mit dem Begriff der Echtzeit in Verbindung gebracht, wobei FLEISCH U. ÖSTERLE bereits im Jahre 2004 integrierte Informationssysteme als Echtzeitsteuerungswerkzeuge für Unternehmen aufführen (vgl. FLEISCH U. ÖSTERLE 2004, S. 4ff.). Der Mensch hat dabei als kostenmäßiger oder zeitlicher Engpass zwischen Real- und Informationswelt das Echtzeit-Unternehmen an vielen Stellen verhindert, jedoch bieten sich durch technologische Fortschritte wie das Ubiquitous Computing oder Cyber-Physische Produktionssysteme völlig neue Möglichkeiten für die intelligente Vernetzung von realer und virtueller Welt. Aber nicht nur der Mensch oder die MRPII-Logik an sich, sondern auch die informationstechnische Abbildung der Logik mit ihren strukturellen Schwächen behindert eine echtzeitnahe Verarbeitung von Daten. Heutige Enterprise-Resource-Planning (ERP)-Systeme bspw. basieren auf relationalen Datenbankverwaltungssystemen, da sich diese Form der Datenspeicherung bei transaktionsorientierten Informationssystemen etabliert hat. Dadurch werden eine redundanzfreie Datenhaltung und flexible Abfragen mittels Structured Query Language (SQL) unterstützt. Diese Systeme weisen jedoch eine geringe Reaktionsfähigkeit auf ein verändertes Nachfrage- oder Lieferverhalten auf. Um die Berechnungszeiten zu verringern, erfolgt die Grobplanung in einem zentralen Planungssystem (ERP), wohingegen die Fein- oder Detailplanung anschließend in dezentralen Lösungen wie MES durchgeführt wird. Dies hat zur Folge, dass neben dem logischen Bruch zwischen Planung und Steuerung oftmals noch ein systemischer Bruch durch die Nutzung unterschiedlicher Systemwelten hinzukommt.

Zur Überwindung der Schwachstellen der MRPII-Logik fokussieren neuere Planungs- und Steuerungs- bzw. Regelungskonzepte die Ermöglichung von Selbststeuerung, Selbstoptimierung, adaptiver Steuerung, situativer Prozesskonfiguration sowie der Installation geschlossener Regelkreise anstelle hierarchischer Sukzessivplanungskonzepte (vgl. SCHOLZ-REITER ET AL. 2007a, S. 27; FLEISCH ET AL. 2008, S. 453; BROSZE 2011, S. 2; SCHUH ET AL. 2011a, S. 433ff.). Dabei sollen Prozesse und Systeme insb. durch eine zeitnahe Rückführung echter Ist-Daten in die Planungs- und Steuerungsebenen zur teilautomatisierten Regelung befähigt werden. Konzepte wie die selbstoptimierende Produktion, das Internet der Dinge oder das High Resolution Production Management (HRPM) zielen darauf ab, ein kybernetisches Management der Produktion unter Nutzung einer hohen Informationstransparenz zur Sicherung der Entscheidungs- und Planungsfähigkeit umzusetzen, wobei diesbezüglich die Hürden der Informationsaufnahme und -verarbeitung weitestgehend überwunden sind (vgl. WIENDAHL,

H.-H. 2002; FRANK ET AL. 2004; SCHOLZ-REITER ET AL. 2006b; FLEISCH ET AL. 2008; SWAFFORD ET AL. 2008, S. 289; DIAS ET AL. 2009, S. 185; GIERTH 2009; SHIN ET AL. 2009, S. 1029f.).

1.2 Zielsetzung

Vor dem Hintergrund der zuvor dargestellten Ausgangssituation und Problemstellung verfolgt die vorliegende Dissertation das Ziel, ein Gestaltungsmodell für eine echtzeitfähige Produktionsplanung und -regelung in der Auftragsabwicklung zu entwickeln. Dabei richtet sich die Forschungsarbeit an die Zielgruppe von Unternehmen des Maschinen- und Anlagenbaus, deren Auftragsabwicklungsprozesse konkret durch eine spezifische Kundenanfrage ausgelöst werden sowie insb. auch an Software-Anbieter, welche Produkte für die informationstechnische Abbildung bzw. Unterstützung der PPR in der Auftragsabwicklung herstellen und vertreiben.

Die Zielsetzung führt zu folgender Forschungsfrage:

- Wie lässt sich eine Produktionsplanung und -regelung in der Auftragsabwicklung des Maschinen- und Anlagenbaus echtzeitfähig gestalten?

Zur Beantwortung der leitenden Forschungsfrage sind die folgenden untergeordneten Fragestellungen zu beantworten:

- Welches Modell eignet sich zur Strukturierung einer echtzeitfähigen Produktionsplanung und -regelung?
- Welche Anforderungen stellt die Echtzeitfähigkeit an die Regelkreismodellierung innerhalb der Produktionsplanung und -regelung?
- Welche Gestaltungsempfehlungen resultieren aus echtzeitfähigen Regelkreisen für die Produktionsplanung und -regelung in der Auftragsabwicklung des Maschinen- und Anlagenbaus?

Zur Beantwortung der Forschungsfrage bedarf es einer geeigneten Forschungskonzeption, weshalb dazu im folgenden Abschnitt zunächst eine wissenschaftstheoretische Einordnung der Dissertation vorgenommen und entsprechend dieser der Aufbau der vorliegenden Untersuchung konkretisiert wird.

1.3 Wissenschaftstheoretische Einordnung und Struktur der Untersuchung

Die Wissenschaftstheorie unterscheidet im Allgemeinen theoretische und pragmatische Wissenschaftsziele. Im Sinne einer Grundlagenerkenntnis besteht das theoretische Wissenschaftsziel in der Beschreibung, Erklärung und Prognose des Verhaltens formal strukturierter Systeme. Dabei werden Theorien zur Erklärung von Kausalzusammenhängen zwischen beobachtbaren Ereignissen und Zuständen innerhalb eines Systems entwickelt, deren Gültigkeit auf allgemeine Gesetzmäßigkeiten zurückgeführt werden können (vgl. ULRICH U. HILL 1976a, S. 305; KIESER U. KUBICEK 1978, S. 108ff.; HILL ET AL. 1994, S. 34f.). Ein pragmatisches Wissenschaftsziel besteht dagegen in der konkreten Anwendung der theoretisch gebildeten Grundlagenerkenntnisse auf eine reale Problemstellung (vgl. ULRICH 2001, S. 19ff.). Handlungsalternativen in sozialen bzw. technischen Systemen werden in diesem Zusammenhang mit dem Ziel analysiert, praktisch verwendbare Handlungsanleitungen vor dem

Hintergrund definierter Gestaltungsziele abzuleiten (vgl. ULRICH U. HILL 1976a, S. 305; KIESER U. KUBICEK 1978, S. 109f.; HILL ET AL. 1994, S. 34f.).

Die Entscheidung für ein theoretisches bzw. pragmatisches Forschungsziel hat Einfluss auf die zu wählende Logik des Forschungsprozesses. Entspricht die Konzeption eines Forschungsprozesses mit theoretischem Wissenschaftsziel der realanalytischen Forschungslogik, so bedient sich ein pragmatisch ausgerichteter Forschungsprozess eher der operationsanalytischen Wissenschaftskonzeption (vgl. HILL ET AL. 1994, S. 34f.). Im Zentrum der Realanalyse steht dabei die Entwicklung empirisch begründeten Grundlagenwissens hinsichtlich der Ursachen von Erscheinungen, über deren Zusammenhänge gesetzmäßige Aussagen zur Erklärung der Ursache-Wirkungs-Beziehungen angestrebt werden (vgl. HILL ET AL. 1994, S. 36). Im Gegensatz dazu steht bei der operationsanalytischen Betrachtungsweise die Begründung von Ziel-Mittel-Beziehungen im Vordergrund, welche das logische Gefüge zwischen konstituierenden Randbedingungen, Zielen und Handlungsalternativen innerhalb einer Gestaltungsaufgabe erklären. Dabei sind Kausalzusammenhänge nur insoweit zu begründen, als dass sie zur Ableitung zielwirksamer Handlungsweisen relevant sind. Gleichzeitig bauen operationsanalytische Untersuchungen auf realanalytisch erarbeiteten Forschungsergebnissen auf. Realanalytische und operationsanalytische Forschungsprozesse schließen sich somit nicht aus, sondern ergänzen sich vielmehr gegenseitig (vgl. STROBEL 1968, S. 131; HILL ET AL. 1994, S. 36; NACHREINER 1997, S. 88).

Die in den vorangegangenen Unterkapiteln beschriebene Problemstellung und Zielsetzung des Dissertationsvorhabens erfordern die Strukturierung in Anlehnung an die operationsanalytische Forschungskonzeption (vgl. HILL ET AL. 1994, S. 38f.). Neben terminologisch-deskriptiven erfordert dieser Forschungsprozess ebenso empirisch-induktive als auch analytisch-deduktive Forschungsaktivitäten. Mittels terminologisch-deskriptiver Studien wird zunächst ein Begriffssystem definiert, welches der Beschreibung relevanter Realitätsausschnitte bzw. Forschungsobjekte dient. Empirisch-induktive Aktivitäten befassen sich mit der empirischen Untersuchung beobachtbarer Zusammenhänge und der induktiven Ableitung von Hypothesen. Indem Beobachtungen aus realen Einzelfällen abstrahiert werden, schließt dabei die Induktion vom Besonderen auf das Allgemeine. Ausgehend von diesen Hypothesen leiten analytisch-deduktive Aktivitäten zunächst Prognosen für weiterführende Beobachtungen deduktiv ab. Inwieweit sich diese Hypothesen in der Realität bewähren, prüft die Deduktion anschließend analytisch und folgert demnach (sach-) logisch vom Allgemeinen auf das Besondere (vgl. PICOT 1975, S. 27f.; HILL ET AL. 1994, S. 38; BORTZ U. DÖRING 1995, S. 29; WÖHE 2010, S. 12f.). Grundsätzlich stellt dabei die induktive Ableitung genereller Aussagen aus Einzelbeobachtungen eine der wesentlichen Herausforderungen im Forschungsprozess dar. So lehnt der heute in der wissenschaftlichen Praxis dominierende Ansatz des „Kritischen Rationalismus“ eine vollständig empirische Induktion ab und bedient sich vielmehr einer beschränkten Induktion mit Hilfe der Falsifizierung. Dabei entspricht die Falsifizierung der Widerlegung einer Hypothese oder eines Modells anhand empirischer Aussagen über eine Einzelbeobachtung und wird als zentraler sowie zulässiger Ansatz des realwissenschaftlichen Erkenntnisgewinns angesehen. Die Deduktion kann demnach eine Hypothese nie endgültig als wahr oder gültig verifizieren, sondern nur vorläufig bis zu deren Widerlegung (vgl. ULRICH U. HILL 1976b, S. 345f.).

Die Grundlage einer wissenschaftlich fundierten Untersuchung des Anwendungszusammenhangs, welche die Allgemeingültigkeit und Besonderheit des Erkenntnisgewinns in geeigneter Weise miteinander verknüpft, bildet somit die Kombination induktiver und deduktiver Forschungsaktivitäten (vgl. MEYER ET AL. 1969, S. 1449; ANZENBACHER 1981, S. 194ff.; EBERHARD 1987, S. 140f.). Im Anwendungszusammenhang einer echtzeitfähigen Produktionsplanung und -regelung in der Auftragsabwicklung wird der operationsanalytische Forschungsprozess daher wie folgt konkretisiert (vgl. Abbildung 1-1).

Abbildung 1-1: Gliederung der Untersuchung

Terminologisch-deskriptive Forschungsaktivitäten bilden zunächst den Ausgangspunkt dieser operationsanalytisch angelegten Untersuchung. Auf Basis der eingangs dargelegten Zielsetzung werden hierzu zunächst in **Kapitel zwei** die relevanten Forschungsobjekte terminologisch bestimmt und damit das zugrunde liegende Begriffssystem definiert. Darauf aufbauend erfolgt in **Kapitel drei** die deskriptive Erfassung der für den Untersuchungsbereich relevanten Beiträge zum Stand der Erkenntnisse in Wissenschaft und Praxis. Aus der Analyse und Bewertung des Erkenntnisstands wird der resultierende Forschungsbedarf im Kontext einer echtzeitfähigen Produktionsplanung und -regelung in der Auftragsabwicklung abgeleitet. Nach dieser systematischen Aufbereitung der Ausgangssituation werden in **Kapitel vier** bestehende Modelle und Methoden dahingehend analysiert, inwieweit sie zur Strukturierung und Gestaltung der relevanten Forschungsobjekte direkt verwendet oder adaptiert werden können. Dieser überwiegend terminologisch-deskriptiv geprägte Teil des Forschungsprozesses führt auf eine konkretisierte Struktur der Untersuchung, welche die geeigneten Modelle und Methoden für eine Charakterisierung und Gestaltung des Anwendungszusammenhangs enthält und den weiteren Forschungsschritten zuordnet. Die eigentliche Modellbildungsphase beginnt in **Kapitel fünf** und umfasst dabei zunächst empirisch-induktive Forschungsaktivitäten, bei denen die Erkenntnisse in Form eines Beschreibungsmodells einer Produktionsplanung und -regelung zusammengeführt werden. Das Beschreibungsmodell bildet die Grundlage für eine induktive Anforderungsdefinition an echtzeitfähige Regelkreise innerhalb von **Kapitel sechs.** Im Anschluss wird im Rahmen von **Kapitel sieben** zunächst induktiv ein Vorgehensmodell zur echtzeitfähigen Gestaltung von Regelkreisen innerhalb der Produktionsplanung und -regelung erarbeitet, um dann mittels Deduktion dezentrale Regelkreise zu modellieren sowie wiederum induktiv Empfehlungen für deren Gestaltung in der Praxis abzuleiten. Darauf aufbauend wird in **Kapitel acht** eine eingeschränkt empirisch-induktive Verifizierung bzw. Falsifizierung der Regelkreise sowie des Vorgehensmodells im Rahmen zweier Fallstudien vorgenommen. **Kapitel neun** fasst die Ergebnisse der Dissertation nochmals zusammen, reflektiert diese kritisch und gibt abschließend einen Ausblick auf weitere Forschungsbedarfe sowie mögliche Anwendungsfelder in der Praxis.

2 Terminologie und Eingrenzung der Untersuchung

Innerhalb der folgenden Abschnitte werden zunächst die grundlegenden Begriffe im Kontext einer echtzeitfähigen Produktionsplanung und -regelung in der Auftragsabwicklung definiert. Darauf aufbauend erfolgt die terminologische Konkretisierung des Untersuchungsbereichs.

2.1 Produktionsplanung und -steuerung

2.1.1 Produktion, Produktionssystem und Auftragsfertigung

Historische Grundlage des heutigen Produktionsverständnisses ist die Definition von **Produktion** nach GUTENBERG (vgl. 1983, S. 1ff.). Dabei werden Produktionsfaktoren definiert, welche sich in die Elementarfaktoren Arbeitsleistungen, Betriebsmittel und Werkstoffe unterteilen lassen sowie anschließend mithilfe der Betriebsleitung produktiv kombiniert werden (sog. Produktiv-Faktoren). Von dem Komplex der Betriebsleitung abgespalten, werden dagegen die dispositiven Faktoren wie Planung und Organisation. Somit entspricht eine Produktion einer Kombination der Elementarfaktoren Arbeit, Material und Maschinen zum Zwecke der Leistungserstellung. Der Begriff der Produktion wird auch als ein Wertschöpfungsprozess aufgefasst, indem auf einem Beschaffungsmarkt erworbene Inputfaktoren (Produktionsfaktoren) zu höherwertigeren, auf einem Absatzmarkt nachgefragten Outputfaktoren transformiert werden. Eine solche Wertschöpfung erstreckt sich somit über die Bereitstellung materieller (Sachgüter und -leistungen) sowie immaterieller Güter (Dienste und Dienstleistungen) und umschließt sämtliche wertschöpfenden Vorgänge eines Unternehmens (vgl. CORSTEN 2009, S. 1).

Standortunabhängige Verbünde differenter Wertschöpfungsprozesse werden als **Produktionssystem** bezeichnet (vgl. DYCKHOFF U. SPENGLER 2010, S. 4). Dabei kann ein Produktionssystem in entsprechende Subsysteme wie Fabriken, Anlagen, Baustellen oder einzelne Arbeitsplätze aufgeteilt werden, unterstützt durch weitere Teilsysteme wie Informations- und Materialflüsse. SCHUH definiert ein Produktionssystem dagegen als eine ganzheitliche Produktionsorganisation, deren Inhalt und Darstellung aller Konzepte, Methoden und Werkzeuge die Effektivität und Effizienz des Produktionsablaufs charakterisieren (vgl. SCHUH ET AL. 2008a, S. 285), worauf auch diese Dissertation fokussiert.

Produzierende Unternehmen sind heute einem zunehmend turbulent werdenden Umfeld ausgesetzt (vgl. WESTKÄMPER U. ZAHN 2009, S. 5). Outputfaktoren (Produkte) sind immer kundenspezifischer und mit einer hohen Variantenvielfalt zu gestalten, Durchlaufzeiten für die Transformation der Produktionsfaktoren müssen neben einer schwankenden Zahl an Auftragseingängen gesenkt sowie immer kürzer werdende Marktzyklen im Hinblick auf den Absatz der Outputfaktoren (Produktlebenszyklen) organisatorisch bewältigt werden. Diese Anforderungen betreffen vor allem Produktionsunternehmen, welche ihre Produkte nach dem Fertigungstyp des Auftragsfertigers herstellen. Bei einem **Auftragsfertiger**, als einem von vier Typen nach der Klassifikation für Fertigungstypologien nach BÜDENBENDER (vgl. 1991), erfolgt die Auftragsinitiierung durch einen individuellen Kundenauftrag (vgl. SCHOMBURG 1980, S. 90; SCHUH ET AL. 2012e, S. 136f.). Dabei hängt die Intensität, mit der die verschiedenen Prozesse der Auftragsabwicklung abgearbeitet werden, vom Grad der kundenspezifischen Ausprägungen des Auftrags ab (vgl. BÜDENBENDER 1991, S. 8; EVERSHEIM 2002, S. 165).

2.1.2 Prozesse

Der Begriff des Prozesses findet heute in einer Vielzahl von Anwendungen Verwendung. Innerhalb der Betriebsorganisation wurde der Begriff durch die Nutzung im Rahmen der Neuorientierung der Organisationsgestaltung (weg von einer funktions-, hin zu einer prozessorientierten Organisationsgestaltung) geprägt (vgl. FROMM 1992, S. 7; BULLINGER 2001, S. 11; GAITANIDES 2007, S. 1; BECKER U. KAHN 2008, S. 4ff.; Abbildung 2-1). Die prozessorientierte Gestaltung der Organisation eines Unternehmens rückt vor allem die zeitliche und logische Abfolge von betrieblichen Aufgaben in den Mittelpunkt; wohingegen die funktionsorientierte Organisationsgestaltung ähnliche Tätigkeiten in spezialisierte Funktionsbereiche zusammenfasst und dadurch die Organisationsstruktur eines Unternehmens bestimmt (vgl. GAITANIDES ET AL. 1994, S. 5; GAITANIDES 2007, S. 18f.; SCHULTE-ZURHAUSEN 2010, S. 51). Grundlegende Bestandteile der prozessorientierten Aufgabenteilung der Organisation eines Unternehmens sind logisch verknüpfte Arbeitsschritte, welche zur Erstellung einer Leistung chronologisch oder parallel abzuwickeln sind. Um die geforderte Outputleistung des Prozesses zu erzeugen, werden die Inputfaktoren durch die am Veränderungsprozess beteiligten Prozesssubjekte (z. B. Maschinen oder menschliche Akteure) auf die Art bearbeitet bzw. transformiert, dass das ex ante gewünschte Prozessziel erreicht wird (vgl. BECKER U. KAHN 2008, S. 6ff.; GÜNTHER U. TEMPELMEIER 2009, S. 2f.; SCHULTE-ZURHAUSEN 2010, S. 52).

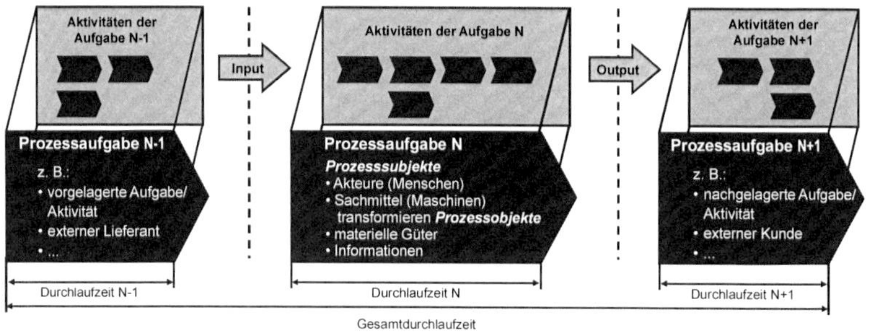

[in Anlehnung an SCHMIDT 2008, S. 9]

Abbildung 2-1: Der Prozessbegriff im betriebsorganisatorischen Kontext

Die Durchlaufzeit einer jeden Prozessaufgabe wird dabei durch definierte Anfangs- und Endpunkte bestimmt. Diese Fixpunkte dienen zusätzlich als Schnittstellen zu den vor-, neben- und nachgelagerten Prozessen des Unternehmens und denen von externen Kunden und Lieferanten (vgl. ARNDT 2010, S. 78; SCHULTE-ZURHAUSEN 2010, S. 53). Mit Hilfe dieser festgelegten Schnittstellen kann eine Prozessaufgabe isoliert betrachtet werden (vgl. BULLINGER 1993, S. 22; GAITANIDES 2007, S. 54f.). Abschließend lässt sich der Begriff des Prozesses definieren als inhaltlich abgeschlossene, chronologisch sinnvolle Sequenz von Tätigkeiten, welche zweckgerichtet der Erstellung einer unternehmerischen Leistung dient (vgl. BECKER 2008, S. 7ff.; GÜNTHER U. TEMPELMEIER 2009, S. 2; ARNDT 2010, S. 78; SCHULTE-ZURHAUSEN 2010, S. 53).

Da je nach Betrachtungsweise Prozesse verschiedenartig klassifiziert werden können, ist der Gegenstand der folgenden Untersuchungen die Unterscheidung in materielle und informationelle Prozesse. Prozesse, welche tangible Güter physisch transformieren, werden dabei als materielle Prozesse klassifiziert (vgl. SCHULTE-ZURHAUSEN 2010, S. 54). Prozesse, die dem Austausch von Informationen dienen, werden als informationelle Prozesse definiert.

2.1.3 Auftragsabwicklung

Die bedeutendste Anwendung des Prozessbegriffs im betriebswirtschaftlichen Kontext findet sich in der Auftragsabwicklung (vgl. EVERSHEIM 2002, S. 5; BECKER U. KAHN 2008, S. 6ff.; ARNDT 2010, S. 78; SCHULTE-ZURHAUSEN 2010, S. 57). Hier werden alle zur Produkterstellung nötigen Arbeitsschritte, von der Bearbeitung einer Kundenanfrage über die Konstruktion, die Fertigung, die Montage und den Versand in den Prozessbegriff eingeschlossen. Neben den rein physischen und technischen Bearbeitungsschritten zählen auch die begleitenden betriebswirtschaftlichen Informations-, Steuerungs- und Planungsprozesse zu den Aufgaben der Auftragsabwicklung (vgl. EVERSHEIM 2002, S. 5; SCHUH ET AL. 2012a, S. 4).

Von besonderer Bedeutung bei der Untersuchung von Auftragsabwicklungsstrukturen ist die Art der Auftragsauslösung (vgl. SCHOMBURG 1980, S. 90; Kapitel 2.1.1). Wesentliche Unterschiede in der Art der Auftragsinitiierung finden sich hier grundsätzlich bei der Auftragsabwicklung eines idealtypischen Auftragsfertigers sowie derjenigen eines idealtypischen Lagerfertigers. Beim Lagerfertiger erfolgt die Initiierung des Auftragsabwicklungsprozesses kundenanonym auf Basis von Absatzprognosen und Marktrecherchen. Der Auftragsfertiger hingegen initiiert erst mit dem Eingehen einer individuellen Kundenanfrage sämtliche Aktivitäten von der Angebotsbearbeitung über die Projektierung, Konstruktion und Produktion bis hin zum Versand (vgl. SCHUH ET AL. 2012e, S. 136f.). Durch den beim Auftragsfertiger im Vergleich zum Lagerfertiger erheblich höheren Anteil kundenindividueller Ausprägungen innerhalb des Auftrags erhöht sich auch der Aufwand in den einzelnen Bereichen des Unternehmens (vgl. EVERSHEIM 2002, S. 165).

Unternehmen, welche aufgrund ihrer durchgängig kundenbezogenen Auftragsabwicklungsprozesse den Auftragsfertigern zuzuordnen sind, gehören maßgeblich zu den Einmal- bzw. Einzel- und Kleinserienfertigern. Gravierend für diesen Auftragsabwicklungstypen ist die Tatsache, dass individuelle Kundenspezifikationen in Konstruktionszeichnungen, Stücklisten und Arbeitspläne umzusetzen sind und damit insbesondere die Phasen der Auftragsklärung und Konstruktion wesentliche Aufwandstreiber darstellen (vgl. HACKSTEIN 1989, S. 7ff.). Im Extremfall kann für einen Auftragsfertiger jeder Kundenauftrag eine vollständige Neukonstruktion darstellen.

Bei Unternehmen, welche ihre Produkte in Serien- oder Massenfertigung auf Lager produzieren, finden sich in den Auftragsabwicklungsprozessen keine kunden- bzw. auftragsspezifischen Forderungen hinsichtlich der Konstruktion von Erzeugnissen. Konstruktionspläne, Stücklisten und Arbeitspläne für diese Standardprodukte liegen bereits vor, sodass die Auftragsabwicklung innerhalb der Bereiche Konstruktion, Arbeitsvorbereitung, Fertigung und Montage keine kundenauftragsbezogenen Anfragen zu bearbeiten hat. Lediglich der Vertrieb hat Kontakt mit dem Kunden, nimmt Kundenaufträge entgegen und bedient diese aus einem Fertigwarenlager. Da in der Realität Unternehmen individuell gestaltet sind, sind diese idealtypischen Strukturen der Auftragsabwicklung in der Praxis erfahrungsgemäß nicht in Reinform vorzufinden. In der Mehrzahl sind produkt- bzw. unternehmensspezifische Mischformen anzutreffen, welche sich in ihren Charakteristika an die eines Varianten- oder Rahmenauftragsfertigers anlehnen (vgl. BÜDENBENDER 1991, S. 5ff.; SCHUH ET AL. 2012e, S. 137).

2.1.4 Produktionsplanung und -steuerung

Als wesentlicher Bestandteil der Auftragsabwicklung zählt die Produktionsplanung und -steuerung zu den anspruchsvollsten Aufgabenbereichen eines Produktionsunternehmens (vgl. SPUR 2007, S. 254; VAHRENKAMP 2008, S. 110ff.; GÜNTHER U. TEMPELMEIER 2009, S. 2ff.; WIENDAHL, H.-P. 2010, S. 249ff.; KURBEL 2011, S. 10; SCHUH ET AL. 2012a, S. 6). Entstanden zu Beginn der 1980er Jahre aus der definitorischen und faktischen Zusammenführung der Material- und Zeitwirtschaft innerhalb der Produktion, bezieht sich der PPS-Begriff auf sämtliche Unternehmensbereiche, welche ausgehend von der Erteilung eines Konstruktionsauftrages bis zur Montage am Produkterstellungsprozess beteiligt sind. Nach heutigem Verständnis umfasst die PPS den Prozess der Produktentstehung von der Angebotsbearbeitung im Vertrieb bis zum Versand des fertigen Erzeugnisses und unterstützt die an Mengen-, Termin- und Kapazitätsaspekten orientierte Planung, Steuerung und Überwachung der gesamten technischen Auftragsabwicklung. Zusätzlich zur Disposition des Material- und Werteflusses übernimmt die PPS auch die Koordination von Ressourcen und Prozessen zwischen einem Unternehmen und seinen Lieferanten (vgl. SCHUH ET AL. 2012b, S. 11) sowie die Verwaltung aller zur Durchführung dieser Aufgaben erforderlichen Daten (vgl. KURBEL 2011, S. 12f.; SCHUH ET AL. 2012C, S. 30f.).

Innerhalb der PPS wird der Aspekt der Planung als ein zukunftsorientiertes, ordnendes Denken verstanden, bei dem zwischen alternativen Möglichkeiten zur Gestaltung der Zukunft zu entscheiden ist, wobei die Bewertung der alternativen Handlungsmöglichkeiten dabei vor dem Hintergrund definierter Ziele zur kosten-, zeit- und qualitätsgerechten Erfüllung der technischen Auftragsabwicklung geschieht (vgl. SPUR 2007, S. 255; WÖHE 2010, S. 282f.). Die unterschiedlichen **Zielgrößen der PPS** bilden dabei den klassischen Zielkonflikt nach H.-P. WIENDAHL (vgl. 2010, S. 252ff.), welcher in Abbildung 2-2 dargestellt ist.

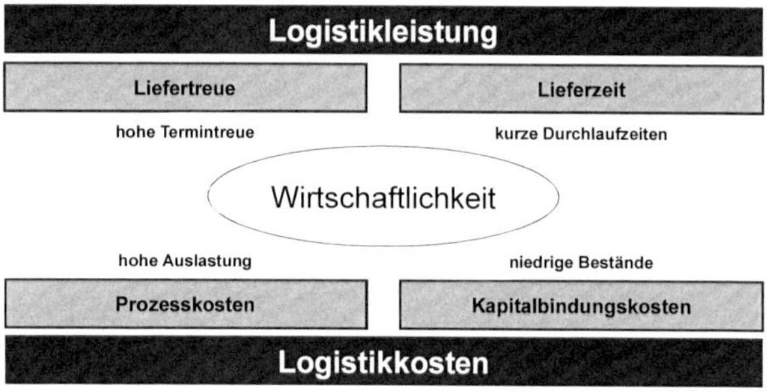

Abbildung 2-2: Zielsystem der Produktionsplanung und -steuerung

Unterschieden wird dabei zwischen der Außen- und der Innensicht des logistischen Zielsystems der PPS. Die Außensicht besteht aus der Logistikleistung und den Logistikkosten als Bestimmungsgrößen für die Wirtschaftlichkeit der PPS. Die Logistikleistung wird durch Liefertreue und Lieferzeit bestimmt, während sich die Logistikkosten aus Prozess- und Kapitalbindungskosten zusammensetzen. Die Innensicht der Logistikleistung wird durch die Marktziele "hohe Termintreue" und "kurze Durchlaufzeiten" widergespiegelt, während sich den Logistikkosten die Betriebsziele "hohe Auslastung" und "niedrige Bestände" zuordnen lassen (vgl. WIENDAHL, H.-H. 2002, S. 33). Der Zielkonflikt der PPS besteht dabei zwischen den genannten Kennzahlen, da es unmöglich ist, den Wert der einzelnen Zielgrößen unabhängig voneinander zu optimieren. Vielmehr müssen die negativen Wechselwirkungen der Zielgrößen durch eine adäquate Positionierung des betrachteten Produktionssystems berücksichtigt werden (vgl. WIENDAHL, H.-H. 2005, S. 14). So steht eine hohe Kapazitätsauslastung im Allgemeinen der Reduktion von Durchlaufzeiten entgegen, während geringe Bestände regelmäßig die Realisation einer hohen Termintreue erschweren. Letztendlich sind die Zielgrößen der PPS abhängig von der jeweiligen Unternehmensstrategie zu gewichten, welche somit maßgeblichen Einfluss auf die Konzeption der PPS besitzt (vgl. SCHUH 2003, S. 7).

Als **logische Basis der PPS** gilt das Mitte der 1960er Jahre entwickelte Konzept des Material Requirements Planning (MRP). Dabei wird der Produktionsbedarf ausgehend von einem vorgegebenen Produktionsprogramm durch Stücklistenauflösung unter Berücksichtigung vorhandener Lagerbestände ermittelt. Beschränkt sich das klassische MRP-Konzept auf eine reine Mengenplanung, so erweitert das Manufacturing Resource Planning (MRPII) die mengenbezogene Betrachtung um eine Kapazitätsplanung und -abstimmung und integriert strategische Planungsaspekte in die fertigungsnahe Material- und Kapazitätsbedarfsplanung. Sämtlichen MRP-Konzepten ist gemein, dass diese die Gesamtplanungsaufgabe im Unternehmen im Sinne einer hierarchischen, rückwärts terminierenden Sukzessivplanung über drei Planungsebenen verteilen (vgl. VAHRENKAMP 2008, S. 113; SCHÖNSLEBEN 2011, S. 224f.; SCHUH ET AL. 2012c, S. 30f.). Die Planung der Ressourcen erfolgt dabei in Richtung der untersten Planungsebene mit abnehmendem Planungshorizont und zunehmender Planungsgenauigkeit. Erweist sich eine Planungsvorgabe als nicht durchführbar, ist eine regelkreisähnliche Rückkopplung zur übergeordneten Planungsebene vorgesehen (vgl. KURBEL 2011, S. 44ff.).

Zur inhaltlichen Ausgestaltung der Produktionsplanung und -steuerung konkretisiert in weitgehender Übereinstimmung mit einer Vielzahl wissenschaftlicher Arbeiten (vgl. HACKSTEIN 1989, S. 5ff.; SCHEER 1998, S. 3ff.; ZÄPFEL 2000, S. 189ff.; EVERSHEIM 2002, S. 124ff.; SPUR 2007, S. 254ff.; WIENDAHL, H.-P. 2010, S. 249ff.; SCHÖNSLEBEN 2011, S. 224ff.) das Aachener PPS-Modell die Aufgaben und das Begriffsverständnis der PPS aus der Sicht von Produktionsunternehmen und -netzwerken (vgl. SCHUH ET AL. 2012a, S. 4ff.; SCHUH ET AL. 2012c, S. 29ff.). Das von HACKSTEIN entwickelte und von SCHUH erweiterte PPS-Modell dient einerseits der Beschreibung von Teilaspekten der PPS und bietet andererseits Unterstützung bei der Definition von PPS-Zielen und der Anwendung verschiedener Gestaltungs- und Optimierungsmethoden, wobei die Beschreibung von Teilmodellen der PPS aus verschiedenen Blickwinkeln die Hauptaufgabe des Modells darstellt. Die Separierung des PPS-Modells in unterschiedliche Sichten (Aufgaben-, Prozessarchitektur-, Prozess- und Funktionssicht) ist dabei notwendig, um die verschiedenen Aspekt-Gruppen (humanorientierte, informationstechnische sowie betriebswirtschaftliche Aspekte) erfassen zu können, welche wiederum unterschiedliche Einflüsse auf die Zielsetzungen und Modellanforderungen der PPS ausüben.

Die **Aufgaben der PPS**, dargestellt in der Aufgabensicht, gliedern sich nach dem Verständnis des Aachener PPS-Modells in Netzwerk-, Kern- und Querschnittsaufgaben (vgl. Abbildung 2-3). Dabei beinhalten die Netzwerkaufgaben sämtliche Planungsaspekte, welche im Kontext eines überbetrieblichen Produktionsnetzwerks stehen (vgl. SCHUH ET AL. 2012c, S. 29f.; SCHUH ET AL. 2012e, S. 113), Kernaufgaben alle diejenigen Aufgaben des eigentlichen Produkterstellungsprozesses aus dem Blickwinkel eines Einzelunternehmens sowie Querschnittsaufgaben sämtliche planenden und steuernden Aufgaben, die sowohl Elemente der Kern- als auch der Netzwerkaufgaben aufweisen und demnach eine koordinierende Rolle zwischen Netzwerk- und Kernaufgaben übernehmen. Den Netzwerkaufgaben sind dabei im Speziellen die strategisch orientierte Netzwerkkonfiguration, die Netzwerkabsatz- sowie -bedarfsplanung zuzurechnen. Zu den Kernaufgaben zählen die langfristig ausgerichtete Produktionsprogrammplanung, die mittelfristig orientierte Produktionsbedarfsplanung, die kurzfristige Eigenfertigungs- sowie die ebenfalls kurzfristige Fremdbezugsplanung und -steuerung. Als Querschnittsaufgaben werden darüber hinaus das Auftrags- und das Bestandsmanagement sowie das Controlling bezeichnet. Als Grundlage jeglicher Planungstätigkeit ist die übergreifende Datenverwaltung den Netzwerk-, Kern- und Querschnittsaufgaben zugerechnet (vgl. SCHUH ET AL. 2012c, S. 72).

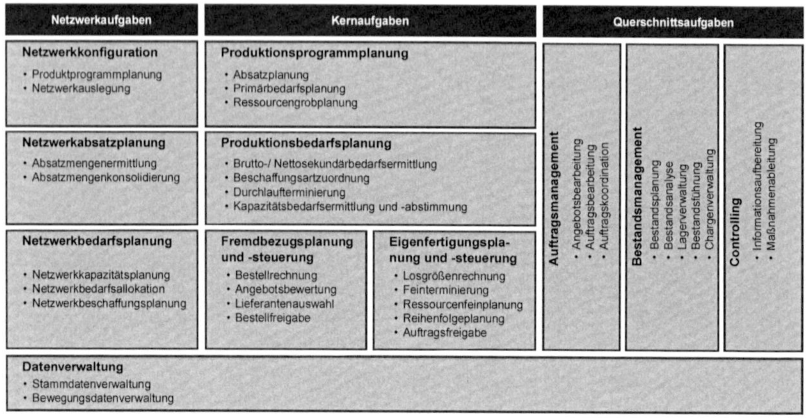

[in Anlehnung an SCHUH ET AL. 2012c, S. 30]

Abbildung 2-3: Aufgaben der Produktionsplanung und -steuerung

In Anknüpfung zur Aufgaben- ordnet die Prozesssicht die vormals aufgeführten Aufgaben in einer zeitlich-logischen Reihenfolge an und ermöglicht somit eine detailliertere Beschreibung der Auftragsabwicklung. Demgegenüber bildet die Prozessarchitektursicht die Schnittstelle zwischen Aufgaben- und Prozesssicht, indem sie Zusammenhänge zwischen Aufgaben der Netzwerk- und der Unternehmensebene festlegt. Die Beschreibung von Anforderungen, welche sich aus den Prozessen an eine Unterstützung dieser durch IT-Systeme ableiten lassen, ist Aufgabe der Funktionssicht.

2.2 Management- und Produktionskybernetik

Der Begriff der Kybernetik leitet sich von dem griechischen Wort kybernétes ab und bedeutet so viel wie Steuermann oder Steuermannskunst. BEER definiert die Kybernetik als die Wissenschaft von Kommunikation und Regelung (vgl. 1962, S. 21), welche wiederum auf verschiedene andere Forschungsbereiche wie Technik, Biologie, Physik oder Soziologie anwendbar ist. Die Kybernetik als Wissenschaft konzentriert sich über die Struktur hinaus auf die Lenkung, Anpassung und die Kommunikation von und in Systemen und kann somit als Teil der Systemtheorie betrachtet werden. Die **Systemtheorie** als formale Wissenschaft beschäftigt sich dagegen vorrangig mit der Struktur komplexer Systeme und deren Verknüpfungen. Der zentrale Betrachtungsfokus der Systemtheorie liegt somit auf dem Aufbau und nicht auf der Steuerung und der Funktionsweise von Systemen (vgl. SCHWANINGER 2004, S. 4), wobei der Systemansatz, das damit verbundene systemorientierte Denken sowie das systemorientierte Vorgehen als Bestandteil des Systemdenkens Grundlage der Systemtheorie sind (vgl. HABERFELLNER U. DAENZER 2002, S. 4). Ein System wird dabei in der Literatur verschiedenartig definiert. Die Definitionen unterscheiden sich im Wesentlichen durch den Fokus der betrachteten Wirkzusammenhänge und durch die Abgrenzung des betrachteten

Konstrukts gegen seine Umwelt. BEER definiert ein System bspw. als „a group of elements dynamically related in time according to some coherent pattern" (BEER 1962, S. 79). Systeme bestehen wiederum aus Elementen, welche definierte Eigenschaften bzw. Attribute besitzen und zwischen diesen Elementen bestehen Beziehungen, z. B. in Form von Material- oder Informationsflüssen oder anderer Wirkungszusammenhänge (vgl. RIGGS 1987, S. 502ff.; HABERFELLNER U. DAENZER 2002, S. 5).

Als Teilbereich der Systemtheorie ist die **Kybernetik** „die Wissenschaft von Kommunikation und Regelung. Sie ist auf verschiedene Forschungsbereiche anwendbar: u. a. auf die Technik, die Biologie, die Physik, die Soziologie." (BEER 1962, S. 21). Als Begründer der Kybernetik gilt der Mathematiker NORBERT WIENER, welcher in seinem Werk „Cybernetics, Control and Communication in the Animal and the Machine" im Jahre 1948 die ersten Ergebnisse kybernetischer Forschung zusammenstellt (vgl. WIENER 1961 (zweite Auflage)), wobei sich diese im Wesentlichen mit der Verbesserung des ballistischen Verhaltens ferngelenkter Waffen durch die Anwendung von Steuerungs- und Regelungsvorgängen aus biologischen Systemen befassten (vgl. STRINA 2007, S. 10f.).

Als fundamentalem Konzept der Kybernetik kommt dem **Regelkreis** als vereinfachter Darstellungsform von Lenkungsvorgängen in Systemen eine übergeordnete Bedeutung zu (vgl. Abbildung 2-4). Grundsätzlich stehen dabei zwei unterschiedliche Mechanismen zur Lenkung von Prozessen zur Verfügung, die Rück- bzw. die Vorkopplung.

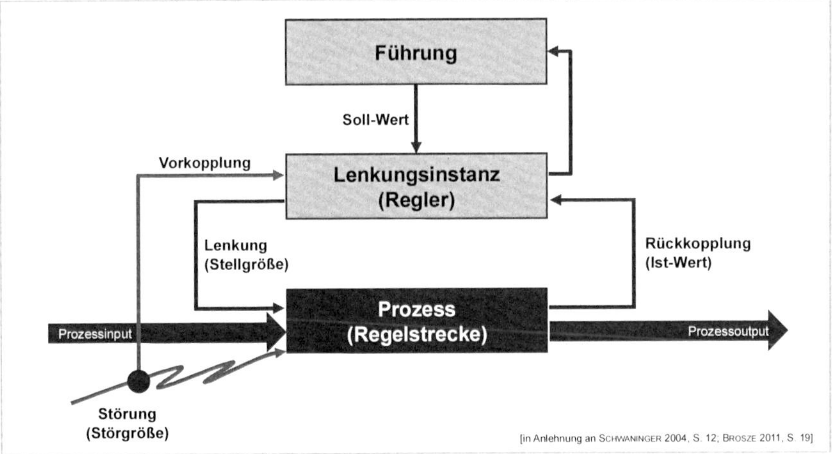

Abbildung 2-4: Regelkreis zur Lenkung von Systemen

Beim Rückkopplungsmechanismus werden die vom Prozess generierten Outputgrößen erfasst, als Istwerte an die Lenkungsinstanz zurückgemeldet, mit den vorgegebenen Sollwerten verglichen und anschließend Lenkungsentscheidungen getroffen. Ergänzend dazu erfasst das Prinzip der Vorkopplung mögliche Störgrößen auf den Prozess und kann somit den Auswirkungen der Störgrößen bereits im Vorfeld durch Lenkungsentscheide antizipativ entgegenwirken.

Die Kybernetik lässt sich in eine Kybernetik erster sowie zweiter Ordnung unterteilen. Die **Kybernetik erster Ordnung** geht dabei von einem zweckorientierten System mit von außen vorgegebenem Zielsystem aus, wobei die Problemsituation als Blackbox modelliert wird und die Verhaltensweise des Systems determiniert (vgl. ESPEJO U. SCHWANINGER 1993, S. 69f.). Charakteristisch für die Kybernetik erster Ordnung ist, dass der Regler nicht als Teil des zu lenkenden Systems, sondern als außerhalb stehend betrachtet wird (vgl. THIEM 1998, S. 16). Aus diesem Grund ist die Kybernetik erster Ordnung für eine adäquate Beschreibung der Verhaltensweisen von komplexen oder gar äußerst komplexen Systemen wie dem der Produktionsplanung und -regelung im Rahmen der Auftragsabwicklung nicht geeignet, da der Regler insbesondere bei solchen Systemen durch die sich verändernden Umweltbedingungen und ständig wechselnden Störgrößen Einfluss auf seine Führungsgrößen nehmen können muss. Der Regler würde anderenfalls von der Flut der Varietät möglicher Umweltzustände überschwemmt werden. Die Arbeit des Reglers wird daher von einer Führungsinstanz überwacht, die auf Basis der Entwicklungen von Ausgangsgrößen über die Variation der Führungsgröße und Veränderung der Regelungsalgorithmen aktiven Einfluss auf den Regler nehmen kann (vgl. SCHWANINGER 1994, S. 23). Die Möglichkeit der Anpassung transformiert das ursprünglich selbst regelnde in ein selbst organisierendes System (vgl. BEER 1979, S. 63ff.).

Im Vergleich zur Kybernetik erster Ordnung berücksichtigt die **Kybernetik zweiter Ordnung** die Möglichkeit der Anpassung von Führungsgrößen (vgl. HEYLIGHEN U. JOSLYN 2001, S. 3). Der Regler ist Teil des zu regelnden Systems und kann die Führungsgrößen des Systems aktiv gestalten, wodurch das System innerhalb festgelegter Rahmenbedingungen eigenständige, zielorientierte Entscheidungen treffen kann.

Anwendung findet die Kybernetik zweiter Ordnung in der so genannten **Managementkybernetik**, welche als die konkrete Anwendung der kybernetischen Naturgesetze auf jede Art vom Menschen geschaffener Organisationen und Institutionen, auf ihren Umgang mit und in ihnen, zu verstehen ist. Aufgrund ihrer Fähigkeit zur Komplexitätsbewältigung werden kybernetische Methoden heute vielfach zur Problemlösung in der Managementtheorie eingesetzt. Der vielversprechendste Lösungsansatz wird dabei in den Forschungsergebnissen von STAFFORD BEER gesehen, welcher heute als Pionier der Managementkybernetik betrachtet wird (vgl. MALIK 2006, S. 7f.) und als Ergebnis seiner Forschungstätigkeiten das Modell Lebensfähiger Systeme (engl. „Viable System Model“) entwickelt hat. Dieses Modell bietet einen Lösungsansatz für den Aufbau und die Funktionsweise von Systemen, welche ein hohes Maß an Komplexität, bedingt durch die sich ständig ändernde Umwelt, bewältigen müssen.

Neben dem Anwendungsbereich in Organisationen und Institutionen spielen kybernetische Grundlagen auch in Mensch-Maschine-Systemen und -Interaktionen eine wichtige Rolle (vgl. MARKS 1991; ZÜHLKE U. SCHNEIDER 1994). In diesem Zusammenhang sind Menschen mit steuernden oder regelnden Eigenschaften als Teil eines Reglers oder als Teil der Regelstrecke in den Regelkreis integriert (vgl. RAUCH 1997, S. 17f.). Dieser Bereich der Kybernetik wird auch als **Produktionskybernetik** bezeichnet (vgl. THOME 1977; PAWELLEK 1993; PAWELLEK ET AL. 1994) und gestaltet dabei das System der Produktion, insb. Strukturen, Verhalten und Regeln, welche in technisch-organisatorischen Regelkreisen innerhalb des komplexen Netzwerks von Produktionsprozessen zusammenfließen (vgl. KOMOREK 1991). Als technisch-organisatorische Regelkreise gelten diejenigen Regelkreise, in denen Menschen und Maschinen teils in geregelten, teils in regelnden Prozessen zusammenwirken. Nach MALIK (vgl. 1993) weisen technisch-organisatorische Regelkreise im Vergleich zu Regelkreisen aus anderen Anwendungsgebieten folgende Charakteristika auf:

- Hierarchien in der Aufbauorganisation eines Unternehmens spiegeln sich meist in mehrstufigen Regelkreisstrukturen wieder. Leitende Mitarbeiter sind als Regler für einen Teil der Produktion verantwortlich, welcher wiederum aus mehreren Regelkreisen bestehen kann.

- Die im Unternehmen definierte Organisation der Produktion gibt einen formalen Rahmen vor. Aufgrund der spezifischen Eigenschaften des Systems Produktion, insbesondere der Abhängigkeit von verschiedenen Umwelteinflüssen, bildet sich darüber hinaus üblicherweise ein dichtes Netzwerk informeller Strukturen und Prozesse.
- Die Komplexität informeller Strukturen und Prozesse erhöht die Gefahr von ineffizienten Redundanzen sowie die Störanfälligkeit des Gesamtsystems. Dabei ist die Störanfälligkeit des Menschen nachweislich höher als die der Betriebsmittel (vgl. EVERSHEIM 1993).
- Die Komplexität voneinander abhängiger Strukturen und Prozesse steht in direktem Zusammenhang mit dem Unsicherheitsfaktor Mensch. Regelkreise bleiben einerseits oft unerkannt offen, d. h. es fehlt die Rückkopplung im Sinne der korrigierenden Beeinflussung, weil der Mensch dieses Netzwerk nur in begrenztem Maße überschaut. Andererseits erhöht die Flexibilität des Menschen in Verbindung mit geeigneten Hilfsmitteln (z. B. IT-Systemen) die Widerstandsfähigkeit gegenüber unerwarteten Ereignissen (Robustheit) und kann so die Funktionssicherheit des Regelkreises verbessern.

2.3 Regelungstechnik

Die Regelungstechnik als Teildisziplin der Kybernetik beschäftigt sich mit der Steuerung dynamischer Systeme (vgl. LUNZE 2010, S. 1ff.). Dabei wird unter einem dynamischen System eine Funktionseinheit verstanden, deren wichtigste Kenngrößen (Ein- und Ausgangsgrößen) sich zeitlich ändern und deshalb als eine Funktion der Zeit dargestellt werden. Die Eingangsgrößen wirken auf das dynamische System und verursachen zeitliche Veränderungen innerhalb des selbigen, wobei die Ausgangsgrößen das Verhalten des Systems auf die Eingangsgrößen beschreiben. Dabei werden die Veränderungen, welche sich in einem dynamischen System abspielen, als dynamische Prozesse bezeichnet und eine Steuerung kennzeichnet die zielgerichtete Beeinflussung dieses dynamischen Systems. Die Einrichtung zur Steuerung des Systems und das System selbst stehen dabei in ständiger Wechselwirkung und bilden einen Kreis. In diesem Zusammenhang ist von einer Steuerung im geschlossenen Wirkungskreis oder einer Regelung die Rede.

Nach DIN 19226 Teil 1 (Leittechnik, Regelungstechnik und Steuerungstechnik) ist eine **Regelung** als ein Vorgang definiert, „bei dem eine zu regelnde Größe (Regelgröße) fortlaufend erfasst, mit einer anderen Größe, der Führungsgröße, verglichen und im Sinne einer Angleichung an die Führungsgröße beeinflusst wird“ (DIN 1995a). Im Vergleich dazu ist von einer **Steuerung** die Rede, wenn „eine oder mehrere Größen als Eingangsgrößen andere Größen als Ausgangsgrößen aufgrund der dem System eigentümlichen Gesetzmäßigkeiten beeinflussen“ (DIN 1995a). Charakteristisches Unterscheidungsmerkmal ist daher die Wirkungsweise, da eine reine Steuerung über einen offenen, unidirektionalen Wirkungsweg verfügt, wohingegen eine Regelung einen geschlossenen, sich selbst beeinflussenden Wirkungsablauf besitzt (vgl. LUNZE 2010, S. 3f.; ABEL 2011, S. 5f.; Abbildung 2-5).

Abbildung 2-5 (unten) zeigt den Wirkungsplan des einfachen Regelkreises, welcher als etablierte Darstellungsform regelungstechnischer Phänomene dient und an welchem die wesentlichen Größen erläutert werden können (vgl. DIN 1995a): Die Regelstrecke ist als ein (dynamisches) System definiert, dessen Ausgangsgröße durch die Veränderung einer oder mehrerer Eingangsgrößen über die Zeit geregelt werden soll. Dabei ist die Regelgröße y(t) die Ausgangsgröße der Regelstrecke und soll auf einem vorgegebenen, konstanten oder veränderlichen Wert gehalten werden. Die Führungsgröße w(t) wird von außerhalb des Systems als Zielwert der Regelgröße vorgegeben und durch die Änderung der Stellgröße u(t) wird die Regelgröße beeinflusst, um sie der Führungsgröße anzugleichen. Der Regler vergleicht die Regel- mit der Führungsgröße und bildet aus der Differenz (Regelabweichung e(t)) die Stellgröße. Störgrößen d(t) sind alle auf die Regelgröße wirkenden Größen mit Ausnahme der Stellgröße.

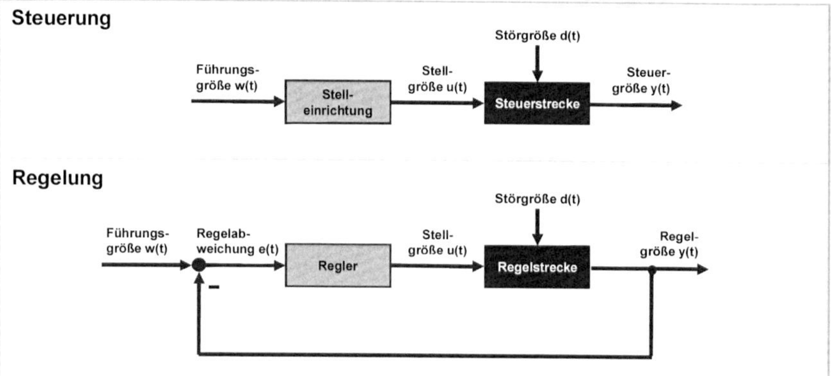

[in Anlehnung an LUNZE 2010, S. 9; ABEL 2011, S. 6]

Abbildung 2-5: Unterscheidung von Steuerung und Regelung

Wird innerhalb einer Regelung lediglich eine Regel- durch eine Stellgröße beeinflusst, ist von einer Eingrößenregelung oder einem einschleifigen Regelkreis die Rede. Regelungsaufgaben für Strecken mit mehreren Regel- und Stellgrößen werden dagegen als Mehrgrößenregelungen bezeichnet.

2.3.1 Regelungsarten

In Abhängigkeit des Hauptzweckes der Regelung werden grundsätzlich zwei Regelungsarten unterschieden, die Festwert- und die Folgeregelung (vgl. STACHOWIAK 1992, S. 183; UNBEHAUEN 2008, S. 7; LUNZE 2010, S. 344; ABEL 2011, S. 132). Bei der **Festwertregelung**, auch Störgrößenregelung genannt, handelt es sich um eine Regelung, welche überwiegend Störungen kompensieren und die Regelgröße auf einem konstanten Wert (der konstanten Führungsgröße) halten soll, obwohl die Regelstrecke von außen gestört wird (z. B. Heizungsthermostat). In diesem Zusammenhang ist es entscheidend, dass der Regler auf den typischerweise auftretenden Verlauf der Störgröße angemessen reagiert. Im Gegensatz dazu liegt bei der auch Nachlaufregelung genannten **Folgeregelung** der Fokus in erster Linie auf der Nachführung der Regelgröße anhand der sich im Zeitverlauf ändernden Führungsgröße (z. B. Adrenalinmenge im Blut). Eine Folgeregelung ergibt sich oft als Subsystem innerhalb eines komplexen Regelungsgefüges, wodurch mit Hilfe des Regelkreiskonstrukts eine Regulation eigenständig ablaufen kann, insofern sich die auftretenden Störgrößen innerhalb vorgegebener Grenzen bewegen (vgl. STRINA 2007, S. 24ff.). In diesem Fall kann hinsichtlich der Prozesslenkung von einer partiellen Autonomie des (Sub-)Systems gesprochen werden (vgl. HEYLIGHEN U. JOSLYN 2001, S. 162f.).

2.3.2 Erweiterung der Regelkreisstruktur

Zur Verbesserung diverser Eigenschaften eines Regelungssystems (z. B. schnellere Reaktionsfähigkeit auf äußere Einflüsse) kann es notwendig sein, die Grundstruktur eines sog. einschleifigen Regelkreises (genau eine Regel- und eine Stellgröße, vgl. Abbildung 2-5 unten) auf verschiedene Weisen zu erweitern. Regelkreise, die über mehr als eine verwendete Mess- bzw. Stellgröße und ggf. über mehrere Wirkungsschleifen verfügen sowie dadurch mehr Informationen über das Verhalten der Regelstrecke bzw. mehr Eingriffsmöglichkeiten in das Regelstreckenverhalten zur Verfügung stellen, werden als vermaschte Regelkreise bezeichnet (vgl. LUNZE 2010, S. 561ff.; ABEL 2011, S. 287f.).

Eine Kombination der vorteilhaften Eigenschaften einer Regelung (Rückkopplung und somit Störungskompensation) und der Möglichkeit einer schnelleren Umsteuerung eines Systems durch eine Steuerung in der offenen Wirkungskette werden als **Regelung mit Vorsteuerung** bezeichnet (vgl. Abbildung 2-6).

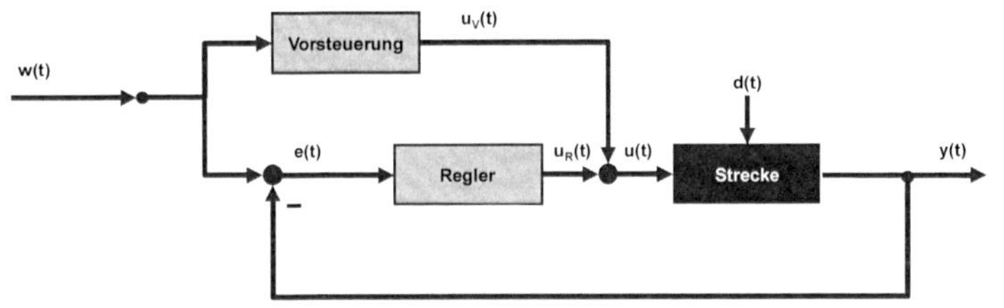

[in Anlehnung an LUNZE 2010, S. 11]

Abbildung 2-6: Struktur eines Regelkreises mit Vorsteuerung

Die auf die Regelstrecke wirkende Stellgröße u(t) setzt sich aus einem Vorsteuerungs- ($u_V(t)$) und einem Regelungsanteil ($u_R(t)$) zusammen. Die Vorsteuerung verfolgt dabei das Ziel, die Strecke möglichst schnell der Führungsgröße w(t) nachzuführen, während die Regelung für den Ausgleich der Störung d(t) zuständig ist.

Im Vergleich zu einer einfachen Regelung, bei der sich die durch die Einwirkung der Störgröße hervorgerufene Änderung der Regelgröße erst bei Vorliegen der Regelabweichung (y(t) – w(t)) durch Einwirken des Reglers kompensieren lässt (vgl. ZACHER U. REUTER 2011, S. 256), wird die Störgröße im Rahmen der **Störgrößenaufschaltung** vor Einwirken auf die Regelstrecke abgegriffen und dem Regelkreis über ein sog. Aufschaltgerät mit beliebig realisierbarem Verhalten an einer zweiten Stelle additiv zugeführt (vgl. Abbildung 2-7).

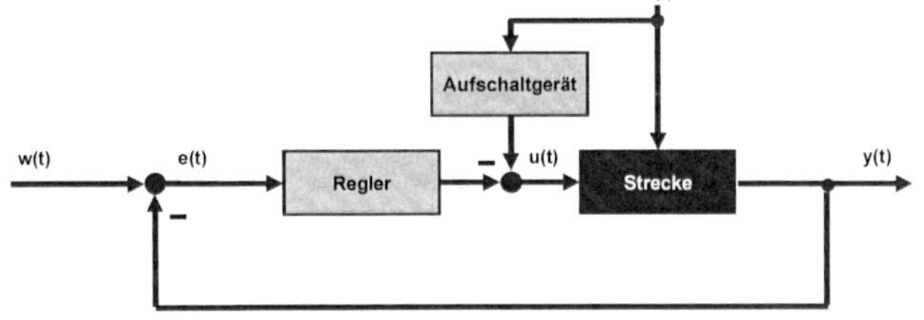

[in Anlehnung an LUNZE 2010, S. 562; ABEL 2011, S. 289]

Abbildung 2-7: Struktur eines Regelkreises mit Störgrößenaufschaltung

Die Zuführung der Störgröße geschieht dabei, je nach gewünschtem Verhalten, vor oder nach dem Regler mit dem Ziel der Minimierung der Störgrößenauswirkung. Da die Störgrößenaufschaltung eine reine Steuerung darstellt, können etwaige Stabilitätsprobleme des gesamten Regelungssystems ausgeschlossen werden (vgl. ABEL 2011, S. 290). Bedingung für die Realisierung einer Störgrößenaufschaltung ist jedoch die Messbarkeit der jeweiligen Störgröße (vgl. LUNZE 2010, S. 562).

Ist die Störgröße dagegen nicht eindeutig messbar, muss die Auswirkung der Störung auf die Regelstrecke möglichst nahe dem Störeingriffspunkt ermittelt werden, um trotz allem schnell auf eintretende Störungen reagieren zu können (vgl. LUNZE 2010, S. 565ff.). Dazu wird die Regelstrecke in zwei Teile zerlegt sowie eine **Hilfsregelgröße** $y_H(t)$ eingeführt, welche sowohl von der Stellgröße u(t) als auch von der Störung d(t) beeinflusst wird (vgl. Abbildung 2-8).

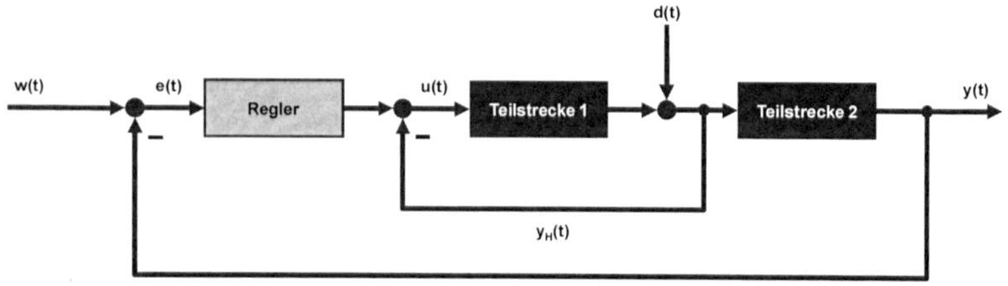

[in Anlehnung an LUNZE 2010, S. 566]

Abbildung 2-8: Struktur eines Regelkreises mit Hilfsregelgröße

Die Hilfsregelgröße wird folglich nach Eintritt der Störung gemessen und ist Eingangsgröße für den zweiten Teil der Regelstrecke. Vorteilhaft ist die Einführung einer Hilfsregelgröße dann, wenn der Signalweg der Störung durch die Regelstrecke sehr lang ist und die Störung demnach in der Nähe der Stellgröße eingreift. Durch eine hohe Regelverstärkung lässt sich die Geschwindigkeit des aus der Rückführung der Hilfsregelgröße und dem ersten Teil der Regelstrecke gebildeten Kreises erhöhen, um somit die Wirkung der Störung auf den Eingang des zweiten Teils der Regelstrecke zu verringern.

Bei der **Kaskadenregelung**, als Spezialfall der Regelung mit Hilfsregelgröße, wird zusätzlich der Regler in zwei Teile zerlegt und die Hilfsregelgröße als zweite Eingangsgröße an den zweiten Teil des Reglers angelegt (vgl. LUNZE 2010, S. 567f.). Als Ergebnis der Zerlegung entstehen zwei einander überlagernde Regelkreise, wobei der äußere den Sollwert für den inneren Regelkreis liefert (vgl. Abbildung 2-9).

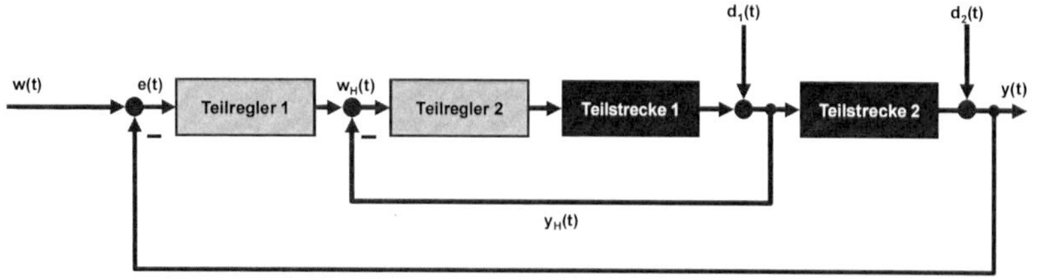

[in Anlehnung an LUNZE 2010, S. 568; REUTER U. ZACHER 2011, S. 252]

Abbildung 2-9: Struktur einer Kaskadenregelung

Die beiden Teilregler werden oftmals auch als Führungs- und Folgeregler bezeichnet, wobei der innere im Gegensatz zum äußeren Regelkreis eine feinere Zeitauflösung besitzt und somit schneller reagiert (regelt). Die Vorteile der Kaskadenregelung kommen insb. bei der Existenz großer bzw. stark unterschiedlicher Zeitkonstanten zum Tragen, da kleine, schnelle Abweichungen und Störungen genauso schnell ausgeregelt werden können und nicht zuvor das Gesamtsystem zu durchlaufen haben. Ebenso unterstützt die Kaskadenregelung die Separierbarkeit von Störgrößen sowie eine Abgrenzung und Schaffung einer Hierarchie der Regelkreise untereinander, da die Führungsgröße des inneren Regelkreises vom Sollwertbereich des äußeren Reglers abhängt (vgl. NYHUIS ET AL. 2009).

Eine weitere Möglichkeit zum schnelleren Entgegenwirken bei Störungen ist die zusätzliche Verwendung einer **Hilfsstellgröße**, welche in der Nähe des Eingriffsortes der Störung wirkt (vgl. LUNZE 2010, S. 569f.; Abbildung 2-10).

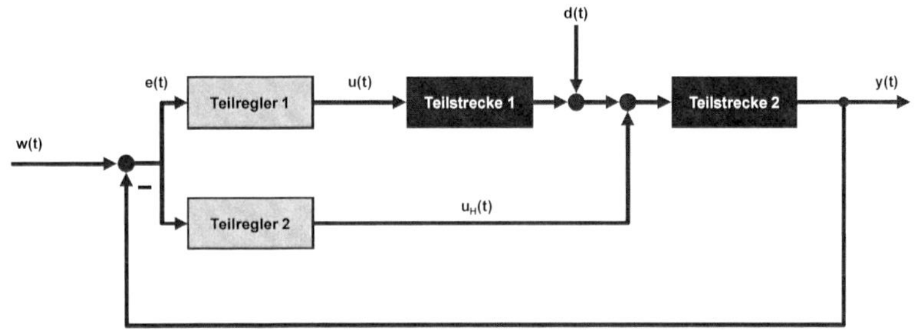

[in Anlehnung an LUNZE 2010, S. 570]

Abbildung 2-10: Struktur eines Regelkreises mit Hilfsstellgröße

Der Teilregler 2 bildet dabei mit dem zweiten Streckenteil einen Kreis, welcher die Störung ausregeln soll. Dies ist gut möglich, wenn die Störung in der Nähe des Ausgangs von Teilstrecke 1 angreift und Teilstrecke 2 folglich wenig Zeitverzögerung beinhaltet.

Ist die Stellgröße eines Regelungssystems nicht kontinuierlich zu jedem Zeitpunkt unter Nutzung des aktuellen Messwertes der Regelgröße und der Führungsgröße ermittelbar, sondern nur zu bestimmten, diskreten Zeitpunkten berechenbar, wobei diese Zeitpunkte um mindestens die Rechenzeit für den Regelalgorithmus auseinander liegen, ist von einer digitalen Regelung die Rede (vgl. BREITHAUPT 2001, S. 73; LUNZE 2008, S. 409ff.; ABEL 2011, S. 239). Das Konzept der sog. **Abtastregelung** ermöglicht auch dann eine Regelbarkeit, wenn Regelgrößen nur diskontinuierlich gemessen werden können, Stellgrößen nur zu bestimmten Zeitpunkten veränderbar sind und der Regler nur zeitdiskrete Größen verarbeiten kann. Dazu existieren innerhalb des Regelkreises kontinuierlich und diskret arbeitende Bereiche, zwischen denen die Bausteine Abtaster und Halteglied vermitteln (vgl. Abbildung 2-11). Der Abtaster übernimmt dabei die zeitliche Diskretisierung der kontinuierlichen Größe. Im Anschluss an die Abtastung liegt zunächst eine Wertefolge vor, die durch den Regler weiterverarbeitet werden kann. Um das Verarbeitungsergebnis des Reglers dem kontinuierlichen Bereich wieder zuführen zu können, hält das Halteglied den jeweils letzten, diskreten Wert so lange, bis ein neuer Wert den Eingang des Haltegliedes erreicht. Um durch das Abtasten keinen Informationsverlust und vor allem keine Informationsverfälschung hervorzurufen, ist die Abtastfrequenz bzw. Abtastrate an das potenzielle Eingangssignal anzupassen. Hierzu definiert das allgemein anerkannte Abtasttheorem nach SHANNON und NYQUIST eine Gesetzmäßigkeit, welche einen Informationsverlust durch eine sog. Unterabtastung verhindert. Danach muss die Abtastfrequenz mehr als doppelt so groß sein wie die höchste im Regelkreis vorkommende Frequenz, um ein kontinuierliches Signal aus den Abtastwerten exakt rekonstruieren zu können (vgl. RUHM 2003; LUNZE 2008, S. 413f.), da aufgrund von Abtaster und Halteglied weniger Informationen von der Regelstrecke zum Regler und umgekehrt übertragen werden können. Diese Unterschiede hängen stark von der Abtastperiode ab und werden umso größer, je größer diese gewählt wird.

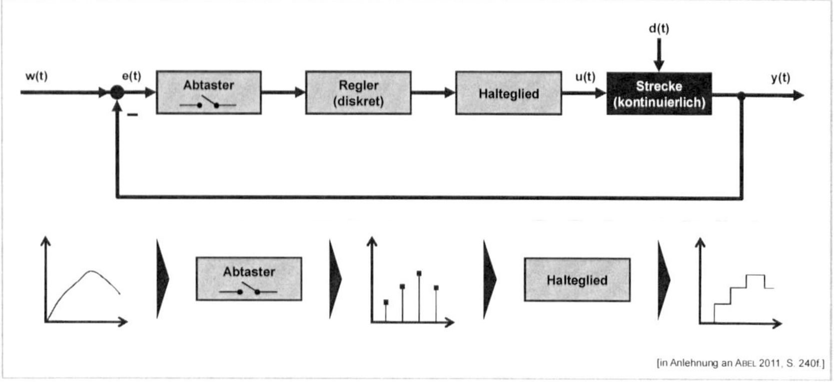

Abbildung 2-11: Struktur einer Abtastregelung

Für die richtige **Wahl der Abtastperiode** spielen eine Reihe technischer Randbedingungen eine entscheidende Rolle (vgl. LUNZE 2008, S. 420f.):

- Die Abtastperiode sollte aus regelungstechnischer Sicht so klein wie möglich gewählt werden, damit das zeitdiskrete dieselben Eigenschaften aufweist wie das kontinuierliche System.
- Zur Minimierung des Realisierungsaufwands sollte die Abtastperiode dagegen so groß wie möglich gewählt werden.
- Als direkte Vorgabe für die Wahl der Abtastperiode gilt die größte im Regelkreis auftretende Frequenz, welche durch das Führungssignal, die Störungen oder die Bandbreite der Regelstrecke bestimmt werden kann (Abtastfrequenz theoretisch mindestens doppelt so groß wie die größte im Regelkreis vorkommende Frequenz). Tatsächlich sollte die Abtastfrequenz für gutes Führungsverhalten und schnelle Störunterdrückung jedoch eine sechs- bis zwanzigfache Genauigkeit wie die größte im Regelkreis vorkommende Frequenz aufweisen.

2.3.3 Güteforderungen einer Regelung

Die Qualität oder Güte einer Regelung lässt sich nach LUNZE im Allgemeinen anhand von vier Gruppen von Güteforderungen beurteilen: Stabilitätsforderung, Forderung nach Störkompensation und Sollwertfolge, Dynamik- und Robustheitsforderungen (vgl. 2010, S. 339ff.), wobei die Stabilität der Regelung in diesem Zusammenhang als das Hauptgütekriterium gilt.

Als **Stabilität** wird diejenige Eigenschaft eines Systems bezeichnet, auf eine beschränkte Anregung mit einer beschränkten Bewegung zu reagieren (vgl. LUNZE 2010, S. 401) bzw. gilt der Umstand, dass die Regelgröße nach Störungseinwirkung lediglich Schwingungen mit nachlassender Amplitude ausführen kann und nach einem gewissen Zeitraum ohne weitere Einwirkung einen Verharrungszustand erreicht (vgl. ZACHER U. REUTER 2011, S. 167). Die Stabilität eines Regelkreises hängt sowohl von den Merkmalen der Regelstrecke als auch von den Kenngrößen des Reglers ab. Zur Stabilitätsermittlung existieren verschiedene Stabilitätskriterien, wobei in diesem Zusammenhang zumeist zwischen der Zustands- und der Eingangs-/ Ausgangsstabilität (E/A-Stabilität) unterschieden wird (vgl. TRÖSTER 2005, S. 115f.; LUNZE 2010, S. 401ff.). Ein zustandsstabiles System zeichnet sich durch ein Verharren in seiner Ruhelage bei Nichtvorhandensein einer äußeren Anregung und Rückkehr in seine Ruhelage bei Wegnahme einer äußeren Anregung aus. Ein E/A-stabiles System ist hingegen dadurch gekennzeichnet, dass unabhängig von der äußeren Einwirkung stets mit einer beschränkten Regelgröße als Ausgangsgröße reagiert wird.

Im Sinne des Regelungsziels, der Angleichung der Regel- an die Führungsgröße, ist die bleibende Regelabweichung von Regel- und Führungsgröße ein entscheidendes Maß für die Zielerreichung. Im Sinne der Forderung nach **Störkompensation und Sollwertfolge** soll die Regel- der Führungsgröße für vorgegebene Klassen von Führungs- und Störgrößen asymptotisch folgen, d. h. der Regelkreis soll ein vorgegebenes stationäres Verhalten besitzen. Sind die Forderungen nach Stabilität sowie Störkompensation und Sollwertfolge erfüllt, stellt sich für große Zeiten t keine bleibende Regelabweichung e(t) ein (vgl. LUNZE 2010, S. 340).

Innerhalb des Betriebs der Regelung sind im Zusammenhang zwischen Führungs- bzw. Störgröße und der Regelgröße bestimmte Güteforderungen zu erfüllen, wobei sich die **Dynamikforderungen** dabei an das Übergangsverhalten und damit an die Art und Weise, wie sich die Regel- an die Führungsgröße annähert, wenden (vgl. LUNZE 2010, S. 341). Die Anschwingzeit ist zu Beginn der Regelungsaktivität ein Maß für die Schnelligkeit der Regelung und beschreibt die Zeitdauer zwischen dem Auftreten des Führungs- oder auch Störsprungs und dem erstmaligen Eintritt der Regelgröße in ein vorgegebenes Toleranzfeld. Das Feld aus oberer und unterer Toleranzgrenze wird dabei meist mit ± 2 % bis ± 4 % des angestrebten Endverharrungszustands gewählt. Ein weiteres Zeitmaß stellt die Einschwingzeit dar, welche zeitgleich mit der Anschwingzeit beginnt, jedoch zu dem Zeitpunkt endet, ab welchem die Regelgröße das gewählte Toleranzfeld nicht mehr verlässt. Die Einschwingzeit charakterisiert somit den Grad der Dämpfung der betrachteten Regelung. Die Überschwingweite beschreibt den maximalen Wert, um den die Regelgröße die Führungsgröße im Rahmen des Angleichungsprozesses überschwingt und wird im Verhältnis zur Führungsgröße angegeben. Die Überschwingweite stellt im Kontext eines Störgrößensprungs die maximale Regelabweichung dar.

Im Sinne des vierten und letzten Gütekriteriums gilt eine Regelung nach DIN IEC 60050-351-26-39 als **robust**, wenn sie ungeachtet großer Änderungen der Prozessparameter eine zufriedenstellende Funktion gewährleistet (vgl. DIN 2009). Eine Verhaltensabweichung zwischen realer Regelstrecke und entworfenem Regelstreckenmodell ist somit bei robuster Regelung kein problematischer Umstand (vgl. ABEL 2011, S. 364). Elementar erforderlich für die Realisierbarkeit der Robustheit ist hingegen die quantitative Bekanntheit der Größe des Modellfehlers (vgl. LUNZE 2010, S. 572). Da solche Modellfehler jedoch nie exakt prognostizierbar sind, ist eine Fehlerabschätzung und Auslegung der Regelung auf dieser Basis erforderlich. Beim Konzept der robusten Regelung handelt es sich somit um eine allgemeingültige Bezeichnung für eine Reihe von Anforderungen an das Regelungssystem. Die Regelung muss innerhalb vorhersehbarer Fehlerkorridore bezüglich ihres internen Aufbaus (zusätzlich zu den von außen wirkenden Einflussgrößen) ihren Funktionszweck erfüllen und dabei eine Maximierung ihres Stabilitätsbereiches anstreben.

2.3.4 Anwendung regelungstechnischer Prinzipien in der (diskreten) Produktion

Als ingenieurwissenschaftliche Disziplin beschäftigt sich die Regelungstechnik mit der Regelung dynamischer, d. h. zeitlich veränderlicher, physikalischer Größen in technischen Systemen, wobei die Größen Druck, Temperatur, Geschwindigkeit oder Drehzahl in diesem Zusammenhang typische Regelgrößen darstellen. Charakteristisch für all jene Größen sind dabei ihr Resultieren aus eindeutig ermittelbaren, technischen Wirkungszusammenhängen sowie ihre kontinuierliche Messbarkeit bzw. ihre Messbarkeit in zeitlich konstanten Abständen. Übertragen auf den Betrachtungsbereich einer diskreten, d. h. nicht kontinuierlich, sondern in definierten Schritten voranschreitenden, Produktion, bei der im Sinne eines Wertschöpfungsprozesses sog. Input- zu Outputfaktoren transformiert werden, liegen dagegen keine eindeutigen und insb. keine stetigen Wirkzusammenhänge vor. Vielmehr setzt sich die Gesamt-Regelstrecke aus einer Vielzahl von Einzelregelstrecken mit begrenzt definierten Verbindungen zusammen, was in der Folge zu latent unrealistischen Regelkreismodellen führt. Ebenso lassen sich auch Produktionssysteme nach der Definition in Kapitel 2.1.1 sowie dem hier vorliegenden Verständnis nicht als zeitkontinuierliches, dynamisches System verstehen (vgl. SIMON 1995, S. 37).

Sind zeitlich kontinuierlich ablaufende Prozesse nicht zu jedem Zeitpunkt durch eine Regeleinrichtung mess- und somit beeinflussbar, stellt die Regelungstechnik die Möglichkeit der Überführung der kontinuierlichen in eine zeitdiskrete Ersatzregelstrecke bereit (vgl. WÖRN U. BRINKSCHULTE 2005, S. 98). Dabei wird das kontinuierliche Signal der Regelstrecke im Rahmen einer Abtastregelung (vgl. Kapitel 2.3.2) zu diskreten Zeitpunkten abgefragt und somit rekonstruiert. Aufgrund ihrer Charakteristik als diskrete, ereignisorientierte und stochastische Prozesse sowie ihrer im Vergleich zur klassischen Regelungstechnik großen Zeitkonstanten sind Produktionsprozesse regelungstechnisch betrachtet stark verzögerungs- und totzeitbehaftet, d. h. durch Stellgrößen provozierte Änderungen der Regelgrößen sind erst nach einer definierten (langen) Zeitspanne am Ausgang der Regelstrecke messbar. Totzeiten im Regelkreis sowie das Nicht-Vorhandensein mathematischer Modelle der Regelstrecken führen dazu, dass sämtliche regelungstechnischen Methoden streng genommen nicht innerhalb einer diskreten Produktion anwendbar sind. Unter der Prämisse, dass die Änderungsfrequenzen der Regelgrößen in der betrieblichen Praxis bedeutend kleiner als die jeweiligen Abtastraten sind, was regelungstechnisch somit keine Signalverzerrung zur Folge hätte, können Produktionsprozesse quasi kontinuierlich behandelt werden (vgl. PETERMANN 1996, S. 84; REUTER U. ZACHER 2008, S. 319), was somit die Anwendung der Methoden und Gütekriterien der analogen Regelungstechnik gestattet (vgl. REUTER U. ZACHER 2008, S. 342). Zusätzlich dazu kann das Prinzip der Echtzeitfähigkeit (vgl. Kapitel 2.4) die Übertragbarkeit regelungstechnischer Prinzipien auf die diskrete Produktion unterstützen, indem es Gesetzmäßigkeiten zur Verzögerungs- bzw. Totzeitbeschränkung definiert.

2.4 Echtzeitsysteme

Stehen neben der Korrektheit der Datenverarbeitung und der Ergebnisse ebenso die Erfüllung definierter (harter) Zeitbedingungen im Vordergrund einer Prozessleitung, -steuerung oder -regelung ist von sog. Echtzeitsystemen die Rede (vgl. WÖRN U. BRINKSCHULTE 2005, S. 1ff.). Echtzeitsysteme erweitern dabei das aus der Regelungstechnik bekannte Modell des Regelkreises, bestehend aus einem technischen (Regelstrecke), einem Mess- sowie einem

Stellsystem, um die Komponente eines Rechensystems, wobei das technische als externes und das Rechensystem als internes System bezeichnet wird und Mess- und Stellsystem die verbindenden Elemente darstellen (vgl. ZÖBEL 2008, S. 7; Abbildung 2-12). Über das Messsystem (Sensorik) nimmt das Rechensystem eingehende Daten des technischen Systems auf und berechnet daraus Ausgabedaten für das Stellsystem (Aktorik). Ein Echtzeitsystem besteht somit aus Hardware- und Softwarekomponenten und erfasst und verarbeitet interne sowie externe Ereignisse.

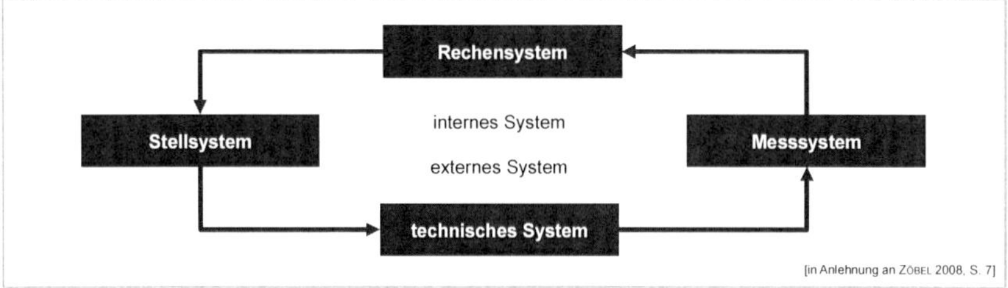

Abbildung 2-12: Grundmodell eines Echtzeitsystems

Sind die Programme zur Verarbeitung der anfallenden Daten innerhalb des Rechensystems ständig betriebsbereit, sodass die Verarbeitungsergebnisse innerhalb einer vorgegebenen Zeitspanne verfügbar sind, wird der Betrieb des Rechensystems nach DIN 44300 (Informationsverarbeitung) als Echtzeitbetrieb bezeichnet (vgl. DIN 1995b).

Als allgemeine Anforderungen an Echtzeitsysteme gelten in der Literatur die Rechtzeitigkeit, Gleichzeitigkeit sowie eine spontane Reaktion auf Ereignisse. Die Rechtzeitigkeit eines Echtzeitsystems fordert dabei, dass das Ergebnis für den betrachteten Prozess bzw. das technische System rechtzeitig vorliegen muss (vgl. WÖRN U. BRINKSCHULTE 2005, S. 1). Nach dem Prinzip der Gleichzeitigkeit müssen hingegen viele Aufgaben gleichzeitig bearbeitet werden, wobei jede Aufgabe ihre eigenen Zeitanforderungen besitzen kann. Ebenso muss das Echtzeitsystem eine spontane Reaktion auf Ereignisse ermöglichen, indem es auf zufällig auftretende interne oder externe Ereignisse aus dem Prozess innerhalb einer definierten Zeit reagiert. Darüber hinaus werden weitere Kriterien wie eine Vorhersagbarkeit der Ergebnisexistenz, Sicherheit und Zuverlässigkeit des Echtzeitsystems gefordert (vgl. ZÖBEL 2008, S. 18).

In Abgrenzung zur Regelungstechnik, bei der technische Größen und Parameter die charakteristischen Größen (des Regelkreises) bilden, stehen bei Echtzeitsystemen Informationen und Daten als zu verarbeitende Elemente im Vordergrund. In der betriebs- und ingenieurwissenschaftlichen Literatur bestehen zur Definition des Begriffes **Information** zahlreiche Ansätze. Nach DIN 44300-1 ist eine Information definiert als „für Übermittlung und Aneignung in Form gebrachtes Wissen (objektartig), aber auch Ablauf oder Ergebnis der Übermittlung und Aneignung derartigen Wissens (vorgangsartig)“ (DIN 1995b). Die Information unterscheidet sich von der Nachricht dadurch, dass sie dem Empfänger zu einem bestimmten Zweck dient und einen Wissenszuwachs bei ihm generiert, wohingegen die Nachricht als die Mitteilung von Daten an einen Empfänger bezeichnet wird. Als **Daten** werden schließlich Zeichen oder Kombinationen von Zeichen definiert, welche wiederum die grundlegende Darstellungsform von Informationen und Nachrichten bilden (vgl. KRCMAR 2010, S. 15f.). Informationen lassen sich anhand unterschiedlicher Ausprägungen kategorisieren. Einerseits werden Informationen als immaterielle Wirtschaftsgüter wie ein Produkt gehandelt, andererseits sind sie ein wichtiger Produktionsfaktor zur Koordination von Prozessen (vgl. HILDEBRAND 2001, S. 4). Im Rahmen der vorliegenden Dissertation werden Informationen vornehmlich in ihrer Eigenschaft als Produktionsfaktoren behandelt.

Innerhalb der weiteren Konkretisierung des Echtzeitbegriffs wird in der Literatur zwischen sog. harten und weichen Echtzeitbedingungen unterschieden (vgl. LIU 1973, S. 47; ZÖBEL 2008). Bei einer **harten Echtzeitbedingung** ist eine Verfehlung der Zeitspanne, in welcher eine Information verarbeitet wird, nicht akzeptabel, da die Information außerhalb dieses festgeschriebenen Zeitfensters jeglichen Nutzwert verliert. Weiche Zeitbedingungen herrschen hingegen vor, wenn eine stochastische Schwankung der Informationszeitpunkte ausreicht, da der nach der Zeit aufgelöste Nutzwert einer Information außerhalb des Fensters nach wie vor (geringfügiger) positiv ist, sodass ein Über- oder Unterschreiten der Zeitbarrieren den Nutzen zwar senkt, ihn jedoch nicht vernichtet (vgl. Abbildung 2-13).

Abbildung 2-13: Echtzeitbedingungen

In der Literatur wird unter dem Begriff der Echtzeit vorrangig der harte Echtzeitbegriff verstanden und entsprechende Systeme werden als **echtzeitfähig** bezeichnet (vgl. ZÖBEL 2008, S. 7). Demzufolge ist für den weiteren Fortgang der Untersuchung bei Verwendung des Echtzeitbegriffs von harten Echtzeitbedingungen auszugehen, soweit nicht ausdrücklich anders angegeben.

2.5 Terminologische Abgrenzung der Untersuchung

Das Ignorieren bestimmter Phänomene der Realität, um somit den Betrachtungsschwerpunkt auf andere Ausprägungen des Untersuchungsbereichs legen zu können, ist charakteristisch für jede Untersuchung (vgl. MALONE U. CROWSTON 1994, S. 100). Daher wird der Gültigkeitsbereich der folgenden Untersuchungs- und Gestaltungsschritte zunächst auf Basis des zuvor definierten Begriffssystems terminologisch konkretisiert und innerhalb eines morphologischen Merkmalsschemas zusammengefasst (vgl. Abbildung 2-14).

Die Zielgruppe für das zu entwickelnde Gestaltungsmodell einer echtzeitfähigen Produktionsplanung und -regelung bilden Unternehmen des Maschinen- und Anlagenbaus. Diese zeichnen sich durch die Auslösung sämtlicher Aktivitäten der Auftragsabwicklung durch einen individuellen Kundenauftrag oder eine kundenindividuelle Anfrage aus und werden folglich dem Typus des Auftragsfertigers zugeordnet (vgl. EVERSHEIM 2002, S. 166; SCHÖNSLEBEN 2011, S. 389; SCHUH ET AL. 2012e, S. 136f.). Dabei kann die Festlegung der Erzeugnisspezifikation entweder vollständig anhand der Anforderungen des Kunden oder aufbauend auf einer typisierten Grundspezifikation mittels kundenindividueller Varianten erfolgen. Die zu produzierenden Maschinen und Anlagen sind mehrteilig, von komplexer Struktur und werden in Einmal- bzw. Einzel- und Kleinserienfertigung realisiert (vgl. EVERSHEIM

2002, S. 167). In Bezug auf die Netzwerkstufe, d. h. die Position innerhalb der Lieferkette, sind Unternehmen des Maschinen- und Anlagenbaus als Produzenten einzuordnen. Sie beziehen Vormaterialien und -erzeugnisse von Lieferanten vorgelagerter Netzwerkstufen und liefern nach Herstellung der Güter diese an ihre Kunden. Da diese Investitionsgüter eine erhebliche Komplexität aufweisen, konzentrieren sich die Unternehmen des Maschinen- und Anlagenbaus zunehmend auf ihre Kernkompetenzen (vgl. SCHMIDT ET AL. 2004, S. 217; SCHUH ET AL. 2006b, S. 226), was zu einer sukzessiven Verlagerung diverser Produktionsschritte auf andere Unternehmen des Netzwerks geführt hat. Darüber hinaus haben die Güterkomplexität und auch die langen Durchlaufzeiten bei der Herstellung erheblichen Einfluss auf die Kommunikation mit Kunden und Lieferanten, insb. was die Übermittlung von Fortschrittsmeldungen betrifft. Somit sind innerhalb des zu entwickelnden Modells einer echtzeitfähigen Produktionsplanung und -regelung sowohl die Kunden- wie auch die Lieferantenseite punktuell mit einzubeziehen.

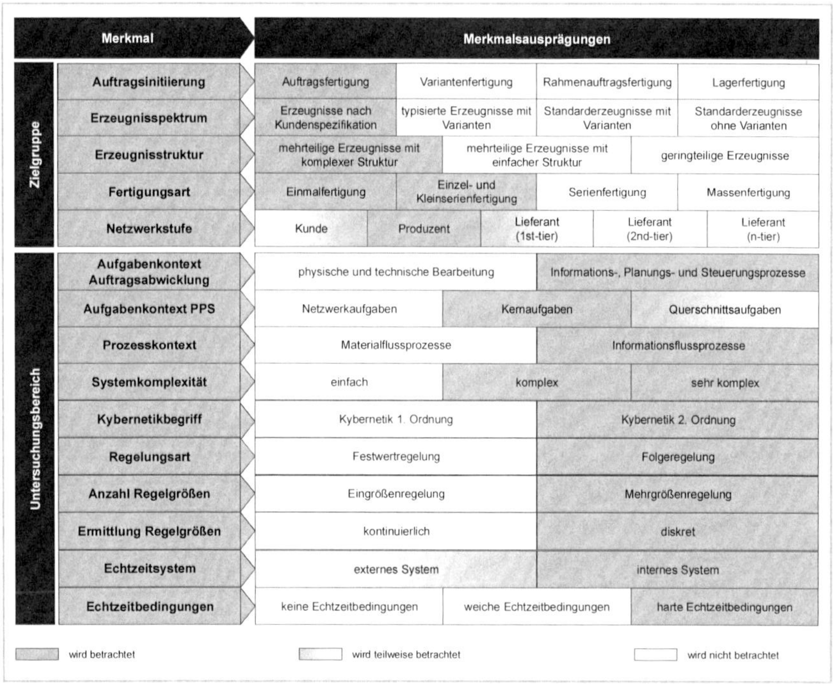

Abbildung 2-14: Terminologische Abgrenzung des Gültigkeitsbereichs der Untersuchung

Im Hinblick auf den Aufgabenkontext bei der Auftragsabwicklung fokussiert die vorliegende Untersuchung auf den Informations-, Planungs- und Steuerungsbereich und nicht auf die physische und technische Bearbeitung; gleichwohl, dass zwischen beiden Bereichen eine Kopplung besteht, indem die Steuerungs- für die Überwachung und Lenkung der technischen Ebene verantwortlich ist. Damit einhergehend sollen bei der Gestaltung einer echtzeitfähigen Produktionsplanung und -regelung die Informationsflüsse im Vordergrund stehen. Die Produktionsplanung und -steuerung ist wesentlicher Bestandteil der Auftragsabwicklung (vgl. WIENDAHL, H.-P. 2010, S. 249ff.; SCHUH ET AL. 2012a, S. 6) und die Aufgaben der PPS gliedern sich nach dem Verständnis des Aachener PPS-Modells in Netzwerk-, Kern- und

Querschnittsaufgaben (vgl. SCHUH ET AL. 2012c, S. 29f.). Im Fokus dieser Untersuchung stehen dabei die Kern- und in Teilen die Querschnittsaufgaben der PPS (insb. das Auftragsmanagement und das Controlling). Die PPS im Rahmen der Auftragsabwicklung bei Unternehmen des Maschinen- und Anlagenbaus entspricht dem Systemverständnis nach einem komplexen bis sehr komplexen System. Aufgrund der hohen Marktdynamik im Maschinen- und Anlagenbau (vgl. Kapitel 1.1) muss eine echtzeitfähige Produktionsplanung und -regelung eine dynamische Anpassung der Führungsgrößen an sich ändernde Bedingungen ermöglichen, weswegen im weiteren Fortgang die Kybernetik zweiter Ordnung im Fokus der Betrachtungen steht. Die eine echtzeitfähige PPR charakterisierenden, dezentralen Regelkreise werden über mehrere Führungs- und somit Regelgrößen verfügen (Mehrgrößenregelung) und im Hinblick auf die Regelungsart einer Folgeregelung entsprechen, da die Regelkreise eine Nachführung der Regelgrößen anhand der sich im Zeitverlauf ändernden Führungsgrößen sicherstellen müssen. Weiterhin sollen die entsprechenden Regelkreise echtzeitfähig sein, was im Umkehrschluss harte Echtzeitbedingungen fordert (vgl. ZÖBEL 2008, S. 7; Kapitel 2.4).

3 Stand der Erkenntnisse

In Weiterführung der in Kapitel zwei vorgenommen Abgrenzung des Untersuchungsbereiches im Sinne einer echtzeitfähigen Produktionsplanung und -regelung werden im Folgenden jene relevanten Entwicklungen betrachtet, welche ihren Fokus in Teilen oder weitgehend auf die im Rahmen dieser Dissertation adressierten Schwerpunkte legen.

Dementsprechend werden bestehende Lösungsansätze gemäß folgender Strukturierung aufbereitet und vor dem Hintergrund des zuvor definierten Begriffssystems sowie der terminologischen Konkretisierung des Untersuchungsbereichs analysiert:

- Ansätze zur Produktionsplanung und -regelung (Kapitel 3.1)
- Echtzeitansätze in Produktion und Logistik (Kapitel 3.2)
- Ansätze zur echtzeitfähigen Produktionsplanung und -regelung (Kapitel 3.3)

Die dabei identifizierten Defizite bilden abschließend die Grundlage zur Ableitung des Forschungsbedarfs im Kontext der Gestaltung einer echtzeitfähigen Produktionsplanung und -regelung in der Auftragsabwicklung des Maschinen- und Anlagenbaus. Darüber hinaus werden diejenigen Ansätze benannt, welche für Teilaspekte der Forschungsarbeit hilfreich erscheinen.

3.1 Ansätze zur Produktionsplanung und -regelung

Das Konzept des Manufacturing Resource Planning (MRP II) bildet die logische Basis der Produktionsplanung und -steuerung und somit den Ausgangspunkt der Untersuchung (vgl. Kapitel 3.1.1). Als Erweiterung bzw. als Substitut zum MRPII-Konzept gelten aktuelle Ansätze, welche eine Dezentralisierung und Selbststeuerung der PPS fokussieren und sich dabei unterschiedlicher Analogien aus anderen Wissenschaftsdisziplinen bedienen (vgl. Kapitel 3.1.2). Im Hinblick auf die Entwicklung einer Produktionsplanung und -regelung werden, dieses Unterkapitel abschließend, Ansätze untersucht, welche die Übertragung regelungstechnischer Prinzipien auf die PPS in ihrer Gesamtheit oder auf Teile davon zum Ziel haben (vgl. Kapitel 3.1.3).

3.1.1 Manufacturing Resource Planning

Als das heute nach wie vor führende logische Konzept der Produktionsplanung und -steuerung gilt das in den 1960er Jahren entstandene und über verschiedene Pfade bis heute weiterentwickelte Manufacturing Resource Planning. Das Order-Point-System (auch als Bestellpunkt-System bekannt) sowie das Material Requirements Planning (MRP) bildeten dabei zu Beginn die erste Entwicklungsstufe. MRP basiert im Gegensatz zum Order-Point-Konzept auf deterministischen Bedarfen, sodass die Stücklisten und der sich daraus ableitende Bruttosekundärbedarf als Einflussgrößen in die Bedarfsplanung eingehen (vgl. DANGELMAIER U. WARNECKE 1997, S. 258). Die zur Bestellung oder Auslösung eines Fertigungsauftrags führenden Nettobedarfe ergeben sich aus dem Abgleich des Bruttosekundärbedarfs mit den Lagerbeständen (vgl. ORLICKY U. PLOSSL 1994, S. 24). Diese Logik der Materialbedarfsermittlung hat sich aufgrund ihrer Einfachheit und simplen Kalkulationsalgorithmen bis heute erhalten und wird überwiegend zur Push-Steuerung teurer und sporadisch benötigter Teile verwendet (vgl. AHSAN ET AL. 1996; ASKIN U. GOLDBERG 2002; KIENER 2006). Als Erweiterung des klassischen MRP-Konzeptes wurde 1969 das Closed-Loop-MRP entwickelt, dessen Kern die Sicherstellung sämtlicher, zur Ausführung des Produktionsplans benötigten, Kapazitäten war (vgl. KURBEL U. ENDRES 2005, S. 135f.).

Die wichtigste Erweiterung des von OLIVER WIGHT 1984 eingeführten MRPII-Konzepts war die Möglichkeit des Planens gegen begrenzte Kapazitäten (vgl. WIGHT 1984, S. 51ff.). Durch die zusätzliche Integration einer Geschäfts- und Absatzplanung wurden darüber hinaus auch kalkulatorische und finanzielle Aspekte innerhalb der PPS betrachtet (vgl. AHSAN ET AL. 1996, S. 19). In den frühen 1990er Jahren begann die Entwicklung der sog. Enterprise-Resource-Planning- (ERP-)Systeme, welche das MRPII-Konzept um rechnungswesenorientierte Module, komplexe Module zur operativen PPS und um Bereiche der Instandhaltung, Auftragsverwaltung und Personalwirtschaft erweiterten (vgl. BUSCH U. DANGELMAIER 2004, S. 424f.; KIENER 2006, S. 267). Das MRPII-Konzept weist jedoch einige grundlegende Schwachstellen auf (vgl. Kapitel 1.1), insb. ist es vorrangig für den Einsatz bei Unternehmen mit Varianten-, Rahmenauftrags- und Lagerfertigungscharakter entwickelt worden und weniger für Unternehmen der Auftragsfertigung. Da auch die zur Behebung der aufgeführten Schwachstellen seit den 1960er Jahren entwickelten Ergänzungen zum und Weiterentwicklungen des MRPII-Konzeptes weniger auf Unternehmen der Auftragsfertigung fokussieren, sei an dieser Stelle auf den Anhang A verwiesen, welcher eine Übersicht sowie weitere Erläuterungen zu Erweiterungen des MRPII-Konzeptes enthält.

Als wesentliche Erweiterung des MRPII-Konzeptes, indem auch die unternehmensübergreifenden Restriktionen der PPS berücksichtigt und somit die Synchronisation von Aktivitäten entlang der gesamten Lieferkette ermöglicht wird, gilt der Ansatz des **Advanced Planning and Scheduling (APS)** (vgl. WANNENWETSCH U. NICOLAI 2004, S. 2ff.; KLETTI 2006, S. 73). Indem APS direkt auf die Beseitigung von Schwachstellen der MRPII-Logik abzielt, fokussiert der Ansatz statt einer sukzessiven, eine simultane Betrachtung und Optimierung von material-, zeit- und kapazitätswirtschaftlichen Teil-(planungs-)problemen. APS-Ansätze stellen ebenso eine kontinuierliche Weiterentwicklung des Ansatzes der Optimised Production Technology (OPT) dar (vgl. dazu Anhang A) und dehnen den Simultanplanungsgedanken auf die gesamte Lieferkette aus (vgl. WANNENWETSCH 2004, S. 423). Dabei werden durch APS nicht nur zwischenbetriebliche Ausführungsaktivitäten, sondern auch verbesserte Entscheidungsunterstützungen insb. im Rahmen der langfristigen, strategischen Konfiguration ermöglicht (z. B. Supply-Chain-Konfiguration und Netzwerkplanung). Ihre Umsetzung finden APS-Ansätze in Form von sog. APS-Systemen, wobei als Enabler dazu vor allem Entwicklungen in der Informations- und Kommunikationstechnologie (IuK) wie bspw. die objektorientierte Programmierung, die Hauptspeicherresidenz, genetische Algorithmen und Meta-Heuristiken fungieren, um in der Folge fortgeschrittene mathematische Optimierungen simultan zu behandelnder Teilplanungsprobleme anhand ökonomischer Kriterien durchführen zu können. Jedoch stellen auch APS-Systeme keine ganzheitliche Lösung dar, sondern decken lediglich einzelne Teilplanungsbereiche ergänzend zu bestehenden ERP-Systemen ab (vgl. BETGE U. LEISTEN 2006, S. 19). Darüber hinaus besteht eine weitere Schwachstelle des APS-Ansatzes darin, dass sich die intertemporalen Interdependenzen der Entscheidungsprobleme, d. h. dass sich Entscheidungen, welche zu verschiedenen Zeitpunkten getroffen werden, gegenseitig beeinflussen, nicht vollständig durch die statischen Planungsmodelle der APS-Systeme berücksichtigen lassen können (vgl. SUHL U. VOß 2004, S. 65). Ebenso werden in der Literatur der weiterhin notwendige Einsatz von ergänzenden ERP-Systemen, die Defizite bei der unternehmensübergreifenden Ausführungsunterstützung sowie die hierarchische Planungsweise kritisiert (vgl. BUSCH U. DANGELMAIER 2004, S. 188).

Im Gegensatz zu den überbetrieblich ausgerichteten APS-Systemen fokussieren **Manufacturing Execution Systeme** (MES) die Beseitigung von MRPII-Schwachstellen im Bereich der innerbetrieblichen Ausführungsebene (vgl. SCHMID 2006, S. 14). Als Bindeglied zwischen

Fertigung (Ausführungsebene) und ERP-System (Grobplanungsebene) sollen MES-Systeme im Sinne einer zusätzlichen Feinplanungsebene die Informationslücke zwischen Shop-Floor und Planung schließen (vgl. KLETTI 2006, S. 73 u. 123). MES-Systeme integrieren sämtliche für die Fertigung relevanten Informationen (Personal, Materialressourcen, Fertigungsmittel inkl. Werkzeuge und Vorrichtungen) und verknüpfen diese mit den planerischen Rahmenbedingungen aus dem übergeordneten ERP-System. Dadurch erzeugen MES im Vergleich zu ERP-Systemen realistischere Pläne und können bei Änderungen (z. B. durch Störungen im Fertigungsbereich) zeitnah reagieren und Planänderungen berechnen und veranlassen. Dies führt in der Folge jedoch dazu, dass bei häufig auftretenden Änderungen auch häufigere Umplanungen stattfinden, was zu einer gewissen Unruhe im Fertigungsablauf führen kann. Somit eignen sich MES-Systeme vorranging für die Serienfertigung mit stabilen Abläufen.

3.1.2 Weiterentwicklungen der Produktionsplanung und -steuerung durch Dezentralisierung und Selbststeuerung

Die nachfolgend vorgestellten Ansätze repräsentieren Weiterentwicklungen der PPS, deren wesentliche Charakteristika eine zunehmende Dezentralisierung und Selbststeuerung darstellen. Unter Selbststeuerung sind dabei Prozesse dezentraler Entscheidungsfindung in heterarchischen Strukturen zu verstehen (vgl. PHILIPP ET AL. 2007, S. 303ff.). Selbststeuerung setzt voraus, dass interagierende Elemente in nichtdeterministischen Systemen die Fähigkeit und Möglichkeit zum autonomen Treffen von Entscheidungen besitzen, mit dem Ziel, eine höhere Robustheit und positive Emergenz des Gesamtsystems durch eine verteilte, flexible Bewältigung von Dynamik und Komplexität zu erreichen. Angewandt auf produktionslogistische Prozesse bedeutet dies, dass das logistische Objekt die Aufgaben der Informationsverarbeitung, Entscheidungsfindung und -ausführung selbst übernimmt (vgl. SCHOLZ-REITER ET AL. 2006b, S. 11ff.).

DREXL ET AL. formulieren als Vertreter des Operation Research einen **Ansatz für eine an Kapazitätsgesichtspunkten ausgerichtete, betriebswirtschaftlich motivierte Neugestaltung von PPS-Systemen** (vgl. DREXL ET AL. 1994, S. 1022ff.). Die Autoren empfehlen dabei eine hierarchische Entscheidungsstruktur mit insgesamt vier Ebenen, welche durch die Kriterien Zielsetzung und wahrgenommene Aufgaben, Detaillierungsgrad (z. B. Produkttypen, Haupt-/ Endprodukte, mehrstufige Erzeugnisstruktur, einzelner Arbeitsvorgang), betrachteter Produktionsausschnitt (Organisationseinheit) sowie Planungshorizont (Fristigkeit) beschrieben werden. Hinweise zur aufbauorganisatorischen Verankerung sowie zur Einbindung des Menschen in die Planung ergänzen das Konzept. Kern der methodischen Verbesserung ist eine strenge Kapazitätsorientierung je Entscheidungsebene, wobei dezentrale Planungsmodule mit simultaner Mengen-, Termin- und Kapazitätsplanung die funktionale Schichtung der Einzelfunktionen des MRPII-Ansatzes ersetzen. Als Lösung des Simultanplanungsproblems werden unterschiedliche Ansätze wie bspw. die lineare Programmierung vorgeschlagen. Die dezentralen Planungsmodule einzelner Bereiche sind laut den Autoren dagegen weiterhin zentral zu koordinieren.

Einen **Beitrag zur dezentralen Koordination der überbetrieblichen Auftragsabwicklung** liefern KALUZA U. BLECKER mit einem Konzept für die Produktionsplanung und -steuerung in vernetzten Unternehmen (vgl. 2001a, S. 49ff.; 2001b, S. 83ff.). Aufgrund der innerhalb des MRPII-Konzeptes fehlenden Rückkopplung von Detaildaten an eine übergeordnete Planungsinstanz sowie Problemen beim Störungsmanagement schlagen die Autoren einen mehrstufigen, hierarchischen Planungs- und Steuerungsprozess für die sog. Unternehmung ohne Grenzen vor. Dieser Koordinationsprozess sieht zunächst eine zentrale Grobplanung auf der Netzwerkebene vor und anschließend obliegen die Aufgaben der Feinplanung (Mengen-, Kapazitäts- und Terminplanung, Auftragsveranlassung und -überwachung) der lokalen Planungsebene.

DANGELMAIER ET AL. konzipieren im Rahmen des Projekts „Cooperative Agentensysteme in der Serienfertigung" (CoagenS) einen **Ansatz für eine dezentrale Planung und Steuerung von Produktionsnetzwerken** (vgl. DANGELMAIER ET AL. 2002, S. 59ff.). Mit dem Ziel der Erstellung eines Systems kooperativ-kompetitiver Agenten, welches lernfähig ist und sich ereignisorientiert an die unternehmensinternen und übergreifenden Randbedingungen der Automobilindustrie anpassen kann, streben die Autoren ein hierarchisches System für die Gestaltung sowie den Betrieb von Produktionsnetzwerken unter Serienfertigungsbedingungen an. Im Mittelpunkt steht dabei der Geschäftsprozess für die Beschaffung von Sekundärmaterial im Zusammenspiel mit Lieferanten, Spediteuren und Abnehmern.

Im Rahmen seiner Dissertation erarbeitet MEYER (vgl. 2006) ein **Konzept zur dezentralen Koordination kundenverbrauchsorientierter Produktionsregelkreise**. Dabei richtet der Autor den Fokus auf das standortübergreifende Management kritischer logistischer Störgrößen, welche die Systemstabilität der Produktionsnetzwerke kleiner und mittelständischer Serienfertiger gefährden können. Das Ziel, den Koordinationsaufwand für verbrauchsorientierte Produktionsregelkreise auf das Management der relevanten kritischen Störgrößen zu reduzieren, soll dabei durch die Identifikation der kritischen Störgrößen und ihrer Wirkbeziehungen und eine weitgehend dezentrale Lenkung des Logistiksystems erreicht werden. MEYER entwirft nach der Methode des Systems Engineering dazu zunächst ein Modell, welches auf einem dezentralen Koordinationsansatz sowie der durchgängigen Anwendung von drei Partialmodellen (Systemkonfiguration, Ablaufregelung und Störungsmanagement) basiert. Anschließend leitet MEYER aus den relevanten Störgrößen Anforderungen ab und ordnet diesen spezifische Maßnahmen zu. Störgrößen und Maßnahmenmodule werden dann in einer Störgrößenmatrix zusammengefasst, welche als zentrale Datenbasis allen Netzwerkteilnehmern zur Verfügung steht (vgl. MEYER 2006, S. 115ff.).

Neben der Dezentralisierung charakterisiert die Selbststeuerung einen weiteren wesentlichen Evolutionspfad im Rahmen der Produktionsplanung und -steuerung. Der Ursprung der Selbststeuerung, die Selbstorganisation, wird dabei in verschiedenen Wissenschaftsdisziplinen mit unterschiedlichen Ansätzen aufgegriffen (vgl. WINDT 2006, S. 271ff.).

Die Bionik als interdisziplinäre Wissenschaft beschäftigt sich mit der Entschlüsselung von Funktionsprinzipien der belebten Natur und deren Umsetzung in technische Systeme (vgl. MELLEROWICZ 1952, S. 141). Als Anwendung der Bionik im Rahmen der Produktionslogistik konzipiert OKINO (vgl. 1988) das **Bionical Manufacturing System** (BMS). Als Ansatz zur Unternehmensgestaltung sind BMS ähnlich biologischer (Zell-)Organismen aus kleinsten autonomen Organisationseinheiten aufgebaut, wobei jede dieser Einheiten wiederum ein Element eines übergeordneten Systems darstellt. Die Summe sämtlicher Subsysteme ergibt schließlich das Gesamtmodell einer Produktion (vgl. OKINO 1989, S. 8). Ziel des BMS ist es, positive Eigenschaften biologischer Systeme (Autonomie der Subsysteme, Dezentralisierung, Vielseitigkeit, Anpassungsfähigkeit und Selbstorganisation) auf Produktionssysteme zu übertragen und somit Schwächen dieser konventionellen Systeme zu beheben (vgl. UEDA U. OKHURA 1995, S. 69; FOSCHIANI 1998a, S. 31; FOSCHIANI 1998b, S. 32ff.). BMS bestehen in Analogie zu biologischen Zellen aus Elementen (Maschinen, Material, Werkzeuge, Menschen etc.), die sich zunächst nicht von den Komponenten herkömmlicher Produktionssysteme unterscheiden. Die für biologische Systeme typischen Eigenschaften werden erst durch das Zusammenspiel von Materie und (deren genetischer) Information herausgebildet, wodurch anschließend eine Steigerung der Flexibilität und der Autonomie in der Produktion ermöglicht werden soll (vgl. ZAHN U. SCHMID 1996, S. 103f.; FOSCHIANI 1997, S. 22). BMS sind somit als konzeptioneller Ansatz zur Übertragung von Selbstorganisationsmechanismen in Anlehnung an biologische Zusammenhänge (z. B. von Zellen, Enzymen und Hormonen) auf produktionslogistische Systeme zu verstehen. Konkrete praxisorientierte Umsetzungen wurden im internationalen Forschungsprogramm IMS (Intelligent Manufacturing System) erarbeitet (vgl. CHOI U. NAGY 2007, S. 168).

Einen konkreten bionischen Anwendungsfall stellen TANG ET AL. in ihrem **Ansatz zur Gestaltung der Fertigungssteuerung in Anlehnung an das biologische Nervensystem** vor (vgl. TANG ET AL. 2010, S. 1255ff.). Dabei zielt der Ansatz auf die hohe Anpassungsfähigkeit des Nervensystems ab und versucht, dieses auf die Steuerung von Produktionssystemen mit seinen häufigen und unerwarteten Störungen zu übertragen, indem Prinzipien der Nervensteuerung und der Hormonregulierung zum Einsatz kommen. Die Autoren entwerfen dazu das sog. nervensysteminspirierte Produktionssystem und bilden dieses in Form eines Versuchsstands ab. Nach Ansicht der Autoren sind bis dato keine generellen Aussagen hinsichtlich Verbesserungen wie bspw. der Reduzierung von Ausschuss möglich, da bisher erst eine Einzeluntersuchung durchgeführt wurde, bei der das versuchsweise aufgebaute Produktionssystem lediglich eine geringe Komplexität besaß.

Der Ansatz des **Holonic Manufacturing System** (HMS) greift das von KOESTLER (vgl. 1967) geprägte Begriffsverständnis des Holons auf, welches einer Zusammensetzung des griechischen Wortes holos (das Ganze) sowie des Suffixes on (Teilchen) entspricht. Holone stehen somit für ein Ganzes, welche wiederum Teil eines anderen Ganzen sind, agieren selbstständig, kooperieren jedoch auch mit anderen Holonen und bilden sog. Holarchien. Innerhalb einer Holarchie legen Holone dagegen ihren autonomen Charakter ab und verfolgen das gleiche Ziel (vgl. BUSSMANN 1998; FOSCHIANI 1998a, S. 30), da die Holarchie an sich die wesentlichen Regeln der Kooperation bestimmt und dabei den Autonomiegrad der Holone einschränkt. In der Übertragung auf produzierende Unternehmen werden HMS als Holarchien definiert, die den gesamten Betrachtungsbereich von der Bestellung über die Fertigung bis hin zum Vertrieb einbeziehen können (vgl. WONG 2001, S. 9). In diesem Zusammenhang sind Holone z. B. autonome und autarke Produktionseinheiten, die nicht nur den informationstechnischen, sondern auch den mechanischen Teil einer Produktionseinheit umfassen. Holone werden dabei grundsätzlich als Bausteine betrachtet, die je nach Fertigungssituation zur Produktionsunterstützung verschiedener Produkte eingesetzt werden (vgl. SUDA 1989; CHRISTENSEN 1994). Das Ziel des HMS-Ansatzes besteht somit in der Schaffung von Stabilität und Flexibilität innerhalb der Organisationsstrukturen in Störungs- und Änderungsphasen wie auch in der Effizienz bei der Nutzung von Ressourcen, wobei HMS vorrangig im Anwendungsfeld der Massenfertigung zum Einsatz kommen (vgl. MCFARLANE ET AL. 2002, S. 5).

Einen **Gestaltungsrahmen für die Modellierung und Steuerung eines holonischen Fertigungssystems unter Nutzung rekonfigurierbarer, holonischer Fertigungsmodule** entwickeln LEE U. BANERJEE in ihrem Beitrag (vgl. 2011, S. 1405ff.). Die holonischen Module bestehen dabei wiederum aus einzelnen Holonen, welche in Form von parametrisierten Petri-Netz-Modulen dargestellt werden. Der von den Autoren gewählte Modellierungsstandard unterstützt dabei die Gestaltung komplexer holonischer Fertigungsprozesse und -systeme und ermöglicht eine anschließende Simulation und Analyse unter generellen Fertigungsunsicherheiten. Die einzelnen Holone agieren dabei nach dem Prinzip der Selbstorganisation, wobei die holoneigene Evolution durch kaskadierte Petri-Netz-Module dargestellt wird. Dadurch bilden die Autoren auch die dynamischen Charakteristika einer Fertigungsumgebung ab und unterstützen mittels zweier selbstlernender Algorithmen eine ständige Weiterentwicklung.

WARNECKE (vgl. 1996) beschreibt mit dem Ansatz der **Fraktalen Fabrik** ebenso ein Produktionsmodell auf Basis von Analogien zu Organismen und Gebilden in der Natur. Der Begriff des Fraktals stammt aus der mathematisch-geometrischen Beschreibung natürlicher Strukturen bei lebenden Organismen und Materie (vgl. KÄMPF U. GIENKE 2001) und wird durch die typischen Merkmale der Selbstähnlichkeit, Zielorientierung und Selbstorganisation charakterisiert (vgl. WARNECKE 1996, S. 143ff.). In Bezug auf ein Unternehmen entspricht ein Fraktal einer selbstständig agierenden Unternehmenseinheit, deren Ziele und Leistungen eindeutig beschreibbar sind. Das Merkmal der Selbstähnlichkeit bezieht sich in diesem Zusammenhang auf strukturelle Eigenschaften der organisatorischen Gestaltung und auf die Art und Weise der Leistungserstellung sowie die Formulierung und Verfolgung von Zielen. Im Rahmen der Zielorientierung wird die Leistung der Fraktale fortwährend gemessen und die Selbstorganisation impliziert, dass sowohl auf operativer als auch auf taktischer und strategischer Ebene angepasste Methoden zum Beherrschen der Prozesse bzw. zur Durchsetzung globaler Ziele im Vordergrund stehen. Innerhalb des Sonderforschungsbereiches (SFB) 1546 wurde der Ansatz der Fraktalen Fabrik zur Gestaltung von wandlungsfähigen Unternehmensstrukturen für die variantenreiche Serienproduktion aufgegriffen (vgl. ZAHN ET AL. 1997), indem als Fraktales Unternehmen dabei eine dynamische Organisationsstruktur mit dem Ziel einer permanenten Harmonisierung zwischen Unternehmensleistungen und Umfeldanforderungen bezeichnet wird. Im Fokus stand die Selbstorganisation der dezentralen Einheiten mit unterschiedlichen Autonomiegraden sowie differenzierten Handlungs- und Entwicklungsräumen. Die Wandlungsfähigkeit innerhalb des Fraktalen Unternehmens ergibt sich aus diesen dynamischen Organisationsstrukturen, wobei die Nutzung der Organisationsstrukturen primär bei den Mitarbeitern des Unternehmens liegt; die Technik ist nachgelagert und kann das Potenzial zur Wandlungsfähigkeit erweitern sowie seine Realisierung fördern. Das Ziel des Fraktalen Unternehmens liegt im Sinne eines Selbstmanagements im Identifizieren von Handlungsbedarfen sowie in der Verminderung des Spannungsfeldes zwischen Selbst- und Fremdorganisation, was aus Sicht der Fraktale dem Dilemma zwischen Eigennutzen und ihrem Beitrag zum Gesamtnutzen des Unternehmens entspricht.

Der Bereich der **Schwarmintelligenz**, als hochentwickelte Form der Selbstorganisation, beschreibt ein Forschungsfeld der Künstlichen Intelligenz, welches auf der Agententechnologie basiert. Ursprünglich aus dem Bereich der Biologie stammend, bezeichnet der Begriff der Schwarmintelligenz die Fähigkeit von Tierschwärmen (Fisch- oder Vogelschwärme) oder von staatenbildenden Insekten (Ameisen oder Bienen), als Kolonie schnell und effizient sowie ohne vorherige Planung auf Veränderungen der Umwelt reagieren zu können (vgl. BONABEAU U. MEYER 2001, S. 40). Das Ziel von Arbeiten auf diesem Wissenschaftsgebiet besteht im Allgemeinen darin, komplexe vernetzte Softwaresysteme nach dem Vorbild dieser Tiergattungen zu gestalten (vgl. SCHOLZ-REITER ET AL. 2007c, S. 8).

In diesem Zusammenhang entwickeln ZÜLCH U. STOCK im Rahmen des Projekts "Ant Colony Optimization in der Fertigungssteuerung" das **Konzept AntControl zur selbstorganisierenden Fertigungssteuerung auf Basis von Ant-Colony-Systemen** (vgl. ZÜLCH U. STOCK 2007, S. 67ff.). Das Verfahren fokussiert dabei auf die Fertigungssteuerung, indem es in Analogie zum Algorithmus des Futtersuchens bei Ameisen Entscheidungspunkte definiert, an denen zur weiteren Auftragsbearbeitung unterschiedliche Möglichkeiten hinsichtlich alternativer Bearbeitungswege, Ressourcen oder Maßnahmen zur Fertigungssteuerung (z. B. Reihenfolge- oder Losgrößenveränderungen) zur Verfügung gestellt werden. Die Fertigungsaufträge entsprechen dabei den Ameisen und entscheiden autark, welche Alternative am besten der Erfüllung des eigenen Zielsystems dient. Die unterschiedlichen Alternativen werden anschließend mittels Simulation, welche wiederum aus dem Ant-Colony-System abgeleitet wurde, bewertet.

Einen weiteren Anwendungsfall der Schwarmintelligenz von Ameisen stellen LIAO U. LIAO in ihrem **Ameisenkolonie-Optimierungsalgorithmus zur agilen Fertigungssteuerung** vor (vgl. LIAO U. LIAO 2008, S. 1813ff.), wobei der Übergang von einer Einzelmaschine auf mehrere anschließende, alternative Montagelinien im Fokus der Betrachtung steht. Mittels des entwickelten Algorithmus soll das Ablaufproblem im Hinblick auf die zu produzierende Teilesequenz unter Minimierung der maximalen Bearbeitungszeit gelöst werden. Zur Evaluierung des Algorithmus kommt ein Branch-and-Bound-Verfahren zur Anwendung, was nach Ansicht der Autoren zu einer Verringerung der Bearbeitungszeit über alle Fertigungsaufträge führt.

GUO ET AL. entwickeln einen Ansatz für eine **integrierte Produktions- und Ablaufplanung für Auftragsfertiger unter Nutzung des Konzepts der Schwarmintelligenz** (vgl. GUO ET AL. 2009, S. 3775ff.). Als Ergebnis liegt ein Algorithmus vor, welcher nach einem globalen Optimum für das zu lösende Problem der Ablaufplanung innerhalb der Produktion strebt. Zur Verbesserung der Flexibilität des Planungssystems berücksichtigt der Algorithmus auch Zustände wie Maschinenstillstände oder das Hinzukommen neuer Fertigungsaufträge. Mittels Einzeluntersuchungen wurde der Algorithmus schrittweise modifiziert und führt laut den Autoren zu einer signifikanten Verbesserung des Problems der integrierten Produktions- und Ablaufplanung.

Mit einem Modell, bestehend aus einem **hybriden Schwarmoptimierungsalgorithmus und einer Fuzzy-Logik für eine Prozessplanung und Fertigungssteuerung**, stellen ZHAO ET AL. einen Ansatz für ein holonisches Fertigungssystem vor (vgl. ZHAO ET AL. 2010, S. 20ff.). Dazu entwerfen die Autoren zunächst eine Basisarchitektur für eine Prozessplanung und Fertigungssteuerung in Form eines holonischen Fertigungssystems, wobei die Prozessplanung in diesem Zusammenhang auf die konkrete Maschinensteuerung fokussiert. Zur anschließenden zielkonformen Auswahl alternativer Bearbeitungsreihenfolgen wird eine Fuzzy-Logik entworfen, welche alternative Maschinen nicht zufällig, sondern auf Basis aktueller Kapazitätsrestriktionen zuweist. Zur Vermeidung der Unterauslastung bestimmter Maschinen wurde ein Schwarmoptimierungsalgorithmus entwickelt, welcher die Auslastung aller Maschinen ausbalancieren soll. Mittels Simulation wurden positive Effekte nachgewiesen, eine konkrete Anwendung bleibt jedoch aus.

Zur Übertragung von Selbstorganisationsmechanismen auf materielle Dinge werden **Multi-Agenten-Systeme** (MAS) eingesetzt. Im Gegensatz zu biologischen bestehen technische MAS als Stellvertreter realer Objekte aus autonomen Einheiten (Softwareagenten) (vgl. DEMARCO 1985; BOND U. GASSER 1988; ALBAYRAK U. BUSSMANN 1993; CARMEL U. MARKOVITCH 1996; BRENNER ET AL. 1998; JENNINGS U. WOOLDRIDGE 1998; LÜTH 1998; BURKHARD 2000; KLÜGL 2001 u. a.) und zeichnen sich durch ein hohes Maß an Flexibilität, Adaptivität und Erweiterbarkeit aus (vgl. BRENNER ET AL. 1998, S. 25ff.; SCHOLZ-REITER U. HÖHNS 2012, S. 753f.). Die agentenbasierte Modellierung und Simulation sozialer bzw. unternehmerischer Systeme erlaubt eine detailgerechte Beschreibung, Analyse und Optimierung dieser komplexen Systeme (vgl. BRENNER ET AL. 1998, S. 93ff.). Einen umfassenden Gesamtüberblick über ältere wissenschaftliche Arbeiten (vor 2006) zu MAS geben LEE U. KIM in ihrem Beitrag zur Anwendung von MAS in Fertigung und Supply Chain Management (vgl. 2008, S. 233ff.).

Zur Erweiterung bestehender Entscheidungsunterstützungswerkzeuge für Fertigungsplaner entwickeln CHEESEMAN ET AL. ein **agentenbasiertes Fertigungsplanungssystem** (vgl. 2005, S. 479ff.). Mittels einer Plattform, einer XML- (Extensible Markup Language) basierten Ontologie sowie eines Nachrichtensystems sollen unterschiedliche Planungsprobleme in der Fertigung gelöst werden. Prototypisch eingesetzt wurde das System innerhalb einer Fertigungszelle bei Rolls-Royce mit dem Ergebnis, dass erfolgreich Pläne generiert wurden, wodurch die Zelle proaktiv auf veränderte Rahmenbedingungen reagieren konnte.

SCHOLZ-REITER U. HÖHNS (vgl. 2012, S. 745ff.) skizzieren die Anwendung von MAS im Rahmen der Selbststeuerung logistischer Prozesse mit dem Ziel, die Anforderungen beim Entwurf und der **Konzeption von Softwareagenten für selbststeuernde logistische Prozesse** aufzuzeigen. Dabei werden die Voraussetzungen für den Selbststeuerungseinsatz analysiert und den Merkmalen und Eigenschaften von Softwareagenten gegenübergestellt. Für die Konzeption und den Entwurf von Agenten definieren die Autoren verschiedene Gestaltungselemente auf der Ebene der Softwareagenten (Mikroebene) sowie der Ebene des gesamten Multi-Agenten-Systems (Makroebene) und schlagen die Produktions- und Transportlogistik sowie das Supply Chain Management als mögliche Anwendungsgebiete für den Einsatz der Agententechnologie zur Selbststeuerung logistischer Prozesse vor (vgl. SCHOLZ-REITER U. HÖHNS 2012, S. 761ff.).

Einen **agentenbasierten Ansatz für integrierte Fertigungsoperationen** beschreiben ANOSIKE U. ZHANG (vgl. 2009, S. 333ff.). Der Ansatz soll dabei Fertigungsunternehmen in die Lage versetzen, eine optimale Ressourcenauslastung innerhalb ihrer existierenden Fertigungsstrukturen und -einschränkungen zu realisieren, indem mögliche Planungs- und Steuerungsentscheidungen mit Rekonfigurierungs- und Restrukturierungsoptionen verknüpft werden. Diese Summe möglicher Entscheidungen, sämtliche Maßnahmenoptionen sowie deren Verknüpfungen werden über eine integrierte Entscheidungsplattform abgebildet.

Wie **Agenten** im Rahmen einer **dezentralen Produktionssteuerung** die Interessen ihrer Auftraggeber vertreten und **logistikgerechte Verhandlungsstrategien** verfolgen können, zeigen MÄRTENS ET AL. in ihrem Beitrag (vgl. 2006, S. 331ff.). Mit Hilfe der Simulation der Agentenverhandlung und Analyseauswertungen auf Basis von Betriebskennlinien passen die Autoren die Parametereinstellung der Agenten-Verhandlungsfunktionen entsprechend der gewünschten logistischen Positionierung innerhalb der Logistik-Zielgrößen an. Dadurch bietet der vorgestellte agentenbasierte Steuerungsansatz auch für umfangreichere Lieferketten ein logistisches Verbesserungspotenzial.

KRESKEN U. BAUMANN lösen sich in ihrem Beitrag vom Gedanken der zentralen Planung und Steuerung, indem sie einen **verteilten Ansatz** entwerfen, bei dem **Aufträge und Ressourcen selbst zu Akteuren** werden, welche in der Folge eigene Ziele zum Vorteil der gesamten Produktion verfolgen (vgl. 2006, S. 269ff.). Unter Nutzung des Prinzips der Selbstorganisation werden Strukturen nicht mehr von außen vorgegeben, sondern entstehen durch das Zusammenwirken der Systemelemente aus sich selbst heraus (vgl. PROBST 1991, S. 2255ff.). Trotz eines hohen Grads an Interaktion der Akteure und einem damit einhergehenden hohen Komplexitätsgrad des Gesamtsystems bleiben die Interaktionen aufgrund ihrer lokalen Konzentration beherrschbar. Die Akteure verfolgen lediglich ihre lokalen Ziele (z. B. kurze Bearbeitungszeiten); globale Ziele wie z. B. eine hohe Liefertermintreue ergeben sich durch Aufsummierung der lokalen Interaktionen. Dieses als Emergenz bezeichnete Phänomen wird als eine der Schlüsselcharakteristika selbstorganisierender Systeme bezeichnet (vgl. RIEDL 2000). Übertragen auf die Fertigungssteuerung bedeutet dies, dass Aufträge mit Maschinen kommunizieren und so selbst eine Auswahl über die nächste Lokation oder den nächsten zu bearbeitenden Auftrag treffen. Der von den Autoren vorgestellte Ansatz ist anschließend in einem Multi-Agenten-System implementiert und mittels Simulation validiert worden.

MÖNCH entwickelt im Rahmen seiner Habilitationsschrift eine **agentenbasierte Produktionssteuerung für komplexe Produktionssysteme** (vgl. 2006). Es wird dabei ein hierarchisches Steuerungssystem entworfen, welches anschließend als Multi-Agenten-System implementiert werden kann. Darüber hinaus schlägt der Autor Verfahren des Operation Research und der Künstlichen Intelligenz vor, welche optimierende und koordinierende Eigenschaften des Steuerungsansatzes sicherstellen und als Dienstagenten im MAS fungieren. Eine Leistungsbewertung des entwickelten Frameworks schließt die Habilitation ab.

Ein **integriertes MRPII-Agentensystem für die Fertigungsumgebung von Auftragsfertigern** entwerfen TURGAY ET AL. (vgl. 2007, S. 25ff.). Dazu modellieren die Autoren zunächst konkret die Materialbedarfsplanung in Form eines MAS und evaluieren dieses anschließend mittels einer Petri-Netz-Simulation in MATLAB. Darauf aufbauend wird das bestehende System um MRPII-Aktivitäten ergänzt und ebenfalls simuliert. Als Ergebnis verweisen die Autoren auf eine optimale Entscheidungsunterstützung hinsichtlich Fertigungslokation, Distributionsart und Lieferzeitpunkt im Hinblick auf das Optimierungskriterium Bearbeitungszeit.

Zur Verringerung der Diskrepanz zwischen realen und geplanten Abläufen innerhalb der Fertigung entwickeln FRANKE ET AL. einen **Bottom-up-Ansatz unter Nutzung von MAS mit dem Ziel einer Verbesserung des Informationsaustausches zwischen Planungssystem und Fertigung** sowie insgesamt einer Flexibilisierung des Planungssystems, wobei als Basissystem fünf verschiedene Agententypen entworfen werden (vgl. 2010, S. 1075ff.). Mittels Rollenzuteilung lassen sich anschließend beliebige Hierarchiebeziehungen modellieren und somit das MAS genau auf die vorherrschende Betriebsorganisation abstimmen, wobei eine konkrete Anwendung des entwickelten Ansatzes bis dato jedoch ausbleibt.

In ihrem **Ansatz für eine intelligente PPS** kombinieren KANG U. CHOI die Konzepte der Multi-Agenten und der sog. Strahlensuche zu einem generischen, mehrstufigen Entscheidungsunterstützungsmodell (vgl. 2010, S. 3319ff.). Mit diesem Modell adressieren die Autoren die eigens zuvor definierten vier Anforderungen (Generalität, Lösungsqualität, Berechnungseffizienz und Implementierungsschwierigkeit) an wissenschaftliche Ansätze für eine anschließende praktische Umsetzung im Bereich PPS innerhalb eines einheitlichen Rahmens. Zu diesem Zweck werden eine Skriptsprache sowie eine offene Software-Plattform entwickelt, um die Implementierung des Ansatzes zu erleichtern. Mittels eines Prototypen eines Produktionsplanungs-, -steuerungs- und -ausführungssystems sowie anschließenden Simulationen wird die Umsetzbarkeit sowie die Effektivität des Ansatzes demonstriert.

Ein **Konzept zur Modellierung selbststeuernder logistischer Prozesse** entwickeln SCHOLZ-REITER ET AL. (vgl. 2005, S. 33ff.). Ausgehend von allgemeinen Anforderungen an die Modellierung konkretisieren die Autoren die Anforderungen an die Modellierungsmethode im Kontext der Logistik und des Paradigmas der Selbststeuerung. Die spezifischen Merkmale der Selbststeuerung wie bspw. die dezentrale Entscheidungsfindung oder die Interaktion zwischen intelligenten, logistischen Objekten werden dabei durch ein Sichtenkonzept aufgegriffen, indem zwischen einem statischen und einem dynamischen Modellteil unterschieden wird. Dem statischen Modell, welches den Aufbau des zu modellierenden Systems beschreibt, sind die Sichten Struktur, Wissen und Fähigkeiten zugeordnet. Das Verhalten des zu modellierenden Systems mit den Sichten Prozess und Kommunikation konkretisiert anschließend das dynamische Modell und die Struktursicht beinhaltet die Darstellung aller relevanten logistischen Objekte. Neben der Strukturierung in Objektklassen sollen insb. die Beziehungen in Form von Assoziationen und Vererbungsbeziehungen zwischen Objekten abgebildet werden. Das notwendige Wissen der logistischen Objekte zur Entscheidungsfindung beschreibt die Wissenssicht, wobei sich hierbei die Darstellung komplexer Zusammenhänge als problematisch erweist. Es wird vorgesehen, Methoden und Erkenntnisse aus dem Knowledge-Engineering für die Modellierung zu verwenden. Für die innerhalb des logistischen Systems ablaufenden Prozesse müssen die beteiligten logistischen Objekte bestimmte Fähigkeiten bzw. Problemlösungsmethoden aufweisen, welche in der sog. Fähigkeitensicht dargestellt werden sollen. Die Prozesssicht als Abbildung des Verhaltens der logistischen Objekte beschreibt die zeitlogische Abfolge von Aktivitäten und Zuständen der Objekte. Analog dazu erfolgt im Rahmen der Kommunikationssicht die Beschreibung der zeitlogischen Abfolge und des Inhalts des Informationsaustausches zwischen den Objekten, wobei die Abbildung der Kommunikation für die Modellierung der Interaktion zwischen den autonom entscheidenden Objekten notwendig ist. Neben den Sichten des statischen und dynamischen Modellteils erfolgt zusätzlich eine Unterscheidung in eine Makro- und eine Mikrosicht. Als externe Sicht auf das System mit seinen Elementen und Beziehungen beschreibt die Makrosicht die Interaktion zwischen den selbststeuernden logistischen Objekten, wohingegen die Mikrosicht die Abläufe innerhalb der selbststeuernden logistischen Objekte darstellt.

Einen **methodischen Rahmen zur Entwicklung eines selbststeuernden Produktionssystems** erarbeiten SCHOLZ-REITER ET AL. (vgl. 2007a, S. 27ff.) aufbauend auf dem skizzierten Ansatz zur Modellierung selbststeuernder logistischer Prozesse. Basierend auf dem allgemeinen Vorgehensmodell des Systems Engineering durchläuft die eigentliche Entwicklung des selbststeuernden Produktionssystems dabei mehrere Schritte. Als Kern fungiert ein Iterationszyklus, welcher aus den Teilschritten 1) Spezifikation des selbststeuernden Systems, 2) Simulation und Softwareentwicklung, 3) Konfiguration der physischen Infrastruktur und 4) einer Kosten-Nutzen-Analyse besteht. Für die Spezifikation des selbststeuernden Systems ist dabei das oben dargestellte Modellierungskonzept vorgesehen.

Über den Ansatz zur Modellierung selbststeuernder produktionslogistischer Prozesse hinaus untersuchen SCHOLZ-REITER ET AL. in einem Folgebeitrag, inwieweit sich **selbststeuernde logistische Prozesse auf Produktionsnetze ausweiten** lassen (vgl. 2007b, S. 19ff.). Zu diesem Zweck entwerfen die Autoren ein Szenario, welches sich an das Produktionsnetzwerk eines Maschinenbauunternehmens anlehnt und zeigen anschließend, dass Selbststeuerungsstrategien bei integrierter Betrachtung von produktions- und transportlogistischen Prozessen im Hinblick auf die Auslastung der Transportmittel sowie einer Verteilung der Produktionsaufträge auf global verteilte Produktionsstandorte leistungsfähiger als eine zentrale Planung und Steuerung sind.

GIERTH entwickelt im Rahmen seiner Dissertation ein methodisch fundiertes und in der Praxis validiertes **Verfahren zur Planung des Einsatzes von selbststeuernden Konzepten in der Werkstattfertigung** (vgl. 2009). Zur Bestimmung möglicher Einsatzgebiete der Selbststeuerung im Unternehmen erarbeitet GIERTH zunächst ein Beschreibungsmodell, welches sich in die beschreibenden Merkmale der Produkt-, Produktionsablauf- und Ressourcenstruktur (vgl. 2009, S. 81ff.) sowie in die dimensionierenden Parameter zur Bestimmung des

Systemzustands gliedert (vgl. 2009, S. 102ff.). In einem zweiten Schritt werden die Wirkzusammenhänge zwischen der strukturellen und dynamischen Komplexität eines Produktionssystems und der Größenordnung der zu erwartenden Effekte durch den Einsatz von Selbststeuerung erarbeitet (vgl. GIERTH 2009, S. 119ff.) und die Auswirkungen auf die Zielgrößen bewertbar gemacht. Durch die Überführung der gewonnenen Erkenntnisse in ein Vorgehensmodell liefert der Autor zusammenfassend einen Beitrag zur Überwindung wirtschaftlicher Barrieren für den Einsatz von Selbststeuerungskonzepten.

Eine **Verbesserung der Logistikleistung** (vgl. Kapitel 2.1.4) **mittels selbststeuernder logistischer Prozesse durch Ausschöpfung von Flexibilitätspotenzialen in Fertigung und Montage** weisen WINDT ET AL. mit Hilfe verschiedener Simulationsläufe nach (vgl. 2010, S. 439ff.). Durch Integration unterschiedlicher Ansätze zur Kapazitätsflexibilisierung (z. B. Analogie zum Pheromonmanagement bei Ameisen oder Ansatz der minimalen aktuellen Maschinenbelegung) verbessert sich die Abstimmung zwischen den logistischen Objekten Maschine und Produkt und es kann eine signifikante Erhöhung der Termintreue bzw. Verringerung der Bearbeitungszeiten simulativ nachgewiesen werden.

Aufbauend auf dem methodischen Rahmen zur Entwicklung eines selbststeuernden Produktionssystems (vgl. SCHOLZ-REITER ET AL. 2007a) entwerfen SCHOLZ-REITER ET AL. ein **Vorgehensmodell zur Entwicklung von Selbststeuerungsstrategien** (vgl. 2011a, S. 55ff.). Sind das logistische System bis dato aus einer Makrosicht heraus betrachtet und Fachkonzepte für selbststeuernde produktionslogistische Prozesse erarbeitet worden, wird innerhalb dieses Beitrags ein sechsstufiges Vorgehensmodell vorgestellt, welches die Entwicklung von Selbststeuerungsstrategien für logistische Prozesse auf der Mikroebene strukturiert und damit das bestehende Modell auf der Makroebene ergänzt und konkretisiert.

Zwischenfazit zu Dezentralisierungs- und Selbststeuerungsansätzen

Vorrangiges Ziel der vorgestellten Ansätze aus den Bereichen Dezentralisierung und Selbststeuerung ist die Verlagerung zentraler Planungs- und Steuerungsaspekte hin zum Ort des tatsächlichen Geschehens. In erster Linie auf den Bereich der wertschöpfenden Produktion und ihrer Abläufe und weniger auf die gesamte PPS von der Angebotsbearbeitung bis zum Versand bezogen, fokussieren viele Ansätze eine Unterteilung des Gesamtsystems Produktion in Einheiten unterschiedlicher Art und Größe (z. B. Holone, Fraktale usw.). Die ebenfalls im Fokus stehende Autonomie der dezentralen Einheiten wird anschließend über verschiedene Kooperationsmechanismen, Analogiebetrachtungen zur Natur (Bionik, Schwarmintelligenz usw.) oder die Abbildung der Einheiten durch Repräsentanten/ Agenten in Software-Systemen realisiert. Als Ergebnis der Literaturrecherchen wurde deutlich, dass sich insb. Forscher aus dem asiatischen Raum intensiv mit der Analyse und Anwendung von Algorithmen aus dem Tierreich befassen und dementsprechende Ansätze entwickeln. Der Bereich der Selbststeuerung und dabei vor allem die Selbststeuerung logistischer Objekte wird intensiv vom Forscherteam um Prof. Scholz-Reiter am Bremer Institut für Produktion und Logistik (BIBA) sowie am Fraunhofer Institut für Materialfluss und Logistik (IML) in Dortmund durch Prof. ten Hompel (vgl. Kapitel 3.2) erforscht.

Sämtlichen Ansätzen aus Dezentralisierung und Selbststeuerung ist gemein, dass sie weniger auf Prozesse, sondern vielmehr auf Funktionseinheiten aus der Fertigung (Zellen, Maschinen oder Fertigungsaufträge) oder der Produktions- und Transportlogistik fokussieren, was im Hinblick auf die Gestaltung einer echtzeitfähigen Produktionsplanung und -regelung in der Auftragsabwicklung des Maschinen- und Anlagenbaus zu kurz greift. Für eine konkrete Umsetzung des innerhalb dieser Dissertation entwickelten Gestaltungsmodells einer echtzeitfähigen PPR (in Software) können die dargestellten Ansätze jedoch hilfreiche konzeptionelle Ansatzpunkte bereitstellen.

3.1.3 Ansätze zur Übertragung regelungstechnischer Prinzipien auf die Produktionsplanung und -steuerung

Im Rahmen des folgenden Unterkapitels werden diejenigen Ansätze vorgestellt, welche durch eine Übertragung von Prinzipien aus der Regelungstechnik zu einer Verbesserung der Planungs- und Ausführungsqualität hinsichtlich der Ergebnisse der PPS beitragen.

Der Ansatz einer Übertragung regelungstechnischer Prinzipien auf die PPS ist nicht neu. Der Grundgedanke hinter diesem Vorgehen ist die von Vertretern produktionslogistischer Ansätze vielfach kritisierte, fehlende Realitätsnähe der Planung. Als Ursache wird dabei die unzureichende Kopplung von Planungs- und Ausführungsaktivitäten aufgeführt, indem inkonsistente Planungsergebnisse durch eine ungenügende Berücksichtigung der PPS-Zielkonflikte sowie eine schlechte Reaktionsfähigkeit auf temporär und lokal veränderliche Zielsetzungen entstehen (vgl. WIENDAHL, H.-P. ET AL. 1993a, S. 265ff.; WIENDAHL, H.-P. ET AL. 1993b, S. 353ff.). Eine diesbezügliche Verbesserung erfordert eine Berücksichtigung des logistischen Ablaufverhaltens eines Produktionssystems, wozu die Regelungstechnik mit dem Konzept der geschlossenen Regelung einen Ansatz bereitstellt. Das Konzept der Regelung interpretiert die PPS-Eingriffe und das Produzieren als Prozess ohne eigentlichen Anfangs- und Endpunkt; ein zyklisches Ineinandergreifen von Planungs- und Ausführungsaktivitäten resultiert somit. Die Ablösung einer rein vorausschauenden Steuerung durch eine **geschlossene Regelung** beinhaltet nach FÖLLINGER (vgl. 2008, S. 7ff.) **zwei Bedingungen**: Als notwendige Bedingung wird eine **Informationsrückführung** in bestehende Lösungsansätze im Sinne einer Analogie zum Grundaufbau technischer Regelkreise gefordert. Hinreichende Bedingung im Sinne der Regelungstechnik ist das **Berücksichtigen der Ablaufdynamik** eines Systems. Zur Beschreibung dieses Zeitverhaltens sind Stell-, Regel- und Störgrößen zu definieren sowie ein Modell der Regelstrecke mit geeignetem Regler aufzubauen (vgl. PETERMANN 1996, S. 33; BREITHAUPT 2000, S. 4f.). Eine modellgestützte Regelung erfordert eine detaillierte Kenntnis und mathematische Beschreibung der Wirkzusammenhänge, denn erst so wird der Kerngedanke klassischer Regelungstheorie berücksichtigt (vgl. SCHMIDT 1987, S. 5ff.).

In der Literatur finden sich zahlreiche regelungstechnische Konzepte, die für unterschiedliche Einsatzbereiche in produzierenden Unternehmen entwickelt wurden. Einen Überblick über relevante Ansätze geben bspw. MEYER (vgl. 2007, S. 31) und MÖßMER (vgl. 1999, S. 13). Allen Ansätzen ist gemein, dass die Anwendung aus Sicht des betrachteten Systems heraus geschieht sowie die Bewältigung der Komplexität und Dynamik durch dezentrale Regler-Konzepte erreicht werden soll. Der angestrebte geschlossene Wirkungskreislauf bedingt dabei stets die adäquate Zustandserfassung des Systems, um entsprechend der Zielsetzung auf Störungen reagieren zu können.

Ein erstes **Gesamtkonzept für eine Regelung der Produktion** entwickelt KIESEWETTER mit dem Aufbau einer dynamisch adaptierbaren Produktionsregelung (vgl. 1991, S. 45ff.). Hauptfunktion der Regelung ist dabei das Auftragsmanagement, welches durch Supportfunktionen wie Kapazitäts- und Materialmanagement sowie einige Schnittstellenfunktionen unterstützt wird.

Ziel der Forschungsarbeit von BURGER ist es, Wege zur Entwicklung flexibler, regelungstechnischer Systeme für die Produktion aufzuzeigen (vgl. 1992, S.49ff.). Dabei verfolgt der Autor im Gegensatz zu bestehenden Ansätzen die Entwicklung eines übertragbaren und anwendungsorientierten Konzepts zur **Produktionsregelung**, welches auf einem **Referenzmodell** mit folgenden Komponenten basiert: Monitoringsystem zur Datenerfassung, statistisches Auswertungssystem, welches zusammen mit einem wissensbasierten Planungssystem den Regler bildet, und ereignisorientiertes Simulationssystem, welches die Selektion der geeigneten Maßnahme aus der Wissensbasis durch Simulation der Wirkung im Produktionsprozess ex ante unterstützt. Die von BURGER vorgeschlagene Lösung bezieht sich auf die Entwicklung zusätzlicher EDV-Komponenten zur systematischen kurzfristigen Entscheidungsunterstützung während der Auftragsabwicklung in Fertigung und Montage und zielt auf die mehrstufige Serienproduktion ab.

Als Teil der betrieblichen PPS fokussiert WEINBRECHT mit seinem **Regelungsansatz** auf den Organisationstyp der **Werkstattfertigung** mit dem Ziel, durch schnelle, transparente und situationsangepasste Reaktionen (Überlappen, Vertauschen und Vorziehen) auf zeitliche Soll-/ Ist-Abweichungen eine Verringerung der Zielabweichung in der Fertigung zu erzielen. (vgl. 1993). Mittels rechnergestützter Komponente als neuem Funktionsbaustein eines konventionellen Werkstattregelungssystems ermöglicht WEINBRECHT eine schritthaltende ereignisorientierte Regelung. Durch Methoden der Visualisierung und einer schrittweisen Optimierung des Belegungsplans dient das System dem Planer zur Entscheidungsunterstützung, bleibt dadurch jedoch auf einen engen Anwendungsbereich beschränkt.

Die Konzipierung der **Informationsverarbeitung in der Produktionslogistik mittels regelungstechnischem Ansatz** fokussiert RECH im Rahmen seiner Dissertation (vgl. 1994). Hierzu entwickelt der Autor ein kybernetisches Erklärungsmodell der produktionslogistischen Informationsflüsse, welches allerdings auf einen einzelnen, konkreten Anwendungsfall beschränkt bleibt. Aus diesem Grund ist auch die darauf aufbauende Ableitung organisatorischer Umgestaltungsmaßnahmen nicht von generischer Natur.

Innerhalb seiner Dissertation befasst sich ZETLMAYER mit der **kurzfristig orientierten Kompensation von internen und externen Störungen der Produktion mittels Regelung** (vgl. 1994). Dabei begegnet ZETLMAYER dem Problem der in den Regelstrecken enthaltenen Totzeiten (Übergangszeiten) mit Hilfe einer prädiktiven Regelung, deren Kern eine Simulation zur Beurteilung von Umplanungs- und Optimierungsmaßnahmen (z. B. Parametrierung von Aufträgen und Arbeitsplätzen oder Änderung von Entscheidungsregeln) des Produktionssystems bildet. Erweitert wird das Regelungsmodell anschließend im Sinne einer Synchronisation von Teilefertigung und Montage zu einem Modell einer montageorientierten Fertigungssynchronisation und -regelung. Softwaretechnisch in einem simulationsgestützten Produktionsleitstand umgesetzt, bestätigt ZETLMAYER die Tauglichkeit bei unterschiedlichen Tests in der Serienfertigung von Druckergeräten.

Als Erweiterung des Modells von ZETLMAYER entwirft SIMON in seiner Forschungsarbeit zur bereits **bestehenden prädiktiven Regelung eine adaptive Komponente**, mit der der Regler je nach Umweltzustand über eine laufende Erfassung sich ändernder Streckendaten und einer anschließenden Ermittlung geeigneter Regelparameter kontinuierlich modifiziert werden kann (vgl. 1995). Zusätzlich dazu bezieht SIMON die konkurrierenden Zielvorgaben mit in seine Betrachtungen ein, indem zunächst allgemeine Ziele für die Bereiche Produktion und Fertigung formuliert werden. Die Produktionsregelung als übergeordnete Instanz ist für die Umwandlung der unternehmerischen Ziele in bereichsspezifische Handlungsanweisungen und die Gewährleistung der Zielerfüllung zuständig, wohingegen die Fertigungsregelung auf die konkrete Umsetzung der in der Produktionsregelung ermittelten Zielvorgaben in lokale Handlungsanweisungen und eine Reaktion auf stochastische Störeinflüsse fokussiert.

Ein **System mit hoher Anpassbarkeit und Flexibilität zur Behebung von Störungen für den Einsatz in der Einzel- und Kleinserienfertigung** entwickelt BAMBERGER in seiner Dissertation (vgl. 1996). Dadurch soll der Produktionsplaner in die Lage versetzt werden, individuelle Verfahren zur schnellen und an die Ziele angepassten Reaktion zu generieren, in Abhängigkeit der aufgetretenen Störung, der jeweiligen Werkstattsituation und seiner eigenen Erfahrungen. BAMBERGER ermöglicht dem Planer mit seinem System eine übersichtliche Abbildung der komplexen Fertigungsstrukturen, die Gewährleistung der Transparenz der Lösungsfindung und eine freie Konfigurierbarkeit der zu konzipierenden Vorgehensweisen. Die anschließend durch den Planer gewählten Reaktionsmaßnahmen sollen bewusst nur einen Plan nahe des Optimums generieren, welcher jedoch anschließend in kürzester Zeit realisierbar ist. BAMBERGER verfolgt mit seiner Untersuchung das Ziel einer hochgradigen Anpassbarkeit des Systems an unterschiedliche Planungsphilosophien, Fertigungsstrukturen und Störungen. Dies ermöglicht der Autor durch einen modularen Aufbau des Systems, die Bereitstellung von Reaktionsmaßnahmen, welche durch den Benutzer ausgewählt und konfiguriert werden können sowie die Abbildung der Vorgehensweise und Umsetzung der Ursache-Wirkungs-Beziehungen in einem Regelkreis.

Im Gegensatz zu BURGER entwickelt PETERMANN (vgl. 1996) ein kontinuierlich arbeitendes Modell eines sog. Arbeitssystems, worunter ein Produktionsprozess im Sinne der Regelstrecke zu verstehen ist. Mittels dieses kontinuierlichen Modells gelingt es PETERMANN, eine **Regelung eines Produktionssystems im vollständigen Sinne der klassischen Regelungstechnik** zu entwerfen, indem er das Systemverhalten mathematisch beschreibt. Aus der mathematischen Beschreibung resultiert die Anwendbarkeit von Verfahren zur Reglerauswahl, Einstellregeln und Systemverhaltens- bzw. Stabilitätsuntersuchungen. Konkret hat PETERMANN zur Optimierung des Ablaufs an einem einzelnen Arbeitssystem eine Zweigrößenregelung im Sinne einer Mehrgrößenregelung entwickelt. Dabei werden am Arbeitssystem der Bestand über die Stellgröße Zugangsrate und der Rückstand über die Stellgröße Kapazität geregelt, wodurch es möglich wird, in beliebigen Systemen Bestände und Durchlaufzeiten unabhängig von der Ausgangssituation vorgabengemäß konstant zu halten. PETERMANN schafft mit dem vorliegenden Ansatz die bis dato fehlende Verbindung zwischen Konzepten zur globalen Gestaltung einer Produktionsregelung und der praktischen Realisierung solcher Systeme. Vorschläge zur Verbindung der Arbeitssysteme und deren übergeordneter Leitungsebene werden dagegen nicht gegeben. Es wird jedoch aufgezeigt, dass aufgrund der diskreten Abläufe in Produktionsprozessen einer kontinuierlichen Modellierung Gültigkeitsgrenzen gesetzt sind.

Ein **Konzept zur Gestaltung vernetzter Regelkreise in der Produktion** erarbeitet RAUCH im Rahmen ihrer Dissertation (vgl. 1997). Dabei steht die strukturelle Umgestaltung bestehender Regelkreise, deren Wechselbeziehungen untereinander Störungen der Produktion verursachen, im Fokus. Auf Basis eines Regelkreisreferenzmodells zur systematischen Abbildung unterschiedlicher Regelkreise sowie einer Gestaltungsmethodik zur Unterstützung der Vorgehensschritte entwirft die Autorin ihr Konzept. Ein objektorientiertes Prozessmodell sowie ein daraus abgeleitetes, prozessorientiertes Regelkreismodell bilden eine Wissensbasis mit den wichtigsten Elementen von technisch-organisatorischen Regelkreisen sowie Attributen und möglichen Ausprägungen und somit das Regelkreisreferenzmodell. Die Gestaltungsmethodik beschreibt anschließend unter Einbeziehung des Regelkreismodells weitestgehend anwendungsneutral den Zweck, die Vorgehensweisen und die Ergebnisse einzelner Schritte zur zielgerichteten Gestaltung vernetzter Regelkreise. Die erfolgreiche Anwendung des Konzepts erfolgt abschließend im Rahmen eines Forschungs- sowie eines Industrieberatungsprojekts.

Als Weiterentwicklung der Arbeiten von BURGER und ZETLMAYER entwirft MARTIN einen Verfahrens- und Systemansatz, der zum einen die Frage beantwortet, wie Verfahren und leittechnische Systeme zur Produktionsregelung strukturiert und gestaltet sein müssen, um auch Anforderungen gerecht zu werden, die sich aus mehrstufigen und heterogenen Produktionsstrukturen ergeben (vgl. 1998). Darüber hinaus steht im Fokus, wie weit sich Produktionsregelungen automatisieren und sich die komplexen Regelungsstrategien in rechnergestützten Verfahren abbilden lassen. Zu diesem Zweck entwickelt MARTIN ein **simulationsbasiertes Produktionsregelungssystem**, welches primär Störeinflüsse im kurzfristigen Bereich kompensiert. Neben einer permanenten Simulation der Ereignisse bildet die Entwicklung wissensbasierter Optimierungsverfahren, welche sich an einer Gesamtzielfunktion orientieren, die wiederum die klassischen konfliktären logistischen Ziele berücksichtigt, einen Schwerpunkt der Untersuchung. Die Optimierung wird dabei als Regler mit dem Ergebnis eingesetzt, jederzeit unterschiedliche, gegeneinander abgewogene Optimierungsmaßnahmen bereitzustellen. Ein Monitoringsystem vermittelt zudem zwischen den beiden Hauptelementen, indem es die Produktion und ihre Simulation miteinander vergleicht und so das Auftreten von Störungen erkennt. MARTIN unterstützt die universelle Anwendbarkeit seines Konzeptes, indem er einen baukastenförmigen Aufbau und einen Konfiguratorbaustein zur Einstellung auf den jeweiligen Einsatzfall vorsieht.

MÖßMER entwickelt im Rahmen seiner Dissertation die Forschungsarbeit MARTINS weiter und fokussiert dabei auf die Berücksichtigung und Realisierung des Umstandes, dass **Produktionssysteme** (im Gegensatz zu sämtlichen bis dato existierenden Produktionsregelungskonzepten) in der Realität nicht stationär betrieben werden, sondern sich bspw. in Form von **Produkt-, Struktur- oder Strategiewechseln** verändern können (vgl. 1999). Die Basis des Konzepts stellt der **umfassende Einsatz von Simulation** dar, im Vergleich zu MARTIN jedoch zusätzlich zur Simulation der Produktion auch die Simulation deren Veränderung, wobei dafür aufgrund des Umfangs eines solchen Prozesses eigens ein Planungsverfahren entwickelt wird. Die unterschiedlichen Zeitanforderungen bei Planung und Umsetzung von Produktionsveränderungen und der Produktion an sich werden explizit berücksichtigt und Analogien zur klassischen Regelungstechnik werden genutzt, indem das Konzept vermaschter Regelkreise in Form einer kaskadierten Regelungsstruktur zur Anwendung kommt. Auf die Ausgestaltung der Regler und deren Optimierungsmaßnahmen wird zugunsten des übergeordneten Konzepts verzichtet.

Auf das Konzept von PETERMANN aufbauend entwickelt BREITHAUPT (vgl. 2001) zunächst ein **erweitertes kontinuierliches Regelstreckenmodell**. Dabei behebt der Autor Defizite des vorherigen Ansatzes, indem die darin enthaltenen Arbeitssysteme über den Materialfluss miteinander verknüpft und eine jede Verbindung koordinierende sog. Übergangserwartungsmatrix eingeführt wird. Darüber hinaus bezieht BREITHAUPT den Bereich der Beschaffung in seine Überlegungen mit ein, indem er ein Totzeitglied einführt, welches die mittlere Wiederbeschaffungszeit darstellt. Die Modellierung des Streckenverhaltens insgesamt basiert auf dem diskreten Trichtermodell, was durch die Implementierung von kontinuierlich verarbeitbaren Produktionskennlinien realisiert wird. Im zweiten Schritt wird auf der Basis ein

Regler zur mittelfristigen Produktionsplanung entworfen. Die Hauptregelgröße bildet hierbei analog zu PETERMANN der Rückstand, welcher über die Stellgröße Kapazität vom sog. Rückstandsregler dezentral geregelt wird. Infolge der Erkenntnis, dass eine Produktion nicht kontinuierlich geregelt werden kann, kommt in diesem Zusammenhang erstmals die Idee der Abtastregelung auf. Konkret handelt es sich bei BREITHAUPTs Rückstandsregler um einen Mehrpunktregler, der entsprechend der von ihm entwickelten Kapazitätshüllkurven arbeitet. Als Ergänzung dazu werden ein dezentraler Auslastungsregler mit derselben Regelgröße (Rückstand) und ein zentraler Bestandsregler mit der Arbeitszugangsrate des Gesamtsystems als Regelgröße realisiert. In Abhängigkeit des Einsatzzwecks und auch der verfolgten (priorisierten) betrieblichen Zielgrößen ist eine Kombination der Regler vorgesehen.

Als Alternative zur klassischen Produktionssteuerung stellen PRITSCHOW U. BRINZER in ihrem Beitrag eine **wandlungsfähige Produktionsregelung** für die variantenreiche Serienfertigung vor (vgl. 2002, S. 627ff.). Dabei kommt ein Reglernetz zum Einsatz, welches sich aus zentralen und lokalen Reglern zusammensetzt und somit Elemente einer hierarchischen und einer dezentralen Regelung vereint. Lokal erfolgt dabei die Regelung von Kapazitäten, Beständen und Auftragsprioritäten, was eine wesentliche Entflechtung der Regelaufgaben bewirkt und den Aufwand sowie die Auswirkungen bei Umplanungen reduziert. Das Konzept wird anschließend simulativ validiert, was die Wirksamkeit sowie Kosteneinsparpotenziale der Produktionsregelung aufzeigt.

Das Konzept der wandlungsfähigen Produktionsregelung von PRITSCHOW U. BRINZER erweitern BRINZER ET AL. zu einer **agentenunterstützten Produktionsregelung**, um dadurch ein breiteres Anwendungsfeld für die wandlungsfähige Produktionsregelung zu schaffen (vgl. 2004, S. 275ff.). Die Anpassung von Regelalgorithmen und -parametern wird im entwickelten Konzept von Agenten mittels Verhandlungen übernommen und über eine (rechenintensive) Simulation validiert.

SCHOLZ-REITER ET AL. stellen in ihrem Beitrag einen Ansatz für eine **fallbasierte, neuronale Produktionsregelung** vor (vgl. 2004, S. 293ff.). Dabei wird das Erfahrungswissen über die Produktionsregelung mit künstlichen neuronalen Netzen so aufgearbeitet und strukturiert, dass mittels des fallbasierten Schließens für neue Produktionssituationen die geeigneten und entsprechend voreingestellten neuronalen Netze ausgewählt werden können. Aufbauend auf den so gewonnenen Ergebnissen wird ein fallbasiertes System entwickelt, welches die Aufnahme neuer, praxisnaher Fälle ermöglicht.

In Weiterentwicklung des Beitrags von SCHOLZ-REITER ET AL. (2004) erarbeitet HAMANN im Rahmen seiner Dissertation ein **Konzept für eine lernfähige, intelligente Produktionsregelung** (vgl. 2008). Das bereits bei SCHOLZ-REITER ET AL. in Form von künstlichen neuronalen Netzen gespeicherte Erfahrungswissen über die Produktionsregelung entspricht dabei der intelligenten Komponente. Die permanente Verbesserung der neuronalen Netze während ihres Einsatzes mittels Online-Training ermöglicht anschließend eine Lernfähigkeit, indem die Netze fortan in der Lage sind, ihr antrainiertes Verhalten an die sich verändernden Umweltbedingungen anzupassen. Zur Anwendung kommt das auf dem Trichtermodell nach H.-P. WIENDAHL (vgl. NYHUIS 2008b, S.191ff.) und der dezentralen Bestandsregelung nach LÖDDING (vgl. LÖDDING 2008, S. 423ff.) basierende Konzept dabei auf dezentraler Ebene zur Regelung der Bestände vor den verschiedenen Arbeitssystemen.

H.-P. WIENDAHL und die sog. Hannoveraner Schule beschäftigen sich seit vielen Jahren mit der Regelung von Fertigungssystemen mithilfe von **Betriebs-, Produktions- bzw. logistischen Kennlinien**. Wie bei den oben aufgeführten Ansätzen auch, soll über die Einführung von Rückkopplungsmechanismen eine Erhöhung der Reaktionsgeschwindigkeit bei Störungen und damit eine bessere Annäherung der Ist- an die Sollwerte erreicht werden (vgl. WIENDAHL, H.-P. 2010, S. 345ff.). Grundidee des Ansatzes der Produktionsregelung nach H.-P. WIENDAHL ist der Abgleich der von der PPS erzeugten Plan-Werte für die Eigen- und Fremdfertigung mit den sich nach der Produktion ergebenden, in Form von Kennzahlen zurückgeführten, Istwerten. Durch die Analyse der resultierenden Abweichungen können dann zeitnah geeignete Maßnahmen zu deren Reduktion eingeleitet werden. Diese Art der Produktionsregelung führt WIENDAHL zufolge zu einer schnelleren und genaueren Zielerreichung (vgl. WIENDAHL, H.-P. 2010, S. 345ff.). H.-P. WIENDAHL ordnet dem Systemregler innerhalb der Fertigungssteuerung die Aufgaben der Fertigungsplanung und -steuerung zu (vgl. WIENDAHL, H.-P. 1997, S. 258ff.) und die operative Fertigung entspricht der Regelstrecke. Die sich aus dem jeweiligen Zielsystem der Fertigung ableiten lassenden Stellgrößen werden von der Fertigungssteuerung an die Fertigung weitergeleitet. Über die Betriebsdatenerfassung werden die entsprechenden Kennzahlen der Fertigung anschließend an das Logistikcontrolling zurückgemeldet und auf Abweichungen hin analysiert.

In allgemeiner Form sind die Produktionskennlinien zunächst für jedes beliebige Produktionssystem gültig. Spezifische Kennlinien für ein betrachtetes Arbeitssystem sind jedoch nur unter Beachtung von weiteren Rahmenbedingungen wie der Kapazität, den abzuarbeitenden Aufträgen sowie der Einbindung des Systems in den Materialfluss möglich. Daher wurde am Institut für Fabrikanlagen und Logistik (IFA) der Universität Hannover ein **mathematischer Ansatz zur aufwandsarmen Erstellung von logistischen Kennlinien für Produktionsprozesse** entwickelt (vgl. NYHUIS U. WIENDAHL, H.-P. 2003; NYHUIS 2008b, S. 198). Die Bestimmung von Produktionskennlinien bietet eine umfassende Hilfestellung bei der Positionierung von Zielsystemen, indem relevante Zusammenhänge zwischen Bestand und Durchlaufzeit sowie im normierten Fall auch der Auslastung in einen grafischen Kontext gestellt werden.

NYHUIS stellt durch die **Erweiterung der Produktionskennlinien** einen Ansatz bereit, um einen höheren Grad der Synchronisierung von Produktionszielen zu erreichen. Grundlage der Kennlinientheorie sind die Durchlaufelemente, welche die Arbeitsabläufe und die Durchlaufzeit eines Produktionsauftrags zusammenfassen. Diese Durchlaufelemente sind die Basis für verschiedene Beschreibungsmodelle wie bspw. das von H.-P. WIENDAHL entwickelte Trichtermodell und das darauf aufbauende Durchlaufdiagramm. Das Trichtermodell besagt, dass jede Kapazitätseinheit einer Fertigung durch die Größen Zugang, Bestand und Abgang zu beschreiben ist und sich somit als Trichter darstellen lässt (vgl. NYHUIS 2008b, S.191ff.). Dabei kann ein logistisches System durch das Durchlaufdiagramm, welches auf dem Trichtermodell basiert, hinsichtlich seines Verhaltens qualitativ und zeitpunktgenau beschrieben werden. Anschließend bieten die Produktionskennlinien für weitergehende Fragestellungen, wie die nach den geringsten Durchlaufzeiten, den minimalen Beständen oder Maßnahmen zur Erschließung weiterer Rationalisierungspotenziale, Unterstützung, indem sie das logistische Verhalten einer Fertigung in Abhängigkeit des Bestands charakterisieren (vgl. NYHUIS 2008b, S. 194ff.).

Eine **Produktionsregelung mit logistischen Kennlinien, unter Kombination der kaskadierten Regelung und des Modells der Fertigungssteuerung** nach LÖDDING stellen NYHUIS ET AL. in ihrem Beitrag vor (vgl. 2009, S. 239ff.). Nach Ansicht der Autoren lässt sich somit der Schritt von einer mittelwertbasierten PPS zu einer Regelung der Produktion mit Hilfe aktueller Daten vollziehen. Unter Nutzung der Kennlinientheorie kann anschließend die

Implementierung und Auslegung der beschriebenen Produktionsregelung anhand logistischer Zielgrößen erfolgen. Als konkretes Anwendungsfeld beschreiben die Autoren dabei die kombinierte Bestands- und Rückstandsregelung innerhalb der Fertigung.

Zwischenfazit zu regelungstechnischen Ansätzen in der PPS

Die Übertragung regelungstechnischer Methoden auf die Planung und Steuerung der Produktion besitzt eine lange Tradition. Zu unterscheiden sind dabei insb. Ansätze, welche sich mit der Erforschung sog. regelungstechnischer Grundlagen bei Anwendung in der Produktion befassen und solche Ansätze, welche diese Grundlagen gezielt erweitern. Erstere Ansätze wurden im Schwerpunkt in den 1990er Jahren am Institut für Werkzeugmaschinen und Betriebswissenschaften (iwb) der TU München erarbeitet und fokussierten vorrangig die Entwicklung und Weiterentwicklung von Simulationsmodellen bis hin zum Versuch der mathematischen Beschreibung der Produktion, um anschließend Methoden der kontinuierlichen Regelungstechnik zur Anwendung bringen zu können. Zu Beginn der 2000er Jahre rückte vermehrt die Verknüpfung der produktions-regelungstechnischen Grundlagen mit neu aufkommenden Wissenschaftsdisziplinen in den Vordergrund. Einzelne Teilaspekte des Produktionsregelkreises wurden dabei mit Agenten oder Künstlicher Intelligenz ausgestattet.

Als Führungsgrößen für annähernd sämtliche Produktionsregelkreise fungieren die logistischen Zielgrößen Termintreue, Durchlaufzeit, Bestand und Kapazitätsauslastung sowie deren Verknüpfung über die logistischen Kennlinien nach H.-P. WIENDAHL. Vielfach sind die Regelungen mit Fokus auf die operative Fertigungssteuerung entwickelt und für konkrete Anwendungsfelder wie eine Bestands- oder Rückstandsregelung präzisiert worden. Ansätze, welche den gesamten Betrachtungsbereich einer Auftragsabwicklung vom Eingang der Anfrage bis zum Versand des fertigen Erzeugnisses umfassen, fehlen hingegen. Ebenso wird das Thema der Zeit- und damit einhergehend der Gütekriterien bei der Dimensionierung der Regelkreise bzw. Regelungssysteme teilweise nur rudimentär berücksichtigt.

3.2 Echtzeitansätze in Produktion und Logistik

Im Rahmen des folgenden Unterkapitels sollen diejenigen Ansätze vorgestellt werden, welche einen Beitrag zum Echtzeitgedanken in Produktion und Logistik leisten. Dabei wird sowohl auf Ansätze fokussiert, welche bereits Echtzeitbedingungen folgen (z. B. Internet der Dinge oder Ubiquitous Computing), aber auch Ansätze aufgeführt, die als Enabler für eine Echtzeitfähigkeit in der Produktionsplanung und -regelung fungieren (können), wie bspw. die Technologie der Radio Frequenz Identifikation (RFID), Standards zur Kennzeichnung logistischer Objekte oder Datenübertragungsstandards.

Etabliert sind in Echtzeit arbeitende Systeme seit mehreren Jahrzehnten in Form vieler kleiner, eingebetteter Systeme, welche rechnergesteuert arbeiten. Zu nennen sind hier bspw. im automobilen Bereich das Antiblockiersystem (ABS), die Airbagsteuerung und das elektronische Stabilitätsprogramm (ESP), die zugleich hoch sicherheitsrelevante Anwendungen darstellen. Diese Systeme entsprechen der in Kapitel 2.4 beschriebenen Definition der Echtzeitfähigkeit, indem sie harten Echtzeitbedingungen folgen und ihre Funktionen bei Überschreiten definierter Zeitrestriktionen jeglichen Nutzwert verlieren. Neben der Anwendung in technischen Systemen ist der Begriff der Echtzeit im deutschsprachigen Raum gerade in den letzten Jahren sehr populär geworden (vgl. ZÖBEL 2008, S. 18). Genutzt wird das Echtzeit-Attribut in diesem Zusammenhang häufig im Endkunden- bzw. Konsumentenbereich z. B. bei mobilen Lokalisierungsdiensten, Nachrichtentickern, Bankingapplikationen, Fahrplandiensten, Suchmaschinen und Videoangeboten. Sämtlichen Anwendungszwecken gemein ist dabei, dass synonym zum Echtzeitbegriff auch Attribute wie ‚live', ‚direkt', ‚sofort' oder ‚schnellstmöglich' verwendet werden, wobei die Verleihung des Echtzeitmerkmals für ein System oder ein Verfahren mit dem Ziel seiner Aufwertung geschieht. Innerhalb dieser Dissertation werden dagegen technische Anwendungen von Echtzeitsystemen betrachtet, weshalb an dieser Stelle auf weitere Ausführungen zur populären Verwendung des Echtzeitbegriffes verzichtet und zur Vertiefung auf ZÖBEL (vgl. 2008, S. 28ff.) verwiesen wird.

Neben populären oder technischen Einzelanwendungen von Echtzeitsystemen kamen im Zusammenhang mit dem Begriff der Echtzeit auch Forderungen nach einer umfassenderen Ausweitung der Thematik auf. Als eine der ersten fordern SCHEER ET AL. in ihrem Sammelband das sog. **Real-Time Enterprise** (RTE) (vgl. 2003, S. V), welches den Faktor Zeit zum entscheidenden Differenzierungsmerkmal erhebt (vgl. ABOLHASSAN 2003, S. 2ff.). Durch den zunehmenden technologischen Fortschritt, welcher zu einem hohen Grad an Vernetzung und Integration geführt hat, ist eine Echtzeit-Unternehmung heutzutage möglich. Das RTE wird dabei als die Gesamtheit von Maßnahmen beschrieben, die notwendig sind, um dem Verständnis des Kundenwunsches nach Geschwindigkeit und Qualität der Abwicklung zu entsprechen (vgl. ABOLHASSAN 2003, S. 1). Die Optimierung von Prozessen sowie die Einführung geeigneter IT-Systeme kennzeichnen die strukturelle Basis des RTE. Für die Implementierung des RTE verweisen die Autoren auf bekannte Methodiken wie das Wertstrommodell nach PORTER, die ARIS-Methode nach SCHEER (Architektur Integrierter Informationssysteme; vgl. Kapitel 4.2.2) oder das Business Process Reengineering nach HAMMER, welche in Gänze die Prozessorientierung als basisgebende Betrachtungsweise fokussieren.

Eine ähnlich ganzheitliche Betrachtung der Echtzeitthematik für Unternehmen stellen ALT U. ÖSTERLE in ihrem als Grundlagenwerk zu bezeichnenden Beitrag an, welcher ausführlich den Weg zum Echtzeit-Unternehmen aus verschiedenen Blickwinkeln beschreibt (vgl. 2004). Wie bei SCHEER ET AL. auch, stellen die Autoren im Sinne eines **Real-time Business** die zeitnahe Informationsbereitstellung durch unterstützende IT-Systeme in den Vordergrund ihrer Überlegungen, betonen dabei jedoch auch explizit die überbetriebliche Komponente als notwendige Erweiterung des bisherigen Betrachtungsfokus, denn erst vernetzte Prozesse beseitigen vorhandene Medienbrüche und verbinden die für Kunden relevanten Leistungen im Netzwerk in Echtzeit (vgl. ALT U. ÖSTERLE 2004, S. Vf.). Die Autoren entwickeln in diesem Zusammenhang konkret die bereits bestehenden Ansätze des Prozessportals sowie der Business Collaboration Infrastructure weiter und bündeln diese in einer Architektur, welche als Gestaltungsrahmen für Strategien, Prozesse und Informationssysteme eines Real-time Business fungiert. Als zentrale Konzepte des Echtzeit-Managements führen die Autoren die Integration (d. h. Integration durch Datenbanken und Netzwerke, Beschleunigung durch Vermeidung von Informationsstapeln, semantische Kompatibilität von Miniwelten und Strukturierung), die Automatisierung (d. h. Verknüpfung der realen Welt mit der der Informationssysteme) sowie die Individualisierung (von Kunden, Lieferanten, Mitarbeitern, Produkten und Produktionsmitteln) an (vgl. FLEISCH U. ÖSTERLE 2004, S. 5ff.). Für den Weg hin zu einem (idealtypischen) Echtzeit-Management im Unternehmen formulieren FLEISCH U. ÖSTERLE sechs allgemeingültige Regeln: Echtzeit-Management im Unternehmen: stellt 1) die Nutzbarkeit einer Information unmittelbar nach ihrer Entstehung überall sicher, erfasst 2) Daten automatisch am Punkt ihrer Entstehung, vermeidet 3) das Entstehen von Informationspuffern, ist 4) frei von Medienbrüchen, sorgt 5) für eine bedarfsgerechte Versorgung der einzelnen Entscheidungsstellen mit Informationen und trifft und verwirklicht 6) Entscheidungen ohne menschlichen Zwischenschritt. Die sechs Regeln des Echtzeit-Managements sollen dabei dem systematischen Erkennen von IT-Potenzialen im Unternehmen dienen, sind jedoch nach Auffassung der Autoren lediglich ein erster Entwurf und erfordern zusätzliche Arbeit, um die Zweckmäßigkeit und Richtigkeit weiter zu determinieren (vgl. FLEISCH U. ÖSTERLE 2004, S. 17).

Ebenfalls unter dem Begriff des Echtzeitunternehmens stellen GRAUER ET AL. einen Ansatz vor, der eine **vertikale Integration von betrieblichen Anwendungssystemen mit Automatisierungssystemen in der Fertigung** vorsieht (vgl. 2010, S. 17ff.). Im Fokus steht dabei die Entwicklung eines IT-Frameworks zur Etablierung einer intelligenten und auf Erfahrungswissen basierenden Steuerung wertschöpfender Unternehmensprozesse. Als besondere Herausforderung für die vertikale Integration von ERP-Systemen mit Fertigungssteuerungssystemen thematisieren die Autoren explizit die unterschiedlichen Zeitgranularitäten auf den verschiedenen Leitebenen eines industriellen Unternehmens (Wochen und Monate auf Unternehmensleitebene (ERP), Tage und Schichten auf Fertigungsleitebene (MES) sowie Sekunden und Millisekunden auf Fertigungsebene) und bezeichnen dies als temporale Integrationslücke zwischen den verschiedenen Leitebenen (vgl. KARNOUSKOS ET AL. 2007, S. 293ff.). Zur Lösung der Problematik entwerfen GRAUER ET AL. ein umfassendes IT-Framework, welches zusätzlich zu den bereits bestehenden IT-Systemen (ERP- und Fertigungssteuerungssystem) ein Workflow-Management-System zur Modellierung der Unternehmensprozesse, ein regelbasiertes System zur Entscheidungsfindung, ein Data-Mining-System zur Regelerzeugung sowie eine Datenintegrations- und -adaptionsschicht zur Verknüpfung der Komponenten vorsieht. Das IT-Framework fokussiert in der Umsetzung weder auf bestimmte Branchen noch auf eine bestimmte Fertigungsart und kann im Hinblick auf die konkrete Umsetzung einer echtzeitfähigen PPR wertvolle Anhaltspunkte liefern.

Ubiquitous Computing (wörtlich übersetzt: allgegenwärtige Datenverarbeitung, auch UbiComp abgekürzt) ist die Bezeichnung für die zuerst von WEISER (vgl. 1991) geprägte Vision der allgegenwärtig vorhandenen, rechnergestützten Datenverarbeitung, welche gemäß WEISER in der Implementierung vieler und in jeder Lebenssituation vorhandener Technologien zur Informationsverarbeitung ihre Basis besitzt. Der somit erreichte Zustand zeichnet sich auch dadurch aus, dass die Technologien teilweise nicht einmal mehr als solche wahrzunehmen sind, was einem Kerncharakteristikum des UbiComp-Ansatzes entspricht. Dem PC als praktischer Ausprägung des Verhältnisses „ein Mensch - ein Rechner“ wird damit eine begrenzte Lebenszeit vorhergesagt, sodass die Zukunft in unendlich vielen, bis auf Mikrorechnerebene verkleinerten, dezentral und vernetzt arbeitenden Systemen liegt. Die dazu notwendige, drahtlose Datenübertragung wird dabei hervorgehoben und eine Einteilung in Systeme verschiedener Größenordnungen vorgenommen, sodass auch weiterhin „große“ Geräte, welche mit „kleineren“ kommunizieren, nötig sind (vgl. WEISER 1991, S. 98 u. 100f.; MATTERN 2005, S. 39f.).

Eine immer größere Beachtung findet auch die betriebswirtschaftliche Perspektive von UbiComp, um technisch mögliche Lösungen einer wirtschaftlich sinnvollen Anwendung zuzuführen (vgl. FLEISCH 2001a, S. 177ff.; FLEISCH 2001b; FLEISCH 2001c, S. 124ff.; FLEISCH ET AL. 2005, S. 3ff.; BULLINGER U. TEN HOMPEL 2007; SUH ET AL. 2008, S. 540; JEONG ET AL. 2009, S. 672; LEE ET AL. 2011, S. 627; ZHANG ET AL. 2011, S. 431). In diesem Zusammenhang beschreibt der Begriff des Pervasive Computing die Verbindung einer allgegenwärtigen Informationsverarbeitung mit kurzfristig realisierbaren, wirtschaftlich reizvollen Ideen (vgl. MATTERN 2005, S. 40f.). Darüber hinaus existieren weitere, auf die Vision des UbiComp zurückzuführenden, Begriffe wie Ambient Intelligence, Context Aware Computing oder Silent Commerce, welche die Informationsverarbeitung von Maschinen zur Bedürfnisbefriedigung des Menschen in den Fokus der Betrachtungen stellen. Zusammenfassend besteht das Ziel des Einsatzes von UbiComp in der Schließung der Lücke zwischen physischer und informatorischer Welt. Dabei können durch die Verwendung von Technologien wie RFID Medienbrüche vermieden und so die Informationen aus der physischen ohne menschliche Intervention direkt in die informatorische Welt übertragen werden, um so der Vision zu folgen, alle Informationen über die physische Welt in Echtzeit verfügbar zu machen und ihrer jeweiligen Weiterverwendung zuzuführen (vgl. FLEISCH ET AL. 2005, S. 3ff.).

Eine konkrete Anwendung des UbiComp-Ansatzes für produzierende Unternehmen entwickeln JEONG ET AL. in ihrem Beitrag zur **systematischen Implementierung eines Ubiquitous-Manufacturing-Systems** (vgl. 2009, S. 671ff.). Im Gegensatz zu anderen Implementierungen, die nach Meinung der Autoren auf menschlichen Erfahrungen und dem Trial-and-Error-Prinzip basieren, entwickeln JEONG ET AL. einen Rahmen für ein softwareunterstütztes Ubiquitous-System-Engineering, welches auf konkreten Anforderungsanalysen, funktionalen Details und technologischen Enablern basiert. Zur Validierung des Ansatzes entwerfen die Autoren einen Prototyp eines Ubiquitous-Manufacturing-Systems unter Nutzung von RFID.

Einen weiteren UbiComp-Anwendungsfall kreieren SCHOLZ-REITER ET AL. mit dem sog. **Wearable Computing System** (WCS), welches das Ziel verfolgt, dem Werker Informationen zur Unterstützung seiner operativen Tätigkeiten zur Verfügung zu stellen (vgl. 2011b, S. 17ff.). Das WCS kombiniert dabei die zentralen Planungs- und Steuerungsstrukturen mit echtzeitnahen Informationen aus der Fertigung. Die Autoren erarbeiten ein Vorgehensmodell, indem sie ein bestehendes WCS weiterentwickeln und im Hinblick auf dessen Umsetzung eine dezentrale Steuerungsmethode entwerfen. Als konkretes Anwendungsfeld fungiert in diesem Zusammenhang ein in die Arbeitskleidung integriertes sog. „easyTracing-System", bestehend aus einem Ortungsmodul zur Positionsbestimmung über GPS (Global Positioning System), einem Identifikationsmodul zur Identifikation von Objekten mittels RFID, einem Kommunikationsmodul zur Datenkommunikation über GPRS (General Packet Radio Service) und einem Akkumulator zur Sicherstellung der Energieversorgung. Das konkrete Vorgehensmodell zur Weiterentwicklung des „easyTracing-Systems" ist Teil eines Forschungsvorhabens im Bereich der Sensorsysteme für eine selbststeuernde Lagerverwaltung in der Automobillogistik.

Das sog. **Internet der Dinge** ist ein entsprechend der Vision des UbiComp entwickelter, konkreter Ansatz zur Realisierung einer dezentralen, allseits integrierten Datenverarbeitung, dessen Anwendungsfeld die informationstechnische Vernetzung physisch vorhandener Objekte bildet (vgl. MATTERN 2005, S. 39f. u. 58ff.). Als technische Basis kommen dabei in physische Gegenstände eingebettete Systeme in Kombination mit Kurzstrecken-Datenfunktechnologien zum Einsatz, um einen selbstständigen Datenaustausch der Objekte untereinander und mit ihrer Umwelt zu ermöglichen. Als Grundlagenwerk gilt in diesem Zusammenhang der Beitrag von FLEISCH ET AL. (vgl. 2005, S. 3ff.), welche die Notwendigkeit des informatorischen Lückenschlusses zwischen realer und digitaler Welt durch Informationsintegration aufgreifen. Für das Internet der Dinge spielt der Echtzeitbegriff eine zentrale Rolle, da das Vorhandensein sämtlicher Informationen in Echtzeit, also sofort nach ihrer Entstehung am Ort der Verarbeitung vorausgesetzt und eine Informationsweiterverarbeitung nach definierten Zeitkriterien gefordert wird. Dazu ist eine Freiheit von Medienbrüchen in der

Informationsverarbeitung notwendig, die es wiederum erforderlich macht, digitale Technologien in die reale Welt zu integrieren und Objekte somit in die Lage zu versetzen, innerhalb vordefinierter Grenzen autonom Entscheidungen zu treffen und Aktivitäten auszulösen (vgl. BRAND ET AL. 2009, S. 13). Populärstes Beispiel hierfür ist die RFID-Technologie zur kontaktlosen Identifizierung und Erfassung von Objekten, wobei diese ohne eigene Stromversorgung auskommt und somit z. T. als Etikett an jedes Objekt anbringbar ist (vgl. MATTERN 2005, S. 55). FLEISCH ET AL. heben in diesem Zusammenhang die mit der neuen Technik sinkenden Grenzkosten der Dateneingabe und die dadurch ermöglichte häufigere Datenerfassung hervor (vgl. 2005, S. 12f.), was eine direkte und korrekte Abbildung realer Prozesse in der digitalen Welt ermöglicht. Neben dieser echtzeitigen, reinen Erfassung der Realität, welche vollständig automatisierbar ist, ist durch die Entwicklung des Internets der Dinge auch eine autonome Selbststeuerung einzelner Subsysteme erzielbar (vgl. TEN HOMPEL U. FOLLERT 2008), was in einem Beitrag von GÜNTHNER ET AL. (vgl. 2010, S. 146ff.) konkret für unternehmensinterne Materialflusssysteme ausgestaltet wird.

Die gezielte Nutzung des Internets zur Ausweitung des Gedankens des Internets der Dinge steht im Fokus der sog. **Cyber-Physischen Systeme** (CPS), wobei CPS als Zusammensetzung aus eingebetteten, echten physikalischen und Sensorsystemen angesehen werden können (vgl. RAJKUMAR ET AL. 2010, S. 731). CPS verfügen über Sensoren und Aktuatoren, mit denen sie Daten erfassen und auf physikalische Vorgänge einwirken können sowie über multimodale Mensch-Maschine-Schnittstellen (vgl. VOGEL-HEUSER ET AL. 2011, S. 7). Darüber hinaus wirken CPS oftmals als „System of Systems", als kontextadaptive und (teil-) autonom handelnde sowie kooperative Systeme mit verteilter, wechselnder Kontrolle und umfassender Mensch-System-Kooperation (vgl. HANSEN U. THIEL 2012). Da CPS oft in sicherheitskritischen Bereichen ihre Anwendung finden, spielt die Sicherheit des Systems und der Daten ebenfalls eine herausragende Rolle (vgl. BROY 2010, S. 22).

Als eine Technologie zur automatischen Identifikation (Auto-ID) hat die **Radio Frequency Identification (RFID)** in den vergangenen Jahren eine enorme Aufmerksamkeit sowohl in der wissenschaftlichen Gemeinschaft als auch in der Praxis erfahren. Vorrangig durch die Vision des Internets der Dinge ausgelöst und den dadurch aufgekommenen Erwartungen hinsichtlich einer Verbesserung logistischer Unternehmensprozesse sowie der Möglichkeit, neue Geschäftsmodelle durch Nutzung von RFID zu realisieren, entstand ein regelrechter Hype um RFID (vgl. FENN U. RASKINO 2008, S. 80). Weitgehende Einigkeit herrscht dagegen in Wissenschaft und Praxis, dass die Nutzung von RFID für Unternehmen aller Branchen und Größen erhebliche Potenziale birgt (vgl. ATTARAN 2006; DUTTA ET AL. 2007). Dabei reichen die Anwendungsbereiche aufgrund der vielfältigen Technologiepotenziale vom Einsatz in der Logistik (Behälter-, Waren- und Bestandsmanagement) über die Verwaltung von Anlagegütern bis zur Ersatzteilidentifikation oder der Zeiterfassung. Im Hinblick auf eine effiziente Auftragsabwicklung werden insb. Potenziale im Wareneingang, bei der Kommissionierung oder bei Transport- bzw. Umschlagprozessen erwartet (vgl. LEIMEISTER ET AL. 2007; SHIH ET AL. 2008). Zusätzlich dazu verbessert RFID im Hinblick auf die Echtzeitfähigkeit von Prozessen die Informationsbereitstellung, was eine echtzeitige Weiterverarbeitung erst ermöglicht (vgl. GRONAU U. LINDEMANN 2007, S. 9ff.). Unterschiedliche Autoren weisen darüber hinaus in ihren Beiträgen nach, dass viele Unternehmen die Potenziale von RFID bereits erkannt haben (vgl. LEIMEISTER ET AL. 2007; RHENSIUS U. DEINDL 2009, S. 80f.), die tatsächliche Implementierung von RFID-Lösungen jedoch hinter den Potenzialen der Technologie zurückbleibt (vgl. SCHMITT 2008, S. 2ff.). Dabei sind die Hemmnisse für den derzeitigen Einsatz von RFID sowohl technischer als auch wirtschaftlicher Natur. Aufgrund physikalischer Gesetze ist der

Einsatz bspw. im Metallumfeld eingeschränkt und in wirtschaftlicher Hinsicht sind insb. die für manche Anwendungsbereiche zu hohen Kosten für den Technologieeinsatz Hinderungsgründe für eine umfassende Verbreitung (vgl. FLEISCH 2006).

Wie **RFID- und Auto-ID-Systeme in die bestehende IT-Landschaft zur PPS integriert** werden können, untersucht der Beitrag von CHANG ET AL. (vgl. 2009). Dabei liegt der Fokus auf den verschiedenen Datenbedarfen auf unterschiedlichen Systemebenen von SCM-, ERP- und MES-Systemen. Wie Auto-ID-Systeme und die dadurch erzeugten Daten sinnvoll eingebunden werden können, beschreiben die Autoren anhand konkreter Beispiele für einzelne Transaktionen und geben abschließend einige grundsätzliche Hinweise zur Einführung von Auto-ID-Systemen (vgl. CHANG ET AL. 2009, S. 18f.).

Einen Weg hin zu einer **echtzeitfähigen PPS mittels Integration der unterschiedlichen IT-Planungsebenen** im Unternehmen stellen ARICA U. POWELL in Ihrem Beitrag auf der International Conference on Advances in Production Management Systems (APMS) vor (vgl. 2010). Dazu entwerfen die Autoren einen konzeptionellen Rahmen für eine automatisierte Echtzeit-PPS durch Integration von Informations- (u. a. RFID) und Steuerungstechnologien (APS-, ERP- und MES-Systeme). Einer Kategorisierung dieser Technologien folgt anschließend eine Analyse der spezifischen Charakteristika sowie der Vorteile und Defizite jeder Technologie. In diesem Zusammenhang identifizieren die Autoren unter Verweis auf XIAO ET AL. (vgl. 2006) die RFID-Technologie als die aktuell am besten geeignete zur Erzeugung von Echtzeitdaten. Im Rahmen des entwickelten Integrationsframeworks empfehlen die Autoren die kabellose Verbindung des RFID-Layers auf Shopfloor-Ebene mit der darüber liegenden Schicht der MES-Systeme und anschließend die Integration von MES- und ERP-System per Schnittstelle. Den letzten Integrationsschritt bildet die Verbindung zwischen ERP- und APS-System. Somit wird sichergestellt, dass in Echtzeit erzeugte Informationen tatsächlich auch echtzeitnah an den Ort ihrer Weiterverarbeitung geleitet werden. Eine konkrete Umsetzung oder Validierung zu diesem Konzept ist bisher jedoch nicht erfolgt.

Im Rahmen seiner Dissertation untersucht RHENSIUS, wo und wie RFID einen Beitrag zur Lösung konkreter unternehmerischer Fragestellungen leisten kann (vgl. 2010, S. 5). Dazu entwickelt der Autor zunächst sowohl für die Technik als auch für die jeweiligen Prozesse, welche durch RFID unterstützt werden sollen, Beschreibungsmodelle und identifiziert typische Merkmalskombinationen. Die anschließende **Typologisierung von RFID-Anwendungen** zeigt dem Praktiker potenzielle Anwendungsgebiete auf und wird abschließend mittels dreier Fallstudien validiert.

ZHANG ET AL. stellen in ihrem Beitrag ein Konzept für eine **auf RFID-basierende Echtzeitfertigung** vor (vgl. 2010, S. 101ff.). Das Konzept sieht dazu die Nutzung eines agentenbasierten Workflowmanagements als eine Möglichkeit zur Interaktionen von RFID-unterstützten Fertigungsressourcen vor, wobei der Produktionsprozess an sich als Workflow-Netzwerk modelliert wird. Die Netzwerkknoten repräsentieren die Prozesse und werden durch Agenten abgebildet und die Kanten fungieren als Nachrichten im Sinne des Datenflusses. Das Netzwerk wird anschließend in Form eines Referenzframeworks modelliert, welches auf den drei Komponenten Workflow-Management, Fertigungswebservices und Fertigungszellen-Agenten basiert und abschließend mittels Prototyp umgesetzt.

Für die praktische Umsetzung der Idee des Internets der Dinge ist eine standardisierte Kennzeichnung der zu steuernden logistischen Objekte wichtig, wozu der **Elektronische Produkt Code (EPC)** mit seinen Information Services (EPCIS) eine Möglichkeit bereitstellt (vgl. CLASEN 2007, S. 68ff.; BOTTANI U. RIZZI 2008). Der EPC, welcher von GS1 (Global

Standards One), einer weltweiten Organisation zur Vergabe globaler Standards, vergeben wird, gestattet die eineindeutige Kennzeichnung von Objekten (z. B. Handelseinheiten, logistische Einheiten oder Transportbehälter) und legt dazu die notwendige Informationsinfrastruktur fest. Darüber hinaus unterstützen eine Reihe von IT-Funktionalitäten das Auffinden und Abfragen von Daten, welche einem spezifischen EPC zugeordnet sind, was den objektbezogenen Austausch von Informationen (u. a. Tracking und Tracing) auch unternehmens- bzw. IT-systemübergreifend ermöglicht (vgl. TEN HOMPEL U. HEIDENBLUT 2007). Im Hinblick auf seine Anwendung kann der EPC dabei auf einem RFID-Transponder gespeichert werden und erlaubt somit neben der Festlegung von Hersteller- und Produktnummer auch die Vergabe einer Seriennummer für die individuelle Kennzeichnung jedes Artikels (vgl. FLOERKEMEIER 2005, S. 88).

Neben der reinen Identifizierung von Objekten mittels EPC ist im Sinne der Echtzeitfähigkeit ebenso die Weiterleitung dieser Informationen an eine weiterverarbeitende Stelle von Bedeutung. Zu diesem Zweck wurden die **EPC Information Services** (EPCIS) entwickelt. Zunächst werden dabei erzeugte oder abgefragte Informationen wie bspw. der EPC selbst, Produktionsdaten wie Los- oder Chargennummern, Ablaufdaten oder der Status des Objekts auf dem Transportweg in einem dezentralen EPCIS-Repository abgelegt (vgl. SCHRAMMEL 2008, S. 80). Werden die Informationen anschließend angefragt, dient zunächst ein sog. Object Naming Service (ONS), welcher es ermöglicht, Datenquellen mit Informationen zu einem EPC aufzufinden, dazu, den richtigen EPCIS ausfindig zu machen. Anschließend stellt der EPCIS in Abhängigkeit der Zugriffsrechte die entsprechenden Informationen bereit. In der praktischen Anwendung, bspw. innerhalb einer Lieferkette oder eines Produktionsnetzwerks, werden für den EPCIS lokale Datenbanken verwendet, auf denen die beteiligten Partner Informationen zu bestimmten Objekten (z. B. Kunden- oder Fertigungsaufträge) speichern können, welche mit dem EPC gekennzeichnet sind (vgl. KÜRSCHNER ET AL. 2008, S. 25). Jeder beteiligte Partner besitzt zudem eine Applikation, welche die Informationen über die Objekte aus den Datenbanken der Partner anfragen kann. Verletzt die Anfrage nicht das vorher definierte Rechtekonzept, werden die Informationen übertragen. Im Hinblick auf eine echtzeitfähige PPR bietet der EPCIS insbesondere Potenzial für eine echtzeitige Weiterleitung von bspw. Status- oder Auftragsfortschrittsinformationen entlang der Lieferkette.

Zur echtzeitigen unternehmensübergreifenden Übertragung ermittelter Informationen (z. B. zum Auftragsfortschritt) bieten sog. **Datenübertragungsstandards** eine Möglichkeit, indem sie eine medienbruchfreie und somit automatisierbare Übertragung von Informationen zwischen Unternehmen sicherstellen. Insbesondere im Betrachtungsbereich dieser Dissertation (Maschinen- und Anlagenbau) weisen Datenübertragungsstandards zur effizienten überbetrieblichen Auftragsabwicklung jedoch einen bisher geringen Verbreitungsgrad auf (vgl. SCHUH U. STICH 2011, S. 32ff.).

Speziell für Unternehmen des Maschinen- und Anlagenbaus ist daher im Rahmen des Forschungsprojekts „Open Factory“ ein Quasi-Standard zur Datenübertragung für eine **überbetriebliche Auftragsabwicklung**, basierend auf dem Prozess-Referenzmodell für Unternehmen der Auftragsfertigung nach SCHMIDT (vgl. 2008, S. 55ff.), entwickelt worden (vgl. SCHUH 2008, S. 3). Der Quasi-Standard wird dabei über eine webbasierte Integrationsplattform abgebildet, welche die ausgehenden Nachrichten (z. B. Anfragen oder Bestellungen) des absendenden Unternehmens über einen sog. Konnektor in ein definiertes Format umwandelt, an den Konnektor des empfangenden Unternehmens sendet und mittels des dortigen Konnektors wieder in ein Format zurückwandelt, sodass die Nachricht automatisch im dortigen IT-System weiterverarbeitet werden kann (vgl. SCHMIDT U. WIENHOLDT 2009, S. 30ff.). Unternehmen müssen sich dabei nur einmal zum sog. myOpenFactory-Standard kompatibel machen und können anschließend mit allen bereits teilnehmenden Unternehmen elektronisch im Rahmen der bereitgestellten Nachrichtentypen kommunizieren. In Verbindung mit den EPCIS besteht somit die Möglichkeit, ermittelte Status- und Fortschrittsinformationen eineindeutig und in Echtzeit auch unternehmensübergreifend weiterzuleiten und somit einer echtzeitigen Weiterverarbeitung zuzuführen.

Zwischenfazit zu Echtzeitansätzen in Produktion und Logistik

Das Prädikat der Echtzeit ist bei sämtlichen Ansätzen grundsätzlich mit einer Aufwertung selbiger verbunden. Ursprünglich aus der Informatik und Automatisierungstechnik stammend, bezieht sich der Echtzeitgedanke häufig auf den Bereich der Daten- bzw. Informationsverarbeitung und meint dort eine Datenverarbeitung im Millisekundenbereich. Darüber hinaus stehen oftmals Fragen wie der Umgang mit konkurrierenden Rechenprozessen, welche je nachdem mit harten, weichen oder keinen Echtzeitanforderungen versehen sind, bei begrenzten Prozessorkapazitäten im Fokus der Betrachtungen. Übertragen auf Produktion und Logistik sind insb. im Bereich der Transportlogistik aufgrund sicherheitsrelevanter Aspekte bei fahrerlosen Transportsystemen harte Echtzeitanforderungen in Bezug auf die Datenverarbeitung vorherrschend.

Letztlich basieren die meisten Echtzeitansätze auf dem Regelkreisprinzip mit dem bekanntem Kreislauf aus Messen, Bewerten und Handeln; nur sind die Zeitkonstanten der Regelkreise in reinen Echtzeitsystemen deutlich niedriger. In Bezug auf eine echtzeitfähige PPR ist zu prüfen, inwieweit dort harte Echtzeitanforderungen vorherrschen bzw. notwendig erscheinen und von welchen Granularitäten hinsichtlich der Zeitkonstanten der dezentralen Regelkreise die Rede ist. In jedem Fall liefern die hier dargestellten Ansätze wertvolle Anhaltspunkte, insb. in Bezug auf eine spätere, konkrete Umsetzung einer echtzeitfähigen PPR. Konzepte wie das Ubiquitous Computing und seine Weiterentwicklung im Bereich der vernetzten Produktion, die Cyber-Physischen Systeme, fokussieren die Umsetzung der dezentralen Regelkreise in IT und schließen so die Lücke zwischen physischer und informatorischer Welt. Die Informationsverarbeitung wird hin zum Ort der Informationsentstehung verlagert, Objekte werden intelligent und verständigen sich eigenständig untereinander.

3.3 Ansätze zur echtzeitfähigen Produktionsplanung und -regelung

Nachdem in den vorangegangenen Unterkapiteln zunächst bestehende (Einzel-)Ansätze für eine PPR sowie für Echtzeitsysteme aus unterschiedlichen Perspektiven betrachtet wurden, soll der folgende Abschnitt die beiden zentralen Aspekte der vorliegenden Dissertation zusammenführen. In diesem Zusammenhang werden ganzheitliche Konzepte und Ansätze aufgeführt, welche vorrangig strukturgebende Anhaltspunkte für die Entwicklung einer echtzeitfähigen PPR liefern können. Kapitel 3.3.1 untersucht dabei den Ansatz des High Resolution Production Managements (HRPM), bevor sich Kapitel 3.3.2 der Anwendung konkreter kybernetischer Methoden in Unternehmen widmet. Abschließend stehen innerhalb von Kapitel 3.3.3 kybernetische Methoden im Fokus, welche Produktionssysteme ganzheitlich systematisieren und gestalten.

3.3.1 High Resolution Production Management

Zur Steuerung von Produktionsprozessen in Echtzeit entwickeln SCHUH ET AL. mit dem High Resolution Production Management einen Ansatz, dessen wesentliches Element Sensor-Aktor-Netzwerke sind, welche Identifikationstechnologien wie RFID, Barcode oder Datamatrix verwenden, um Statusmeldungen zu automatisieren, ohne Mitarbeiter von wertschöpfenden Tätigkeiten abzuhalten (vgl. 2007a, S. 439ff.). Die Umsetzung dieses Steuerungskonzepts basiert damit im Wesentlichen auf dem adäquaten Einsatz geeigneter Informationstechnologien (hier RFID), was zu erheblichen Effizienzvorteilen führt, wie Fallstudien beweisen (vgl. SCHUH ET AL. 2007a, S. 441f.). Kernelement des Konzepts ist die sog. adaptive Logistik zur dezentralen Steuerung der Materialversorgung in der variantenreichen Produktion niedriger Stückzahlen, wobei RFID in diesem Zusammenhang als informationstechnische Verbindung von realen Aktivitäten mit den zugehörigen Informationssystemen fungiert (vgl. SCHUH 2006, S. 505ff.; SCHUH ET AL. 2006a, S. 321ff.). Die Kombination von RFID mit dezentralen Steuerungsmechanismen wie der Agententechnologie verspricht eine signifikante Verbesserung gegenüber herkömmlichen Ansätzen.

Als Erweiterung des HRPM-Ansatzes von SCHUH ET AL. stellen FLEISCH ET AL. im Rahmen des Aachener Werkzeugmaschinen-Kolloquiums (AWK) 2008 einen Beitrag vor, der eine **neuartige Konzeption der Auftragsabwicklung** vorsieht. Dieses Konzept ist aus Sicht der Autoren notwendig, da die bestehende mittelwertbasierte PPS in einem Umfeld steigender Dynamik nicht mehr anforderungsgerecht agiert (vgl. FLEISCH ET AL. 2008, S. 452ff.). Das HRPM bedient sich dabei der Analogie zur Regelungstechnik, indem der Aufbau eines unternehmensweit vernetzten Regelungssystems Unternehmen die Möglichkeit bietet, sich von der rückkopplungsarmen und entkoppelten Auftragsteuerung zu lösen (vgl. FLEISCH ET AL. 2008, S. 467; Abbildung 3-1). Dazu stellt das HRPM **vier zentrale Gestaltungsgrundsätze** zur Verfügung: planbare und stabile Einzelprozesse, Kundenauftragsbezug, Informationstransparenz sowie Kapazitätsanpassung und Auftragsreihenfolgebildung.

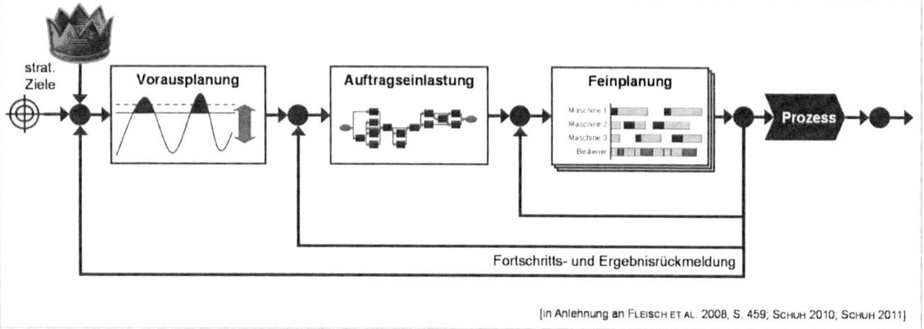

Abbildung 3-1: Kaskadenregelung der Auftragsplanung und -steuerung im High Resolution Production Management

Im Gegensatz zu einer Planung auf Basis ungenauer Mittel- und Durchschnittswerte verfolgt die Gestaltung planbarer Einzelprozesse das Ziel, diese situativ und realistisch planen zu können, sodass im Falle eines ideal-stabilen Prozesses daraufhin keinerlei Eingriffe der Regelung mehr notwendig sind. Grundlagen für diese Stabilität sind zum einen durch eine hohe Anzahl an Wiederholungen erzielte Lerneffekte sowie zum anderen eine hohe Lieferzuverlässigkeit der wichtigsten Zulieferer. Ein durchgängiger Bezug des Entscheiders zum Kundenauftrag erfordert eine bedarfsgerechte Ressourcenpriorisierung, denn erst so werden

Handlungsauswirkungen transparent. Der wichtigste Enabler für die Stabilität der Regelkreise im HRPM ist die Informationstransparenz, welche die Lücke zwischen den Grenzkosten der Datenerfassung und dem innerbetrieblichen Transparenzproblem durch einen erhöhten Integrationsgrad schließen soll (vgl. SCHUH 2008). Mittels der Gestaltung kaskadierter Regelkreise soll es den Reglern schließlich ermöglicht werden, ihre Optionen zur Kapazitätsanpassung und Auftragsreihenfolgeänderung auszuschöpfen, indem auf der Feinplanungsebene Auftrags- und Rüstreihenfolgen geändert oder ein Lossplitting veranlasst werden können. Wird durch die Abweichung eines Sollwertes der Auftragseinlastungsregler angesprochen, stehen diesem unterschiedliche Maßnahmen wie eine Auftragsfremdvergabe, die Änderung des Schichtmodells oder die Neuterminierung der Auftragsreihenfolge als Reaktionsmaßnahmen zur Verfügung. Die äußerste Kaskade des Regelkreismodells bildet abschließend die Vorausplanung, durch deren Regelkreis die Personal- bzw. Investitionsplanung beeinflusst werden kann (vgl. FLEISCH ET AL. 2008, S. 460ff.).

Im Rahmen der Aachener ERP-Tage 2010 **verknüpft** SCHUH erstmals das Konzept des **HRPM mit dem Begriff der Echtzeitfähigkeit** und definiert in diesem Zusammenhang vier Leistungsmerkmale des HRPM (vgl. SCHUH 2010). Die Regelung der Planungs- und Steuerungsprozesse bezieht sich dabei auf das bei FLEISCH ET AL. 2008 entworfene, kaskadierte Regelkreismodell. In Anlehnung an die Gütekriterien der Regelungstechnik (Stabilität, Störkompensation und Sollwertfolge, Dynamik und Robustheit; vgl. Kapitel 2.3.3) besteht eine echte Regelung im Sinne des HRPM aus kaskadierten Regelkreisen, welche miteinander verknüpft sind, arbeitet mit ebenenübergreifend konsolidierten Führungsgrößen, verarbeitet Echtzeitinformationen und regelt sich eigenständig innerhalb von Sollwert-Korridoren. Als zweites Leistungsmerkmal besagt die Granularität der Führungsgrößen, dass sich die hinreichende Genauigkeit der Führungs- und Störgrößen der Regelkreise an der notwendigen Genauigkeit der Regelgrößen orientieren muss. SCHUH verweist zur Ableitung der hinreichenden aus der notwendigen Granularität auf das Abtasttheorem nach SHANNON U. NYQUIST (vgl. RUHM 2003) und rät zu einer Echtzeitfähigkeit nur so genau wie nötig und nicht wie möglich. Systematisch aus der Granularität der Führungsgrößen sind als drittes Leistungsmerkmal im Sinne des Antwortzeit-Verhaltens die jeweiligen Abtastraten der Regelkreise abzuleiten, wobei SCHUH hierbei die optimale Aktualisierungsrate von Wiederbeschaffungszeiten bei Lieferanten als Beispiel anführt. Als viertes und letztes Leistungsmerkmal des HRPM sind je Kaskade dynamische Sollwert-Korridore festzulegen, in denen sich Führungs- und Folgeregler selbstständig ausregeln können. Dies bedeutet, dass Regelkreise Störgrößen innerhalb des Sollwert-Korridors mit Hilfe von Kapazitäten und Reihenfolgeänderungen eigenständig kompensieren können. Bei Verlassen des Korridors des Führungsreglers müssen dagegen vorgelagerte Kaskaden erneut durchlaufen werden.

In seinem Beitrag zu den Aachener ERP-Tagen 2011 stellt SCHUH die **Echtzeitfähigkeit von Produktionssystemen als Enabler für die Herstellung deren Beherrschbarkeit und Robustheit** in den Fokus seiner Überlegungen zur zukünftigen Gestaltung der Produktion in Deutschland (vgl. SCHUH 2011). Dabei sieht SCHUH die echtzeitnahe Verarbeitung tatsächlicher Istwerte als Voraussetzung für die echte Regelung der Produktions- und Logistikprozesse und ordnet zu diesem Zweck dezentrale und echtzeitdatenverarbeitende Regelkreise auf der operativ-taktischen Ebene des Produktionssystems an. Als Leistungsmerkmale echtzeitdatenverarbeitender Regelkreise führt SCHUH dazu die Leistungsmerkmale des HRPM (Granularität der Führungsgrößen, Antwortzeit-Verhalten und dynamische Sollwert-Korridore) an.

Den **aktuellen Stand der Weiterentwicklung des HRPM-Ansatzes** stellen SCHUH ET AL. in ihrem Beitrag auf dem Aachener Werkzeugmaschinen-Kolloquium 2011 vor (vgl. 2011c, S. 61ff.). Dabei wird eine neue Dimension der Informationsgewinnung und Rückkopplung eingeführt, welche auf einer Hochauflösung von Produktionsdaten sowie einer modularen, adaptiven Nutzung dieser Daten für die Unterstützung der Mitarbeiter innerhalb der PPS basiert. Zu diesem Zweck stellen die Autoren Lösungsbausteine vor, welche sich auf hochauflösende Produktionsdaten stützen, um somit eine bessere Entscheidungsbasis zur Verfügung zu stellen sowie eine höhere Systemfähigkeit von Produktionssystemen zu erreichen, und propagieren das Verständnis von Produktionssystemen als soziotechnische Systeme, in denen Mitarbeiter mit ihrem Knowhow und ihrer Entscheidungsfähigkeit eine zentrale Rolle spielen. Im Sinne der Systemfähigkeit eines Produktionssystems rücken die Autoren die Gestaltung der PPS-Strukturen (Gestaltungsfähigkeit) und die situationsgerechte Steuerung der Produktion (Steuerungsfähigkeit) in den Fokus (vgl. SCHUH ET AL. 2011c, S. 66ff.). Beiden Prinzipien gemein ist dabei die verfolgte Zielsetzung, eine Gewährleistung der Reaktionsfähigkeit bei Änderungen im dynamischen Umfeld und bei Turbulenzen in der Produktion. Dies bedeutet im Umkehrschluss, die Anpassungsfähigkeit der PPS auf der einen Seite durch geeignete Strukturen und andererseits durch eine situationsgerechte Steuerung sicher zu stellen. Als zentrale Lösungsbausteine für die Erreichung einer Systemfähigkeit von Produktionssystemen werden im Sinne der Gestaltungsfähigkeit die Modularisierung der IT-Struktur und die Wertstromorientierung zur Abbildung hochauflösender Stammdaten sowie für die Steuerungsfähigkeit hochauflösende Rückmeldungen und ein sog. Viable Controller gefordert (vgl. SCHUH ET AL. 2011c, S. 69f.).

3.3.2 Anwendung kybernetischer Methoden in (produzierenden) Unternehmen

Als die Wissenschaft von Kommunikation und Regelung hat die Kybernetik im Laufe der Jahre viele Wissenschaftsdisziplinen beeinflusst. In diesem Zusammenhang wurden Methoden aus der Kybernetik auch auf Unternehmen angewendet. Diejenigen Ansätze, welche für die Strukturierung einer echtzeitfähigen PPR von Relevanz sein können, werden im folgenden Unterkapitel vorgestellt.

Als **Ausgangspunkt kybernetischer Lenkungsansätze** (in der Organisationsforschung) gilt das selbstorganisierende System des sog. **Servomechanismus**, welches sich einschränkend jedoch lediglich für kontinuierliche Entwicklungen eignet (vgl. THIEM 1998, S. 66). Störungen, die sich jenseits des Stabilitätsbereichs eines Servomechanismus befinden, lassen sich anschließend nicht mehr in stabile Gleichgewichte umwandeln. GOMEZ entwickelt daher den sog. **Homöostaten**, einen **adaptiven Lenkungsmechanismus**, welcher das Gleichgewicht mit dem Regelvorgang, der Homöostase, herbeiführen soll (vgl. 1978, S. 118ff.). Aus Sicht der Kybernetik besteht der Homöostat aus einer weiteren Rückkopplung und einer Führungseinheit, die bei unerwarteten und durch den Servomechanismus nicht mehr zu bewältigenden Störungen entweder die Struktur des Servomechanismus anpasst, einen anderen Servomechanismus auswählt oder neue Führungsgrößen vorgibt. Regelungstechnisch betrachtet, werden einzelne, dezentrale Regelkreise von einem übergeordneten Regler koordiniert, was wiederum dem Prinzip der Kaskadierung (vgl. Kapitel 2.3.2) entspricht.

Einen für das Management von Unternehmen zugänglichen Ansatz zur Bewältigung von Komplexität schafft das **Gesetz der erforderlichen Varietät** nach ASHBY, wonach lediglich Varietät wiederum vorhandene Varietät neutralisieren bzw. bewältigen kann (vgl. ASHBY 1970). In diesem Zusammenhang klammert die Kybernetik die Komplexität nicht durch Restriktionen und vereinfachende Annahmen aus, sondern stellt sie, im Gegensatz zu herkömmlichen Methoden der Ingenieurs- oder Betriebswissenschaften, vielmehr in den Mittelpunkt aller Betrachtungen. ASHBY schafft in diesem Sinne mit seinem Gesetz einen für das Unternehmensmanagement hilfreichen Ansatz zur Bewältigung von Komplexität, da es anspruchsvolle Aufgabe des Managements ist, auf eine Vielzahl möglicher Zustände und Geschehnisse aus den Schnittstellen des Unternehmens mit seinem Umfeld mit angemessenen Verhaltensmustern zu reagieren, wobei das Umfeld dabei stets mehr Varietät als die Organisation selbst besitzt (d. h. das Problem besitzt eine höhere Varietät, als das Management entgegensetzen kann). Versäumt es das Management jedoch, auf die einströmende Varietät mit Vorgaben zu antworten, nimmt das empfindliche System aus Umwelt und Unternehmung unwirtschaftliche und damit schädliche Zustände an. Zu diesem Zweck gibt die Managementkybernetik dem Unternehmensmanagement ein Instrumentarium aus varietätsverstärkenden und -dämpfenden Maßnahmen an die Hand.

Aus dem Gesetz von ASHBY lassen sich in der Folge **zwei Grundprinzipien für das Unternehmensmanagement** ableiten (vgl. ESPEJO 1996, S. 62; DÖRING 1999, S. 57). Zum einen muss sich das Management mit seiner begrenzten Kapazität auf die Beherrschung der Komplexität beschränken, die das zu lenkende System nicht selbst bewältigen kann (vgl. MALIK 2006, S. 169ff.), und zum anderen sind die Systeme möglichst autonom zu gestalten (vgl. DÖRING 1999, S. 58). Somit hängt die Güte der Entscheidungen in den Reglern der Lenkungsmechanismen von der Güte des Entscheidungsmodells selbst ab. Das Management ist dabei mit dem Problem konfrontiert, dass es in der Regel nicht über ausreichende Informationen, Wissen, Kenntnisse und Fähigkeiten verfügt, um ein komplexes Unternehmen zu steuern; kybernetisch ausgedrückt, fehlt es dem Management an Varietät. Die Managementkybernetik sucht in diesem Zusammenhang nach Lösungen zur Aufrechterhaltung der Balance innerhalb des Unternehmens, aber auch zwischen dem Unternehmen und seiner Umwelt.

Ein Hauptkritikpunkt der Kybernetik erster Ordnung war die Gleichsetzung von Unternehmen als soziotechnische Systeme und Maschinen als technische Systeme. Dies führte dazu, dass in den 1960er Jahren eine neue Sichtweise entstand, welche den Menschen als Teil des betrachteten Systems mit einschloss, indem die Kybernetik zweiter Ordnung das Management als direkte Lenkungseinheit mit in die Betrachtungen einbezieht. Somit wurde aus der Kybernetik der beobachteten Systeme die Kybernetik der beobachtenden Systeme (vgl. VON FOERSTER U. REBITZER 1974, S. 1; SCHWANINGER 1994, S. 25).

Als Management-Hilfsmittel zum Umgang mit komplexen Systemen entwickelte BEER das **Viable System Model** (VSM). Neben dem Gesetz der erforderlichen Varietät nach ASHBY steht die lebensfähige Gestaltung einer Organisation bzw. eines Unternehmens im Betrachtungsfokus. Dabei bedeutet Lebensfähigkeit für BEER jedoch nicht ein „Überleben am Existenzminimum", sondern vielmehr die kontinuierliche Bewahrung der Systemidentität bei sich verändernden Umweltbedingungen (vgl. BEER 1979, S. 113ff.). Ungeachtet seiner substanziellen Manifestation weist ein System nach BEER's Invarianz-Theorem isomorphe, d. h. in Form, Beziehung und Struktur gleiche, Lenkungsstrukturen auf. Ein System ist also genau dann lebensfähig, wenn es die noch zu beschreibende Struktur aufweist (vgl. BEER 1972, S. 30; GOMEZ 1978, S. 30f.; PROBST 1987, S. 59). Nicht nur für die Lebensfähigkeit von Unternehmen ist das Invarianz-Theorem notwendige und hinreichende Bedingung für die Lebensfähigkeit aller komplexen Systeme. BEER leitet das Viable System Model dabei zunächst direkt aus dem Aufbau des menschlichen zentralen Nervensystems her (vgl. BEER 1972), überarbeitet seine Herleitung anschließend jedoch aufgrund anhaltender Kritik an der fragwürdigen Übertragbarkeit naturwissenschaftlicher Prinzipien auf die Geistes- und Sozialwissenschaften. Als Ergebnis formuliert er das VSM in seinem zweiten Buch aus einer kybernetischen Sichtweise heraus (vgl. BEER 1979). Abbildung 3-2 zeigt die Struktur des Viable System Model.

Das VSM weist in seiner Struktur fünf Subsysteme auf, welche auf drei verschiedenen Strukturebenen angeordnet sind. Die Systeme 1-3 (inkl. 3*) kennzeichnen dabei die operative Ebene und beziehen sich auf die Gegenwart sowie die Innenwelt des Gesamtsystems. Durch routiniertes Verhalten und reflexartige Anpassungen an Veränderungen der Umwelt erfolgt auf dieser Strukturebene ein sog. autonomes Handeln. Oberhalb der operativen Ebene verfolgt das System 4 die Stabilisierung des Gesamtsystems mit der Außenwelt und System 5 repräsentiert als eine normative Instanz die dritte Strukturebene.

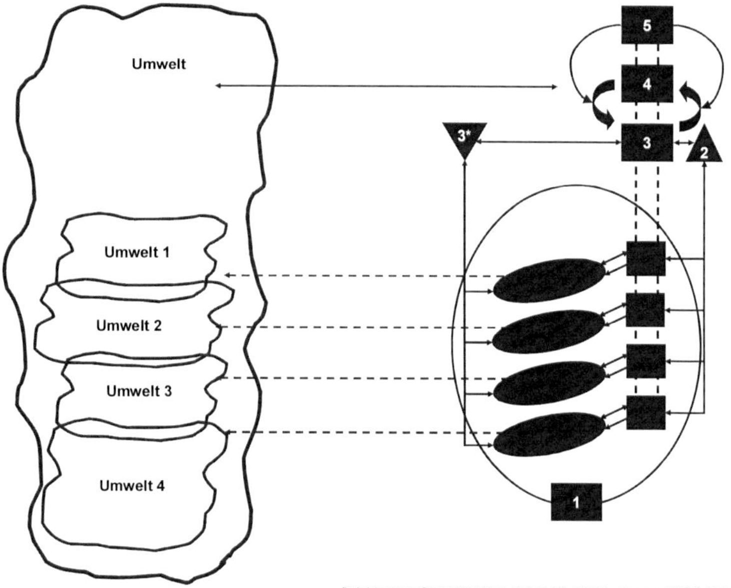

[in Anlehnung an GOMEZ 1978; BEER 1979, S. 319; ESPEJO U. HARNDEN 1989, S. 99; MALIK 2006, S. 84]

Abbildung 3-2: Die Struktur des Viable System Model

Die Systeme 1 (ein System 1 besteht jeweils aus einer Ellipse und einem Rechteck), Repräsentanten der Unternehmensabteilungen, werden im VSM mittels Basis- (Ellipsen) und Lenkungseinheiten (Rechtecke) abgebildet. Die Lenkungseinheiten sind dabei für die Optimierung des Tagesgeschäfts der weitgehend autonomen Basiseinheiten verantwortlich. Die Koordination und Regulierung aller teilautonomen Systeme 1 ist die Aufgabe des Systems 2, welche dieses durch Verstärkung der selbstregulierenden Kapazitäten mittels Informationsversorgung sowie einer Dämpfung von Oszillationen zwischen den Basiseinheiten vornimmt. Für die Optimierung der gesamten operativen Ebene im VSM ist das System 3 zuständig, welchem dazu ein Gesamtmodell aller Systeme 1 sowie deren Wechselwirkungen vorliegt. Dabei gibt das System 3 Weisungen direkt über die zentrale Befehlsachse an die Systeme 1 weiter. Als direkte Verbindung zwischen den Systemen 1 und dem System 3, ohne Umweg über das System 2, fungiert das System 3*, indem es die aus den Systemen 1 kommenden

Informationen überwacht und validiert. Als strategische Strukturebene mit primärer Orientierung zur Außenwelt und zur Zukunft erfasst und diagnostiziert das System 4 die Umwelt des Gesamtsystems und verändert dessen Ausrichtung auf Basis dieser Informationen ständig. Die Balance zwischen den gegenwarts- (Systeme 1-3) und zukunftsbezogenen (System 4) Perspektiven hält das System 5 als normative und zugleich oberste Strukturebene. Es definiert zudem die Identität des Gesamtsystems, indem es Normen, Werte und Politiken vorgibt, um die Identität dauerhaft zu erhalten bzw. weiterzuentwickeln.

GOMEZ vollzieht in seinem **Ansatz zur kybernetischen Gestaltung des Operation-Managements** die Synthese des VSM mit der St. Gallener Systemmethodik, indem er nach ausführlicher Aufbereitung des VSM dieses auf konzeptioneller Ebene in das Vorgehensmodell der Systemmethodik integriert (vgl. 1978). Mit dem Fokus auf der Gestaltung der Lenkungsmechanismen der Systeme 1 zeigt der Autor im Kontext konkreter unternehmerischer Problemstellungen (Bestandsmanagement, Gestaltung von Erfassungs- und Überwachungsmechanismen etc.) Anwendungsmöglichkeiten und -ansätze für produzierende Unternehmen auf. Auf weiterführende Ansätze zur Anwendung konkreter kybernetischer Methoden und dabei insb. des VSM in (produzierenden) Unternehmen sei an dieser Stelle auf den Anhang B verwiesen.

3.3.3 Anwendung kybernetischer Methoden auf Produktionssysteme

Den Stand der Erkenntnisse abschließend, werden im Folgenden Ansätze beschrieben, welche im Sinne einer Verankerung dezentraler Regelkreise strukturgebend für eine kaskadierte Produktionsplanung und -regelung wirken (können).

Im Rahmen seiner Dissertation erarbeitet THIEM ein **Modell zur soziotechnischen Strukturierung von Fertigungssystemen anhand des VSM**, wobei er dabei die Konzepte der Fertigungssteuerung auf die Kommunikationskanäle und Systeme des VSM überträgt (vgl. 1998). Dazu entwickelt der Autor ein Vorgehensmodell, bestehend aus der Analyse der Ist-Situation, einer Schwachstellenanalyse sowie der Entwicklung einer Soll-Struktur, und weist den einzelnen Schritten verschiedene Aufgaben und unterstützende Werkzeuge (Autonomieprofil, Informationsflussdiagramm) zu. Die Validierung des Modells erfolgt anschließend entlang des Vorgehensmodells bei einem mittelständischen Getriebefertiger.

Ein **Rahmenkonzept zur Gestaltung wandlungsfähiger Auftragsmanagementsysteme auf Basis des VSM** entwickelt BALVE innerhalb seiner Dissertation (vgl. 2002). Unter einem Auftragsmanagementsystem wird dabei ein ideales und/ oder reales Instrument definiert, um Kundenaufträge wirtschaftlich und flexibel abzuwickeln. Dazu überträgt der Autor sukzessive die charakteristischen Merkmale eines Auftragsmanagementsystems auf die Systemstruktur des VSM, beginnend mit den operationalen Aufgaben für die Systeme 1. Darauf aufbauend erfolgt die Gestaltung der Lenkungsfunktionen und -mechanismen nach Vorbild der Systeme 2 und 3. Das Ziel des langfristigen Erfolgs des Auftragsmanagementsystems verfolgt System 4 auf der strategischen Ebene und System 5 definiert schließlich die Werte, Normen und Regeln für das Gesamtsystem. Das beschriebene Modell gliedert sich dabei in ein umfassendes Vorgehenskonzept für wandlungsfähige Auftragsmanagementsysteme ein, entwickelt im SFB 467 zum Thema der Wandlungsfähigkeit von Unternehmen, wobei das Vorgehenskonzept die Phasen der Teambildung, einer Situationsanalyse, der Zielformulierung, der Lösungssynthese sowie einer abschließenden Bewertung umfasst. Die Validierung des Konzepts führt der Autor am Beispiel eines nicht namentlich genannten mittelständischen Unternehmens durch.

H.-H. WIENDAHL entwickelt in seiner Dissertation ein methodisches Vorgehen zur **situativen Gestaltung des Auftragsmanagements im turbulenten Unternehmensumfeld** für die kundenspezifische Auftragsabwicklung in Produktionsnetzwerken der variantenreichen Serienproduktion (vgl. 2002). Die Vorgehensweise beruht dabei auf der situationsangepassten Auswahl der zugrunde liegenden Planungs- und Steuerungslogik mit den dazugehörigen Planungsmethoden und berücksichtigt zur Konfiguration des Auftragsmanagements zwei wesentliche Komponenten. Auf Basis der klassischen Kriterien zur logistischen Positionierung werden zunächst geeignete Produktionsstrategien identifiziert und anschließend in einem Grundmodell des Auftragsmanagements zusammengeführt, welches die Wandlungsfähigkeit der Unternehmen unterstützt. Das entwickelte Modell differenziert zum Zweck einer vereinfachten PPS-Konfiguration einerseits Gestaltungsmerkmale, welche die logistische Unternehmenssituation abbilden, und andererseits Methodenmerkmale, die Planungsmethoden anhand ihrer logistischen Konstruktionsprinzipien klassifizieren. Abschließend erfolgt neben der Validierung des Konfigurationsmodells die Ableitung einer Einsatzarchitektur für Informations-, insb. für ERP-/ PPS- und MES-Systeme. Als Erweiterung des Modells erarbeitet H.-H. WIENDAHL anschließend einen Ansatz für eine adaptive PPS durch Anwendung der Prinzipien der Wandlungsfähigkeit (vgl. WIENDAHL, H.-H. 2009).

Im Betrachtungsbereich produzierender Unternehmen der variantenreichen Serienfertigung erarbeiten WESTKÄMPER U. ZAHN basierend auf einem ganzheitlichen Produktionssystem (GPS) das sog. **Stuttgarter Unternehmensmodell** (SUM), welches Methoden, Instrumente und Vorgehensweisen zur Steigerung der Wandlungsfähigkeit beinhaltet (vgl. 2009, S. 25ff.). Im vorliegenden Werk fassen die Autoren die Ergebnisse des SFB 467 „Wandlungsfähige Unternehmensstrukturen für die variantenreiche Serienproduktion“ zusammen, welcher von 1997 bis 2005 von der DFG gefördert wurde. Als ganzheitliches Modell beschreibt das SUM Unternehmen in diesem Zusammenhang als komplexe Systeme, die wiederum aus teilautonomen Leistungseinheiten bestehen. Zur Gewährleistung des Umgangs mit hoher Dynamik in der Produktion stellen dezentral organisierte, teilautonome Organismen (Leistungseinheiten) das Fundament des Modells dar. Dabei bildet eine Leistungseinheit eine organisatorische Einheit eines Unternehmens aus einem oder mehreren Mitarbeitern, welche unter Einsatz von Ressourcen abgestimmte Ziele verfolgen (vgl. WESTKÄMPER U. ZAHN 2009, S. 49ff.). Das von WESTKÄMPER entwickelte Wirkmodell, welches die Leistungseinheiten zur Adaptivität befähigen soll, basiert dabei in Struktur und Steuerung auf dem VSM, wobei die Planungsprozesse innerhalb der Leistungseinheiten verortet werden. Mittels eines sog. Skalenmodells werden in Anlehnung an das Rekursivitätsprinzip des VSM darüber hinaus die Wirkungen der Leistungseinheiten auf das Gesamtsystem berücksichtigt, indem das Skalenmodell den Prinzipien der Kooperation, Selbstorganisation, Selbstoptimierung, Selbstkontrolle und technischer Intelligenz folgt und dabei durch entsprechende IT-Systeme unterstützt wird (vgl. WESTKÄMPER U. ZAHN 2009, S. 47f.). Die Fähigkeit der Leistungseinheiten, eigenständig vertikal und horizontal mit Partnern zu verhandeln, beschreibt ein Kooperationsmodell (vgl. WESTKÄMPER U. ZAHN 2009, S. 59ff.). Dazu sind die Schnittstellen zwischen den einzelnen Leistungseinheiten zu harmonisieren und zu standardisieren. Zur Sicherstellung der gezielten Ausrichtung der Leistungseinheiten im Sinne einer Bewahrung der Unternehmenskohärenz führen die Autoren ein neues Subsystem ein, welches in Anlehnung an das System 5 des VSM die Selbsttransformation des Führungssystems ermöglichen soll. Das Unternehmenscontrolling nimmt im SUM schließlich die Rolle der Systeme 3 und 4 ein.

Unter Nutzung des Ansatzes des VSM entwickelt BROSZE im Rahmen seiner Dissertation ein **Referenzmodell für wandlungsfähige Produktionssysteme** im Betrachtungsbereich von

Unternehmen der kundeninduzierten Auftragsfertigung (vgl. 2011). Das Modell unterstützt dabei als Gestaltungsreferenz den Aufbau eines Produktionsmanagementsystems, welches sowohl die echte Regelung der operativen Prozesse als auch die Wandlungs- und Lebensfähigkeit des Gesamtsystems ermöglicht. Zu diesem Zweck führt BROSZE die Aufgaben, Prozesse und Informationsflüsse der technischen Auftragsabwicklung nach dem Verständnis des Aachener PPS-Modells mit den invarianten Strukturen des VSM zusammen. Als Folge dessen erweitert der Autor das PPS-Modell um die kybernetischen Prinzipien der Rekursivität, der Autonomie und der Synchronisation von Zielsystemen und überträgt dieses in die Struktur des VSM mit seinen fünf Subsystemen. Dabei bilden die Prozesse der Auftragsabwicklung im Sinne des VSM die zu führenden Basiseinheiten der Systeme 1, welche über insgesamt vier Ebenen angeordnet werden (vgl. Abbildung 3-3).

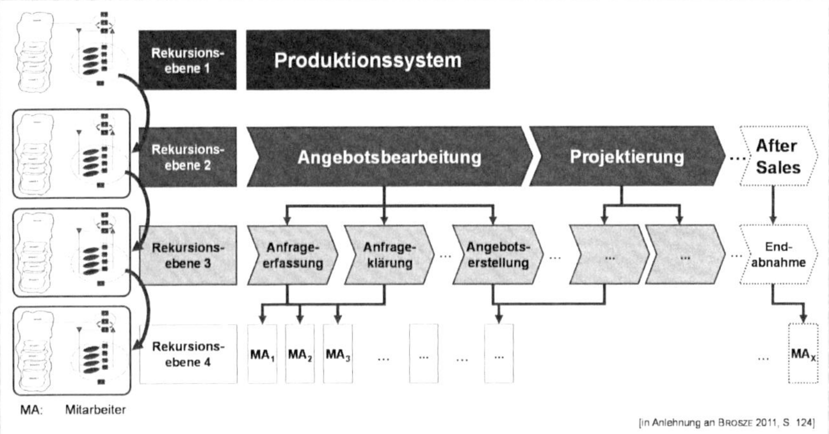

Abbildung 3-3: Rekursionsebenen des Managementmodells Wandlungsfähiger Produktionssysteme

Als System 2 obliegen dem Prozesskoordinationszentrum die Regelung operativer Störungen und die Synchronisation der Prozesse. Das taktische Produktionsmanagement (PM) besitzt als System 3 diesem übergeordnet die Aufgabe, die operativen Prozesse zu konfigurieren und kontinuierlich zu verbessern, wohingegen das strategische PM (System 4) das Gesamtsystem auf die externen Anforderungen ausrichtet. Die höchste Instanz bildet als System 5 das normative PM, welches die grundlegende Auslegung des Produktionssystems definiert und das Zusammenspiel der weiteren Elemente regelt. Eine Vorgehensweise zur praktischen Anwendung ergänzt das Referenzmodell und bildet die Basis für die Validierung anhand einer Fallstudie sowie einer Expertendiskussion.

BROSZE greift hinsichtlich der **Prozesse und Informationsflüsse der Auftragsabwicklung eines Auftragsfertigers** in weiten Teilen auf die Forschungsarbeit von SCHMIDT (vgl. 2008) zurück, welcher sich mit der Gestaltung der Koordination in Netzwerken des Maschinen- und Anlagenbaus beschäftigt hat. Ziel der Dissertation von SCHMIDT ist die Entwicklung einer durchgängigen Gestaltungslogik für die koordinationsintensiven Auftragsabwicklungsprozesse in besagter Branche, welche die überbetrieblichen Planungs- und Koordinationsprozesse abbildet und zudem auf strukturelle Rahmenbedingungen zwischen Markt und Hierarchie eingeht (vgl. SCHMIDT 2008, S. 4). SCHMIDT erweitert dazu die Prozesssicht des Aachener PPS-Modells für Auftragsfertiger, leitet den Koordinations- und Informationsbedarf der einzelnen Prozesse her und gestaltet anschließend darauf basierend die Abfolge der Informationsaustauschprozesse zwischen dem Maschinenbauer selbst und seinen Lieferanten.

In ihrem Beitrag zum High Resolution Supply Chain Management (HRSCM) stellen SCHUH ET AL. einen **Ansatz zur unternehmensübergreifenden Prozessoptimierung mittels selbstoptimierender Regelkreise und Echtzeitdaten** vor (vgl. 2011a). Als strukturgebendes Modell zur Komplexitätsbewältigung kommt in diesem Zusammenhang wieder das VSM zum Einsatz. System 5 repräsentiert dabei die normative Unternehmensebene, welche die Kultur des Unternehmens als Ganzes definiert und welcher alle weiteren Subsysteme folgen. Auf strategischer Ebene angesiedelt, ist es die Aufgabe des Systems 4, langfristig das Gleichgewicht mit der externen Unternehmensumwelt sicherzustellen. System 3 wandelt in der Folge die strategischen Vorgaben des Systems 4 in taktische Anweisungen für die operativen Einheiten des Unternehmens um, um somit mittelfristig eine interne Stabilität und Effizienz zu erreichen. Für die Synchronisierung der Prozesse der operativen Einheiten ist schließlich das System 2 verantwortlich, indem es Kommunikationskanäle zwischen den verschiedenen Systemen 1 (Prozesse) aufbaut und überwacht. Die operativen Routinen innerhalb der Prozesse werden im Sinne einer hohen (und schnellen) Anpassungsfähigkeit in Form von Regelkreisen modelliert. Dazu bilden die Basiseinheiten der Systeme 1 die Regelstrecke und die Lenkungseinheiten der Systeme 1 die dazugehörigen Regler. Sollvorgaben erreichen die einzelnen Regelkreise über den Kommunikationskanal vom taktischen System 3. Für bekannte Störungen hält der Regler dabei bekannte Anpassungsmaßnahmen bereit. Treten jedoch Störungen außerhalb bekannter Grenzen auf, stellt das Strukturmodell sicher, dass über eine Abstimmung mit dem System 3 u. U. Sollvorgaben an die Regelkreise angepasst werden. Als vermittelnde Einheit übernimmt das System 2 die Synchronisierung sämtlicher Regelkreise der operativen Einheiten. Zur Erfüllung der unterschiedlichen Anforderungen an die Prozesse, welche aus der Modellierung mittels VSM resultieren, nutzen die Autoren die Analogie zur herkömmlichen Regelungstechnik. Am Beispiel des Bestandsmanagements konkretisieren SCHUH ET AL. ihre Ausführungen und entwerfen dazu ein System interagierender Regelkreise (vgl. Abbildung 3-4).

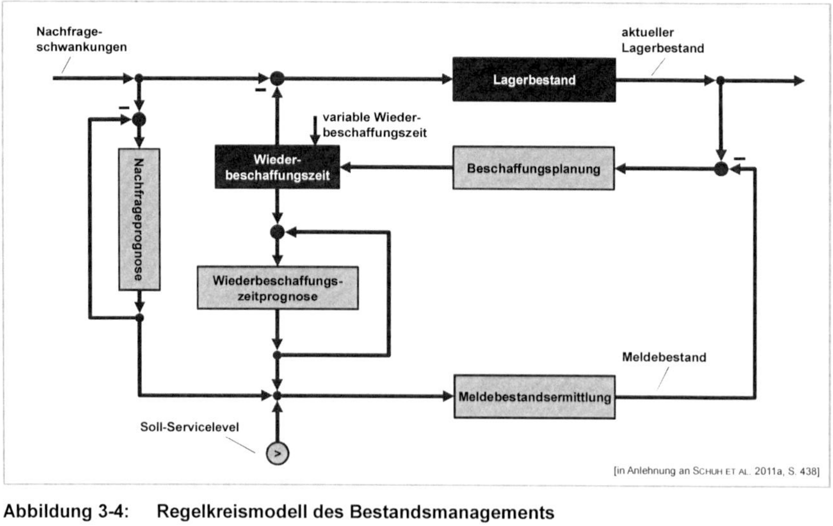

Abbildung 3-4: Regelkreismodell des Bestandsmanagements

Zur Validierung des Regelkreismodells wenden die Autoren anschließend eine Simulation an und weisen im Hinblick auf die für das Bestandsmanagement relevanten Zielgrößen positive Effekte nach.

Zwischenfazit zu ganzheitlichen, strukturierenden Produktions(management)ansätzen

Als Oberbegriff zur Regelungstechnik stellt die Kybernetik zum Umgang mit Komplexität in Systemen vielversprechende Ansätze bereit. Insbesondere ganzheitliche Kybernetikansätze wie das VSM schaffen einen Rahmen für ein neuartiges Verständnis einer PPR in der Auftragsabwicklung. Charakteristische Prinzipien wie die Rekursivität bspw. können für den Aufbau eines Strukturmodells einer PPR genutzt werden, aus welchem sich anschließend die einzelnen, dezentralen Regelkreise ableiten bzw. worin sich diese verorten lassen. Darüber hinaus versteht die Kybernetik Regelkreise als sog. Lenkungsmechanismen, was Anhaltspunkte für den Aufbau dezentraler Regelkreise in der PPR liefern kann. Im Hinblick auf eine spätere praktische Umsetzung kybernetischer Lenkungsmechanismen gibt bspw. GOMEZ mit seinen Gestaltungsfragen hilfreiche Anregungen (vgl. GOMEZ 1978, S. 160ff.), welche auch für die Realisierung einer echtzeitfähigen PPR geeignet erscheinen. BROSZE geht im Rahmen seiner Dissertation noch einen Schritt weiter und verknüpft ein, Unternehmen des Maschinen- und Anlagenbaus beschreibendes, Aufgaben- und Prozessmodell (Prozesse und Informationsflüsse nach SCHMIDT (vgl. 2008) als Referenz für die Auftragsabwicklung) mit den kybernetischen Strukturen des VSM nach BEER. Vor allem die Systeme 1-3 auf der ersten Rekursionsebene sowie alle darunter befindlichen Ebenen können für den strukturellen, kaskadierten Aufbau eines Regelkreismodells der PPR genutzt werden.

In eine ähnliche Richtung argumentieren auch die Autoren des HRPM, indem ihrer Meinung nach die echte Regelung der PPS eben eine Kaskadierung vorsieht. Darüber hinaus stellt das HRPM zentrale Forderungen einer echtzeitfähigen PPR wie Stabilität in den zu regelnden Prozessen sowie Informationstransparenz in den Fokus der Betrachtungen (vgl. Leistungsmerkmale des HRPM bei SCHUH 2010), was insb. zur Ableitung von Echtzeitanforderungen wertvolle Anhaltspunkte liefert; mahnt jedoch auch zu einer Echtzeitfähigkeit nur so genau wie nötig und nicht wie möglich. Nicht zuletzt inspiriert das HRPM zur Frage, wie weit der Automatisierungsgrad einer echtzeitfähigen PPR bedingt durch Zeitforderungen bei der Informationsverarbeitung reichen soll, d. h. was kann und darf mit dem Ziel der Einhaltung von Zeitgrenzen von einer (software-)technischen Instanz automatisiert entschieden werden und wo ist zwingend der Mensch zu involvieren.

3.4 Kritische Würdigung des Erkenntnisstands und Ableitung des Forschungsbedarfs

Ziel des dritten Kapitels war die strukturierte Aufbereitung und Analyse der für den Untersuchungs- und Gestaltungsbereich relevanten Beiträge zum Stand der Erkenntnisse in Wissenschaft und Praxis. Dabei lag der grundsätzliche Schwerpunkt der vorgestellten Lösungsansätze zum einen im Bereich der Produktionsplanung und -steuerung bzw. -regelung und zum anderen auf produktionsnahen Echtzeitansätzen. Im letzten Unterkapitel wurde auf Ansätze fokussiert, welche mittels einer ganzheitlichen Sichtweise als strukturierendes Element für eine PPR unter Berücksichtigung von Echtzeitanforderungen dienen können.

Die im Rahmen der umfassenden Literaturanalyse untersuchten Beiträge sind in Abbildung 3-5 in Form einer Forschungsmatrix zusammenfassend dargestellt. Mit Hilfe dieser Matrix werden die bestehenden Ansätze und Konzepte hinsichtlich ihrer Relevanz für den Untersuchungs- und Gestaltungsbereich eingeordnet und der vorliegenden Untersuchung gegenübergestellt. Als Differenzierungsmerkmal hinsichtlich des Untersuchungsbereichs wird zunächst die Gültigkeit der untersuchten Ansätze für die verschiedenen betrieblichen Aufgabenbereiche im Kontext der adressierten Zielgruppe bewertet. Zusätzlich zu den innerhalb der terminologischen Abgrenzung der Untersuchung (vgl. Kapitel 2.5) definierten Gestaltungsobjekte werden zur Ableitung des Forschungsbedarfs die differenzierenden Ausprägungen des Gestaltungsansatzes sowie des konkreten Gestaltungsziels dieser Untersuchung herangezogen.

	Zielgruppe	Produzierende Unternehmen	Auftragsfertiger	Varianten-/ Rahmenauftragsfertiger	**Untersuchungsbereich**	Überbetrieblich	Innerbetrieblich	Auftragsabwicklung	Produktionsplanung und -steuerung	Fertigungssteuerung	Echtzeitdatenbereitstellung	Echtzeitdatenverarbeitung	**Gestaltungsobjekte**	Strukturen	Prozesse	Informationsflüsse	Materialflüsse	Informationen und Daten	Regelkreise	**Gestaltungsansatz**	Referenzmodellierung	Regelkreisdimensionierung	Simulation	**Gestaltungsziel**	Beschreibungsunterstützung	Erklärungsunterstützung	Gestaltungsunterstützung
Ansätze zur Dezentralisierung und Selbststeuerung (der PPS)																											
Drexl et al. 1994		●		●			●		●	○				●	○	●		●									●
Kaluza u. Blecker 2001		●		●		●	●		●						○	○		●									●
Dangelmaier et al. 2002		●		●		○	●	○	○						●	●	○	○									●
Meyer 2006		●		●		●	○		○	●		○			○	●	○	●	●		●	○			●	●	●
Cheeseman et al. 2005		●	○	○			●		○	●		○				○	●	○									●
Kresken u. Baumann 2006		●		●			●		○	●					○	●	●	●					●			●	●
Märtens et al. 2006		●					●			●							●						●			●	●
Mönch 2006		●	●	●			●			○						○		●					○		●	●	○
Turgay et al. 2007		●	●			○	●	○	○							●	●	●			○		●				
Zülch u. Stock 2007		●		●			●		○	●						○	●	○					●		●	●	
Liao u. Liao 2008		●		●			●			●							●						●		○	●	●
Anosike u. Zhang 2009		●	○	○			●			●							●	○								○	●
Gierth 2009		●	●	○			●	●	○	●					●	●		●	○		●	○			●	●	●
Guo et al. 2009		●	●				●		○	●		○					●	○	○				○		○	●	●
Franke et al. 2010		●	●	●			●		○	●				○		●	○	●			●		○		●	●	
Kang u. Choi 2010		●	●	●			●		○	●						●	●	○			○		●			●	●
Tang et al. 2010		●		●			●		○	●				○			●	○					●		○	●	○
Zhao et al. 2010		●		●			●			●							●	○					●		●	●	
Lee u. Banerjee 2011		●	○	○			●			●				●	○		●	○			●		○		●	●	
Scholz-Reiter et al. 2005, 2007a, 2007b, 2011a		●	●			●	●		○	●		○		○	●	●	●	●			●		●		●	●	○
Ansätze zur Übertragung regelungstechnischer Prinzipien auf die PPS																											
Kiesewetter 1991		●		●			●		●	●							●		●			●			●	●	○
Burger 1992		●		●			●	○	○	●	○	○		○		○	●	○	●		●	●	●		●	●	
Weinbrecht 1993		●	●				●		○	●							●	○	●			●			●	●	●
Rech 1994		●		●			●		●	●						●		●	●			●			●	●	●
Zetlmayer 1994		●		●			●		○	●							●		●			●	●		●	●	●
Simon 1995		●		●			●		●	●				○			●		●			●	●		●	●	●
Bamberger 1996		●	●				●		○	●						●		●	●		○	●			●	●	●
Petermann 1996		●		●			●		●	●		○			○	●	●	●	●		○	●			●	●	●
Rauch 1997		●		●		○	●	○	●	●					○	●	●	●	●		●	●			●	●	●
Martin 1998		●					●		○	●						●		●	●			●	●		●	●	●
Mößmer 1999		●					●		○	●						●		●	●			●	●		●	●	●
Breithaupt 2001		●				○	●	○	●	●		○			○	●	●	●	●		○	●			●	●	●
Pritschow u. Brinzer 2002		●		●			●		●	●						○	●	○	●			●	●		●	●	●
Brinzer et al. 2004		●		●			●		●	●						○	●	○	●			●	●		●	●	●
Scholz-Reiter et al. 2004		●					●		●	●							●		●						●	●	●
Hamann 2008		●	●				●		○	●						○	●	●				●			●	●	●
Nyhuis et al. 2009		●		●			●		●	●		○			○	●	●	●	●			●			●	●	○
Wiendahl, H.-P. 2010		●	●	●			●		●	●		○			○	○		○	●			○				●	●

Echtzeitansätze in Produktion und Logistik																						
Scheer et al. 2003	●	○	○	●	●	●	○		○	○	○	●	●		○		●			●	○	○
Alt u. Österle 2004	●	○	○	●	●	○			●	○	○	●	●	○	○	○				●	○	○
Fleisch et al. 2005	●		●	○	●			○	●	○		●	●	●	●					●	●	●
Schuh 2008	●	●		●		●			○	○		○	●		●		●			●	●	●
Chang et al. 2009	●	●	●	○	●		○	○	●	○			○		○					○	○	●
Arica u. Powell 2010	●			○	●		○	○	●				●		●					●	●	
Grauer et al. 2010	●	●	●		●		○	○	○	○			●		●						●	●
Zhang et al. 2010	●				●			●	●	●		○	●		●		●			●	●	●
Scholz-Reiter et al. 2011b	●	○	○		●				●	●		○	●		●						●	●
Ansätze zur echtzeitfähigen Produktionsplanung und -regelung																						
Schuh et al. 2007a	●	○	○		●				●	○	○	○	●	○	●				○	●	●	●
Fleisch et al. 2008	●	○	●		●	○	●	●	●	○	○	○	●	○	●	●	○	○		●	●	●
Schuh 2010	●	●		○	●	○	●	○		●	○	○	●		●	●	○	○		○	●	○
Schuh 2011	●	●		●	●	○	●	○		○	○	○	●		●	●	○	○		○	●	●
Schuh et al. 2011c	●	○	○		●		○	●		○	○	○	●	●	●	○	○	○		●	●	●
Gomez 1978	●		●		●		○				●	○	●	○	○	○	●	○		●	●	●
Beer 1979	●	○	○	●	●					○	●		●			●	●			●	●	○
Thiem 1998	●		●		●			●		○	○	○	●	○	○		●			●	●	●
Balve 2002	●		●	○	●	○	○	○		○	●	○	●		○		●			●	●	●
Schmidt 2008	●	●		●	●	●	●					●	●		●		●			●	●	●
Wiendahl, H.-H. 2002 u. 2009	●		●		●	○	●	●				○	○	○	○		○			●	●	●
Westkämper u. Zahn 2009	●		●	●	●	●				○	●	○	●		○		●			●	●	●
Brosze 2011	●	●	○		●	●	●	○			●	○	●		●	○	●			●	●	●
Schuh et al. 2011a	●		●	●	●	○	○	○		○	○	●	●		●	●	●	●	●	●	●	●
vorliegende Untersuchung	●	●	○	●	●	●	●	○		●	○	●	●		●	●	●	●		●	●	●

Abbildung 3-5: Forschungsmatrix

In diesem Zusammenhang bildeten Verfahren der PPS und deren (Weiter-)Entwicklungen den ersten Schwerpunkt. Dabei wurde deutlich, dass das MRPII-Konzept nach wie vor das führende Gesamtkonzept innerhalb der PPS darstellt, insb. im Bereich der Produktionssteuerung jedoch diverse Evolutionspfade identifizierbar sind. Ergänzende MES-Systeme schließen bspw. die Informationslücke zwischen den planenden ERP-Systemen und der Ausführungsebene, sind jedoch vorrangig für die Serienfertigung mit stabilen Abläufen geeignet und weniger für eine, hohen Änderungseinflüssen unterworfene, Auftragsfertigung. APS-Systeme stellen im Gegensatz zum MES-Ansatz eher den planenden und weniger den regelnden Aspekt in den Mittelpunkt ihrer Betrachtungen und fokussieren auf die überbetriebliche Simultanplanung entlang der Supply Chain.

Als weiteren Evolutionspfad lässt sich eine Entwicklung von den frühen deterministischen Sukzessivplanungsmodellen hin zu Strategien und Verfahren der **Dezentralisierung und Selbststeuerung** in Produktion und Logistik erkennen, welche eine Verlagerung zentraler Planungs- und Steuerungsaspekte hin zum Ort des tatsächlichen Geschehens fokussieren. Dabei wird das Gesamtsystem der Produktion zumeist in Einheiten unterschiedlicher Art und Größe (z. B. Holone, Fraktale usw.) unterteilt; die Einbeziehung der Produktion vor- und nachgelagerter Bereiche, welche charakteristische Schwerpunkte im Auftragsabwicklungsprozess des Maschinen- und Anlagenbaus darstellen (z. B. Konstruktion), konnte dagegen nicht festgestellt werden. Vielmehr richten Dezentralisierungs- und Selbststeuerungsansätze ihren Schwerpunkt auf die Gestaltung der Autonomie durch unterschiedliche Kooperationsmechanismen, Analogiebetrachtungen zur Natur (Bionik, Schwarmintelligenz usw.) oder die Abbildung der dezentralen Einheiten durch Repräsentanten/ Agenten in Software-Systemen. Somit fokussieren die aufgeführten Ansätze vorrangig auf Funktionseinheiten aus der Fertigung (Zellen, Maschinen oder Fertigungsaufträge) oder der Produktions- und Transportlogistik und weniger auf die für eine echtzeitfähige PPR in der Auftragsabwicklung des Maschinen- und Anlagenbaus relevanten Prozesse.

Im zweiten Schwerpunkt wurden Ansätze untersucht, welche die **Übertragung regelungstechnischer Methoden auf die PPS** verfolgen und somit im Sinne der Zielsetzung der vorliegenden Dissertation wertvolle Anhaltspunkte für die Gestaltung einer echtzeitfähigen PPR liefern können. Deutlich wurde dabei, dass insb. Ansätze aus den 1990er Jahren auf eine Simulation und somit Mathematisierung des Systems „Produktion" hingearbeitet haben, um anschließend Methoden der kontinuierlichen Regelungstechnik zur Anwendung bringen zu können. Sich zeitlich anschließende Ansätze verknüpften vermehrt die bis dato geschaffenen Grundlagen mit neuen Anwendungsfeldern wie der Agententechnologie oder der Künstlichen Intelligenz. Auch dabei stand fast ausschließlich die Produktion selbst im Fokus, ohne den Gedanken der Echtzeit mit seinen Zeitrestriktionen mit einzubeziehen.

Im Gegensatz dazu finden sich einige vielversprechende **Echtzeitansätze in Produktion und Logistik**, wobei der Echtzeitgedanke in diesem Zusammenhang häufig auf den Bereich der Daten- bzw. Informationsverarbeitung abzielt und dort eine Datenverarbeitung im Millisekundenbereich meint. Konkrete Echtzeitansätze in der PPS oder der PPR konnten dagegen nicht identifiziert werden, wohl aber, wie eine spätere praktische Umsetzung einer echtzeitfähigen PPR unterstützt werden kann, d. h. wie die einzelnen Bestandteile einer PPR physisch auszukleiden wären. Insbesondere Konzepte wie das Ubiquitous Computing und seine Weiterentwicklung im Bereich der vernetzten Produktion, die Cyber-Physischen Systeme, liefern wertvolle Anhaltspunkte für das Schließen der Lücke zwischen physischer und informatorischer Welt durch die Gestaltung dezentraler (und echtzeitfähiger) Regelkreise.

Als letztes Themenfeld wurden Ansätze untersucht, welche unter Beachtung der Zielsetzung der vorliegenden Dissertation ein **strukturelles Rahmenwerk für eine echtzeitfähige Produktionsplanung und -regelung** bereitstellen und in welcher sich die einzelnen, dezentralen Regelkreise verorten lassen. Dabei erscheint vor allem das von BEER entwickelte Viable System Model vielversprechend, schafft es doch die Möglichkeit für ein neuartiges Verständnis einer PPR in der Auftragsabwicklung. Eine Synthese aus VSM und den Aufgaben und Prozessen der technischen Auftragsabwicklung von Unternehmen der Auftragsfertigung vollzieht BROSZE in seiner Untersuchung. Sein kybernetisch gestaltetes Strukturmodell eines Produktionssystems eignet sich sehr gut zur Strukturierung einer PPR für Unternehmen des Maschinen- und Anlagenbaus, da es diesen Auftragstypen explizit anspricht, den gesamten Prozess der Auftragsabwicklung vom Eingang einer Kundenanfrage bis zum Versand des fertigen Erzeugnisses berücksichtigt, einen rekursiven bzw. kaskadierten Aufbau besitzt und über die Referenz zur Kybernetik das Instrument des Regelkreises bzw. Lenkungsmechanismus als zentralen Baustein versteht. In Ergänzung dazu stellt das Konzept des bisher auf Varianten- bzw. Rahmenauftragsfertiger beschränkten High Resolution Production Managements mit seinen vier Leistungsmerkmalen wertvolle Anhaltspunkte zur Ableitung von Echtzeitanforderungen bereit.

In Konsequenz ergibt sich aus der Diskussion des Erkenntnisstands, dass bis dato kein ganzheitliches Konzept existiert, welches eine Produktionsplanung und -regelung in der Auftragsabwicklung von Unternehmen des Maschinen- und Anlagenbaus unter Berücksichtigung von Echtzeitanforderungen gestaltet, wobei jedoch diverse Ansätze unterschiedlich hilfreiche Ansatzpunkte bereitstellen, welche es im weiteren Fortgang der Untersuchung im Sinne der verfolgten Zielsetzung zu kombinieren bzw. weiterzuentwickeln gilt.

4 Herleitung des Gestaltungsmodells

Eine belastbare und intersubjektiv nachvollziehbare Vorgehenslogik sowie die Klärung formaler und problembezogener Anforderungen an das zu erarbeitende Forschungsergebnis sind Voraussetzung für eine systematische und wissenschaftlich fundierte Lösung einer definierten Problemstellung (vgl. SCHNEEWEIß 1992, S. 254; RAFFEE 1995, S. 11; NACHREINER 1997, S. 87). Daher wird im Folgenden, in Anknüpfung an den im Rahmen von Kapitel 3.4 identifizierten Forschungsbedarf, der methodische Ansatz zur Entwicklung eines Gestaltungsmodells für eine echtzeitfähige Produktionsplanung und -regelung systematisch hergeleitet und konkretisiert. Dazu erfolgt zunächst eine Strukturierung der inhaltlichen und formalen Anforderungen an das zu entwickelnde Gestaltungsmodell. Anschließend werden bestehende Methoden dahingehend analysiert, inwieweit sie zur Charakterisierung und Gestaltung des Modells Verwendung finden können.

4.1 Anforderungen an ein Gestaltungsmodell für eine echtzeitfähige Produktionsplanung und -regelung

Diese Dissertation verfolgt das Ziel der Entwicklung eines Gestaltungsmodells für eine echtzeitfähige Produktionsplanung und -regelung in der Auftragsabwicklung des Maschinen- und Anlagenbaus. Zur Gewährleistung eines zielorientierten Forschungsprozesses sind bereits zu Beginn explizite Anforderungen an das zu entwickelnde Gestaltungsmodell zu definieren. Als Anforderungen werden diejenigen Eigenschaften oder Merkmale des Modells bezeichnet, die vorhanden sein müssen, damit die Ziele des Modelleinsatzes und die Erwartungen des Anwenders erfüllt werden (vgl. NACHREINER 1997, S. 87f.; GEHR U. KULOW 1999, S. 5). Dabei ist zwischen formalen und inhaltlichen Anforderungen zu unterscheiden, welche im Folgenden präzisiert werden.

Die dieser Untersuchung zugrunde liegende Problemstellung sowie Zielsetzung definieren die **inhaltlichen Anforderungen an das angestrebte Gestaltungsmodell** (vgl. Kapitel 1). Die Gestaltung einer echtzeitfähigen Produktionsplanung und -regelung muss demnach den folgenden Anforderungen genügen:

- Es sind die Prozesse der Produktionsplanung und -regelung in der Auftragsabwicklung von Unternehmen des Maschinen- und Anlagenbaus einheitlich abzubilden und deren Informationsflüsse im Sinne der Prozessin- und -outputs in einem Modell zu beschreiben.
- Es sind ferner die Strukturen zur Lenkung der Prozesse zu beschreiben sowie deren Zusammenhänge in Form eines kaskadierten Regelkreismodells darzustellen, in welchem sich einzelne, dezentrale Regelkreise verorten lassen.
- Das rahmengebende Strukturmodell soll darüber hinaus eine übergeordnete Synchronisierung sämtlicher Regelkreise sicherstellen.
- Es sind ganzheitlich die Anforderungen an die Regelkreise zu definieren, d. h. es sind sowohl inhaltliche Zielkriterien der PPS als auch gestalterische Anforderungen aus der Regelungstechnik sowie der Echtzeitsystematik zu berücksichtigen.
- Das Gestaltungsmodell soll ein Vorgehensmodell beinhalten, welches es ermöglicht, zu einzelnen, operativen Prozessen der Produktionsplanung und -regelung schnell und einfach anforderungsgerechte Lenkungs- und Synchronisationsmechanismen zu entwickeln sowie diese in des Gesamtsystem der PPR zu integrieren.

Neben den inhaltlichen sind zudem **formale Anforderungen an die wissenschaftliche Konzeption** des anwendungsorientierten Forschungsprozesses zu stellen. Als solche gelten insbesondere die Validität, die Reliabilität und die Utilität (vgl. SPRUNG U. SPRUNG 1984, S. 171ff.; FRIEDRICHS 1990, S. 100ff.; FASTABEND 1997, S. 21f.; NACHREINER 1997, S. 87f.).

Dabei stellt die **Validität** die Gültigkeit eines Konzepts für ein zu betrachtendes Problem dar. Das Vorgehen und die Ergebnisse müssen intersubjektiv nachvollziehbar sein und sich ohne größeren Anpassungsaufwand auf verschiedene Realsysteme anwenden lassen (vgl. FASTABEND 1997, S. 21f.; NACHREINER 1997, S. 90f.). Demnach ist die Validität des zu entwickelnden Gestaltungsmodells gegeben, sofern der Einsatz bei verschiedenen Unternehmen des Maschinen- und Anlagenbaus zu richtigen und zuverlässigen Ergebnissen bei der Gestaltung der Produktionsplanung und -regelung führt.

Demgegenüber beschreibt die **Reliabilität** die Zuverlässigkeit eines Modells. So müssen bei der Durchführung bzw. Umsetzung des Modells unter gleichen Rahmenbedingungen die gleichen Ergebnisse erzielt werden (vgl. FRIEDRICHS 1990, S. 102). Somit ergibt sich die Forderung nach einem systematischen und planmäßigen Vorgehen, welches die Anwendung des entwickelten Modells strukturiert, und gleichzeitig sicherstellt, dass die Ergebnisse der Modellanwendung in einer nachvollziehbaren und reproduzierbaren Form vorliegen (vgl. STAEHLE 1980, S. 28ff.). Jedoch ist die Reliabilität im Rahmen der anwendungsorientierten Forschung nur schwierig nachzuweisen, da sich die Rahmenbedingungen je Anwendungsfall voneinander unterscheiden.

Das Gütekriterium der **Utilität** steht für die Nützlichkeit, Nachvollziehbarkeit und praktische Anwendbarkeit eines Modells und umfasst als Subkriterien die Relevanz, Funktionalität, Praktikabilität und Effizienz (vgl. GRÜNEWALD 1992, S. 35). Die Relevanz der Ergebnisse ist gegeben, sofern die Problemstellung ausreichend behandelt bzw. gelöst wird, während die Funktionalität die Eignung zur Erfüllung der gestellten Aufgaben im Anwendungskontext erfasst. Die Forderung nach Praktikabilität soll eine problemlose Anwendung des Modells ermöglichen, in welcher das Ziel und der Lösungsweg verständlich sind. Dabei sind alle Annahmen möglichst derart zu gestalten, dass realitätsnahe Aussagen getroffen werden können. Die Modellanwendung muss zudem dem Grundsatz der Effizienz genügen und somit bezogen auf die Aussagefähigkeit der Ergebnisse mit vertretbarem Aufwand zum Ziel führen.

Im Hinblick auf den **Gestaltungs- und Anwendungsbereich** einer echtzeitfähigen Produktionsplanung und -regelung wird die Gültigkeit der folgenden **Annahmen** vorausgesetzt:

- Das vorliegende Gestaltungsmodell fokussiert ausschließlich auf Unternehmen des Maschinen- und Anlagenbaus mit ihren spezifischen Fragestellungen, auch wenn sowohl das Problem wie auch der Lösungsansatz im Kern auf jedes produzierende Unternehmen (der Auftragsfertigung) übertragbar sind.
- Die aufbauorganisatorischen Strukturen bzw. betrieblichen Funktionsbereiche (z. B. Vertrieb, Einkauf) sind bereits existent. Je nach Größe der betrachteten Unternehmung können dies ganze Abteilungen je Funktionsbereich oder Einzelpersonen sein, welche einen gesamten Funktionsbereich abdecken.
- Innerhalb des Unternehmens wird die Effektivität der Abläufe als gegeben angenommen. Im Bedarfsfall sind vor der Anwendung des Gestaltungsmodells entsprechende Reorganisationsmaßnahmen zur Sicherstellung der Effektivität durchzuführen.

- Die Anforderungen an eine informationstechnische Ausstattung der betrachteten Unternehmen zur Aufnahme, Speicherung, Verarbeitung und Übermittlung der relevanten Informationen werden nicht expliziert.

4.2 Methodische Grundlagen

Anhand der zuvor definierten inhaltlichen und formalen Gütekriterien an das zu entwickelnde Gestaltungsmodell lassen sich Anforderungen an bestehende Methoden und Modelle ableiten, welche zur Gestaltung einer echtzeitfähigen Produktionsplanung und -regelung herangezogen werden können.

4.2.1 Systemtheorie und Modellbildung

Zur Modellierung der Realwelt liefert die Systemtheorie notwendige Denkmodelle und Grundprinzipien. Dabei wird ein reales Problem zunächst von der materiellen Realisation entkoppelt und anschließend auf die Ebene der Eigenschaften, Zustände und Verhaltensformen abstrahiert (vgl. FUCHS 1973, S. 33; TELLER 1975, S. 3). Die fachliche Disziplin, welche sich mit der eigentlichen Systemgestaltung beschäftigt, wird dabei Systemtechnik oder Systems Engineering genannt. Der systemtechnische Ansatz umfasst neben einem abstrakten Begriffssystem auch Strukturmodelle zur Gestaltung von produktiven Systemen (vgl. ULRICH U. HILL 1976a, S. 308f.). Aufgrund dessen hat sich dieser Ansatz mit seiner generalisierenden, abstrakten Betrachtungs- und Denkweise sowohl für das Erkennen und Beschreiben als auch für das Lösen komplexer organisatorischer Fragestellungen vielfach bewährt (vgl. GOMEZ ET AL. 1975, S. 629ff.; PATZAK 1982, S. 2; HABERFELLNER ET AL. 1999, S. 4). Ein wesentlicher Grund hierfür liegt in der Bereitstellung allgemeiner Vorgehensweisen und Hilfsmittel zur zielgerichteten Gestaltung komplexer Systeme, welche nicht mit mathematischen Ansätzen gelöst werden können (vgl. ZANGEMEISTER 1976, S. 23). Der systemtechnische Ansatz unterstützt vor allem eine interdisziplinäre Lösung, indem methodische Ansätze aus unterschiedlichen Disziplinen Anwendung finden (vgl. BRUNS 1991, S. 1).

Ein **System** kennzeichnet in diesem Zusammenhang einen definierten Bestandteil der Realität und umfasst die miteinander in Beziehung stehenden Teile dieses Realitätsausschnitts (vgl. PATZAK 1982, S. 19; Abbildung 4-1). Dabei bestehen Systeme aus Elementen, welche bestimmte Eigenschaften bzw. Attribute besitzen. Zwischen den Elementen bestehen wiederum Beziehungen in Form von Material- und Informationsflüssen oder anderen Wirkungszusammenhängen (vgl. BRITSCH 1979, S. 34; RIGGS 1987, S. 502ff.; HABERFELLNER ET AL. 1999, S. 5). Das System ist zudem durch die Systemgrenze, deren Festlegung willkürlich erfolgt (vgl. HABERFELLNER ET AL. 1999, S. 6), von seiner Umwelt abgegrenzt. Weisen Elemente innerhalb eines Systems häufig Beziehungen zur Systemumwelt auf, bezeichnet man diese Systeme als offen. Die Systemumwelt besteht wiederum aus Systemen und Elementen, welche über Beziehungen auf das betrachtete System Einfluss nehmen. Systeme weisen demnach oft eine hierarchische Struktur auf (vgl. HABERFELLNER ET AL. 1999, S.7ff.). Fasst man ein Element auf einer oberen Ebene als System auf, welchem verschiedene Elemente auf einer unteren Ebene zugeordnet werden können, so bezeichnet man die Gesamtheit letzterer als Subsystem. Die unterste Ebene der Systemhierarchie wird als Elementstufe bezeichnet, wobei deren Bestandteile zunächst nicht weiter unterteilt, sondern als sog. Blackbox angesehen werden. Charakteristisch für eine Blackbox ist dabei, dass nicht deren innerer Aufbau, sondern lediglich deren Funktion sowie Eingangs- und Ausgangsgrößen für die untersuchte Problemstellung relevant sind.

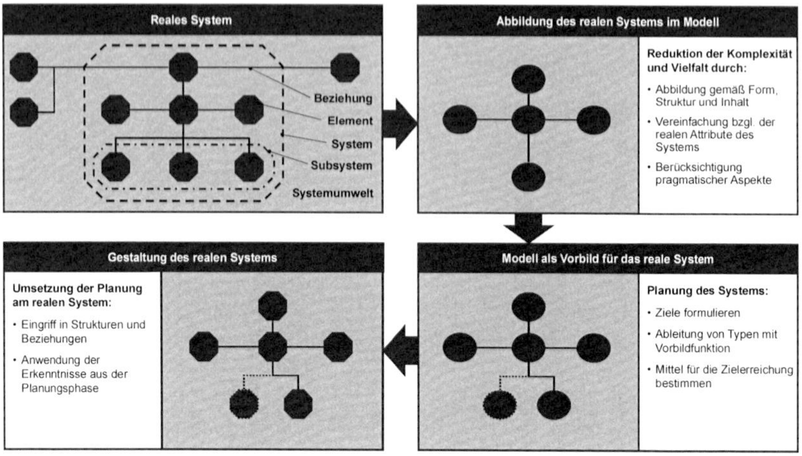

[in Anlehnung an STACHOWIAK 1973, S. 129; BRITSCH 1979, S. 50ff.; HILL ET AL. 1994, S. 47ff.]

Abbildung 4-1: Systemtechnische Modellierung und Gestaltung

Für die Beschreibung, Analyse und Gestaltung komplexer Sachverhalte im Sinne der Systemtheorie ist es erforderlich, die zugrunde liegende Realwelt zum Zwecke der Erkenntnisgewinnung in einem Modell abzubilden (vgl. CHMIELEWICZ 1994, S. 34; WYSSUSEK 1999, S. 28f.). Als ein **Modell** wird dabei eine vereinfachte Nachbildung eines geplanten oder real existierenden Systems mit seinen Prozessen in einem anderen begrifflichen oder gegenständlichen System bezeichnet (vgl. VDI 2000, S. 1). Dazu müssen die zahlreichen, in der Realität vorliegenden Parameter sowie Eigenschaften und deren Relationen auf die relevanten Aspekte der jeweiligen Untersuchung reduziert werden (vgl. HILL ET AL. 1994, S. 47f.). Modelle sind einerseits Abbild der Realität und andererseits Vorbild für die Realität (vgl. STACHOWIAK 1973, S. 129; Abbildung 4-1), weswegen ihnen im systemtheoretischen Kontext ein dualer Charakter zugeschrieben wird.

Im Rahmen ihrer Abbild- und Vorbildfunktion müssen **systemtheoretische Modelle** grundsätzlich den folgenden **drei Merkmalen genügen** (vgl. STACHOWIAK 1973, S. 133ff.):

- Abbildungsmerkmal: Modelle bilden die Realwelt ab bzw. repräsentieren diese. Das Modell kann gemäß Form, Struktur und Inhalt bzw. Bedeutung mit dem Original verglichen werden.
- Verkürzungsmerkmal: Nicht alle Attribute der Realwelt werden erfasst, sondern nur solche, die den jeweiligen Modellerschaffern bzw. -benutzern relevant erscheinen.
- Pragmatisches Merkmal: Modelle sind nutzbar und anwendbar. Eine unter pragmatischen Gesichtspunkten vollständige Modellierung hat nicht nur die Frage zu berücksichtigen, wovon etwas Modell ist, sondern auch für wen, wann und wozu.

In Abhängigkeit von Ziel und Einsatzzweck einer Untersuchung werden Beschreibungs- und Erklärungs- bzw. Entscheidungs- und Gestaltungsmodelle unterschieden (vgl. STACHOWIAK 1973, S. 139; PATZAK 1982, S. 313f.; MERTINS ET AL. 1994, S. 9f.). **Beschreibungsmodelle** liefern Informationen über die Beschaffenheit eines Systems und dienen der Informationsgewinnung sowie der Erfassung von Zielen und Handlungsoptionen. Es soll die Frage beantwortet werden, „Was ist?". **Erklärungsmodelle** formulieren darauf aufbauend Hypothesen über Ziel-Mittel-Beziehungen und prognostizieren Konsequenzen geplanter Handlungsmaßnahmen. Es soll die Frage beantwortet werden, „Warum ist etwas so?". Mit Hilfe von **Entscheidungs- bzw. Gestaltungsmodellen** wird schließlich die zielorientierte Konfiguration geeigneter Handlungsalternativen vor dem Hintergrund gegebener Randbedingungen unterstützt. Es wird die Frage beantwortet, „Was soll sein?". Die Differenzierung beschreibender und erklärender bzw. gestaltender Modelle korrespondiert dabei mit der bereits dargestellten Abbild- und Vorbildfunktion von systemtheoretischen Modellen, indem diese Modelle im Kontext einer gestaltenden Forschungskonzeption aufeinander aufbauen. Aus diesem Grund werden im Rahmen dieser Untersuchung die in Abbildung 4-1 dargestellten Modellierungsschritte durchlaufen und dabei sowohl Modelle für die Beschreibung und Erklärung als auch für die Gestaltung der Realität erstellt.

4.2.2 Referenzmodellierung

In zahlreichen Projekten aus Forschung und Praxis hat sich die Verwendung von Modellen mit Referenzcharakter für die Strukturierung komplexer Sachverhalte im Kontext der betrieblichen Ablauforganisation als ratsam erwiesen (vgl. SCHÜTTE 1998, S. 72f.; INTRA 2000, S. 47ff.; ERDMANN 2007, S. 177f.; SCHUH ET AL. 2012e, S. 111). Referenzmodelle bündeln Erfahrungen und einheitliche Begriffssysteme für eine effektive Kommunikation zwischen den Akteuren zu einem wieder verwertbaren Konstrukt (vgl. SCHÜTTE 1998, S. 72f.), womit im Vergleich zu dem zuvor dargestellten Modellbegriff insbesondere der Vorlagencharakter eines Referenzmodells betont wird. So dient ein Referenzmodell als Bezugsobjekt oder Empfehlung für die Ableitung spezieller Modelle (vgl. BECKER 2004, S. 325; FETTKE U. LOOS 2004, S. 131; ERDMANN 2007, S. 178). Darüber hinaus lassen sich für einen konkreten Anwendungsfall verhältnismäßig einfach individuelle Modelle durch Adaption, Erweiterung oder Detaillierung eines Referenzmodells ableiten (vgl. SCHÜTTE 1998, S. 72f.; BECKER 2004, S. 325; SCHUH ET AL. 2012e, S. 111), was sowohl die Entwicklungszeiten für spezielle Aufgabenstellungen verkürzt als auch die Qualität des Lösungsansatzes erhöht (vgl. BURMEISTER 1997, S. 21; INTRA 2000, S. 49; WERMERS 2000, S. 43; BECKER 2004, S. 325).

Im Kontext der Produktionsplanung und -steuerung, -regelung bzw. Auftragsabwicklung existieren unterschiedliche Referenzmodelle, welche für eine Beschreibung, Erklärung und Gestaltung des Anwendungszusammenhangs der vorliegenden Untersuchung grundsätzlich geeignet erscheinen. Abbildung 4-2 zeigt zusammenfassend, inwiefern die einzelnen Modelle dabei die inhaltlichen Anforderungen dieser Untersuchung, formuliert in Kapitel 4.1, erfüllen.

Anfang der 1990er Jahre wurde am Fraunhofer Institut für Materialfluss und Logistik (IML) das **Dortmunder Prozesskettenmodell** zur prozessorientierten Gestaltung von Logistiksystemen entwickelt. Das Modell stellt dazu Prinzipien zur organisatorischen Gestaltung verteilter Fabrikstrukturen bereit und unterstützt die standardisierte Dokumentation der betrieblichen Ablauforganisation, indem es die Visualisierung logistischer Ketten ermöglicht (vgl. KUHN U. PIELOK 1994, S. 28; KUHN U. KAESELER 1996, S. 111; BECKMANN 1999a, S. 42ff.; BECKMANN 1999b, S. 166ff.). Jede Art von Prozess kann dabei im Rahmen der Modellierung mit Hilfe einer hierarchischen Dekomposition bis zu einem beliebigen Detaillierungsgrad in Teilprozesse zerlegt werden, wobei dem Modell als Modellierungsbasis das sog. Prozesskettenelement dient. Im Sinne der Systemtheorie kann jedes dieser Prozesskettenelemente wiederum als ein eigenes System interpretiert werden, welches sich aus den Parametern Quelle, Senke, Prozess, Ressource, Struktur und Lenkungsebene zusammensetzt (vgl.

KÄPPNER ET AL. 2002, S. 15) und durch Parametervariation zu neuen Modellszenarien führt (vgl. KÄPPNER ET AL. 2002, S. 7). Zur vertikalen Strukturierung eines logistischen Systems bzw. zur Verankerung der einzelnen Prozesskettenelemente im Gesamtmodell entwickelt KUHN das sog. Lenkungsmodell (vgl. 1995), welches die Steuerungs-, Regel- und Überwachungsprozesse umfasst und dazu die erforderlichen Informationsprozesse mit den zugehörigen Organen (Aktoren, Sensoren) im Modell gemäß ihrer Aufgaben vertikal in Form eines vermaschten Regelkreises strukturiert (vgl. KÄPPNER ET AL. 2002, S. 20ff.). In diesem Zusammenhang werden die fünf Ebenen Normative, Administration, Disposition, Netzwerke und Prozess unterschieden, wobei als oberste Gestaltungsregel die Minimierung des zum Betrieb erforderlichen Informationsaustausches zwischen den Ebenen verfolgt wird. Prozesse sollen so autonom wie möglich funktionieren und dadurch eine flexible Anpassbarkeit an sich ändernde Systemlasten oder Randbedingungen gewährleisten.

Mit dem Fokus der Integration von Unternehmensabläufen und Software unterstützt die **Architektur Integrierter Informationssysteme** (ARIS) insb. die Implementierung betrieblicher Informationssysteme. Das ARIS-Modell untergliedert dabei den Beschreibungs- und Gestaltungszusammenhang im Sinne einer Komplexitätsreduktion in die fünf Sichten Organisation, Funktion, Daten, Leistung und Steuerung (vgl. SCHEER 1998, S. 10ff.; SCHEER 2002, S. 2f.). Den Modellierungsschwerpunkt innerhalb des Modells bilden Funktionshierarchiebäume im Rahmen der Funktionssicht, Entity-Relationship-Modelle innerhalb der Datensicht sowie ereignisgesteuerte Prozessketten im Rahmen der Steuerungssicht, welche darüber hinaus dazu dient, den logischen Zusammenhang zwischen den übrigen Sichten herzustellen (vgl. SCHEER 2001, S. 102ff.; ÖSTERLE U. BLESSING 2005, S. 11). Den Anwendungsfokus der ARIS-Referenzarchitektur bilden die allgemeinen Geschäftsprozesse eines Unternehmens, ohne explizit auf die Prozesse der PPR oder auf produzierende Unternehmen als Zielbranche zu fokussieren. In diesem Zusammenhang enthalten die sog. Phasenkonzepte der ARIS-Dokumentation grobe Vorgehensmodelle zum Prozessentwurf und zur Einführung von Standardsoftware (vgl. ÖSTERLE U. BLESSING 2005, S. 11), jedoch fehlt es an detaillierten Prozessbeschreibungen, welche als konkrete Vorlage im vorliegenden Anwendungszusammenhang dienen können.

Das am Forschungsinstitut für Rationalisierung (FIR) e. V. an der RWTH Aachen auf Basis breiter empirischer Erfahrungen entwickelte **Aachener PPS-Modell** fokussiert auf die Analyse, Bewertung und Gestaltung der PPS (vgl. MUCH 1997, S. 20; SCHUH ET AL. 2012a, S. 5f.; SCHUH ET AL. 2012C, S. 29; Kapitel 2.1.4). Das Aachener Referenzmodell stellt mit seinen Partialmodellen Aufgaben-, Prozessarchitektur-, Prozess- und Funktionssicht unterschiedliche Blickwinkel auf die wesentlichen Teilbereiche der inner- und überbetrieblichen Auftragsabwicklung bzw. Produktionsplanung und -steuerung zur Verfügung (vgl. SCHUH ET AL. 2012a, S. 6). Die Aufgabensicht dient dabei als Basis des gesamten Referenzmodells, indem sie die Aufgaben der PPS zunächst allgemeingültig beschreibt und den Betrachtungs- und Gestaltungsbereich durch die Ordnung in Kern-, Querschnitts- und Netzwerkaufgaben gegeneinander abgrenzt (vgl. SCHUH ET AL. 2012b, S. 20; SCHUH ET AL. 2012C, S. 30). Aufgabe der Prozessarchitektursicht ist die Gestaltung der Verteilung und Durchführung von Prozessen, indem sie anhand empirisch abgeleiteter Netzwerktypen unterschiedlich ausgeprägte Koordinationsaufgaben auf der Netzwerkstruktur-, Produkt- und Planungsinstanzebene für die überbetriebliche PPS differenziert. Dabei wird explizit die für den Maschinen- und Anlagenbau typische Form des Projektnetzwerks als Strukturtyp berücksichtigt (vgl. SCHUH ET AL. 2012b, S. 21ff.; SCHUH ET AL. 2012d, S. 83). Die innerhalb der Aufgabensicht definierten Aufgaben der inner- und überbetrieblichen PPS ordnet die Prozesssicht zeitlogisch an, wobei für den innerbetrieblichen Gestaltungsbereich zusätzlich eine betriebstypologische Differenzierung durch die Bereitstellung von Prozess- und Informationsflussvorlagen für die Auftragsabwicklungstypen des Auftrags-, Rahmenauftrags-, Varianten- und Lagerfertigers erfolgt (vgl. SCHUH ET AL. 2012b, S. 23ff.; SCHUH ET AL. 2012e, S. 110). Die Funktionssicht schließlich zielt vorrangig auf die Bewertung und Auswahl betrieblicher IT-Systeme, indem sie dafür detaillierte und hierarchisch strukturierte Funktionsmodelle zur Verfügung stellt. Eine Erweiterung hat das PPS-Modell durch die Dissertation von SCHMIDT erfahren (vgl. 2008), welcher das Modell innerhalb der Prozesssicht für Auftragsfertiger um für Unternehmen des Maschinen- und Anlagenbaus relevante Prozesse (z. B. Konstruktion und Inbetriebnahme) sowie Informationsflüsse zur Steuerung überbetrieblicher Koordinationsprozesse ergänzt hat.

Den oben dargestellten Modellen ist gemein, dass sie Aufgaben, Prozesse und Funktionen des Betrachtungsbereichs der Produktionsplanung und -steuerung bzw. -regelung in der Auftragsabwicklung lediglich statisch abbilden und die Anpassung an dynamische Randbedingungen unberücksichtigt lassen. Insbesondere die Echtzeitfähigkeit fordert jedoch eine definierten Zeitrestriktionen folgende Anpassung bei sich ändernden Zuständen. Aus diesem Grund werden im Folgenden Referenzmodelle betrachtet, welche sowohl strukturell als auch inhaltlich die Anpassungsfähigkeit (im Kontext der PPR) in den Fokus der Betrachtungen stellen.

Nach SCHWANINGER vereint in diesem Zusammenhang die Managementkybernetik das perfekte Zusammenspiel von Aktivitäten, Verhaltensweisen und Strukturen (vgl. 2009, S. 37ff.). Strukturen haben dabei die Aufgabe, das Ausführen der organisationseigenen Aktivitäten zu ermöglichen und Rahmenbedingungen für adäquate Verhaltensweisen zu schaffen. Als Instrument zur Diagnose und zum Design der Struktur von anpassungs- und veränderungsfähigen Organisationen hat sich in der Managementkybernetik das Viable Systems Model bewährt. Wie bereits in Kapitel 3.3.2 und 3.3.3 dargestellt, ist das VSM auf unterschiedliche Bereiche angewendet worden und hat dabei zur Entwicklung von Referenzmodellen mit unterschiedlichem Betrachtungsfokus geführt. Beispiele hierfür sind das St. Galler Management-Modell (vgl. RÜEGG-STÜRM 2003), das Modell Intelligenter Organisationen (vgl. SCHWANINGER 2009), das Stuttgarter Unternehmensmodell (vgl. WESTKÄMPER U. ZAHN 2009) oder das Managementmodell Wandlungsfähiger Produktionssysteme (vgl. BROSZE 2011).

Zur Steigerung der Wandlungsfähigkeit in produzierenden Unternehmen vereint das **Stuttgarter Unternehmensmodell** dazu Methoden, Instrumente und Vorgehensweisen (vgl. WESTKÄMPER U. ZAHN 2009; Kapitel 3.3.3). Innerhalb des Sonderforschungsbereichs 467 entwickelt BALVE im Rahmen seiner Dissertation ein Rahmenkonzept zur Gestaltung wandlungsfähiger Auftragsmanagementsysteme auf Basis des VSM und stellt somit den Grundbaustein für das SUM bereit (vgl. BALVE 2002). Im Sinne eines weiteren Bausteins des SUM wendet HAATS das VSM als Metamodell für die Erstellung eines schlanken PPS-Systems an, beschränkt sich dabei jedoch auf die Lenkungsmechanismen der operativen PPS für lineare Prozessketten (vgl. HAATS 2000). Die Produktionsplanung und -regelung in ihrer Gesamtheit wird vom SUM und seiner Teilmodule dagegen weniger fokussiert. Vielmehr steht die Fragestellung im Vordergrund, wie die Unternehmensprozesse zur Wandlungsfähigkeit befähigt werden können. Lediglich einzelne Ansätze innerhalb des Gesamtmodells beschäftigen sich im Betrachtungsbereich der variantenreichen Serienproduktion mit der PPR (vgl. PRITSCHOW U. BRINZER 2002; WIENDAHL, H.-H. 2002).

Wesentlich stärker auf den konkreten Anwendungsfall von Unternehmen des Maschinen- und Anlagenbaus ist das **Managementmodell Wandlungsfähiger Produktionssysteme**

(MWP) ausgerichtet (vgl. BROSZE 2011; Kapitel 3.3.3). Es verknüpft dabei die Aufgaben, Prozesse und Informationsflüsse nach dem Verständnis des Aachener PPS-Modells mit der lebensfähigen Struktur des VSM. Die Prozesse der technischen Auftragsabwicklung werden dabei im Sinne des Rekursivitätsprinzips des VSM über vier verschiedene Ebenen angeordnet. Da die einzelnen Abläufe im VSM im Wesentlichen nach dem Prinzip des sog. Servomechanismus organisiert sind, welcher als Synonym für die Regelkreisdarstellung verwendet wird, stellt das MWP über seine Struktur ein kaskadiertes Regelkreismodell dar und ermöglicht darüber hinaus die gezielte Modellierung von Lenkungsmechanismen und somit dezentralen Regelkreisen.

	Ablaufmodelle der Produktionsplanung und -regelung			Strukturmodelle der Produktionsplanung und -regelung	
	Dortmunder Prozess-kettenmodell	Architektur Integrierter Informations-systeme	Aachener PPS-Modell	Stuttgarter Unternehmens-modell	Management-modell Wand-lungsfähiger Produktions-systeme
Prozessorientierte Darstellung	●	●	●	◑	●
Prozesse und Informationsflüsse der Produktionsplanung und -regelung	◔	◔	◕	◑	●
Branchenspezifika der Auftragsfertigung im Maschinen- und Anlagenbau	◑	◑	●	○	●
Kybernetische Perspektive auf die Produktionsplanung und -regelung	○	○	◔	◑	●
Kaskadiertes Regelkreismodell	◑	○	○	◑	◑
Verankerung dezentraler Regelkreise	◔	○	○	◑	◑
Ausgestaltung konkreter Regelkreise	○	○	○	◑	○
Berücksichtigung der Echtzeitfähigkeit	○	○	○	◔	◔
Einfache Anwendung und Adaption des Modells	●	◕	●	◔	◑

● wird vollständig berücksichtigt ◑ wird teilweise berücksichtigt ○ wird nicht berücksichtigt
◕ wird überwiegend berücksichtigt ◔ wird rudimentär berücksichtigt

Abbildung 4-2: Vergleich der betrachteten Referenzmodelle

Die Gegenüberstellung der im Rahmen dieses Kapitels betrachteten Referenzmodelle in Abbildung 4-2 zeigt, inwieweit diese Modelle zur Beschreibung, Erklärung und Gestaltung einer echtzeitfähigen Produktionsplanung und -regelung in der Auftragsabwicklung des Maschinen- und Anlagenbaus geeignet sind. Dazu wurden dem Gültigkeits- und Anwendungsbereich der beschriebenen Modelle insbesondere die inhaltlichen Anforderungen aus Kapitel 4.1 gegenübergestellt. Es wird dabei deutlich, dass die Modelle mit statischem Charakter (Dortmunder Prozesskettenmodell, ARIS und Aachener PPS-Modell) die Anforderungen im Anwendungsbereich dieser Dissertation nur rudimentär erfüllen. Lediglich das Aachener PPS-Modell fokussiert inhaltlich vollständig auf den vorliegenden Betrachtungsbereich, definiert sich aber mehr als ein Konzept zur sukzessiven Planung und Steuerung, denn zur permanenten Planung und Regelung. Zur Berücksichtigung der dynamischen Komponenten innerhalb einer PPR wurden anschließend Referenzmodelle betrachtet, welche durch ihren kybernetischen Aufbau die Dynamik in den Fokus der Betrachtungen stellen. Dazu stellt das Viable System Model die Basisstruktur für konkrete Anwendungsbereiche in der produzierenden Industrie (variantenreiche Serienfertigung beim Stuttgarter Unternehmensmodell und Auftragsfertigung beim Managementmodell Wandlungsfähiger Produktionssysteme) dar. Durch die durch das VSM vorgegebene, rekursive Struktur verfügen die kybernetischen Modelle bereits in ihrem Aufbau über die geforderte Kaskadierung, wodurch sich in der Folge unterschiedliche, dezentrale Regelkreise ableiten bzw. verorten lassen. Im Hinblick auf die konkrete Ausgestaltung der Regelkreise gibt lediglich das SUM teilweise Anhaltspunkte, wohingegen das MWP in diesem Zusammenhang auf die Gestaltungsfragen von GOMEZ verweist (vgl. BROSZE 2011, S. 150f. u. 166). Der Begriff der Echtzeit wird innerhalb der statischen Ablaufmodelle definitionsbedingt nicht berücksichtigt und auch die beiden Strukturmodelle befassen sich nur am Rande mit Zeitrestriktionen bei der Abarbeitung der Lenkungsaufgaben. Durch ihre statische Betrachtung der PPR lassen sich das Dortmunder Prozesskettenmodell, ARIS sowie das Aachener PPS-Modell vergleichsweise einfach anwenden und adaptieren. Da das Stuttgarter Unternehmensmodell vorrangig als Rahmenkonstrukt für unterschiedliche Partialmodelle fungiert, gestaltet sich seine Anwendung im Vergleich zu den hier aufgeführten Referenzmodellen am schwierigsten. Das Managementmodell Wandlungsfähiger Produktionssysteme schließlich birgt aufgrund der Herleitung aus dem Viable System Model eine natürliche Komplexität in sich, erscheint jedoch an vielen Stellen durch die inhaltliche Fokussierung auf Unternehmen der Auftragsfertigung nach Vorbild des Aachener PPS-Modells und der Erweiterung der Prozesssicht für Auftragsfertiger nach SCHMIDT (vgl. 2008) vertraut.

Unter Berücksichtigung der aggregierten Erfüllung der in Kapitel 4.1 definierten inhaltlichen Anforderungen an ein Gestaltungsmodell einer echtzeitfähigen Produktionsplanung und -regelung in der Auftragsabwicklung des Maschinen- und Anlagenbaus bildet das Managementmodell Wandlungsfähiger Produktionssysteme eine fundierte Basis zunächst zur Beschreibung der Produktionsplanung und -regelung aus der Sicht von Unternehmen der besagten Branche. Das MWP stellt darüber hinaus über seine Struktur die Möglichkeit zur Ableitung eines kaskadierten Regelkreismodells bereit, aus welchem sich anschließend dezentrale Regelkreise herleiten und anforderungsgerecht echtzeitfähig gestalten lassen.

4.2.3 Modellierung von Regelkreisen

Zur Modellierung von Regelkreisen im konkreten Anwendungsfall einer sog. Regelungsaufgabe existiert in der Literatur eine allgemein anerkannte Vorgehensweise (vgl. FÖLLINGER 2008, S. 12ff.; LUNZE 2010, S. 15ff.), wobei die grundsätzliche Umsetzbarkeit der Regelungsaufgabe vorausgesetzt wird. Bei einer Regelung ist es die Aufgabe, die Stellgröße kontinuierlich so zu wählen, dass die Regelgröße vorgegebene Güteforderungen erfüllt. Dazu beschreibt das sog. Reglergesetz, dessen Wahl den wichtigsten Schritt bei der Lösung einer Regelungsaufgabe darstellt, die dafür notwendigen Rechenschritte (vgl. LUNZE 2010, S. 15). Das Reglergesetz wird anschließend durch einen Reglerbaustein gerätetechnisch realisiert, mit der Regelstrecke zu einem Kreis verschaltet und ergibt somit eine selbsttätige Regelung.

LUNZE definiert für den **Lösungsweg einer Regelungsaufgabe** die folgenden sieben Schritte (vgl. LUNZE 2010, S. 15ff.):

Formulierung der Regelungsaufgabe: Zunächst erfolgt innerhalb der Beschreibung der Aufgabenstellung die Definition der Eigenschaften des geschlossenen Regelkreises (Güteforderungen) sowie die Begründung der Notwendigkeit für die Verwendung einer Regelung. Die Festlegung der Regelungsart, d. h. ob eine Kompensation von Störungen mittels einer Festwertregelung, die Nachführung der Regelgröße einer Solltrajektorie mit Hilfe einer Folgeregelung oder die Änderung der dynamischen Eigenschaften der Regelstrecke im Fokus steht, determiniert den zweiten Schritt.

Auswahl der Regelgröße: In vielen Fällen geht die innerhalb der Regelungsaufgabe zu regelnde Größe direkt aus den Güteforderungen hervor. Sind wichtige Signale der Regelungsaufgabe jedoch nicht messbar, kann anstelle der originären Regelgröße eine gut messbare Ersatzgröße als Regelgröße betrachtet werden.

Auswahl der Stellgröße: Da häufig mehrere Signale als mögliche Stellgrößen zur Verfügung stehen, muss eine Analyse der physikalischen Wirkprinzipien ermitteln, welche der betrachteten Größen einen ausreichend großen und über wenige Verzögerungen wirkenden Einfluss auf die Regelgröße hat und auch unter Beachtung der physikalischen Beschränkungen eine ausreichende Wirkung erzielt. Darüber hinaus werden für das Stellglied sowie für die Veränderung der Stellgröße minimale Kosten gefordert und die Stellgröße sollte die anderen Signale des betrachteten Systems möglichst wenig erregen.

Modellierung der Regelstrecke: In Vorbereitung der Auswahl und Ausarbeitung eines passenden Reglers ist zunächst ein Modell der Regelstrecke, d. h. des realen, zu regelnden Prozesses, zu modellieren. Dabei handelt es sich in der klassischen Regelungstechnik um ein mathematisches Modell, welches vollständig das kontinuierliche Streckenverhalten abbildet und zu einem Gleichungssystem (Zustandsraum) oder einer graphischen Darstellung (Wirkungsplan) führt. Zur Förderung der Robustheit der Regelung ist, unter Beachtung der Güteforderungen, darauf zu achten, das Modell möglichst einfach und so gering detailliert wie möglich zu halten.

Entwurf des Reglers: Als wichtigster Schritt innerhalb der Modellierung von Regelkreisen ist hierbei ein Reglergesetz zu ermitteln, mit dem der geschlossene Kreis die gegebenen Güteforderungen erfüllt. Mit dem Ziel der bestmöglichen Erfüllung der Güteforderungen können in diesem Zusammenhang neben dem Übertragungsverhalten des Reglers auch erweiterte Wirkwege wie eine Vorsteuerung, eine Störgrößenaufschaltung oder eine Kaskadierung von Regelkreisen mittels Hilfsstell- oder -regelgrößen entworfen werden.

Analyse des Verhaltens des geschlossenen Regelkreises: Vor der Realisierung einer Regelung muss zunächst überprüft werden, ob der Regler die ursprünglichen Güteforderungen erfüllt. In der Regelungstechnik werden zu diesem Zweck Simulationsverfahren eingesetzt, in welche auch einige der im Modell vernachlässigten Aspekte wie Stellgrößenbeschränkungen, Messrauschen, nichtlineare Wirkungsabläufe oder Modellunsicherheiten einbezogen werden können.

Realisierung des Reglers: Zur Regelung physikalischer Prozesse werden hierbei in der operativen Umsetzung elektronische, hydraulische oder pneumatische Elemente verwendet. Zusätzlich dazu werden heutzutage vermehrt Mikrorechner und andere IT-Systeme eingesetzt, deren Reglerprogramme entsprechend der Struktur und der Parameter des Reglergesetzes zu konfigurieren und parametrieren sind.

4.2.4 Informationsbedarfsanalyse

Für die echtzeitfähige Gestaltung dezentraler Regelkreise innerhalb der PPR sind Informationen als zu verarbeitende Größen von zentraler Bedeutung, wobei jeder Regelkreis in diesem Zusammenhang seine individuellen Bedarfe generiert. Zu diesem Zweck verfolgt die Informationsbedarfsanalyse das Ziel, die Grundlagen für eine interessensadäquate Informationsversorgung zur Bewältigung von Planungs- und Koordinationsaufgaben zu schaffen (vgl. HILLEBRANDT 2002, S. 46). Die Verfahren zur Analyse des betrieblichen Informationsbedarfs lassen sich dabei in die folgenden unterscheiden (vgl. KRCMAR 2010, S. 65): **Subjektive Verfahren** leiten den Informationsbedarf mittels entsprechender Methoden wie der offenen Befragung, einem Wunschkatalog oder der Befragung der Mitarbeiter im Tätigkeitsumfeld aus einer subjektiven Interpretation der Aufgabe ab. **Objektive Verfahren** dagegen leiten den Informationsbedarf aus einer intersubjektiv validierten Interpretation der Aufgabe mit Hilfe von Strategie-, Entscheidungs-, Prozess- oder Input-Output- sowie sozio-technischen Analysen ab. **Gemischte Verfahren** wiederum leiten den Informationsbedarf durch Vorgabe theoretischer Raster her, welche subjektiv interpretiert werden. Entsprechende Methoden sind die strukturierte Befragung, die Methode der kritischen Erfolgsfaktoren sowie die Weiterentwicklung aus dem Kontext oder aus dem Bestehenden.

Die Analyse der Prozesse der PPR zielt weniger auf die subjektive Betrachtung der Tätigkeiten konkreter Individuen, sondern vielmehr auf die objektive Betrachtung normierter Aufgabenträger. Gleichzeitig muss die auszuwählende Methode zur Analyse des objektiven Informationsbedarfs die zeitliche Abfolge der Prozesse abbilden können. Mittels Prozess- sowie Input-Output-Analyse kann der Faktor Zeit durch die Anordnung der Planungs- und Regelungsaufgaben gemäß ihrer Durchlaufreihenfolge berücksichtigt werden (vgl. SCHNEIDER 1990, S. 237ff.). Darüber hinaus korrespondieren die Darstellungsformen Prozess- und Input-Output-Analyse mit der gebotenen Nachvollziehbarkeit der modellierten Zusammenhänge, indem sie offenbaren, welcher Informationsbedarf in welcher Form und an welchen Stellen existiert (vgl. KRCMAR 2010, S. 65f.).

Innerhalb der vorliegenden Untersuchung wird der objektive Informationsbedarf mit Hilfe eines kombinierten Vorgehens aus einer Prozessanalyse und einer anschließenden Input-Output-Analyse ermittelt. Während im Rahmen der Prozessanalyse zunächst die relevanten Prozesse der PPR modelliert werden, baut die Input-Output-Analyse darauf auf und ordnet den einzelnen Prozessaufgaben Aussagen bezüglich ihrer Informationsbedarfe zu.

4.3 Gestaltungsmodell zur echtzeitfähigen Produktionsplanung und -regelung

Innerhalb des folgenden Unterkapitels erfolgt die konkrete Ausgestaltung der Vorgehensweise zur Gestaltung einer echtzeitfähigen Produktionsplanung und -regelung in der Auftragsabwicklung des Maschinen- und Anlagenbaus. Dabei basiert die Vorgehensweise grundsätzlich auf dem systemtechnischen Modellierungsansatz, bei dem im Rahmen der einzelnen Modellierungsschritte sowohl Modelle für die Beschreibung bzw. Erklärung als auch für die Gestaltung der Realität erstellt werden, was mit der Abbild- und Vorbildfunktion einer systemtechnischen Modellbildung korrespondiert (vgl. Abbildung 4-3).

Die **Abbildungsfunktion** des zu entwickelnden Gestaltungsmodells beruht in diesem Zusammenhang auf der Beschreibung von Strukturen, Prozessen, Informationen und Regelkreisen der PPR zur Organisation und Durchführung der Auftragsabwicklung in Unternehmen des Maschinen- und Anlagenbaus und mündet in einem kaskadierten Regelkreismodell.

Die **Vorbildfunktion** entsteht durch die Analyse und Definition von Echtzeitanforderungen an die einzelnen, dezentralen Regelkreise der PPR, um somit die Übertragbarkeit regelungstechnischer Prinzipien auf den vorliegenden Anwendungsfall zu unterstützen, sowie durch die echtzeitfähige Gestaltung dieser Regelkreise innerhalb der PPR. Die **Verkürzungsmerkmale** des Modells bestehen im Wesentlichen aus den in Kapitel 4.1 getroffenen Annahmen, die unter anderem eine Gestaltung der Aufbauorganisation oder der informationstechnischen Ausstattung der betrachteten Unternehmen ausklammern. Zur Berücksichtigung des **pragmatischen Merkmals** der systemtechnischen Modellbildung wird abschließend ein Leitfaden zur schnellen und einfachen Implementierung der Einzelregelkreise bzw. der PPR als Ganzem im Unternehmen erarbeitet.

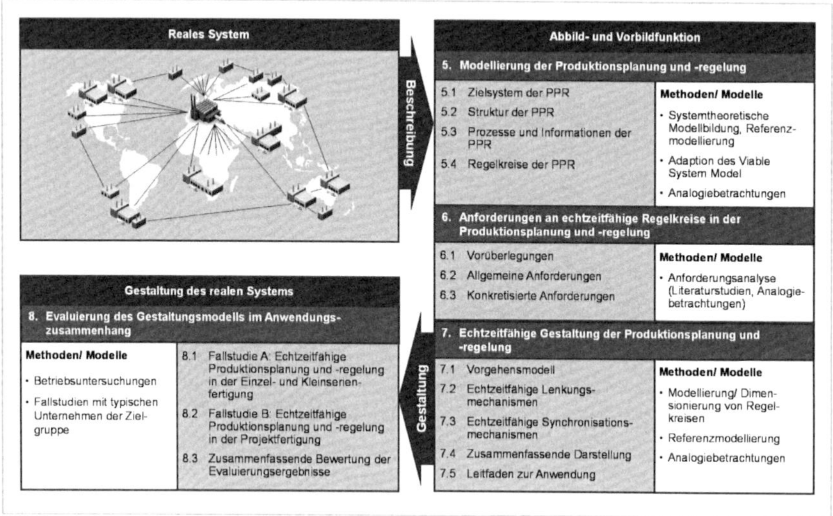

Abbildung 4-3: Vorgehensweise zur Entwicklung des Gestaltungsmodells

Zur adäquaten Gestaltung einer echtzeitfähigen PPR erfolgt in einem ersten Schritt im Rahmen von Kapitel 5 die **Beschreibung** der PPR in der Auftragsabwicklung des Maschinen- und Anlagenbaus. Um sowohl der Zweckorientierung des Gestaltungsmodells gerecht zu werden, als auch im weiteren Fortgang der Untersuchung sachlogische Führungsgrößen für die einzelnen Regelkreise ableiten zu können, bedarf es zunächst einer Diskussion der grundlegenden Ziele einer echtzeitfähigen PPR in der Auftragsabwicklung. Basierend auf dem Managementmodell Wandlungsfähiger Produktionssysteme wird anschließend die Struktur der PPR mit ihren unterschiedlichen Rekursionsebenen sowie den einzelnen Lenkungs- und Synchronisationsmechanismen dargestellt. Da die Mechanismen für die Lenkung und Synchronisation bzw. Regelung der Prozesse der Auftragsabwicklung zuständig sind, werden diese in das Strukturmodell der PPR eingeordnet und anschließend mit ihren Informationsflüssen beschrieben. Die Prozesse fungieren dabei als Regelstrecken und ihre jeweiligen Informationsbedarfe als In- bzw. Output der Strecke. Ergebnis der Beschreibungskomponente ist schließlich ein spezifisches, kaskadiertes Regelkreismodell zur Lenkung und Synchronisation der operativen Prozesse der PPR in der Auftragsabwicklung eines Unternehmens des Maschinen- und Anlagenbaus.

Im Hinblick auf eine echtzeitfähige Gestaltung von Regelkreisen innerhalb des kaskadierten Regelkreismodells der PPR sind zunächst im Rahmen eines zweiten Modellierungsschrittes die Anforderungen an echtzeitfähige Regelkreise zu **analysieren und zu spezifizieren** (Kapitel 6). Beginnend mit Vorüberlegungen im Hinblick auf die Anwendung regelungstechnischer Prinzipien auf die PPR unter Fortführung der Diskussion aus Kapitel 2.3.4 erfolgt anschließend auf Basis umfangreicher Literaturstudien sowie Analogiebetrachtungen in Richtung der Regelungstechnik und der Echtzeitsystematik die strukturierte Erfassung und Bewertung zunächst allgemeiner Anforderungen an echtzeitfähige Regelkreise. Nach sachlogischer Reduktion der allgemeinen Anforderungen werden diese auf den spezifischen Anwendungsfall einer PPR in der Auftragsabwicklung präzisiert. Als Ergebnis der erklärenden Modellkomponente liegt ein Anforderungskatalog zur echtzeitfähigen Gestaltung von Lenkungs- und Synchronisationsmechanismen in der PPR der Auftragsabwicklung vor.

Die Vorbildfunktion des entwickelten Modells wird schließlich durch die echtzeitfähige **Gestaltung** der Produktionsplanung und -regelung begründet (Kapitel 7). Da ein Gestaltungsmodell für eine echtzeitfähige PPR einem komplexen System entspricht, ist zunächst ein adäquates Vorgehensmodell zur Modellierung der Lenkungs- und Synchronisationsmechanismen zu entwickeln. Dieses Vorgehensmodell soll darüber hinaus die Betrachtung der aus dem erklärenden Teil der Forschungsarbeit abgeleiteten Anforderungen zur echtzeitfähigen Gestaltung sicherstellen. Ein Leitfaden zur praktischen Anwendung des Gestaltungsmodells ergänzt die gestalterische Komponente.

Die **Evaluierung** des entwickelten Gestaltungsmodells für eine echtzeitfähige Produktionsplanung und -regelung in Form einer exemplarischen Anwendung in zwei Fallstudien bei Unternehmen des Maschinen- und Anlagenbaus schließt die Untersuchung in Kapitel 8 ab. Die Durchführung der Fallstudien basiert dabei auf dem in Kapitel 7 erarbeiteten Leitfaden zur praktischen Anwendung. Unter Berücksichtigung der formalen und inhaltlichen Anforderungen an das Gestaltungsmodell aus Kapitel 4.1 erfolgt abschließend die qualitative Bewertung des Modells der echtzeitfähigen Produktionsplanung und -regelung in der Auftragsabwicklung aus Sicht der anwendenden Unternehmen.

5 Modellierung der Produktionsplanung und -regelung

Zur flexiblen und praxisorientierten Gestaltung echtzeitfähiger Regelkreise ist zunächst ein kaskadiertes Regelkreismodell einer Produktionsplanung und -regelung zur Verankerung der einzelnen dezentralen Regelkreise sowie ein übergeordnetes Zielsystem für die spätere Ableitung der regelkreisspezifischen Führungsgrößen zu entwerfen. Beginnend mit dem Zielsystem in Kapitel 5.1 erfolgt im Rahmen von Kapitel 5.2 anschließend die Beschreibung der Struktur der PPR in Anlehnung an das Managementmodell Wandlungsfähiger Produktionssysteme. Kapitel 5.3 überträgt die Prozesse und Informationsflüsse der PPR in das kybernetische Strukturmodell, ehe Kapitel 5.4 die bisherigen Überlegungen innerhalb eines kaskadierten Regelkreismodells zusammenfasst.

5.1 Zielsystem der Produktionsplanung und -regelung

Die Formulierung von Soll- bzw. Führungsgrößen stellt für die Gestaltung dezentraler Regelkreise innerhalb der Produktionsplanung und -regelung eine wichtige Voraussetzung dar. Führungsgrößen bestimmen im Sinne der Regelungstechnik diejenigen Werte eines Regelkreises, welche es im Zeitablauf zu erreichen gilt. Innerhalb eines kaskadierten Regelungssystems, wie im Rahmen dieser Untersuchung vorgesehen, bilden Stellgrößen äußerer gleichzeitig die Führungsgrößen innerer Regelkreise; es bestehen somit Abhängigkeiten zwischen den Führungsgrößen. Da auch das Modell der PPR in Anlehnung an das Managementmodell Wandlungsfähiger Produktionssysteme rekursiv, d. h. kaskadiert, aufgebaut ist, sind für die Definition von Führungsgrößen für die einzelnen dezentralen Regelkreise zunächst die übergeordneten Ziele des Gesamtsystems der PPR zu ermitteln und anschließend in einem Zielsystem zu systematisieren. Darüber hinaus dient das zu entwerfende Zielsystem der Bewertung der Gestaltungswirkung der echtzeitfähigen PPR selbst, indem diese einen möglichst hohen Beitrag zur definierten Zielerreichung leisten soll.

5.1.1 Grundlagen der Zielsystematisierung

Indem sie einen theoretisch vorweggenommenen Soll-Zustand beschreiben, kennzeichnen Ziele erstrebenswerte, zukünftige Zustände, die durch die Wahl und Ausführung bestimmter Aktivitäten eintreten sollen (vgl. GIENKE ET AL. 2007, S. 1092; TÖPFER 2007, S. 425). Da Unternehmen in der Regel mehrere Ziele gleichzeitig verfolgen, sind diese innerhalb eines Zielsystems unter Berücksichtigung von Zieldimensionen und -beziehungen zu ordnen und eindeutig zu definieren (vgl. SEIWERT 1979, S. 34ff.; HEINEN 1991, S. 13), wobei ein Zielsystem dadurch gekennzeichnet ist, dass die einzelnen Komponenten der Zielhierarchien durch definierbare Beziehungen zu einem „geordneten Ganzen“ verknüpft sind (vgl. TÖPFER 2007, S. 447). Anhand von Zielerreichungsgraden ermöglichen Zielsysteme eine Bewertung der Effizienz verschiedener organisatorischer Gestaltungsalternativen und stellen somit eine Grundvoraussetzung für rationales Handeln dar (vgl. EISENFÜHR U. WEBER 2003, S. 6f.; BAMBERG U. COENENBERG 2004, S. 28; FRESE 2005, S. 447f.). Innerhalb der vorliegenden Dissertation dient das Zielsystem vorrangig der strukturierten Ableitung von Führungsgrößen für die einzelnen dezentralen Regelkreise der PPR.

Zwischen den Elementen eines Zielsystems bestehen unterschiedliche Beziehungen und Interdependenzen, wobei sich hinsichtlich der gegenseitigen Beeinflussung grundsätzlich drei Zielkategorien unterscheiden lassen (vgl. SEIWERT 1979, S. 34ff.; SCHNEEWEIß 1991, S. 58). Beeinträchtigt die Realisierung eines Ziels die Erfüllung eines anderen Ziels nicht, so ist von indifferenten Zielen die Rede. Konkurrierende Ziele besitzen dagegen die Eigenschaft, sich wechselseitig negativ zu beeinflussen. Der Entscheidungsträger hat dabei eine Gewichtung vorzunehmen, indem er die einzelnen Ziele in höhergewichtige Haupt- und geringer gewichtete Nebenziele differenziert (vgl. HEINEN 1991, S. 16). Im Sinne einer dritten Zielkategorie liegt eine komplementäre Zielbeziehung vor, wenn die Erfüllung des einen Ziels wenigstens teilweise die Erfüllung des anderen Ziels positiv beeinflusst.

Mit der Absicht der Operationalisierung von Zielen, wie mit einer Definition von Führungsgrößen für Regelkreise vorgesehen, gilt es zunächst, eine Zielhierarchie aus Ober-, Zwischen- sowie Unterzielen zu formulieren. Anschließend sind die einzelnen Elemente des Zielsystems solange schrittweise zu konkretisieren, bis eine eindeutige Messbarkeit der Unterziele auf operativer Ebene erreicht wird (vgl. HEINEN 1991, S. 16; WALL 2001, S. 67; SCHIEMENZ U. SCHÖNERT 2005, S. 36). Darüber hinaus ist ein Zielsystem vollständig zu konstruieren, wobei sich die Vollständigkeit in diesem Zusammenhang einerseits auf die in der Ergebnisdefinition festgelegten Zieldimensionen hinsichtlich Inhalt, Ausmaß und Zeitbezug und andererseits auf die Präferenzrelation bezüglich der Ergebnismerkmale bezieht, welche letztlich eine eindeutige Wertrangfolge unter den Aktionen im Entscheidungsprozess vorgibt (vgl. BAMBERG U. COENENBERG 2004, S. 31ff.; SCHIEMENZ U. SCHÖNERT 2005, S. 32).

5.1.2 Ober-, Zwischen- und Unterziele der Produktionsplanung und -regelung und deren Zusammenhänge

Nachdem die Grundlagen zum Aufbau eines Zielsystems dargestellt wurden, wird im Folgenden ein spezifisches Zielsystem für eine echtzeitfähige PPR in der Auftragsabwicklung des Maschinen- und Anlagenbaus entworfen, aus welchem sich anschließend die Führungsgrößen für die einzelnen Regelkreise ableiten lassen (vgl. Abbildung 5-1). Dabei wird das für den konkreten Anwendungszusammenhang dieser Untersuchung erforderliche Zielsystem vorwiegend aus bestehenden Ansätzen der betriebs- und ingenieurwissenschaftlichen Literatur konstruiert, wobei ausschließlich solche Zielelemente Berücksichtigung finden sollen, deren Erreichungsgrad direkt oder mittelbar durch eine echtzeitfähige PPR beeinflusst werden kann.

Im Zentrum des Wirkens jeder wirtschaftlich agierenden Unternehmung steht die langfristige Maximierung des Unternehmensgewinns. Nach dem Prinzip der Wirtschaftlichkeit besteht somit die Hauptaufgabe eines Unternehmens darin, durch seine Aktivitäten einen Mehrwert für seine Eigentümer zu erwirtschaften (vgl. GUTENBERG 1983, S. 457f.; HAHN 1995, S. 328; WIENDAHL, H.-P. ET AL. 2006, S. 467; WÖHE 2010, S. 111). Als Oberziel des Zielsystems der echtzeitfähigen PPR wird demnach die Verbesserung der Unternehmensleistung definiert, welche anhand der **Kapitalrentabilität** bewertet werden kann und sich wiederum aus dem Verhältnis von Gewinn vor Steuern zu dem dafür eingesetzten Gesamtkapital ergibt.

Einen wesentlichen Beitrag zur Steigerung der Unternehmensleistung leisten eine konsequente Ausrichtung auf den Kundennutzen sowie die Kostenoptimierung und Effizienzerhöhung der Auftragsabwicklung (vgl. THINNES 2003, S. 62). Besonders im Betrachtungsbereich der vorliegenden Untersuchung, dem Maschinen- und Anlagenbau mit seinen komplexen, kundenindividuellen Produkten, gilt die **Kundenzufriedenheit** als wesentliches Differenzierungsmerkmal gegenüber dem Wettbewerb und als Schlüssel für den langfristigen wirtschaftlichen Erfolg dieser Branche (vgl. NEFF 2000, S. 565; RODIES 2002, S. 40; HORVÁTH 2003, S. 375; MITHAS 2005, S. 1f.). Im Sinne einer schnellen und zuverlässigen Auftragsabwicklung bezieht sich die Kundenzufriedenheit dabei weniger auf die Produktbeschaffenheit, als vielmehr auf die logistische Leistungsfähigkeit des Unternehmens (vgl. SCHMIDT 2008, S. 61ff.), weswegen für eine hohe Kundenzufriedenheit vor allem die, bereits eine explizite Kundenorientierung beinhaltenden, klassischen logistischen Zielgrößen nach H.-P. WIENDAHL zu berücksichtigen sind (vgl. WIENDAHL, H.-P. ET AL. 2006, S. 472f.). Im Kontext der PPR wird die Kundenzufriedenheit insb. durch eine hohe Liefertreue, eine kurze Reaktionszeit des Systems PPR sowie durch eine jederzeitig hohe Auftragsfortschrittstransparenz positiv beeinflusst.

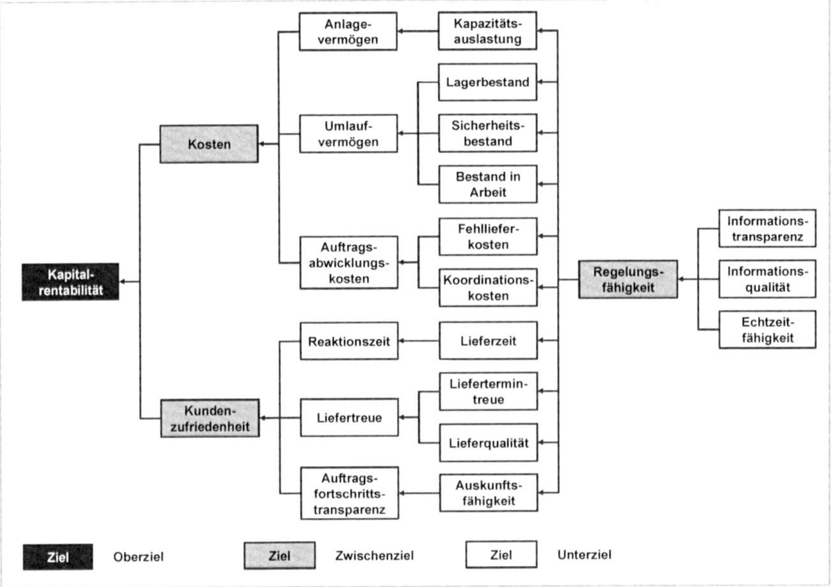

Abbildung 5-1: Zielsystem der echtzeitfähigen Produktionsplanung und -regelung

Die **Reaktionszeit** wird nachhaltig durch die Lieferzeit bestimmt, welche die gesamte Zeitspanne vom Erstkontakt mit dem Kunden über die Abgabe des Angebots und den Eingang des Kundenauftrags bis hin zum Empfang der fertigen Leistung durch den Kunden umfasst (vgl. RODIES 2002, S. 40; SCHÖNSLEBEN 2011, S. 8). In Abhängigkeit des vorliegenden Auftragsabwicklungstyps (vgl. Kapitel 2.1.3) verteilt sich die Lieferzeit zu unterschiedlichen Teilen auf die Projektierungs-, Konstruktions-, Beschaffungs-, Fertigungs-, Montage-, Versand- und Inbetriebnahmeprozesse.

Eine hohe **Liefertreue** fördert neben einer kurzen Reaktionszeit nachhaltig die Kundenzufriedenheit. Als der mit Abstand wichtigsten logistischen Zielgröße kommt in diesem Zusammenhang insb. der Liefertermintreue eine besondere Bedeutung zu (vgl. SCHUH U. STICH 2011, S. 18). Die Liefertermintreue misst dabei die Übereinstimmung zwischen zugesagtem bzw. bestätigtem Liefertermin und tatsächlichem Auftragserfüllungstermin (vgl. WIENDAHL, H.-P. ET AL. 2006, S. 473f.). Als Bewertungsmaßstab für die Einhaltung der übrigen Aspekte einer Kundenspezifikation im Hinblick auf die Qualität oder die technischen Leistungsmerkmale des Enderzeugnisses ist die Lieferqualität neben dem rein zeitbezogenen Aspekt der Liefertreue zusätzlich zu berücksichtigen.

Im Maschinen- und Anlagenbau werden die fertigen Enderzeugnisse oftmals wiederum in weitere Anlagen oder Fabrikstrukturen integriert, d. h. auch die typischen Kunden eines Maschinenbauers wickeln ihre Aufträge in Form von zeitlich eng geplanten Projekten ab. Aus diesem Grund ist ein weiterer wesentlicher Einflussfaktor auf die Kundenzufriedenheit in der **Transparenz des Auftragsfortschritts** zu finden, welcher wiederum durch die Auskunftsfähigkeit beeinflusst wird. Auskunftsfähigkeit meint dabei die Eigenschaft, sowohl reaktiv (auf Kundennachfrage) als auch proaktiv (zu diskreten Zeitpunkten) Auskunft zum Bearbeitungsfortschritt des Kundenauftrags erteilen zu können (vgl. WIENDAHL, H.-H. U. MEYER 2006, S. 15f.; SCHMIDT 2008, S. 62). Informationen zum Stand von Fertigung und Montage bzw. über eventuelle Verspätungen bei der Auslieferung sind dabei von besonderem Interesse für den Kunden, welcher daraufhin die eigenen Planungen anpassen kann bzw. muss. Mit zunehmender Komplexität der Erzeugnisse nimmt der zu betreibende Aufwand für das Aufrechterhalten der erforderlichen Prozess- und Fortschrittstransparenz gerade bei zentralen Planungssystemen jedoch deutlich zu (vgl. NEFF 2000, S. 566; WIENDAHL, H.-H. U. MEYER 2006, S. 15f.). Dezentrale Planungs- und Regelungskonzepte verfolgen dagegen das Ziel, eine permanent hohe Auskunftsfähigkeit zu realisieren.

Im Hinblick auf die Steigerung der Unternehmensleistung gilt es im Sinne der Unternehmenseffizienz, eine möglichst hohe Kundenzufriedenheit bei gleichzeitig niedrigen **Kosten** zu realisieren (vgl. HORVÁTH 2003, S. 375; STRATTON U. WARBURTON 2003, S. 184; THINNES 2003, S. 62; MITHAS 2005, S. 1f.; WIENDAHL, H.-P. ET AL. 2006, S. 467f.; SPUR 2007, S. 254f.), wobei eine Kostenreduzierung in diesem Zusammenhang insb. durch eine Verringerung der Auftragsabwicklungskosten sowie durch eine Optimierung des Umlauf- und Anlagevermögens erreicht werden kann.

Wesentlichen Einfluss auf das **Anlagevermögen** hat die Auslastung der genutzten Kapazitäten, wobei sich der Auslastungsgrad dabei auf das Verhältnis von verfügbarer und genutzter Kapazität bezieht und somit ein Maß für die Intensität der Nutzung einer bestimmten Ressource darstellt (vgl. SCHÖNSLEBEN 2011, S. 30). Besonders im Maschinen- und Anlagenbau mit seinen kapitalintensiven Produktionsanlagen sowie den hochgradig ausgebildeten Mitarbeitern verlangt das Gebot der Wirtschaftlichkeit einen permanent hohen Kapazitätsauslastungsgrad (vgl. SCHMIDT 2008, S. 63). Jedoch führt eine hohe Kapazitätsauslastung vor allem bei der Planung von Engpassressourcen zu Schwierigkeiten, weswegen vorrangig das Ziel einer gleichmäßigen Kapazitätsauslastung verfolgt werden soll.

Eine erhöhte Reaktionsfähigkeit im Sinne einer echten Regelung in der PPR trägt zu einer Senkung der Bestände und somit zu einer Verringerung des **Umlaufvermögens** bei. Bestände können dabei in Lager-, Sicherheits- und Bestände in Arbeit unterteilt werden (vgl. PAEGERT 1997, S. 46f.; SCHÖNSLEBEN 2011, S. 255). Zur Deckung einer prognostizierten bzw. eingetroffenen Nachfrage sowie zur Bereitstellung von (Vor-)Materialien für Fertigung und Montage dienen Lagerbestände. Sicherheitsbestände dagegen sind künstlich angelegte Puffer, um Verzögerungen bei der Beschaffung und Schwankungen in der Durchlaufzeit vorrangig in Fertigung und Montage auszugleichen (vgl. NYHUIS U. WIENDAHL 2003, S. 251; SIMCHI-LEVI ET AL. 2003, S.2f.; STRATTON U. WARBURTON 2003, S. 184; SCHUH ET AL. 2012c, S. 66) und als im Fertigstellungsprozess befindliche Bestände werden Bestände in Arbeit oder Work-in-Progress- (WiP-) Bestände bezeichnet. In jedem Fall wirken sich Bestände durch die Kosten für die Bindung von Kapital im Unternehmen negativ auf das Umlaufvermögen aus, wobei Kapitalbindungskosten im Detail durch Kosten für die Finanzierung der Bestände, für Versicherungen oder sonstige Bestandskosten aufgrund von Abwertungen oder Bestandsverlusten verursacht werden (vgl. SCHULTE 2009, S. 10).

Mit Hilfe von Koordinations- und Fehllieferkosten lassen sich die **Kosten der Auftragsabwicklung** operationalisieren, wobei Koordinationskosten in diesem Zusammenhang der Summe der Kosten zur Gestaltung, Planung und Kontrolle des Materialflusses, der Teilfunktionen Disposition und Auftragsabwicklung, Handling und Kommissionierung sowie Transport und Verpackung entsprechen (vgl. LUCZAK U. WIENDAHL 2001, S. 169; SCHULTE 2009, S. 10). Eng mit der Liefertermintreue sind dagegen die sog. Fehllieferkosten verknüpft, welche bspw. Konventionalstrafen oder Kosten für entgangenen bzw. verspätet realisierten Umsatz enthalten.

Die im vorliegenden Fall der Auftragsabwicklung im Maschinen- und Anlagenbau komplexen und schwierig vorauszuplanenden Prozesse erfordern eine hohe Flexibilität sowie Reaktionsfähigkeit auf Änderungen im Ablauf (vgl. FLEISCH ET AL. 2008, S. 453). Die **Regelungsfähigkeit** im Sinne einer echten Regelung befähigt das betrachtete System, Störungen im Ablauf schnell zu erkennen sowie geeignete Maßnahmen zur Störungsbehebung einzuleiten (vgl. SCHUH 2010). Um Prozesse jedoch regelungsfähig gestalten zu können, müssen diejenigen Informationen transparent, d. h. verfügbar sein, welche für einen reibungslosen Durchlauf des Regelkreises vonnöten sind. Demnach wird eine durchgängige Verfügbarkeit von entscheidungsrelevanten Informationen unter dem Begriff der Informationstransparenz subsummiert, z. B. Informationen über Auftragsfortschritte, Lieferverzüge oder gar Lieferausfälle (vgl. SCHMIDT 2008, S. 63). Neben dem schlichten Vorhandensein von Informationen ist die Qualität selbiger von entscheidender Bedeutung für eine zeitnahe Verarbeitung. Die adressierte Informationsqualität bezieht sich dabei sowohl auf planungsrelevante Stammdaten als auch auf kundenspezifische Auftragsdaten und dabei insb. auf Rückmeldedaten aus den Prozessen der Auftragsabwicklung. Die Qualitätsmerkmale einer (Planungs-)Information werden durch deren Vollständigkeit, Aktualität, Detailliertheit sowie die Fehlerfreiheit des Informationsinhalts determiniert (vgl. LOEFFELHOLZ 1991, S. 27f.; SCHOTTEN 1998, S. 44). Neben Transparenz und Qualität wirkt die Echtzeitfähigkeit im Sinne der Definition aus Kapitel 2.4 als dritter Befähiger der Regelungsfähigkeit, indem sie individuelle Zeitschranken für die Informationsverarbeitung vorgibt, sodass die zu verarbeitende Information ihren jeweiligen Nutzwert nicht verliert und eventuelle Korrekturmaßnahmen rechtzeitig (als eine der Anforderungen an echtzeitfähige Regelkreise) eingeleitet werden können.

Die Regelungsfähigkeit wirkt letztlich positiv auf alle bisher vorgestellten Unter- bzw. Zwischenziele. So wird einerseits die Kundenzufriedenheit erhöht, da die für den Maschinen- und Anlagenbau wichtigste logistische Zielgröße der Liefertermintreue durch permanentes kurzzyklisches Vergleichen von Ist- und Soll-Zustand der Auftragsabwicklung dadurch verbessert werden kann, dass bei Soll-Ist-Abweichungen Anpassungsmaßnahmen rechtzeitig ergriffen werden können. Da der Ist-Zustand der Auftragsabwicklung jederzeit transparent ist, befähigt dies zu einer hohen Auskunftsfähigkeit gegenüber dem Kunden. Darüber hinaus können die Kostenfaktoren durch geringere Lagerbestände und niedrigere Koordinations- und Fehllieferkosten positiv beeinflusst werden. Daher soll im Folgenden das Erreichen der Regelungsfähigkeit als Ersatzziel für die Produktionsplanung und -regelung in der Auftragsabwicklung herangezogen werden.

5.1.3 Konkretisierung des Zielsystems der Produktionsplanung und -regelung zur Ableitung von Führungsgrößen für die Regelkreise

Die Hauptaufgabe des definierten Zielsystems der echtzeitfähigen PPR besteht in der gezielten Ableitung von Führungsgrößen für die einzelnen dezentralen Regelkreise. BROSZE definiert dazu neben einem Zielsystem für das strategische Produktionsmanagement, welches vergleichbar mit dem Zielsystem der PPR ist, ein Zielsystem der internen Stabilität (vgl. BROSZE 2011, S. 156). Dieses Zielsystem der internen Stabilität fokussiert die klassischen logistischen Zielgrößen nach H.-P. WIENDAHL (Auslastung, Bestand, Termintreue und Durchlaufzeit; vgl. Kapitel 2.1.4), ergänzt um die spezifischen Größen der Prozesskosten sowie der Qualität des Prozessergebnisses (vgl. BROSZE 2011, S. 142). Die beiden Zielsysteme werden dabei über ein Wirkmodell miteinander verknüpft und sichern so die Konformität, indem operative direkt aus den strategischen Zielgrößen abgeleitet werden (vgl. Abbildung 5-2). Die internen Stabilitätsgrößen Auslastung, Bestand, Termintreue und Durchlaufzeit bilden dabei den typischen logistischen Zielkonflikt, welchem über die Definition optimaler Betriebspunkte für das Gesamtsystem der PPR sowie der einzelnen dezentralen Einheiten zu begegnen ist. Darüber hinaus wirkt die Zielgröße der Regelungsfähigkeit mit ihren Unterzielen der Informationstransparenz, -qualität und Echtzeitfähigkeit als Enabler für eine bestmögliche Minimierung der einzelnen Zielkonflikte.

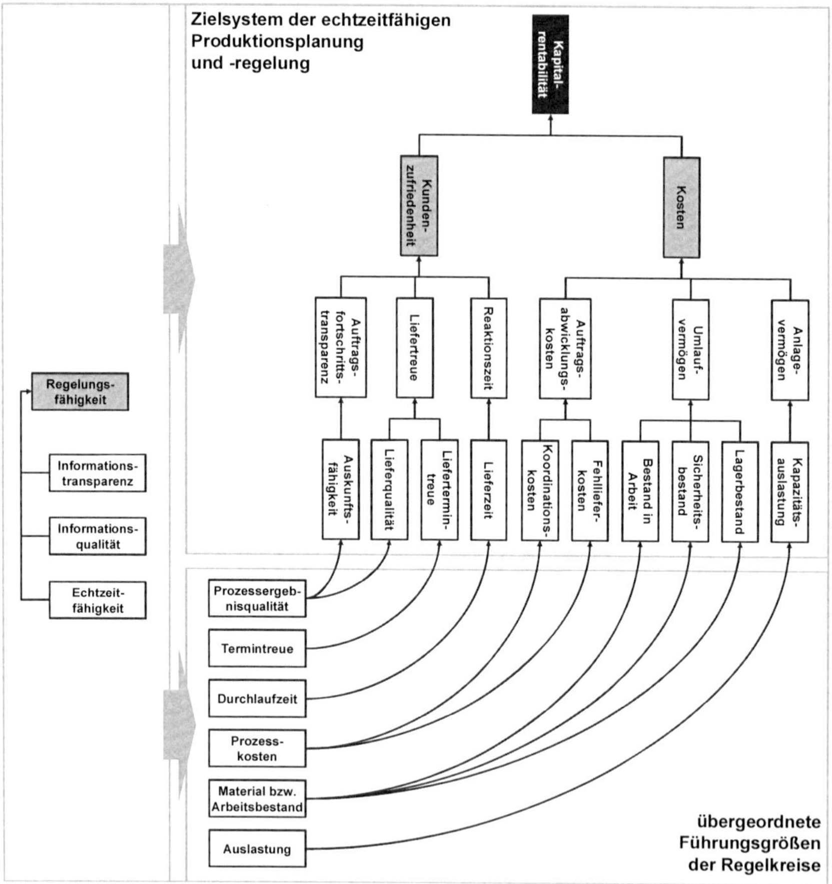

Abbildung 5-2: **Ableitung von Führungsgrößen für die Regelkreise aus dem Zielsystem der echtzeitfähigen Produktionsplanung und -regelung**

Zur Definition der prozessualen Betriebspunkte bieten die Betriebskennlinien nach NYHUIS U. H.-P. WIENDAHL ein geeignetes Mittel, welche eine verdichtete Darstellung unterschiedlicher Betriebszustände repräsentieren (vgl. WIENDAHL, H.-P. 2010, S. 345ff.; Kapitel 3.1.3). Über die analytische oder stochastische Modellierung realer Systeme sowie durch Berechnung mittels Simulation werden die einzelnen Betriebszustände ermittelt und daraus im Anschluss die Kennlinien gebildet (vgl. NYHUIS U. WIENDAHL, H.-P. 2003, S. 36f.). Nach Ermittlung der Kennlinien ist es die Aufgabe, die Soll-Betriebspunkte für das Gesamtsystem und darauf aufbauend der dezentralen Einheiten (Führungsgrößen der Regelkreise) so zu positionieren, dass diese den Anforderungen des Zielsystems der PPR entsprechen (vgl. Abbildung 5-3). Im Ergebnis liegen dann für das Gesamtsystem PPR sowie für die einzelnen dezentralen Einheiten die Führungsgrößen Termintreue, Durchlaufzeit, Material- bzw. Arbeitsbestand, Auslastung, Qualität des Prozessergebnisses und Prozesskosten vor.

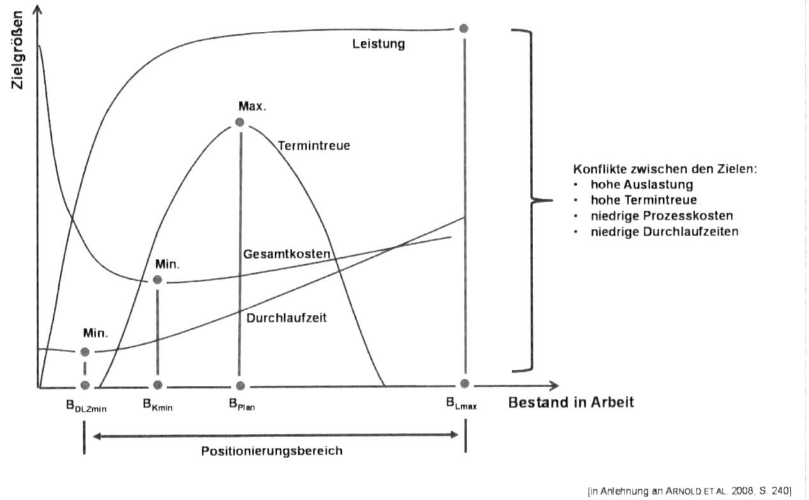

Abbildung 5-3: Betriebskennlinien zur Auflösung der Zielkonflikte innerhalb der Produktionsplanung und -regelung

Für die Umsetzung der Ziele in den dezentralen Einheiten der PPR sind die Zielausprägungen anschließend in Form von Stellgrößen zu operationalisieren. Durch die Kaskadierung der PPR wird gewährleistet, dass die Synchronität der Ziele über die verschiedenen Ebenen gewahrt bleibt, indem sich Führungsgrößen niederer Ebenen lediglich im durch die höher gelegene Ebene bereitgestellten Zielkorridor positionieren können.

5.2 Struktur der Produktionsplanung und -regelung

Innerhalb des folgenden Unterkapitels soll der grundlegende strukturelle Aufbau der PPR beschrieben werden. Die Struktur der PPR orientiert sich dabei mit dem Ziel der Komplexitätsbeherrschung an der Struktur des Managementmodells Wandlungsfähiger Produktionssysteme, welches sich wiederum aus der Struktur des Viable System Model und somit letztlich der des menschlichen Organismus herleitet (vgl. Kapitel 4.2.2). Zu diesem Zweck führt Kapitel 5.2.1 zunächst diejenigen strukturgebenden Prinzipien an, denen die PPR folgen soll. Anschließend beschreibt Kapitel 5.2.2 ausführlich die durch das MWP bereitgestellten strukturellen Elemente und ihre Wirkungsmechanismen, aus welchen sich schließlich die für den weiteren Fortgang der Untersuchung relevanten regelungstechnischen Schaubilder ableiten lassen (vgl. Kapitel 5.4). Kapitel 5.2.3 schließt mit der Definition unterschiedlicher Referenzsichten auf das kybernetische Strukturmodell der PPR.

5.2.1 Strukturgebende Prinzipien

Die Produktionsplanung und -regelung basiert durch ihre Anlehnung an das Managementmodell Wandlungsfähiger Produktionssysteme ebenso auf dessen drei grundlegenden Prinzipien: dem Prinzip der Lebensfähigkeit, dem Prinzip der Rekursivität und dem Prinzip der Autonomie, wobei die Lebensfähigkeit in diesem Zusammenhang das übergeordnete Gestaltungsprinzip darstellt. Ursprünglich hergeleitet sind die Prinzipien dabei aus BEER'S Invarianztheorem, welches besagt, dass alle komplexen Systeme isomorphe Lenkungsstrukturen aufweisen und die Existenz dieser Strukturen wiederum notwendige Voraussetzung für die Lebensfähigkeit des Systems selbst darstellt (vgl. GOMEZ 1978, S. 21).

5.2.1.1 Lebensfähigkeit

Das Postulat der Lebensfähigkeit darf nicht im Sinne eines bloßen Überlebens des Systems interpretiert werden, sondern es muss vielmehr die Frage beantwortet werden, ob und wie eine spezielle Zustandskonfiguration des Produktionssystems auf bestimmte Zeit aufrechterhalten werden kann. In diesem Zusammenhang muss durch die Analyse und Beurteilung der „strukturellen oder systemischen Effektivität" von Prozessen anhand der Lebensfähigkeit eine dauerhafte Balance aller Aktivitäten erreicht werden (vgl. MALIK 2006, S. 112f.). Dazu dient die invariante Struktur des Gesamtsystems durch seine fünf Subsysteme als hinreichende und notwendige Bedingung, gibt jedoch keine Garantie für die Lebensfähigkeit des Produktionssystems (vgl. THIEM 1998, S. 73f.). Die Existenz der fünfstufigen Struktur und ihrer Lenkungsmechanismen muss daher als eine günstige Voraussetzung für die Lebensfähigkeit angesehen und darf nicht als Sicherheit für das Überleben des Systems missverstanden werden. Zusammenfassend besagt das Prinzip der Lebensfähigkeit im Hinblick auf ein Produktionssystem, dass dieses, wenn es auf Dauer seine Existenz aufrechterhalten möchte, die invariante Struktur lebensfähiger Systeme als notwendige und hinreichende Bedingung aufweisen muss, da nur so interne Störungen und Veränderungen in der Umwelt erkannt, angemessen darauf reagiert, diese im Zuge eines Lernprozesses gespeichert und in künftigen Entscheidungssituationen berücksichtigt werden können.

5.2.1.2 Rekursivität

Nach BEER müssen lebensfähige Systeme wiederum lebensfähige Systeme beinhalten, d. h. die Organisationsstruktur eines Produktionssystems muss rekursiv sein (vgl. BEER 1972, S. 287). Demzufolge wirkt das Prinzip der Rekursivität als ein Systemstrukturierungsprinzip und besagt, dass jedes System, unabhängig von der Ebene, auf der es sich befindet, eine homogene Struktur aufweisen muss. Abgeleitet ist das Rekursivitätsprinzip dabei aus dem Invarianztheorem und der allgemeinen Systemterminologie von Supersystem, System und Subsystem, welche die Struktur lebensfähiger Systeme aufweisen (vgl. HEROLD 1991, S. 74). Der nach dem Rekursivitätsprinzip gestaltete Grundaufbau einer Systemhierarchie hat die Form ineinander geschachtelter Systeme (vgl. MALIK 2006, S. 99), was im weiteren Fortgang der Untersuchung für den Aufbau eines kaskadierten Regelkreismodells der PPR hilfreich ist.

In BEER'S Viable System Model besitzt jedes System 1 einer betrachteten Ebene auf der nächsttieferen Ebene wiederum die fünfsystemische Struktur und die Lenkungsmechanismen des VSM, wohingegen innerhalb einer betrachteten Rekursionsebene hierarchische

Strukturen zu finden sind und sich die Systeme 2, 3, 4 und 5 metasystemisch zum System 1 verhalten. Trotz hierarchischer Strukturen innerhalb der einzelnen Ebenen führt das Prinzip der Rekursivität bei Betrachtung des Systems in seiner Gesamtheit über mehrere Rekursionsebenen hinweg nicht zu einer Hierarchie, sondern vielmehr zur Umschließung des Subsystems durch das ihm übergeordnete System (vgl. MALIK 2006, S. 101). Dies erlaubt, auch im Sinne von ASHBY'S Varietätsgesetz letztlich die Modellierung sehr komplexer Systemkonstrukte, indem die Lenkungsinstanz zur Kontrolle eines komplexen Systems das gleiche Maß an Komplexität aufbringen muss wie das System selbst. Ebenso muss nicht nur das System, sondern auch sein Modell, dieselbe Komplexität aufweisen, um als Bezugspunkt für Lenkungsentscheidungen dienen zu können (vgl. MALIK 2006, S. 102). Somit führt das Rekursivitätsprinzip in Verbindung mit dem Prinzip der Lebensfähigkeit zu festen Strukturierungskriterien, welche als Konsequenz eine willkürliche Strukturierung des Gesamtsystems verhindern.

BROSZE überträgt in seinem Managementmodell Wandlungsfähiger Produktionssysteme das Rekursivitätsprinzip auf ein Produktionssystem und nutzt in diesem Zusammenhang die Eigenschaft der Zerlegbarkeit von Prozessen in verschiedene Prozessebenen (vgl. BROSZE 2011, S. 124; Abbildung 5-4).

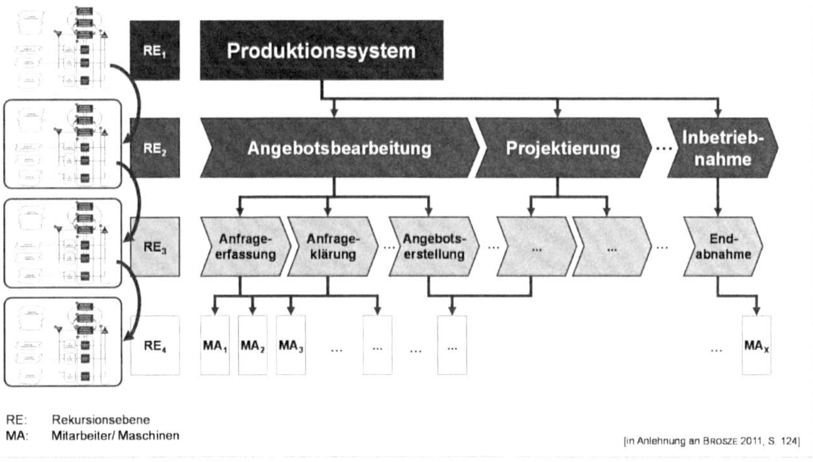

Abbildung 5-4: Rekursionsebenen des Managementmodells Wandlungsfähiger Produktionssysteme

Somit bildet das Produktionssystem als Ganzes die oberste Rekursionsebene, wobei auf dieser Ebene weitere Systeme 1 des betrachteten Unternehmens wie bspw. das Finanz- oder das Personalsystem existieren können. Auf der zweiten Rekursionsebene befinden sich die Basis- und Lenkungseinheiten der neun Kernprozesse der Auftragsabwicklung für den Typ des Auftragsfertigers, abgeleitet aus dem Aachener PPS-Modell und erweitert durch SCHMIDT (vgl. 2008, S. 56). Im Sinne der Zerlegbarkeit von Prozessen bilden die jeweiligen Detailprozesse der neun Kernprozesse die dritte Rekursionsebene. Die letzte Ebene betrachtet die durch Mitarbeiter oder Maschinen ausgeführten Tätigkeiten, auf deren Ressourcen einzelne oder verschiedene Detailprozesse parallel oder sukzessiv zugreifen können. Die Ressourcen der Rekursionsebene vier werden dabei je nach Bedarf dynamisch auf die Prozessschritte verteilt, womit die Rekursionskette und das Strukturmodell abgeschlossen sind, da Mitarbeiter per Definition lebensfähige Einheiten verkörpern. Im Sinne der von BROSZE in seinem Referenzmodell fokussierten Wandlungsfähigkeit von Produktionssystemen unterstützt die beschriebene Ebenendarstellung die maximale Umrüstbarkeit und Flexibilität der eingesetzten Ressourcen und sichert somit die Konsistenz des Gesamtmodells.

5.2.1.3 Autonomie

Als drittes und letztes strukturgebendes Prinzip bezieht sich die Autonomie im Spannungsfeld zwischen Zentralisation und Dezentralisation, wobei weder das eine noch das andere Extrem eine sinnvolle Lösung für die Lenkung komplexer Systeme darstellt (vgl. MALIK 2006, S. 103), auf die Selbstgestaltung, -lenkung und -entwicklung, keinesfalls jedoch auf die völlige Unabhängigkeit eines Systems von anderen mit ihm verbundenen Systemen (vgl. PROBST 1987, S. 82). Im ursprünglichen VSM begegnet BEER diesem Entscheidungsproblem der Zuordnung von Autonomiegeraden zu den einzelnen Systemen mit einem zweidimensionalen Modell. Diese differenzierende Betrachtungsweise ist notwendig, um den operativen Einheiten des Systems 1 zum einen die größtmögliche Autonomie einzuräumen. Erst so können sie dazu befähigt werden, die zur Bewältigung der Komplexität ihrer jeweiligen Umwelt notwendige Varietät aufzubringen. Die zweite Autonomiedimension bezieht sich auf die Synchronisierung der Systeme 1 mit dem Metasystem (Systeme 2-5), wobei deren Zusammenhang nicht gefährdet werden darf, sondern vielmehr die uneingeschränkte Autonomie der Systeme 1 durch Interventionen des Metasystems beschränkt werden muss. Somit sind die Systeme 1 nicht unabhängig voneinander, sondern als Subsysteme des übergeordneten Gesamtsystems zu verstehen (vgl. HEROLD 1991, S. 80f.). Zu diesem Zweck formuliert BEER sein, wiederum auf ASHBY'S Varietätsgesetz basierendes, erstes Management-Axiom. Dieses besagt, dass das Metasystem zur effektiven Lenkung der Systeme 1 die gleiche Varietät aufweisen muss wie die Systeme 1 in ihrer Gesamtheit (vgl. BEER 1979, S. 217; HEROLD 1991, S. 82). Das Metasystem darf demnach in die Autonomie der Systeme 1 eingreifen, wenn die Kohäsion des Gesamtsystems gefährdet ist. Zu diesem Zweck werden die betroffenen Systeme 1 ausgewählt und bestimmte Verhaltensweisen dieser unterbunden oder aber auch ermöglicht.

Übertragen auf ein Produktionssystem bedeutet dies, dass die Zuordnung der Aufgaben eines Produktionssystems zu den Systeme 1 bis 5 und deren Subsystemen sicherstellt, dass der Normalbetrieb des Produktionssystems, d. h. die Abwicklung von Kundenaufträgen nach dem Verständnis des Aachener PPS-Modells bzw. dessen Erweiterung nach SCHMIDT, ohne Eingriffe der Lenkungseinheiten oder des Metasystems vollkommen selbstständig in den dezentralen Einheiten der Systeme 1 (Prozesse und Detailprozesse) erfolgt (vgl. BROSZE 2011, S. 125). Den, jeden Systemen 1 zugehörigen, Lenkungseinheiten obliegt im operativen Normalfall lediglich die Aufgabe der Prozesskontrolle, um gegebenenfalls Störungen zu bewältigen. Bleiben größere Turbulenzen aus, können sich die Lenkungseinheiten im Rahmen ihrer verfügbaren Kapazitäten der Optimierung des Gesamtsystems nach den Vorgaben des Metasystems widmen.

5.2.2 Strukturelle Elemente und ihre Wirkungsmechanismen

Im Managementmodell Wandlungsfähiger Produktionssysteme sind die Aufgaben und Prozesse des Produktionsmanagements nach dem Verständnis des Aachener PPS-Modells in der fünfsystemischen Struktur lebensfähiger Systeme nach Vorbild des Viable System Modell abgebildet (vgl. Abbildung 5-5). Als System 5 fungiert dabei das normative Produktionsmanagement, System 4 wird vom strategischen Produktionsmanagement ausgefüllt und als System 3 wirkt das taktische Produktionsmanagement. Die Lenkungseinheiten der Kernprozesse der Auftragsabwicklung bilden das System 1 und werden übergeordnet vom Prozesskoordinationszentrum (System 2) synchronisiert.

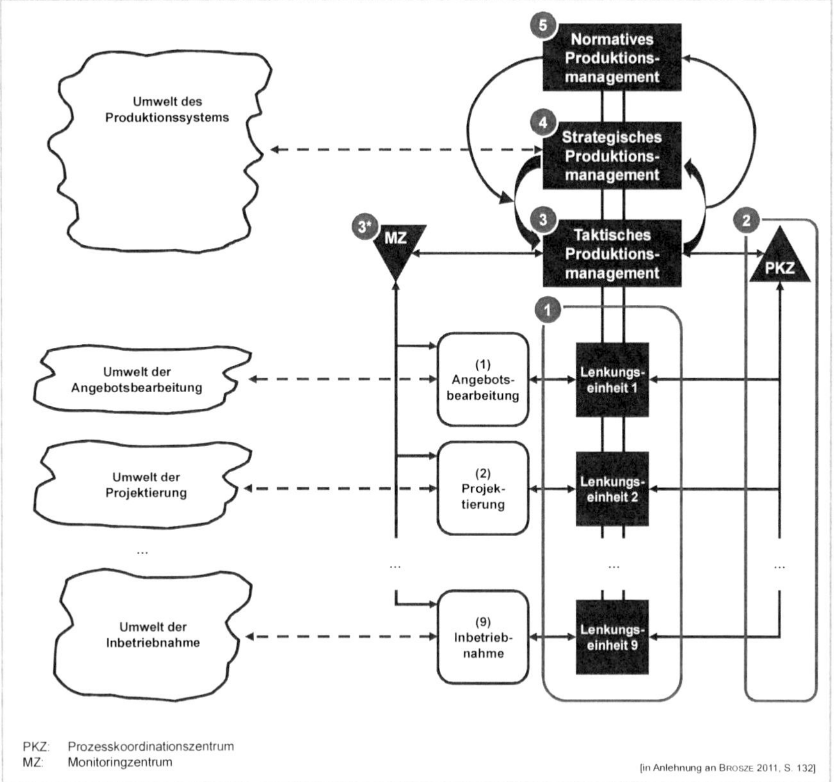

Abbildung 5-5: Aufbau des Managementmodells Wandlungsfähiger Produktionssysteme

Die folgenden Unterkapitel widmen sich detailliert dem Aufbau der einzelnen Systeme und Kapitel 5.2.2.6 stellt die Schaubilder der Einzelsysteme nochmals in einen zusammenhängenden Kontext.

5.2.2.1 Prozessuale Lenkungseinheiten (Systeme 1)

Im Unterschied zu den anderen vier Systemen des Managementmodells Wandlungsfähiger Produktionssysteme, welche auf einer definierten Rekursionsebene nur einmal vorkommen, können dagegen verschiedene Systeme 1 auf einer Rekursionsebene existieren. BEER definiert die Systeme 1 in Anlehnung an die Organe im menschlichen Körper in seinem Viable System Model als Aktivitäten, die der eigentlichen Leistungserstellung dienen und damit den wahren Zweck der Unternehmung erfüllen (vgl. BEER 1994, S. 147f.). Dabei sind die Prinzipien der Lebensfähigkeit und der Rekursion untrennbar mit den Systemen 1 verbunden, indem jedes System 1 auf der nächsttieferen Rekursionsebene wieder die Struktur eines lebensfähigen Systems mit seinen fünf Subsystemen aufweist (vgl. zur Rekursivität Abbildung 5-13). Dies bedeutet im Falle der Prozesse der Auftragsabwicklung bspw., dass sich das System 1 des Kernprozesses Angebotsbearbeitung auf der nächsttieferen Rekursionsebene strukturell wieder aus einer normativen (System 5), einer strategischen (System 4) und einer taktischen Angebotsbearbeitung (System 3) sowie aus einem Prozesskoordinationszentrum (System 2) und den Detailprozessen der Angebotsbearbeitung (Systeme 1) zusammensetzt.

Die Systeme 1 bestehen aus mehreren Teilen, welche wiederum Schnittstellen zu anderen Systemen (2 und 3) sowie zur Umwelt besitzen. So besteht jedes System 1 aus einer operativen Basis- (Kernprozess der Auftragsabwicklung) und einer Lenkungseinheit (zugehörige Prozessleitung und Prozessregelzentrum) (vgl. Abbildung 5-6).

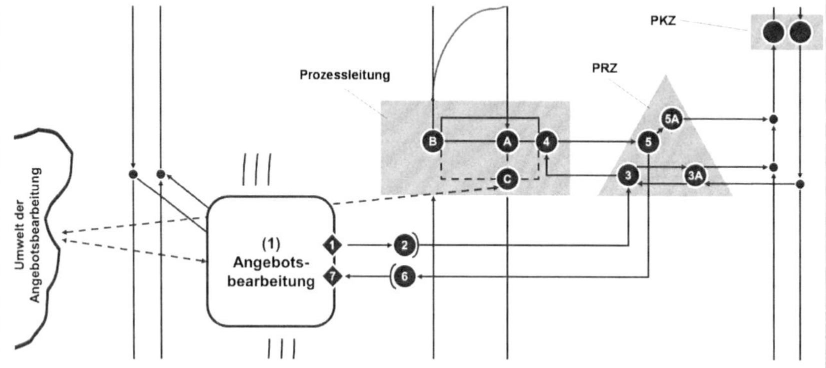

1: Erfassungsmechanismus
2: Input-Synapse
3: Überwachungsmechanismus
4: direkter Auslösemechanismus
5: Planungsmechanismus
6: Output-Synapse
7: Durchführungsmechanismus

3A: Schnittstelle zu anderen PRZ und zum PKZ
5A: Output-Schnittstelle zu anderen PRZ und zum PKZ

A: Informationsaufnahme der Prozessleitung
B: Informationsabgabe der Prozessleitung
C: normative und strategische Prozessplanung mit Verbindung zur externen Umwelt

PRZ: Prozessregelzentrum
PKZ: Prozesskoordinationszentrum

[in Anlehnung an BEER 1972, S. 216; GOMEZ 1978, S. 53; BROSZE 2011, S. 133]

Abbildung 5-6: Struktur der prozessualen Lenkungseinheiten

Der Erfassungsmechanismus (1) zeichnet zunächst systematisch alle zu überwachenden Prozessgrößen auf, welche durch die Input-Synapse (2) gesammelt werden und übermittelt diese Daten an den Überwachungsmechanismus (3) im Prozessregelzentrum (PRZ). Die Aufgabe des Überwachungsmechanismus besteht anschließend darin, sämtliche eingehenden Daten zu Kennzahlen und Statusinformationen zusammenzufassen und diese kontinuierlich zu überwachen. Über den Knoten 3A hält das PRZ sowohl Kontakt zu den PRZ der anderen Kernprozesse als auch zum Prozesskoordinationszentrum, um somit Informationen der anderen Kernprozesse und des PKZ im regelungstechnischen Sinne einer Vorkopplung bei der Entscheidungsfindung im Lenkungsmechanismus mit berücksichtigen zu können. Die relevanten Informationen des Überwachungsmechanismus, d. h. die Statusinformationen zur Regelung der Auftragsabwicklung, Verfügbarkeiten sowie gegebenenfalls Fehlermeldungen und Störungswarnungen werden über den Knoten 3A an die anderen Kernprozesse und das PKZ weitergeleitet. In Abgrenzung dazu kommuniziert der Knoten 5A die als Reaktion auf aufgetretene Störungen innerhalb der Kernprozesse angepassten oder neu entwickelten Pläne und Programme der Prozessleitung (PL) an das PKZ, sprich der Knoten 5A fungiert im Gegensatz zum Knoten 3A lediglich als Output-Schnittstelle. Dies hat zur Folge, dass Statusmeldungen eines Kernprozesses in den anderen Kernprozessen und im PKZ bereits bekannt sind, noch bevor die prozesseigene PL eine Entscheidung über ein Eingreifen getroffen hat. In diesem Zusammenhang ist individuell zu ermitteln, wo diese erhöhte Transparenz einen Mehrwert schafft und wo sie stattdessen für unnötige Unruhe sorgen könnte (vgl. BROSZE 2011, S. 133).

Neben der Weiterleitung der Kennzahlen und Statusinformationen an die PRZ der anderen Kernprozesse und das PKZ überträgt der Überwachungsmechanismus diese auch an den Auslösemechanismus der PL (4). Dort werden die Daten zunächst hinsichtlich möglicher Abweichungen und Trends analysiert, anschließend mit den prozessualen Standards verglichen und bei Abweichungen, nach iterativen Abstimmungen mit den anderen Entscheidungsknoten der PL (A und C), Anweisungen erteilt. Darüber hinaus stimmen sich die Knoten 4, A und C zu den Vorgaben durch das taktische PM ab und leiten auch daraus Entscheidungen ab. Über die Inhalte der beiden Entscheidungsdimensionen (Reaktion auf Störungen und Umsetzung der Vorgaben durch das taktische PM) wird der Knoten B lediglich in Kenntnis gesetzt, sodass er das taktische PM anschließend über die eingeleiteten Maßnahmen informieren kann.

Die PL und das PRZ übernehmen die Aufgaben der Systeme 2-5 auf der nächsttieferen Rekursionsebene (am Beispiel des Kernprozesses Angebotsbearbeitung die normative, strategische und taktische Angebotsbearbeitung sowie das PKZ; vgl. BROSZE 2011, S. 128). Die konkreten Aufgaben der Systeme 4 und 5 (strategische und normative Prozessplanung) führt dabei der Knoten C aus. Zu diesem Zweck erhält der Knoten C die Möglichkeit, mit der prozessualen Umwelt interaktiv in Verbindung zu treten, um im Hinblick auf die lebensfähige Struktur die strategischen Aufgaben (vgl. Kapitel 5.2.2.4) wahrnehmen zu können.

Die im Ausführungsmechanismus des Knoten 4, in Abstimmung mit den Knoten A und C, getroffenen Entscheidungen und daraus abgeleiteten Anweisungen werden anschließend an das PRZ, genauer gesagt an den Planungsmechanismus (5), zurückgeführt. Der Planungsmechanismus passt daraufhin die Routinepläne und Programme an und leitet die daraus resultierenden Aktionen sowohl an die Output-Synapse (6) zur Ausführung als auch über den Knoten 5A an die PRZ der anderen Prozesse sowie das PKZ weiter. Die Output-Synapse (6) sammelt die Programmanweisungen und übermittelt diese schließlich an den Durchführungsmechanismus (7), welcher die mit dem Programm zusammenhängenden Aktionen in den Prozessen auslöst.

Der beschriebene Ablauf innerhalb der Lenkungseinheit wird dabei kybernetisch betrachtet nach dem Prinzip des Servomechanismus ausgeführt (vgl. BEER 1972, S. 38ff.), d. h. als Regelkreis, welcher Abweichungen von stabilen Zuständen wahrnimmt und entsprechende Maßnahmen zur Abweichungskorrigierung vorhält (vgl. Abbildung 5-7). Das Managementmodell Wandlungsfähiger Produktionssysteme als Ganzes kann aufgrund seines beschriebenen strukturellen Aufbaus somit als Struktur ineinander verschachtelter, kaskadierter Regelkreise verstanden werden. Innerhalb des Lenkungsmechanismus erhält die PL jedes Kernprozesses im Sinne des Regelkreises ihre Sollwerte für die Führungsgrößen vom taktischen PM (vgl. BROSZE 2011, S. 127ff.). Die PL wiederum liefert an das taktische PM kontinuierlich Informationen hinsichtlich des Ist-Standes der Sollwerte zur internen Stabilität, wobei die Zielgrößen zur Ermittlung der internen Stabilität dabei den auf den Prozess bezogenen Informationen über den internen Stabilitätszustand entsprechen (prozessspezifische Termintreue, Durchlaufzeit(en), Material-/ Arbeitsbestand, Auslastung, Qualität des Prozessergebnisses und Prozesskosten) (vgl. BROSZE 2011, S. 133; Kapitel 5.1.3). Die durch das taktische PM vorgegebenen, globalen Sollwerte werden durch die PL und das PRZ in konkrete Vorgaben, Pläne und Verhaltensstandards für die Einzelprozesse übersetzt.

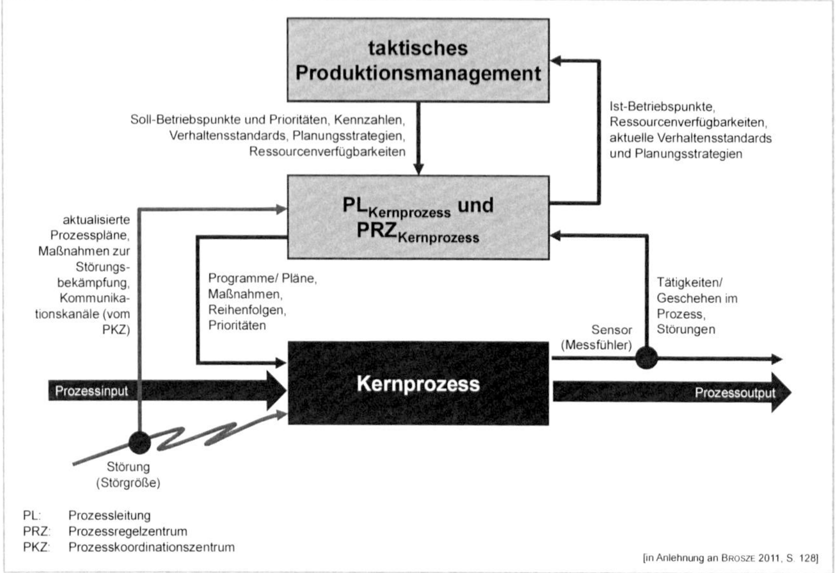

Abbildung 5-7: Servomechanismus der prozessualen Lenkungseinheiten

Darüber hinaus übermittelt das PKZ mittels Vorsteuerung Informationen über mögliche und erwartete Störungen und den aktuellen Zustand anderer Prozesse bzw. Aufträge an die PL. Informationen über den aktuellen Zustand des eigenen Prozesses (Regelstrecke) erhält die PL als Rückkopplung über das PRZ. Anschließend übersetzen PL und PRZ als Regler des Regelkreises die Führungsgrößen des taktischen PM sowie die aktuellen Zustandsinformationen des Prozesses in Stellgrößen (Aktivitäten, Programme und Pläne) für die Lenkung des Prozesses, wobei die Umsetzung der Aktivitäten wiederum vom PRZ angestoßen wird. Um dem Autonomieprinzip in Bezug auf die dezentralen Einheiten Folge zu leisten, hat die PL nur dann einzugreifen, wenn eine Abweichung vom Soll eines Prozesses vorliegt, welcher nicht durch Standardroutinen begegnet werden kann. Die Standardroutinen zum Umgang mit Dynamik, bei Auftragsfertigern die Aufgaben der Projektüberwachung und -steuerung bzw. Maßnahmen zur Regulierung regelmäßig auftretender Störungen, sind dazu im PRZ bzw. im PKZ gespeichert.

5.2.2.2 Prozesskoordinationszentrum (System 2)

Über den Koordinationskanal mit dem taktischen PM verbunden, übernimmt das PKZ die Synchronisierung des Zusammenspiels der Kernprozesse der Auftragsabwicklung (vgl. BROSZE 2011, S. 129ff.). Dabei liegt der Wirkungsweise des PKZ neben den Koordinationsmaßnahmen auch ein Eskalationsmodell zugrunde, welches vom taktischen PM modelliert und durch die PRZ und das PKZ selbst praktiziert wird. Jedes PRZ versucht zunächst eigenständig, auftretende Abweichungen von den Eckterminen der Kundenaufträge oder Führungsgrößen auszugleichen, bevor das PKZ zur Abstimmung mit angrenzenden oder betroffenen Prozesseinheiten eingeschaltet wird. Das taktische PM wird hinsichtlich einer Störungsbehebung oder einer Priorisierung bzw. Umplanung von Aufträgen erst dann informiert, wenn für einen Auftrag oder eine zentrale Führungsgröße innerhalb des PKZ keine Lösung gefunden werden kann. Dadurch ist der Koordinationsmechanismus im System 2 in der Lage, ein hohes Maß an Varietät zu absorbieren und nur begrenzte Varietät an das taktische PM weiterzugeben.

Ebenso als Regler aufgebaut, erfasst das PKZ kurzfristige oder signifikante Abweichungen des Verhaltens der Kernprozesse (Position der Arbeitspunkte der Prozesse im Kennlinienfeld) im Vergleich zu den Vorgaben des taktischen PM und gibt anschließend Informationen über die Synergievorstellungen an die PRZ zurück, wodurch das PKZ die Regler der einzelnen PRZ der Kernprozesse ausbalanciert (vgl. Abbildung 5-8).

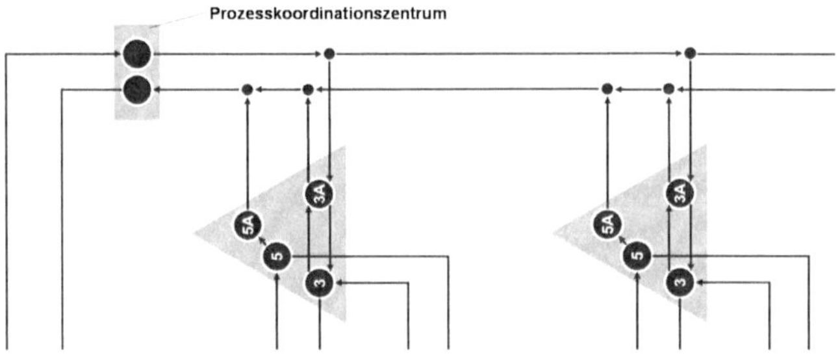

[in Anlehnung an BEER 1972, S. 221, GOMEZ 1978, S. 60, BROSZE 2011, S. 131]

Abbildung 5-8: Struktur des Prozesskoordinationszentrums

Das PKZ beurteilt somit das Zusammenspiel der einzelnen Kernprozesse der Auftragsabwicklung aus der nächsthöheren Sicht, d. h. aus Sicht des gesamten Produktionssystems, und gleicht die Vorgaben der Kernprozesse mit den Standards ab, welche aus den Synergievorstellungen des Produktionssystems abgeleitet werden. Tritt eine Verschiebung eines Arbeitspunktes über die Grenzen des vorgegebenen Zielkorridors ein, induziert das PKZ direkte Gegenmaßnahmen über die einzelnen PRZ. Erst wenn sich die Abweichungen durch Stabilisierungsmaßnahmen nicht korrigieren lassen, eskaliert das PKZ die Störung an das taktische PM, welches anschließend entweder neue Maßnahmen entwickelt oder die Sollwerte anpasst. Darüber hinaus obliegen dem PKZ im Sinne der Überwachung der Sollwerte der Kundenauftragserfüllung, gemeinsam mit den PRZ, die klassischen Aufgaben der Projektüberwachung und -steuerung nach dem Verständnis des Aachener PPS-Modells (vgl. SCHMIDT 2008, S. 87f.).

5.2.2.3 Taktisches Produktionsmanagement (System 3)

Unterhalb des strategischen (System 4) ist es die Aufgabe des taktischen PM (System 3), die Prozesse der Auftragsabwicklung (Systeme 1) gemäß der strategischen Vorgaben mittelfristig zu konfigurieren und kurzfristig innerhalb der strukturellen Rahmenbedingungen zu optimieren (vgl. BROSZE 2011, S. 135ff.). Somit erfolgt im Normalfall der Auftragsabwicklung eine weitgehende Dezentralisierung der Führungsaufgaben ohne das Eingreifen höherer Managementebenen, und das taktische PM kann sich auf stabilisierende Eingriffe bei großer Unruhe in den Prozessen und auf die kontinuierliche Verbesserung des Zusammenspiels zwischen den Prozessen fokussieren. Im Gegensatz zum PKZ kann das taktische PM dabei direkt über den zentralen Kontrollkanal in die Autonomie der Prozesse eingreifen (vgl. Abbildung 5-9). Neben dem direkten Weg über den Kontrollkanal zu den PL der einzelnen Kernprozesse besitzt das taktische PM zusätzlich die Möglichkeit, auch indirekt über den Koordinationskanal und das PKZ (System 2) oder den Monitoringkanal und das Monitoringzentrum (System 3*) auf die internen Abläufe einwirken.

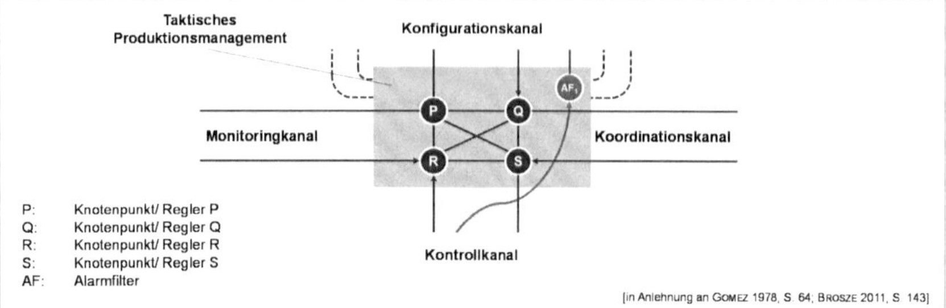

[in Anlehnung an GOMEZ 1978, S. 64; BROSZE 2011, S. 143]

Abbildung 5-9: Struktur des taktischen Produktionsmanagements

Im Unterschied zu den übergeordneten normativen und strategischen Strukturebenen des Produktionssystems, treffen im taktischen PM vier unterschiedliche Informationskanäle aufeinander (Konfigurations-, Koordinations-, Kontroll- und Monitoringkanal), weswegen das taktische PM auch als Schaltzentrale des Produktionssystems bezeichnet wird. Für jedwede Entscheidungsfindung im taktischen PM werden die eingehenden Informationen aller vier Kanäle berücksichtigt, was somit die Informationstransparenz erhöht sowie die Entscheidungsqualität verbessert und im Ergebnis zu einem höheren Grad an Synergie führt. In diesem Zusammenhang funktioniert das taktische PM als eine Art Regelmechanismus mit vier verschiedenen Reglern (P,Q, R und S), deren einzelne Entscheidungsfunktionen jeweils von den Ausgangsgrößen der anderen drei Regler sowie von deren Zeitverzögerungsfaktoren abhängen, wobei die Faktoren hierbei die Aktualität der Anweisungen des jeweiligen Reglers ausdrücken. Die Regler nehmen zusammenfassend also Informationen über definierte Informationskanäle auf, verarbeiten diese Informationen unter Berücksichtigung der Ergebnisse der anderen Regler und leiten die getroffenen Entscheidungen anschließend über wiederum definierte Informationskanäle weiter.

Informationen über die externen Stabilitätszustände gelangen über den **Konfigurationskanal** vom strategischen zum taktischen PM. Der Konfigurationskanal interpretiert folglich die Anforderungen des strategischen PM und die Informationen über die aktuelle interne Stabilität aus den übrigen Kanälen und leitet aus dem Abgleich zwischen externem und internem Gleichgewicht die Definition von Soll-Betriebspunkten, Zielkorridoren im Kennlinienfeld, Kennzahlen und Eskalationsstufen, Verhaltensstandards sowie grundsätzliche Ressourcenverfügbarkeiten ab. Änderungen der Kennlinien können anschließend zur Vorgabe neuer Arbeitspunkte an die Kernprozesse der Auftragsabwicklung führen und werden als Entscheidungen über den Kontrollkanal direkt an die jeweiligen PL weitergegeben. Darüber hinaus schließt der Konfigurationskanal den Informationskreislauf durch die Übermittlung der Informationen über den Ist-Zustand der Prozesse an das strategische PM.

Als sog. Gegenpart zum Konfigurationskanal nimmt das taktische PM direkte Eingriffe in die Kernprozesse über die zentrale Befehlsachse des **Kontrollkanals** vor. Dazu werden die Rahmenbedingungen zu den Soll-Betriebspunkten des Produktionssystems aus dem Konfigurationskanal sowie die Informationen bezüglich der internen Stabilität über den Kontrollkanal in konkrete Handlungsanweisungen an die PL der Kernprozesse übersetzt. Diese Anweisungen beinhalten insbesondere grundlegende Verhaltensanweisungen zu den Kernprozessen wie Arbeitszeiten, maximale Auslastungen, Kapazitätsflexibilitäten oder arbeitsorganisatorische Regelungen und die Festlegung prozessbezogener Ziele wie bspw. die Optimierung der Prozesskosten im Gegensatz zu einer Minimierung der Durchlaufzeiten. Dadurch wird das vom strategischen PM vorgegebene Zielsystem auf die nächste Rekursionsebene vererbt und je Kernprozess konkretisiert bzw. mit den PL verhandelt.

Die synchronisierende Abstimmung der Kern- und Detailprozesse auf synergetische Betriebspunkte ist die Basis der internen Stabilisierung des Produktionssystems. Zu diesem Zweck gibt das taktische PM über den **Koordinationskanal** die Soll-Kennlinien mit den Zielkorridoren und Arbeitspunkten sowie die Kennzahlen des Eskalationsmodells an das PKZ vor, in deren Parametern sich anschließend die Prozesse im Sinne der Regelungstechnik einschwingen müssen. Der Entscheidungsfindungsmechanismus im taktischen PM, in diesem Fall der Q-Regler, berücksichtigt bei der Auswahl und Definition der Kennzahlen insb. die Vorgaben zur externen Stabilität durch das strategische PM (durch den Konfigurationskanal kommend), das Feedback aus den Kernprozessen selbst (durch den Monitoringkanal kommend und durch den Regler P verarbeitet) und die Entwicklung der Ist-Arbeitspunkte (über den Koordinationskanal selbst kommend und durch den Regler S verarbeitet). Als nicht hierarchische Instanz kontrolliert das PKZ die Betriebspunkte der einzelnen Kernprozesse der Auftragsabwicklung sowie den Status der verschiedenen Kundenaufträge und leitet im Abweichungsfall ausgleichende Maßnahmen zwischen den Prozessen im Rahmen eines vordefinierten Eskalationsmodells ein. Den umgekehrten Weg im Koordinationskanal gehen im Sinne einer Berichterstattung ausschließlich gefilterte Informationen über Abweichungen von Plänen, Arbeitspunkten oder Eckterminen vom PKZ zum taktischen PM, wodurch an dieser Stelle eine Informationsüberflutung des taktischen PM vermieden wird.

Da das taktische PM über den Koordinations- und den Kontrollkanal lediglich relative Informationen über Abweichungen vom Soll erhält, ermöglicht der **Monitoringkanal** die Informationsbereitstellung über die tatsächlichen Zustände innerhalb der einzelnen Kernprozesse. So sollen auf der einen Seite Überlastungserscheinungen und neuartige Entwicklungen in den Prozessen identifiziert und weitergeleitet, auf der anderen Seite aber auch das taktische PM bei Bedarf mit Detailinformationen über einzelne Aufträge, Belastungskurven oder Qualitätsdaten versorgt werden, um korrigierende Eingriffe bei Engpässen oder Störungen valide zu ermöglichen. Die aus dem Monitoring gewonnenen Erkenntnisse gehen über die direkten Eingriffe hinaus (Regler P) ebenfalls in die anderen drei Regler des taktischen PM (Q, R und S) ein.

Als direkter Informationsfluss zwischen allen Ebenen des Produktionssystems fungiert der sog. **Alarmfilter**, welcher für die Weiterleitung von außergewöhnlichen Informationen zuständig ist (vgl. GOMEZ 1978, S. 68f.; MALIK 2006, S. 138f.). Als Vorbild fungiert in diesem Zusammenhang ein zu den Hauptnervenbahnen (des Menschen) getrennt verlaufender Nervenstrang, der im Wesentlichen über Lust- und Schmerzzustände wacht. Von BEER wurde dazu der Begriff „algedonisch“ (von griechisch: algos = Schmerz; hedos = Lust) als Ausdruck der nicht-analytischen Natur dieser Regelung gewählt (vgl. BEER 1973, S. 145f.; GOMEZ 1978, S. 68). Der Alarmfilter bewertet ungewöhnliche und herausragende Entwicklungen algedonisch als gut oder schlecht, ohne sie jedoch zu analysieren. Da diese algedonischen Informationen direkt an das strategische und normative PM weitergeleitet werden, sind sie entsprechend sensibel und zudem für jedes Produktionssystem individuell festzulegen. Vorstellbar sind in diesem Zusammenhang Ereignisse wie starke Terminüberschreitungen bei wichtigen Kundenaufträgen, umfangreiche Qualitätsprobleme, Linienstillstände oder der Ausfall von IT-Systemen.

5.2.2.4 Strategisches Produktionsmanagement (System 4)

Angesiedelt zwischen normativem (System 5) und taktischem (System 3) ist es die Aufgabe des strategischen PM als System 4, mögliche Zukunftszustände zu antizipieren, die Anpassung der Organisation auf die dynamische Umwelt anzustoßen und dadurch die strategische Ausrichtung des Produktionssystems so zu gestalten, dass bestehende Erfolgspotenziale gehütet und weitere Potenziale aufgebaut werden können (vgl. GOMEZ 1978, S. 24; EVERSHEIM U. SCHUH 1996, S. 5ff.; RÜEGG-STÜRM 2003, S. 71; MALIK 2006, S. 141). Dazu betrachtet das System 4 mit dem Wissen der inneren Stabilitätszustände permanent die Umwelt des Gesamtsystems und untersucht diese mit Blick auf Veränderungen und Trends (vgl. BEER 1979, S. 225ff.; FROST 2005, S. 72). In diesem Zusammenhang existieren nach BEER zwei verschiedene Arten von Systemumwelten, wobei die eine dem System selbst bekannt ist (z. B. Kunden, Lieferanten, Konkurrenten und Geschäftspartner) (vgl. BEER 1994, S. 237f.). Die andere, eher problematische, Umwelt enthält dagegen unbekannte Akteure und Forderungen wie neue Kunden, Technologien und Werkstoffe. Somit ergibt sich die Forderung an ein funktionierendes, strategisches PM, dass dieses Informationen der Unternehmensumwelt aufnehmen, verarbeiten und an das normative sowie das taktische PM angemessen über die zentrale Befehlsachse weitergeben können muss.

Wie auch beim normativen PM, lassen sich die Informationsflüsse des strategischen PM dabei in einen erfassenden (sensorischen) und einen anweisenden (motorischen) Teil unterscheiden (vgl. Abbildung 5-10), wobei die Effektivität der Systemgestaltung durch das Zusammenspiel motorischer und sensorischer Mechanismen geprägt wird (vgl. BROSZE 2011, S. 159f.).

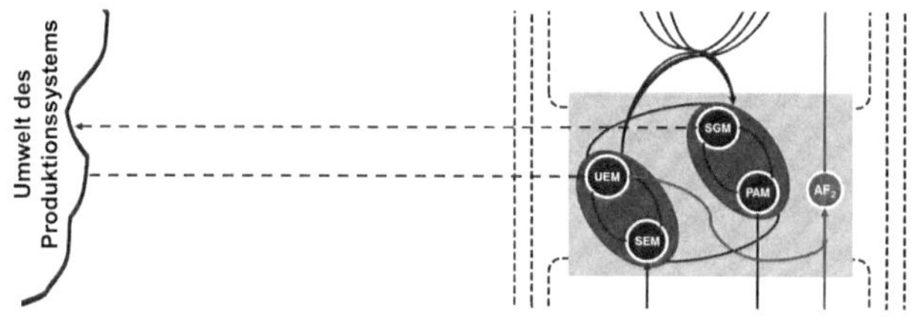

SEM: Stabilitätserfassungsmechanismus
SGM: Systemgestaltungsmechanismus
AF: Alarmfilter
UEM: Umwelterfassungsmechanismus
PAM: Programmanpassungsmechanismus

[in Anlehnung an GOMEZ 1978, S. 72; BROSZE 2011, S. 159]

Abbildung 5-10: Struktur des strategischen Produktionsmanagements

Zentrale Aufgabe des sensorischen Mechanismus, welcher sich aus einem intern (Stabilitätserfassungsmechanismus (SEM)) und einem extern (Umwelterfassungsmechanismus (UEM)) gerichteten Teil zusammensetzt, ist die Informationsaufnahme und -verarbeitung. Der SEM als eine Art internes Berichtswesen erhält Informationen über den aktuellen Stand des Gleichgewichtszustands im Produktionssystem selbst (z. B. logistische Kenngrößen wie Bestand, Termintreue und Durchlaufzeit oder Informationen über den Fortschritt struktureller und organisatorischer Änderungen). Im Gegensatz dazu nimmt der UEM Informationen aus dem Unternehmensumfeld auf und betrachtet zu diesem Zweck die bekannten Marktsegmente unter dem Blickwinkel aktueller und möglicher Entwicklungstendenzen. Zur Erarbeitung einer Produktionsstrategie, als eine der Aufgaben des strategischen PM, versorgen SEM und UEM das strategische PM mit Informationen, welche anschließend mit dem normativen PM abgestimmt werden.

Analog zum normativen PM bildet der motorische Mechanismus auch beim strategischen PM die ausführende Komponente. In Form der Produktionsstrategie erhält der motorische Mechanismus Vorgaben über die externen und daraus abgeleiteten internen Stabilitätszustände, wobei das normative PM stets die Möglichkeit besitzt, strategische Vorgaben zu verändern und neue Ziele für das Produktionssystem zu definieren. Die beiden Mechanismen zur Systemgestaltung und Programmanpassung nehmen dabei die Vorgaben hinsichtlich der Strategie des Produktionssystems mit den normativen Zielen auf und wandeln diese in einem iterativen Verhandlungsprozess mit dem taktischen PM in Vorgaben (z. B. Zielkorridore der Kennlinienfelder und Gestaltungsanweisungen) an die operativen Prozesse um. Darüber hinaus kann die Motorik in die Tätigkeiten der Sensorik eingreifen und die Aufnahme neuer Informationen anstoßen oder das innere Modell der Sensorik an die veränderte Realität anpassen.

Überschreiten bestimmte Informationen vorgegebene Zielwerte (Ausnahmeinformationen), wird der sog. Alarmfilter 2 aktiv. Die Ausnahmeinformationen können dabei entweder aus dem Alarmfilter 1 stammen, welcher ebensolche Ausnahmeerscheinungen aus den operativen Einheiten berichtet, oder aber aus der Umwelt des Produktionssystems aufgenommen werden. In der Folge gleicht der Alarmfilter 2 die Informationen über interne Störungen aus dem Alarmfilter 1 mit den Marktanalysen des UEM ab, analysiert diese auf Zusammenhänge und leitet den ermittelten Output direkt an die sensorische Komponente des normativen PM zur Einleitung entsprechender Maßnahmen weiter.

5.2.2.5 Normatives Produktionsmanagement (System 5)

Das normative PM bildet als System 5 die höchste Ebene des Produktionssystems ab und ist dafür verantwortlich, dass das Gesamtsystem der Produktion langfristig lebensfähig bleibt, indem es das System einerseits normativ und andererseits im Sinne des kontinuierlichen Wandels ausrichtet und somit die Entscheidung über das künftige Verhalten trifft (vgl. BROSZE 2011, S. 161f.). Aufgrund des fehlenden Kontakts zur Umwelt besitzt das System 5 für seine Entscheidungen jedoch keinen beliebigen Handlungsspielraum, sondern ist auf die Vorgaben und Informationen des strategischen (System 4) und des taktischen (System 3) PM angewiesen, wobei die Entscheidungsgrundlage des Systems 5 immer von der Zusammenarbeit der Systeme 3 und 4 abhängt. Das System 5 muss somit die Arbeit der beiden untergeordneten Systeme überwachen und deren Informationsaustausch kontrollieren, was zudem dadurch bedingt ist, da die Systeme 3 und 4 nicht automatisch aus sich selbst heraus ordnungsgemäß funktionieren. Das normative PM definiert die Ideale, Normen und Werte sowie das Zielsystem für das gesamte Produktionssystem und vererbt diese weiter auf die darunter liegenden Ebenen. Darüber hinaus erarbeitet es Soll-Zustände für das Produktionssystem und initiiert Maßnahmen zur Herstellung dieser Zustände.

Die operative Arbeit des Systems 5 besteht dabei aus dem Wechselspiel einer sensorischen mit einer motorischen Komponente, welche die von den darunter liegenden Ebenen kommenden Informationsströme durchlaufen (vgl. Abbildung 5-11). In diesem Zusammenhang erhält die Sensorik sämtliche Informationen über die internen und externen Stabilitätszustände aus dem strategischen PM sowie über den Alarmfilter. Durch das Aufteilen der sensorischen Informationen in die zwei Kategorien „mit dem Vorzugszustand übereinstimmend" und „nicht mit dem Vorzugszustand übereinstimmend" wird deren Interpretation im Sinne des

Varietätsmanagements stark vereinfacht, da jede Information lediglich binär nach Übereinstimmung oder fehlender Übereinstimmung bewertet wird. Durch Beschränkung auf diejenigen Informationen und Ereignisse, welche nicht mit der Zielsetzung übereinstimmen, wird somit das Maß an Komplexität der Informationen und Ereignisse minimiert. Anschließend stößt die Motorik des normativen PM geeignete Maßnahmen zur Wiederherstellung des Soll-Zustandes an, wobei die Sensorik stets ein Vetorecht gegenüber den von der Motorik angestoßenen Maßnahmen besitzt. Dabei hat die Motorik entsprechend Kenntnis davon, mit welchen Verhaltensweisen sich welches gewünschte Ergebnis, in Abhängigkeit des zeitlichen Eintretens ihrer Wirkung, realisieren lässt.

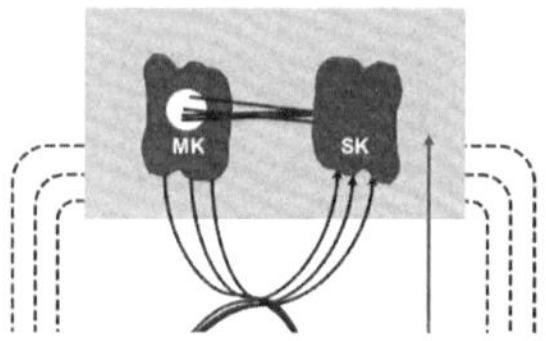

SK: Sensorische Komponente
MK: Motorische Komponente

[in Anlehnung an GOMEZ 1978, S. 78, BROSZE 2011, S. 163]

Abbildung 5-11: Struktur des normativen Produktionsmanagements

Für ein Produktionssystem können kurzfristige Stellhebel bspw. eine Veränderung der Priorisierung von Zielgrößen, der Ab- oder Aufbau von Überstunden, der Einsatz von Zeitarbeitskräften, die Freisetzung von Mitarbeitern, die Veränderung des Verhältnisses erfolgsabhängiger und fixer Lohnanteile, das Absenken der Materialkosten durch Zentralisierung des Einkaufs, die Neuverhandlung von Lieferanten- und Dienstleistungsverträgen, die Initiierung von Bestandssenkungsprogrammen durch alternative Steuerungsverfahren, Prozessoptimierungsprojekte oder die Beauftragung externer Unternehmensberater sein (vgl. BROSZE 2011, S. 163f.). Eher mittelfristig wirken dagegen Stellhebel wie die Untersuchung des Produkt- und Produktionsprogramms, Kosteneinsparprogramme, der Aufbau neuer oder die Schließung bestehender Standorte, die Neuverhandlung von Pachtverträgen für technische Anlagen und Grundstücke oder Investitionen in neue Technologien und IT-Systeme. Maßnahmen wie die Überarbeitung des Markt- und Preisportfolios, eine Geschäftsfelderweiterung, Investitionen in Früherkennungssysteme, eine Minimierung der Verzögerungsfaktoren in Entscheidungsmechanismen oder der Aufbau einer geänderten Veränderungs- oder Innovationskultur wirken sich dagegen erst langfristig aus. Nach Abstimmung mit der sensorischen Komponente werden die entsprechenden Maßnahmen anschließend an die Empfänger auf strategischer oder taktischer Ebene weitergeleitet, auf Machbarkeit bzw. Wirkung geprüft und anschließend umgesetzt.

5.2.2.6 Zusammenfassende Strukturdarstellung

In Zusammenführung der Kapitel 5.2.2.1 bis 5.2.2.5 ergibt sich die Gesamtstruktur des Managementmodells Wandlungsfähiger Produktionssysteme (vgl. Abbildung 5-12). Diese Struktur stellt die auf eine Rekursionsebene bezogenen und den Prinzipien lebensfähiger Systeme folgenden, notwendigen Lenkungseinheiten eines Produktionssystems dar.

Durch die Zusammenführung von VSM und Aachener PPS-Modell ist bekannt, dass das MWP aufgrund seiner Prozessorientierung über vier verschiedene Rekursionsebenen verfügt (Produktionssystem, Kernprozesse der Auftragsabwicklung, Detailprozesse der Auftragsabwicklung, Mitarbeiter und Maschinen), wobei jede Rekursionsebene wiederum nach den

Prinzipien des MWP bzw. des VSM aufgebaut ist (vgl. Abbildung 5-13). Diese strukturelle Vererbung führt letztlich zu einer klar definierten Struktur des Modells eines kybernetischen Produktionssystems.

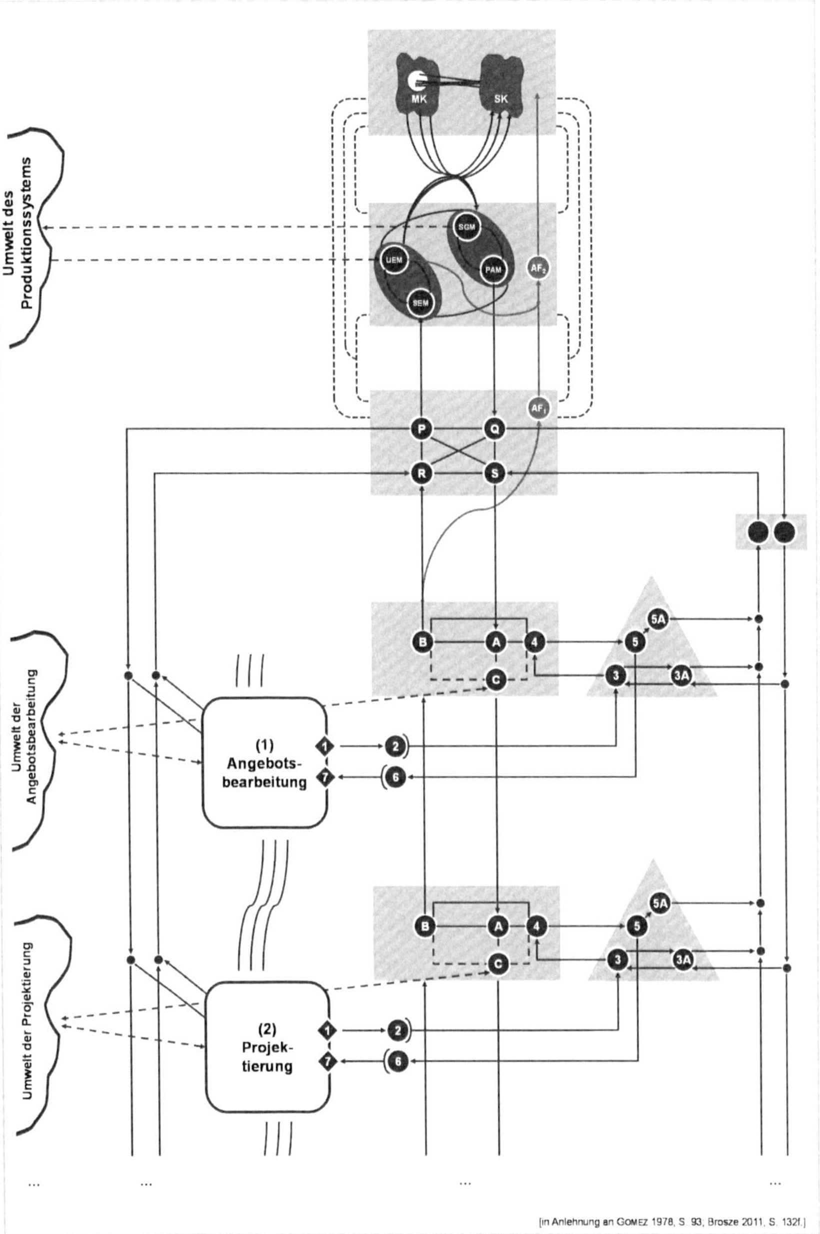

Abbildung 5-12: Struktur des Managementmodells Wandlungsfähiger Produktionssysteme

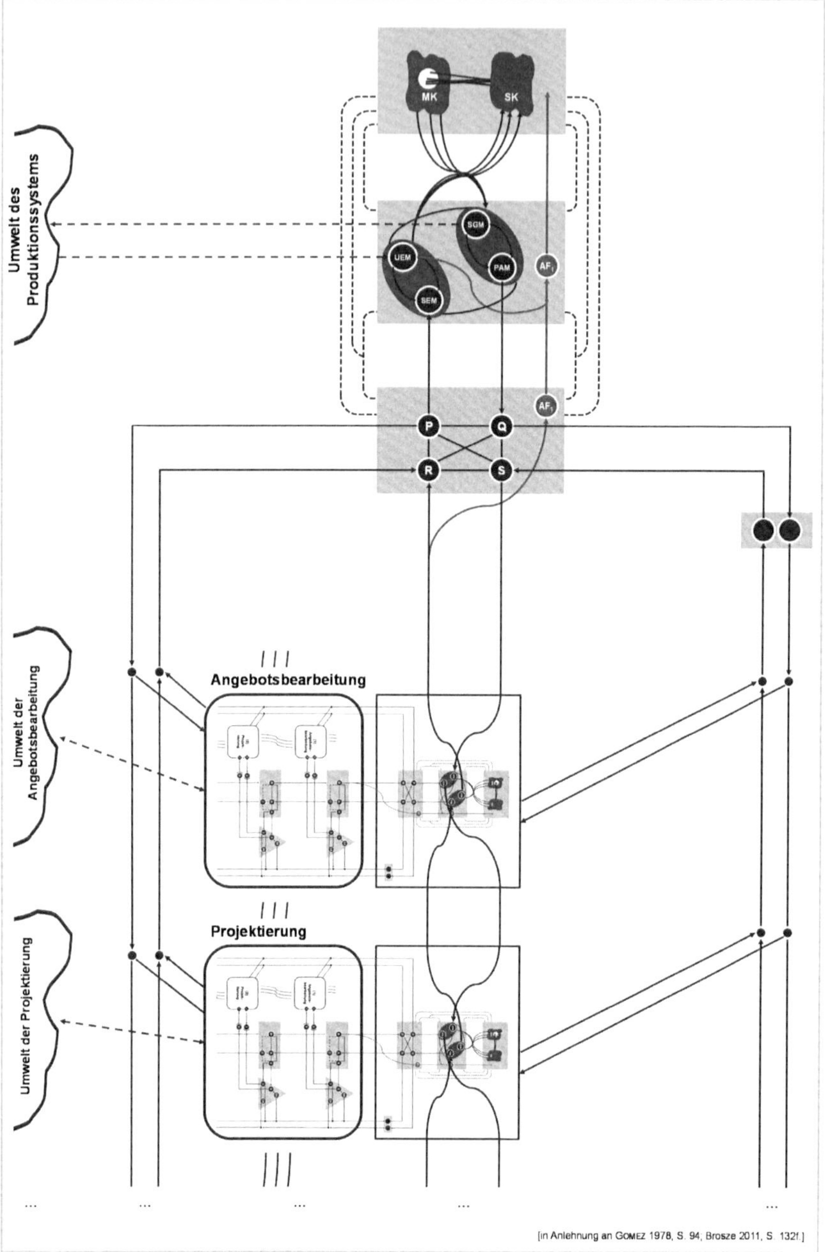

Abbildung 5-13: Rekursivität der Struktur des Managementmodells Wandlungsfähiger Produktionssysteme

Der Argumentation von GOMEZ folgend, erfüllen die Systeme 1-3 „all jene Lenkungsaufgaben, welche zur Aufrechterhaltung der jetzt und heute ablaufenden internen Prozesse der Leistungserstellung und -verwertung im Rahmen der vorgegebenen Organisationsstrukturen der Unternehmung notwendig sind" (GOMEZ 1978, S. 102). Dabei sind die beschriebenen Lenkungsmechanismen so zu konzipieren, dass eine weitgehende Dezentralisierung der Führungsaufgaben ohne das Eingreifen höherer Managementebenen erfolgen kann. Indem sich die PPR im Maschinen- und Anlagenbau den Prozessen der Auftragsabwicklung widmet und es letztlich gilt, diese den Zielkriterien entsprechend zu lenken, fokussiert die PPR, und somit auch die weitere Untersuchung, auf den operativen Teil des MWP. Die Lenkungs- und Synchronisationsmechanismen der operativen Prozesse sind dabei so zu gestalten, dass sie deren Regelungsfähigkeit ermöglichen und dauerhaft sicherstellen.

5.2.3 Referenzsichten

Aufgrund der Komplexität in der Beschreibung eines kybernetischen Produktionsmanagementsystems richtet BROSZE, in Anlehnung an das Aachener PPS-Modell, unterschiedliche Referenzsichten auf den betrachteten Realitätsausschnitt der technischen Auftragsabwicklung im Maschinen- und Anlagenbau in seinem MWP ein (vgl. BROSZE 2011, S. 126). Diese Sichten sollen hier, soweit benötigt, übernommen bzw. modifiziert und ergänzt werden.

Die **Aufgabensicht** des MWP beschreibt zunächst detailliert die inhaltlichen Schwerpunkte eines kybernetischen Produktionsmanagementsystems. Indem die PPR dem operativen Teil des MWP entspricht, stellen ihre Aufgaben auch eine Teilmenge der Aufgabensicht des MWP dar. Da innerhalb dieser Forschungsarbeit jedoch weniger die inhaltliche Gestaltung der PPR im Sinne ihrer Aufgaben, sondern vielmehr ihrer Lenkungs- und Synchronisationsmechanismen im Vordergrund steht, sind die Aufgaben der PPR innerhalb der Aufgabensicht des MWP in Anhang C beschrieben.

Die **Prozesssicht** bringt die Aufgaben der PPR analog dem Aachener PPS-Modell in Kapitel 5.3 für den speziellen Betrachtungsbereich des Maschinen- und Anlagenbaus in eine zeitlich-logische Reihenfolge. Dabei entsprechen die Prozesse der Auftragsabwicklung kybernetisch betrachtet den Basiseinheiten der Systeme 1 und regelungstechnisch betrachtet den Regelstrecken der Lenkungseinheiten. Mit der Absicht der zielkonformen Lenkung der Basiseinheiten werden innerhalb der Prozesssicht auch die jeweiligen Abläufe in den Lenkungsmechanismen in prozessualer Form beschrieben. Beide Teile der Prozesssicht werden darüber hinaus um deren spezifische Informationsbedarfe bzw. -flüsse ergänzt.

Die Überführung der Abläufe bzw. Prozesse in die sog. **Schaltbilddarstellung** der Regelungstechnik im Sinne einer weiteren **Sicht** auf die PPR vollzieht schließlich Kapitel 5.4 mit dem Zweck, eine fundierte Basis für die Untersuchungen hinsichtlich der Anforderungen an echtzeitfähige Regelkreise in Kapitel 6 bereitzustellen.

5.3 Prozesse und Informationen der Produktionsplanung und -regelung

Indem die Prozesssicht die Aufgaben der Aufgabensicht in eine sachlogische Reihenfolge überführt, werden im folgenden Unterkapitel sowohl die operativen (Regelstrecke im Regelkreis) als auch die Lenkungsprozesse (Regler im Regelkreis) der PPR in der Auftragsabwicklung dargestellt. Darüber hinaus sollen die den operativen Prozessen zugehörigen Informationsbedarfe ermittelt und im Sinne des Regelstreckenin- und -outputs verstanden werden. Gleiches gilt für die Lenkungsprozesse der PPR, welche innerhalb der Regelkreise als Regler wirken und über Informationsflüsse miteinander verbunden sind. Kapitel 5.3.3 gibt anschließend einen zusammenfassenden Überblick über die Prozesssicht der PPR.

5.3.1 Operative Prozesse der Produktionsplanung und -regelung

In Anlehnung an die Referenzprozessdarstellung der technischen Auftragsabwicklung für Unternehmen der Auftragsfertigung nach dem Verständnis des Aachener PPS-Modells (vgl. SCHUH ET AL. 2012e, S. 137ff.) sowie die Erweiterungen von SCHMIDT (vgl. 2008, S. 72ff.) werden in der Folge die Kern- und Detailprozesse der Auftragsabwicklung von Unternehmen aus dem Betrachtungsbereich des Maschinen- und Anlagenbaus sowie deren Informationsbedarfe dargestellt. Die Beschreibung umfasst dabei die Schritte der Angebotsbearbeitung, der Projektierung, der Konstruktion, des Einkaufs, der Fertigung, Montage, des Versands und der Inbetriebnahme der komplettierten Maschine oder Anlage vor Ort beim Kunden.

Hinsichtlich der zwischen den Prozessen fließenden Informationen bzw. nach der Regelkreisdarstellung den In- und Outputs der Regelstrecken wird auf den Arbeiten von SCHMIDT aufgebaut, welcher einen Systematisierungsansatz für Informationen und Informationsaustauschprozesse der Auftragsabwicklung definiert hat (vgl. SCHMIDT 2008, S. 68f.). Mittels Literaturanalysen und Expertengesprächen hat SCHMIDT ein hierarchisches Informationsmodell konstruiert, welches sämtliche relevanten Nachrichten, Belege und Informationen enthält, die grundsätzlich im Rahmen der Auftragsabwicklung generiert oder benötigt werden (vgl. SCHMIDT 2008, S. 199). Mit Hilfe einer sich anschließenden inner- sowie überbetrieblichen Informationsbedarfsanalyse strukturiert SCHMIDT die Auftragsabwicklungsinformationen prozessorientiert und fasst diese anschließend in einer Zuordnungsmatrix zusammen (vgl. Abbildung 5-14). SCHMIDT differenziert dabei auf den jeweiligen Kernprozess bezogen interne und externe Input- sowie interne und externe Outputinformationen. BROSZE überträgt die Informationen der Zuordnungsmatrix anschließend in das MWP, wobei sämtliche als interner Input oder Output gekennzeichneten Informationen zwischen den Basiseinheiten der Systeme 1 fließen, d. h. als Prozessin- bzw. -outputs der Regelstrecken. Externe Informationen werden dagegen über die Verbindungen zur Umwelt ausgetauscht.

			Spezifikationsinformationen							Termin- und Verfügbarkeitsinformationen						Willens- und Zustimmungserklärungen					Kontrollinformationen		
	eigene Ressourcen und Fähigkeiten	Partnerstämme (Kunden/ Lieferanten)	Kundenwunschspezifikation	Auftragsspezifikation	Zeichnungen	Stücklisten	Arbeitspläne	Leistungsmerkmale	Preise	Leistungsbedarfe (Netto)	Auftragsdurchlaufzeiten	Standardwiederbeschaffungszeiten	verfügbare Bestände	Ressourcenauslastungen	Durchlaufreihenfolgen	angefragte Liefertermine	angebotene Liefertermine	reservierte Liefertermine	beauftragte Liefertermine	bestätigte Liefertermine	(Teil-) Projektfortschritte	Freigabeinformationen	Störungen
Angebotsbearbeitung																							
Anfrageerfassung		Ü	Ü					Ü								Ü							
Anfrageklärung		I_i	I_e	O_i	I_eO_e			I_eO_e								I_eO_e							
Lieferterminermittlung	I_e	I_i		I_eO_e	I_eO_e			I_eO_e	I_e		I_e		I_e	I_e			I_iO_e						
Preisermittlung		I_i		I_i					I_iO_i														
Angebotserstellung		Ü		Ü				Ü	Ü								Ü						
Projektierung																							
Auftragserfassung		Ü	Ü	Ü				Ü	Ü										Ü				
Auftragsklärung			I_e	O_i	I_eO_e			I_eO_e	I_eO_e										I_eO_e				
Projektplanung und Auftragsabstimmung	I_e	I_i		I_eO_e	I_eO_e			I_eO_e	I_e		I_e		I_e	I_e			I_e	O_i					
Vorabdisposition von Langläufern				I_i				I_i		O_i	I_i	I_i	I_i	I_i					I_i				
Verabschiedung Projektstruktur und -terminplan		I_i		O_{ie}	O_e			O_e	O_e	I_i	I_i	I_i	I_i	I_i						O_{ie}			
(Teil-) Projektfreigabe				I_i	I_i			I_i		O_i	O_i									O_i		O_i	
Konstruktion																							
Technische Klärung				I_i	I_i	I_i				O_i													
Feinterminierung				I_i						I_i	O_i			I_i						I_i			
Ressourcenfeinplanung				I_i							I_i			I_iO_i									
Einteilung Eigen-/ Fremdkonstruktion	I_e	I_i		O_{ie}						O_i	I_e					O_e	I_e			I_i			
Reihenfolgeplanung										I_i	I_i			I_i	O_i								
Detailkonstruktion				I_i	I_e	I_e		I_iO_e													O_i		
Freigabe Detailkonstruktion					O_e																O_i	I_e	

Auftragserstellung																												
Verknüpfung Stücklisten mit Projektstruktur						I_i	I_i	I_iO_i																				
Arbeitsplanerstellung		I_i					I_i	I_i	O_i																			
Vorlaufterminierung									I_i						I_e	I_{ie}	I_{ie}	O_i						I_i				
Auftragseinlastung und Nettobedarfsermittlung													O_i			I_i	I_i											
Materialdisposition													I_i	O_i		I_i	I_i							I_i				
Einkauf																												
Lieferantenzuordnung und -vorauswahl		I_i	O_i			I_i				I_i																		
Angebotseinholung und -bewertung			I_i			I_i	I_i			I_i	I_e		I_i	I_i	I_i					O_e	I_e	O_e						
Lieferantenauswahl			O_i								I_i										I_i							
Bestellfreigabe			I_i			I_i	I_i			I_i	I_e		I_i	I_i	I_i								O_e	I_e				
Fertigung																												
Fertigungsauftragserstellung							Ü	Ü	Ü	Ü			Ü	Ü				Ü						Ü				
Durchlaufterminierung													I_i	O_i			I_i							I_i				
Ressourcenfeinplanung														I_i			I_iO_i											
Vergleich Durchlaufzeit eigen/ fremd		I_e	I_i			O_{ie}							O_i	I_e						O_e	I_e			I_i				
Reihenfolgeplanung													I_i	I_i			I_i	O_i										
Fertigungsauftragsfreigabe													O_i				I_i	I_i						I_i			O_i	
Fertigung							I_i	I_i	I_i	I_i			I_i											I_i		O_i		
Montage																												
Montagegrobplanung						I_i	I_i	I_i	I_i	I_i				O_i			I_iO_i							I_i				
Durchlaufterminierung													I_i	O_i			I_i											
Ressourcenfeinplanung														I_i			I_iO_i											
Vergleich Durchlaufzeit eigen/ fremd		I_e	I_i			O_{ie}							O_i	I_e						O_e	I_e			I_i				
Reihenfolgeplanung													I_i	I_i			I_i	O_i										
Montageauftragsfreigabe													O_i				I_i	I_i						I_i			O_i	
Montage							I_i	I_i	I_i	I_i			I_i											I_i		O_i		
Versand																												
Versandgrobplanung						I_i	I_i	I_i	I_i	I_i				O_i			I_iO_i							I_i				
Prüfung Fremdversand		I_e	I_i			O_{ie}							O_i	I_e						O_e	I_e			I_i				
Feinterminierung										I_e			I_i	O_i			I_i											
Ressourcenfeinplanung														I_i			I_iO_i											
Anlieferplanung						I_i				I_e				I_i				I_eO_i										
Transportplanung						I_i				I_e				I_i				I_eO_i										
Versandfreigabe													O_i				I_i	I_i						I_i			O_i	
Versand							I_i	I_i	I_i	I_i			I_i											I_i		O_i		
Inbetriebnahme																												
Inbetriebnahmegrobplanung						I_i	I_i	I_i	I_i	I_i				O_i			I_iO_i							I_i				
Feinterminierung										I_e			I_i	O_i			I_i											
Ressourcenfeinplanung														I_i			I_iO_i											
Prüfung Fremdinbetriebnahme		I_e	I_i			O_{ie}							O_i	I_e						O_e	I_e			I_i				
Reihenfolgeplanung													I_i	I_i			I_i	O_i										
Inbetriebnahmefreigabe													O_i				I_i	I_i						I_i			O_i	
Inbetriebnahme							I_i	I_i	I_i	I_i			I_i											I_i		O_i		
Endabnahme						I_i				I_i																O_i	O_i	
Projektüberwachung und -steuerung																												
Erfassung von Änderungswünschen			Ü		Ü	Ü				Ü	Ü									Ü			Ü					
Fortschrittsüberwachung			I_i			I_i							O_i	I_i										I_i		I_e		I_e
Konstruktionsüberwachung			I_i			I_i							O_i	I_i										I_i		I_e		I_e
Bestellüberwachung			I_i			I_i							O_i	I_i										I_i		I_e		I_e
Eigenfertigungsüberwachung			I_i			I_i							O_i	I_i										I_i		I_e		I_e
Montageüberwachung			I_i			I_i							O_i	I_i										I_i		I_e		I_e
Versandüberwachung			I_i			I_i							O_i	I_i										I_i		I_e		I_e
Inbetriebnahmeüberwachung			I_i			I_i							O_i	I_i										I_i		I_e		I_e
Projektabstimmung		I_i	I_i			I_iO_i	I_iO_i			I_iO_i	I_i			I_e		I_{ie}	I_e				O_e	I_e	O_e	I_e		I_i		I_i
Änderungsklärung			I_i		I_e	O_i	I_eO_e			I_eO_e										I_eO_e								
Information der betroffenen Bereiche						Ü	Ü	Ü		Ü			Ü	Ü										Ü		Ü		Ü

Ü Überführung in andere Belegart ohne Änderung des Informationsgehalts
I_i Input von intern
I_e Input von extern
O_i Output nach intern
O_e Output nach extern
I_iO_i Input von intern und Output nach intern
I_iO_e Input von intern und Output nach extern
I_eO_i Input von extern und Output nach intern
I_eO_e Input von extern und Output nach extern
I_{ie} Input von intern und extern
O_{ie} Output nach intern und extern

[in Anlehnung an SCHMIDT 2008, S. 200f.]

Abbildung 5-14: Informationsmatrix der operativen Prozesse der Produktionsplanung und -regelung

5.3.1.1 Angebotsbearbeitung

Sämtliche Aktivitäten der Angebotsbearbeitung und somit auch der Auftragsabwicklung werden im Maschinen- und Anlagenbau durch eine vom Kunden initiierte Anfrage im Hinblick auf eine Maschine oder Anlage ausgelöst (vgl. SCHMIDT 2008, S. 73f.; Abbildung 5-15). Im Rahmen der Anfrageerfassung erfolgt zunächst die Dokumentation selbiger in einem meist IT-gestützten Erfassungssystem, wo die Anfrage zudem einem bekannten oder neuen Kunden zugeordnet wird. Inwieweit die vom Kunden gewünschte Erzeugnisspezifikation durch den

Produzenten (Maschinen- und Anlagenbauer) technisch zu realisieren ist, wird im nächsten Schritt der Anfrageklärung geprüft, was einen intensiven Informationsaustausch mit dem Kunden zur Folge hat. Dabei gilt es, Informationen über die geforderten bzw. realisierbaren technischen Leistungsparameter des Erzeugnisses auszutauschen und im Sinne einer Machbarkeitsprüfung abzustimmen, um im Ergebnis eine für die weiteren Schritte der Angebotsbearbeitung belastbare Auftragsspezifikation vorliegen zu haben. Für die sich an die Anfrageklärung anschließende Lieferterminermittlung liegen im Betrachtungsbereich der Einzel- oder Kleinserienfertigung im Maschinen- und Anlagenbau meist noch keine konkreten Planungsdaten vor (SCHUH ET AL. 2012e, S. 142), weswegen in diesem Zusammenhang auf vergleichbare Angebote und/ oder Aufträge aus der Vergangenheit zurückgegriffen wird. Dazu werden ähnliche Angebots- oder Auftragsstrukturen übernommen und bereits eine Differenzierung in Eigen- und Fremdleistungen im Hinblick auf die Produktentstehung festgelegt.

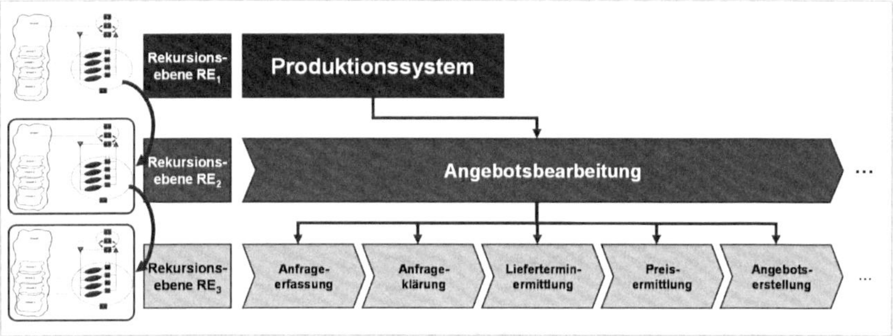

Abbildung 5-15: Operative Prozesse der Angebotsbearbeitung

Ähnlich den Austauschvorgängen zwischen Produzent und Kunde innerhalb der Anfrageklärung, sind zur Abstimmung der Leistungsspezifika, Lieferzeiten, Preise und Beschaffungskonditionen der Fremdbezugsteile und -komponenten Informationsaustauschprozesse mit den kritischen Lieferanten erforderlich (z. B. Lieferanten, deren Ressourcen oft weit im Voraus belegt sind, wie Gießereien). Um dem Kunden einen möglichst validen Liefertermin kommunizieren zu können, benötigt die Lieferterminermittlung des Produzenten alle relevanten Informationen hinsichtlich der mengen- und terminbezogenen Verfügbarkeit von Engpassteilen bei den beteiligten Lieferanten. Für die besonders kritischen Bestandteile der Auftragsspezifikation (Engpassteile und -komponenten, aber auch Fremdleistungen wie eine Fremdkonstruktion) wird an dieser Stelle bereits ein Reservierungsvorschlag an den Einkauf übermittelt. Die Preisermittlung fasst anschließend alle bisher generierten Informationen zu einem Verkaufspreis zusammen und legt die übrigen Konditionen für die Herstellung und Auslieferung der Maschine oder Anlage fest. Der Kernprozess der Angebotsbearbeitung schließt mit der eigentlichen Angebotserstellung, bei der die dafür benötigten Informationen (technische Spezifikation, kaufmännische Konditionen und Meilensteintermine) zu einem Dokument zusammengefasst und anschließend an den Kunden übermittelt werden.

5.3.1.2 Projektierung

Entschließt sich der Kunde zur Annahme des erstellten Angebots, beauftragt er die Maschine oder Anlage. Dazu wird der Kundenauftrag im Rahmen der Projektierung zunächst analog der Kundenanfrage erfasst und innerhalb des nächsten Schrittes (Auftragsklärung) mit dem Kundenangebot abgeglichen (vgl. SCHMIDT 2008, S. 74ff.; SCHUH ET AL. 2012e, S. 142; Abbildung 5-16). Weiterhin erfolgt an dieser Stelle im Sinne einer Spezifikationsklärung die verbindliche Abstimmung der technischen Leistungsparameter, weiterer kaufmännischer Details wie Zahlungen in Abhängigkeit bestimmter Meilensteine der Produkterstellung (Zahlungsplan) sowie versand- und inbetriebnahmerelevanter Bedingungen wie Transportkonditionen oder Ausfuhrbestimmungen. Die Auftragsklärung schließt mit einer Fixierung der Meilensteintermine (z. B. Vorabnahme der aufgebauten Maschine oder Anlage beim Produzenten, Auslieferung oder Endabnahme beim Kunden vor Ort). Der sich anschließende Schritt der Projektplanung und Auftragsabstimmung zerlegt das Gesamtprojekt zunächst in Teilprojekte und ordnet diese den jeweiligen Bereichen des Produzenten (z. B. Projektmanagement, Konstruktion, Arbeitsvorbereitung usw.) bzw. den entsprechenden Fremdleistungen der Lieferanten und Dienstleister zu. Im Anschluss daran werden die Aufgaben der Auftragsgrobterminierung und Ressourcengrobplanung iterativ so lange durchgeführt, bis die Teilprojekt- bzw. Fremdleistungstermine sowie die grobe Zuordnung von Ressourcen zu den Teilprojekten ein zufriedenstellendes Ergebnis generieren, was wiederum intensive Austauschprozesse mit den beteiligten Lieferanten und Dienstleistern erforderlich macht. Mit Abschluss der Projektplanung sind sämtliche Termine für die Teilprojekte und -leistungen definiert und es können in einem nächsten Schritt sog. Langläufer, d. h. Teile, Baugruppen, Komponenten oder Dienstleistungen, deren Standardwiederbeschaffungszeit die vorgesehene (Teil-) Durchlaufzeit des jeweiligen Auftragsabwicklungsschritts übersteigt (vgl. SCHUH ET AL. 2012e, S. 143), vorab disponiert werden. Die Langläuferdisposition schließt entweder mit einem Bestellvorschlag in Richtung Einkauf oder einem Produktionsvorschlag in Richtung Eigenfertigung.

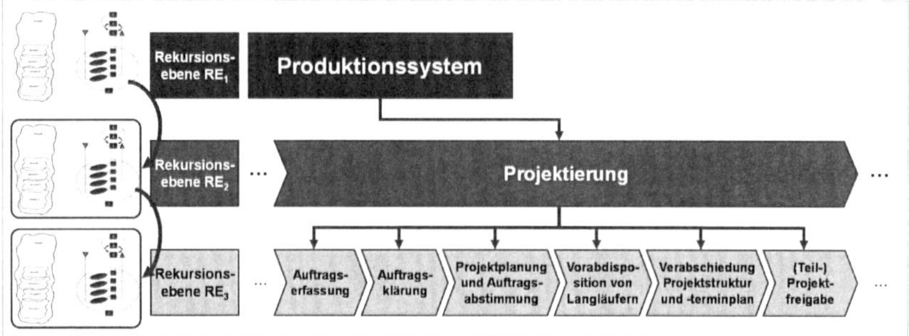

Abbildung 5-16: Operative Prozesse der Projektierung

Der Projektstruktur- und -terminplan kann verabschiedet werden, wenn sämtliche Teilprojekte, Fremdleistungen und Langläufer innerhalb des festgelegten Termingerüsts realisierbar sind. Als Ergebnis erhält der Kunde als Bestätigung seines Auftrags nochmals die letztlich finale Auftragsspezifikation, die kaufmännischen Konditionen (Preis, Zahlungsplan usw.) sowie den Liefer- bzw. Inbetriebnahmetermin schriftlich zugesandt. Abschließend für den Kernprozess der Projektierung werden die einzelnen Teilprojekte nun freigegeben und das Auftrags- und Termingerüst an die Auftragserstellung übergeben.

5.3.1.3 Konstruktion

Durch die Freigabe des Teilprojekts Konstruktion kann nun mit der Klärung der Spezifikation für die vorgesehenen Komponenten und Baugruppen unter technischen Gesichtspunkten begonnen werden (technische Klärung), wozu zunächst anhand von Vergleichsdaten aus vergangenen Projekten eine Übernahme bereits bestehender Stamm- oder Auftragsinformationen für die geforderten Spezifikationen des aktuellen Auftrags geprüft wird (vgl. SCHMIDT 2008, S. 76ff.; Abbildung 5-17). Der nächste Schritt der Feinterminierung detailliert den innerhalb der Projektierung definierten Zeitplan für das Teilprojekt der Konstruktion und weist für die einzelnen Konstruktionsaufgaben (mechanische, elektrische oder softwaretechnische Konstruktion) die benötigten Ressourcen aus. Die Gegenüberstellung des Ressourcenangebots im Rahmen der Ressourcenfeinplanung führt schließlich zu der Aussage, ob die erforderliche Konstruktionsleistung im geplanten Zeitfenster mit eigenen Ressourcen abbildbar ist oder ob gewisse Bestandteile der Konstruktionsleistung auf geeignete Fremdkonstrukteure zu verlagern sind. Ist dies der Fall, erfolgt dazu die Spezifikation des Fremdkonstruktionsbedarfs sowie die Generierung eines entsprechenden Bestellvorschlags an den Einkauf. Die sich anschließende Reihenfolgeplanung bringt dann die einzelnen Konstruktionsleistungen der Detailkonstruktion, sowohl die selbst zu leistenden als auch die fremd zu beziehenden, in einen sachlogischen Zusammenhang. Mit Abschluss der Detailkonstruktion liegen dann die jeweiligen Zeichnungen (mit ihren dazugehörigen Stücklisten und Stammdaten) vor und können durch den Kunden freigegeben werden.

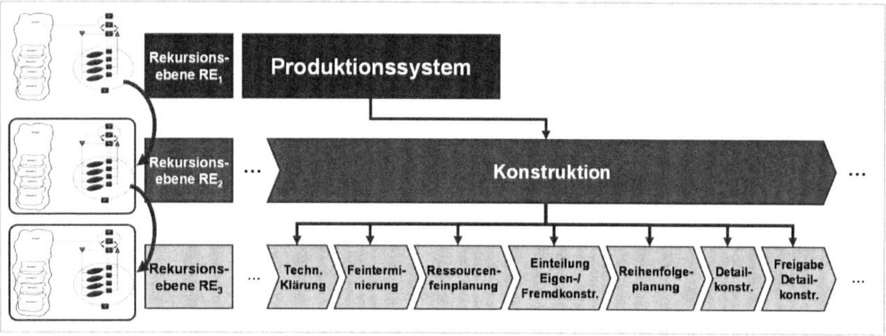

Abbildung 5-17: Operative Prozesse der Konstruktion

Im Sinne einer kybernetischen Betrachtungsweise des Konstruktionsprozesses erfolgt eine permanente Überwachung und Synchronisierung des Konstruktionsfortschritts sowohl der eigenen wie auch der Fremdkonstrukteure.

5.3.1.4 Auftragserstellung

Die bisher innerhalb der Projektierung (Auftrags- und Termingerüst) sowie der Konstruktion (Stücklisten) generierten Unterlagen werden im Rahmen des ersten Schrittes der Auftragserstellung miteinander verknüpft (vgl. SCHMIDT 2008, S. 78f.; Abbildung 5-18). Typisch für die Herstellung komplexer Erzeugnisse wie Maschinen oder Anlagen ist dabei, dass innerhalb der Konstruktion bereits bestimmte Komponenten konstruktiv freigegeben, mit der Projektstruktur verknüpft, konkrete Auftragsstücklisten generiert, Arbeitspläne erarbeitet und anschließend der weiteren Bearbeitung zugeführt werden. Somit können im Sinne einer Aufgabenparallelisierung bestimmte, frühzeitig benötigte, Komponenten bereits gefertigt, während andere, später benötigte, noch konstruiert werden. Die wachsende (Auftrags-)Stückliste konkretisiert somit sukzessive die Auftragsstruktur. Unter Berücksichtigung der grundsätzlichen Auslastungssituation sowie konkreter Vorlaufzeiten und Zeitpuffer legt anschließend die Vorlaufterminierung den Projektdurchlauf für die folgenden Auftragsabwicklungsprozesse fest, wozu auf die für Fremdbezugsteile hinterlegten Wiederbeschaffungszeiten sowie auf die in den Arbeitsplänen hinterlegten Bearbeitungszeiten zurückgegriffen wird. Durch stufenweises Auflösen bereits generierter Stücklisten wird im Rahmen der Auftragseinlastung in Verbindung mit den zuvor bestimmten Durchlaufterminen der Bruttobedarf ermittelt und anschließend unter Berücksichtigung vorhandener Lagerbestände bzw. geplanter Zu- und Abgänge in einen Nettobedarf überführt.

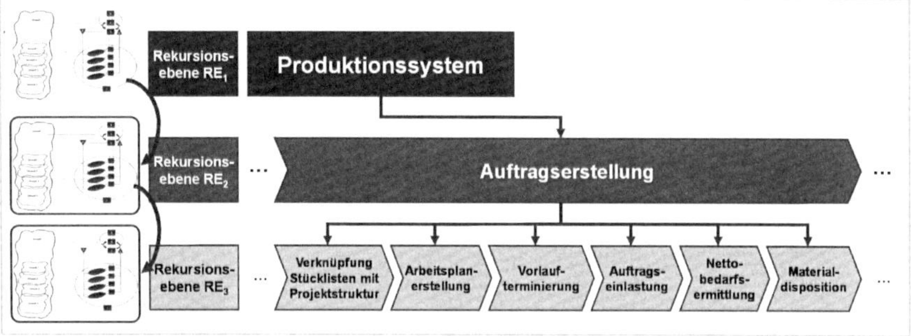

Abbildung 5-18: Operative Prozesse der Auftragserstellung

Innerhalb des abschließenden Schritts der Materialdisposition werden dann durch die Bestellrechnung bestands- bzw. transportkostenoptimierte Bestellmengen für Fremdbezugsteile und analog für Eigenfertigungsteile rüstoptimale Fertigungslose für Bedarfe mit gleichen Arbeitsgangfolgen durch die Losgrößenrechnung bestimmt. Dazu können je nach Auslastungssituation auch für Eigenfertigungsteile und -komponenten alternative Beschaffungsarten gewählt werden (Make-or-Buy-Entscheidung). Als Ergebnis der Auftragserstellung gehen zum einen terminlich abgestimmte Bestellvorschläge in den Einkaufs- sowie grundsätzlich realisierbare Produktionsvorschläge in den Fertigungsprozess ein.

5.3.1.5 Einkauf

Für die Lieferantenzuordnung, als ersten Schritt des Einkaufsprozesses, dienen die bisher generierten Bestellvorschläge für 1) Langläuferteile aus der Projektierung, für 2) Fremdkonstruktionsleistungen aus der Konstruktion sowie für 3) konkrete Nettobedarfe aus der Auftragserstellung (vgl. SCHMIDT 2008, S. 79f.; Abbildung 5-19). Sind für definierte Bedarfe noch keine (Standard-)Lieferanten hinterlegt, erfolgt zunächst im Rahmen einer Lieferantenvorauswahl der Abgleich der geforderten Leistungsmerkmale mit potenziell geeigneten Lieferanten.

Wenn sämtliche Lieferanten bekannt sind, werden diese kontaktiert und zur Erstellung eines konkreten Angebots im Sinne der angefragten Spezifikationen (technische Spezifikation der Leistung, gewünschter Liefertermin, Preisvorstellungen usw.) aufgefordert. Nach Eingang der Angebote durch die Lieferanten werden diese erfasst und einander nach definierten Kriterien (z. B. frühester Liefertermin oder niedrigster Preis) mit dem Ziel gegenübergestellt, dem jeweiligen Bestellvorschlag den passenden Lieferanten zuzuordnen und diesen anschließend zur Bestellung freizugeben. Die erzeugte Bestellung generiert beim Produzenten wiederum einen zugehörigen Liefertermin für die Fremdleistung und verknüpft diesen mit dem Gesamtprojektplan. Beim Lieferanten führt die Bestellung zur Auslösung von dessen Auftragsabwicklungsaktivitäten, welche mit der Einplanung und Terminierung der Bestellung beginnen und für den Produzenten zunächst in der Zusendung der Auftragsbestätigung resultieren.

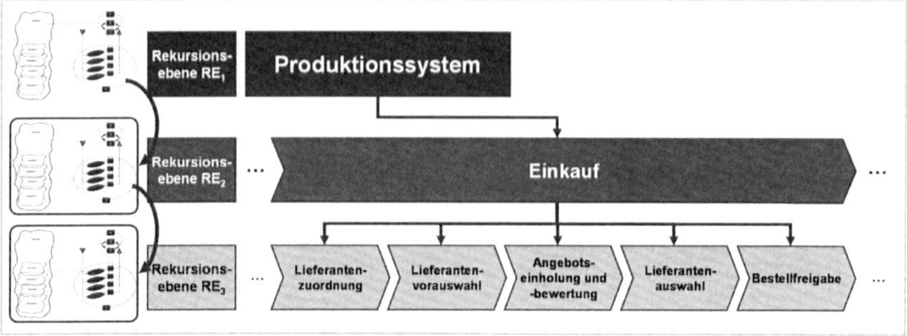

Abbildung 5-19: Operative Prozesse des Einkaufs

Analog zur Konstruktion erfolgt auch im Einkauf im Sinne einer kybernetischen Betrachtungsweise idealerweise eine permanente Überwachung des Fortschritts der bestellten Leistungen.

5.3.1.6 Fertigung

Der Fertigungsprozess beginnt mit der Überführung der Produktionsvorschläge aus der Auftragserstellung in konkrete Fertigungsaufträge, wozu die anschließende Durchlaufterminierung die einzelnen Fertigstellungstermine innerhalb eines für den Fertigungsauftrag vorhandenen zeitlichen Puffers festlegt und den einzelnen Arbeitsgängen die konkreten Fertigungskapazitäten zuordnet (vgl. SCHMIDT 2008, S. 80ff.; Abbildung 5-20).

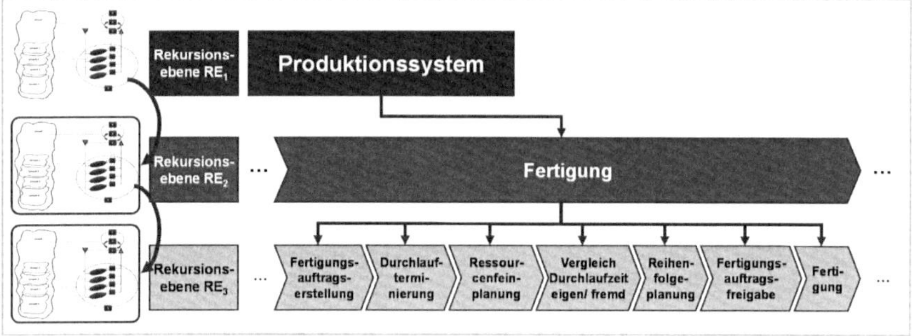

Abbildung 5-20: Operative Prozesse der Fertigung

Die Durchlaufterminierung resultiert in Arbeitsvorräten mit Arbeitsgängen pro Arbeitstag oder Schicht für jede benötigte Einzelkapazität, wobei zunächst eine Terminierung gegen unbegrenzte Kapazitäten durchgeführt wird (vgl. SCHUH ET AL. 2012e, S. 150). Anschließend erfolgt im Rahmen der Ressourcenfeinplanung die Berücksichtigung der tatsächlich zur Verfügung stehenden Kapazitäten, indem ermittelt wird, ob die erforderliche Fertigungsleistung im geplanten Zeitfenster mit eigenen Ressourcen möglich ist oder ob einzelne Fertigungsaufträge oder Arbeitsgänge auf geeignete Fremdfertiger verlagert werden müssen, was wiederum einen Bestellvorschlag an den Einkauf nach sich ziehen würde. Bei der sich anschließenden Reihenfolgeplanung wird die Abarbeitungsfolge des kapazitätsbezogenen Arbeitsvorrats unter Beachtung geeigneter Reihenfolgeregeln determiniert und im Hinblick auf die spätere Zusammenführung von Eigenfertigungs- und Fremdbezugsteilen in der Montage mit den zugehörigen Materialflüssen der Fremdfertigung synchronisiert. Sind die benötigten Materialien und Kapazitäten für den jeweiligen Fertigungsauftrag verfügbar, wird dieser frei- und die entsprechenden Fertigungspapiere an die Fertigung übergeben.

Wie bei den Bestell- werden auch zu den Fertigungsaufträgen an definierten Punkten Fortschrittsrückmeldungen erfasst und den zuvor festgelegten Soll-Terminen im Sinne einer Fertigungsüberwachung permanent gegenübergestellt.

5.3.1.7 Montage

Innerhalb der Montage wird der erste Schritt der Montagegrobplanung bereits durch die Teilprojektfreigabe im Rahmen der Projektierung ausgelöst, sodass bereits ohne das Vorliegen konkreter Auftragsstücklisten die übergeordneten Projektmeilensteine hinsichtlich der Ecktermine in der Montage konkretisiert und ggf. kritische Montageressourcen reserviert werden können (vgl. SCHMIDT 2008, S. 82f.; Abbildung 5-21). Ebenfalls unter der Annahme einer unbegrenzten Ressourcenverfügbarkeit erfolgt anschließend die Festlegung der Fertigstellungstermine der einzelnen Montageschritte und die Zuordnung entsprechender Montagekapazitäten (Durchlaufterminierung). Analog der Fertigung überprüft dann die Ressourcenfeinplanung, ob die benötigte Montageleistung im geplanten Zeitfenster mit eigenen Ressourcen möglich ist oder ob einzelne Montageschritte auf geeignete Dienstleister verlagert werden müssen, was wiederum einen Bestellvorschlag an den Einkauf zur Folge hätte.

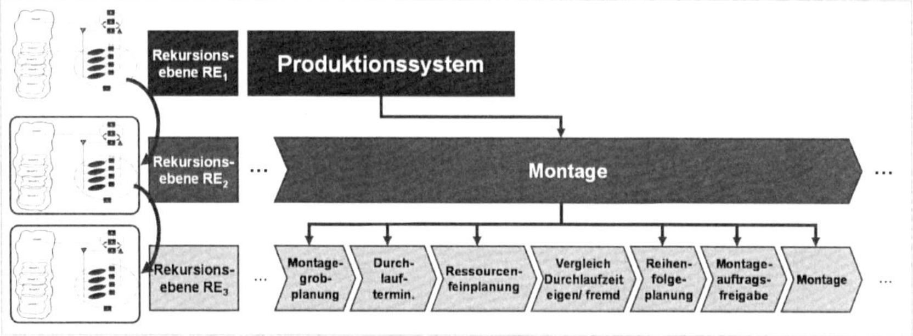

Abbildung 5-21: Operative Prozesse der Montage

Die Abarbeitungsfolge der einzelnen Montageschritte legt danach die Reihenfolgeplanung fest und synchronisiert diese, bei Vorhandensein, mit den Materialflüssen der Fremdmontage. Sind die benötigten Materialien und Kapazitäten für die Montage verfügbar, wird der Montageauftrag freigegeben und die entsprechenden Papiere werden erzeugt. Nach der Auftragsfreigabe folgt die eigentliche Montagetätigkeit, welche ebenso eine Vorabnahme beinhalten kann, bei der, je nach vorheriger Festlegung, definierte Funktionsprüfungen an der Maschine oder Anlage durchgeführt werden.

Zu den Montageaufträgen werden an definierten Punkten Fortschrittsrückmeldungen erfasst und den zuvor festgelegten Soll-Terminen im Sinne einer Montageüberwachung permanent gegenübergestellt.

5.3.1.8 Versand

Ebenso die Versandaktivitäten werden durch die Vorabinformationen zur Projektstruktur- und Terminplanung aus der Projektierung angestoßen (vgl. SCHMIDT 2008, S. 83ff.). Dazu wird zunächst innerhalb einer Versandgrobplanung ein Versandplan mit den übergeordneten Terminen sowie evtl. Transportmittelbedarfen (Land-, See- oder Luftfracht) erstellt (vgl. Abbildung 5-22). Anschließend kann eine Entscheidung dahingehend getroffen werden, welche Versandleistung grundsätzlich in Eigenleistung verrichtet und welche an einen externen Logistikdienstleister vergeben werden muss. Eine Fremdvergabe bestimmter (Teil-)Leistungen führt wiederum zu einem Bestellvorschlag im Einkauf. Ähnlich zur Feinterminierung in Fertigung und Montage werden auch die Versandtätigkeiten zunächst gegen unbegrenzte Kapazitäten terminiert und der bestehende Versandplan somit bis auf die Ebene einzelner Versandeinheiten detailliert. Nach Gegenüberstellung der verfügbaren Materialien (z. B. Paletten oder Gitterboxen) und Kapazitäten (z. B. LKW) überprüft die Ressourcenfeinplanung dann, ob die geplante Versandleistung nach wie vor im dafür vorgesehenen Zeitfenster durchführbar ist. Die sich anschließende Anlieferplanung stimmt mit dem Kunden die Lieferung oder Teillieferung der Maschine oder Anlage ab, was insbesondere auf mögliche Transportrestriktionen wie die Abmessungen der Hallentore, die Tragfähigkeit vorhandener Hubkräne oder die Konditionen zur Rückführung von Mehrwegbehältern abzielt. Die Transportplanung hat danach auf Basis der abgestimmten Pläne für den Eigen- und Fremdversand die Aufgabe, die Teillieferungen der Logistikdienstleister mit den Versandleistungen des Produzenten geeignet zu synchronisieren. Dazu werden die bereits bei der Anlieferplanung mit dem Kunden abgestimmten Anlieferrestriktionen an die Logistikdienstleister weitergegeben und zusätzlich dazu evtl. Transportrestriktionen wie Einfuhr- oder Zollbedingungen erörtert und aufeinander abgestimmt.

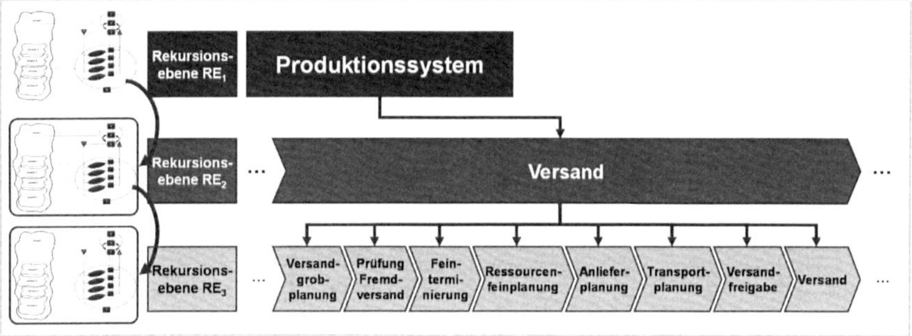

Abbildung 5-22: Operative Prozesse des Versands

Auf Basis der einzelnen Versandeinheiten sowie der dazu verwendeten Lade- und Transportmittel können nun die Versandpapiere (Artikelinformationen, Warenwert, Packlisten, Zollformulare usw.) erstellt werden, welche bei Fremdversand an den jeweiligen Dienstleister weiterzuleiten sind. Ist die Auslieferung unter den festgelegten Restriktionen realisierbar, erfolgt schließlich die Versandfreigabe, innerhalb derer dem Kunden zudem die Lieferung bzw. Inbetriebnahme der Maschine oder Anlage durch Zusenden von Informationen über das Anlieferzeitfenster, das Liefervolumen und -gewicht sowie über die Konditionen zur Rückführung von Mehrwegbehältern avisiert wird.

Die Verfolgung des Versandfortschritts mittels definierter Rückmeldungen obliegt darüber hinaus der Versandüberwachung, indem dazu vom jeweiligen Logistikdienstleiter entsprechende Informationen zur Meldung des Lade-, Versand- und Transportfortschritts (z. B. Tracking & Tracing) angefragt bzw. von diesem proaktiv übermittelt werden.

5.3.1.9 Inbetriebnahme

Die Inbetriebnahmegrobplanung, als erster Schritt des Inbetriebnahmeprozesses, wird durch die Weitergabe der abgestimmten Projektstruktur- und Terminplanung aus der Projektierung angestoßen (vgl. SCHMIDT 2008, S. 85ff.). Dabei werden die übergeordneten Projektmeilensteine hinsichtlich der Ecktermine für die Inbetriebnahme konkretisiert und es erfolgt bereits eine Reservierung kritischer Kapazitäten wie bspw. bestimmter Facharbeiter (vgl. Abbildung 5-23). Die folgende Feinterminierung legt dann unter Annahme unbegrenzter Kapazitäten die Endtermine für die einzelnen Inbetriebnahmeaktivitäten fest, sodass die Inbetriebnahmedauer sowie der Ablauf und Termin für die Endabnahme, unter Berücksichtigung bestehender Restriktionen (Hallenabmessungen beim Kunden usw.), fixiert werden können. Nach erfolgter Verfügbarkeitsprüfung für Materialien und Kapazitäten zur Inbetriebnahme überprüft anschließend die Ressourcenfeinplanung, ob die benötigte Inbetriebnahmeleistung im geplanten Zeitfenster mit eigenen Ressourcen möglich ist oder ob einzelne Aktivitäten auf geeignete Dienstleister verlagert werden müssen, was nach Abstimmung von Preisen und Konditionen mit potenziell geeigneten Dienstleistern in einem Bestellvorschlag an den Einkauf resultiert.

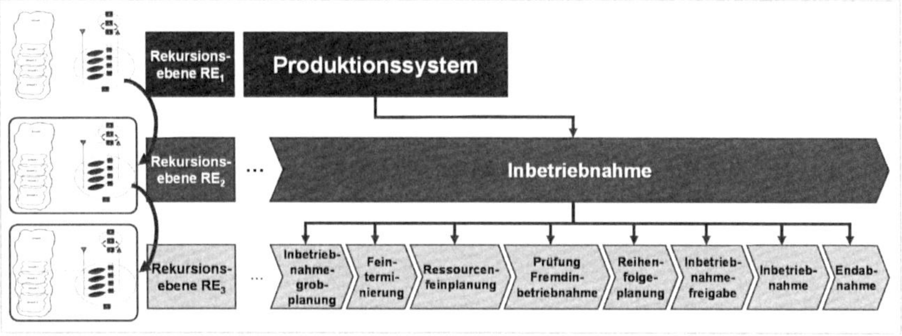

Abbildung 5-23: Operative Prozesse der Inbetriebnahme

Die Reihenfolgeplanung legt dann die Abarbeitungsfolge der einzelnen Inbetriebnahmeaktivitäten fest und synchronisiert diese mit ggf. vorhandenen Fremdleistungen durch Dienstleister. Nach Freigabe der Inbetriebnahme und deren eigentlicher Durchführung bildet die Endabnahme den Abschluss des Auftragsabwicklungsprozesses. In diesem Zusammenhang bestätigt der Kunde nach detaillierten Fähigkeitsprüfungen die Übernahme der funktionsfähigen Maschine oder Anlage.

Im Rahmen der Inbetriebnahmeüberwachung werden sämtliche Rückmeldungen über den Inbetriebnahmefortschritt erfasst und mit den vorgegebenen Sollwerten verglichen.

5.3.2 Lenkungsprozesse der Produktionsplanung und -regelung

Neben den operativen Prozessen der Produktionsplanung und -regelung als Regelstrecken sind darüber hinaus die Lenkungsprozesse der PPR als Regler von besonderer Bedeutung. Dazu lassen sich aus dem Managementmodell Wandlungsfähiger Produktionssysteme diejenigen Lenkungsprozesse ableiten, welche in den Betrachtungsbereich einer PPR fallen, nämlich die Prozesse zur Lenkung der operativen Prozesse (Kern- und Detailprozesse der Auftragsabwicklung; vgl. Kapitel 5.3.2.1) sowie die Prozesse zur Synchronisation der operativen Prozesse (Projektüberwachung und -steuerung; vgl. Kapitel 5.3.2.2).

5.3.2.1 Lenkung der operativen Prozesse

Nachdem in Kapitel 5.2.2.1 bereits der strukturelle Aufbau der Systeme 1 des MWP beschrieben wurde, sollen nun die daraus resultierenden Abläufe bei der Lenkung der operativen Kern- und Detailprozesse dargestellt werden. Dazu werden die einzelnen Mechanismen aus der Strukturdarstellung (1-7, 3A, 5A, A-C) hinsichtlich ihrer Abarbeitung in einen Fluss gebracht und die zwischen den Schritten fließenden Informationen benannt. Dieser Informationsfluss im Lenkungsmechanismus der operativen Prozesse ist prozessneutral in Abbildung 5-24 dargestellt und lässt sich für jeden Kernprozess der PPR spezifizieren. Die aufgeführten Schritte sind dabei für jeden Kernprozess identisch und vererben sich aufgrund der rekursiven Struktur der PPR auf die nächsttiefere Ebene der Detailprozesse, d. h. der Ablauf der Lenkung des Kernprozesses Projektierung ist identisch mit dem des Detailprozesses Auftragsklärung innerhalb der Projektierung. Einzig in Bezug auf Informations- und Dateninhalte können sich die einzelnen Lenkungsmechanismen voneinander unterscheiden (vgl. BROSZE 2011, S. 135).

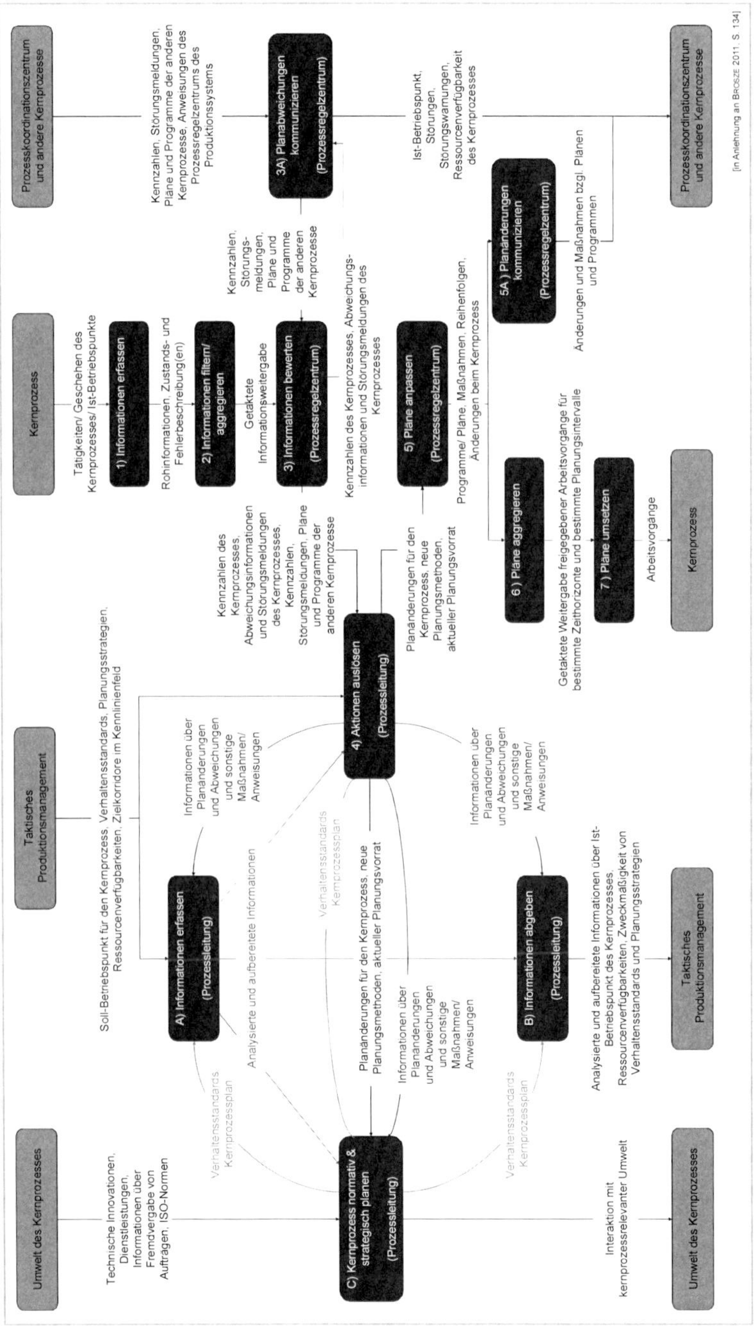

Abbildung 5-24: Prozesse zur Lenkung der operativen (Kern-)Prozesse

5.3.2.2 Synchronisation der operativen Prozesse

Neben der reinen Lenkung der operativen Prozesse gilt es zudem, diese prozessübergreifend zu synchronisieren. Dabei ist an dieser Stelle eine Differenzierung in eine auftragsbezogene und eine auftragsunabhängige Sichtweise vorzunehmen. Ebenso auftragsunabhängig wie die Definition der Führungsgrößen durch das taktische Produktionsmanagement an die operativen Prozesse vorgenommen wird, erfolgt auch eine auftragsunabhängige Synchronisation der Lenkungsmechanismen der operativen Prozesse. Kybernetisch betrachtet, entspricht die Synchronisation der operativen Prozesse der Produktionsplanung und -regelung den Tätigkeiten des Systems 2 des MWP (vgl. Kapitel 5.2.2.2), indem neben den Informationen zur Überprüfung der Einhaltung zentraler Vorgaben (Ist-Stand von Kennzahlen und Statusinformationen kurzfristiger Pläne) hier insb. störungsrelevante Informationen fließen (vgl. BROSZE 2011 S. 135f.). Zur Synchronisation der operativen Prozesse gehört ebenso ein sog. Eskalationsmodell, welches nach erfolgloser autonomer Abweichungsanpassung der operativen Prozesse selbst die Wiederangleichung an die Führungsgrößen unterstützen soll. Wird jedoch für eine zentrale Führungsgröße keine Lösung gefunden, ist die übergeordnete Ebene des taktischen Produktionsmanagements zur Störungsbehebung einzuschalten. Da die Erarbeitung des Eskalationsmodells in den Betrachtungsbereich des taktischen Produktionsmanagements fällt, beschränkt sich die vorliegende Untersuchung im Rahmen der Synchronisation der operativen Prozesse auf die Aufgaben der Projektüberwachung und -steuerung.

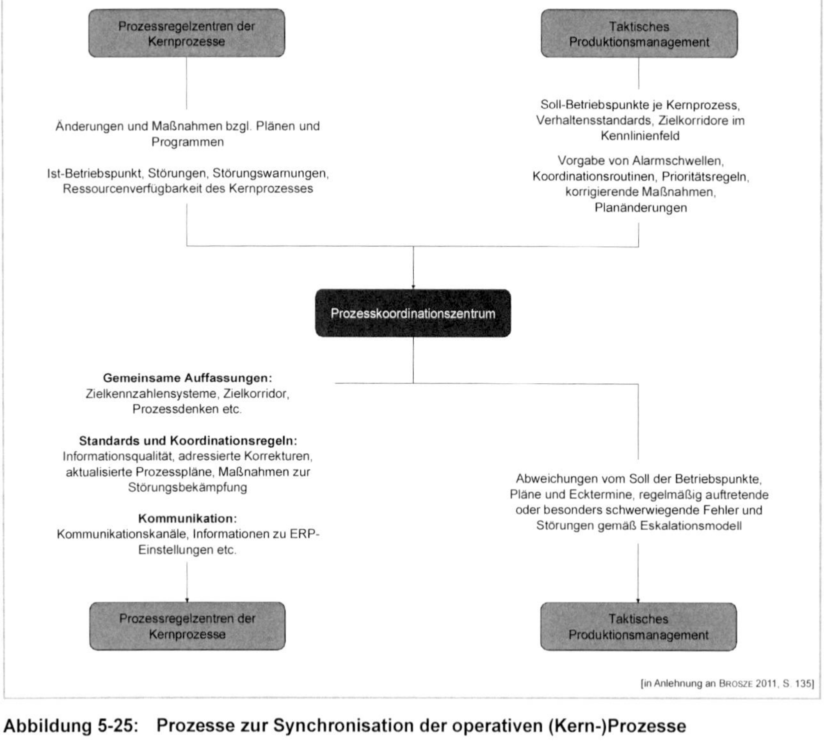

[in Anlehnung an BROSZE 2011, S. 135]

Abbildung 5-25: Prozesse zur Synchronisation der operativen (Kern-)Prozesse

Darüber hinaus wirkt die Projektüberwachung und -steuerung parallel zum Auftragsabwicklungsprozess ab der Konstruktion bis zum Abschluss der Inbetriebnahme als eine auftragsbezogene Synchronisationsinstanz. Dabei ist es einerseits die Aufgabe der Projektüberwachung, Änderungswünsche des Kunden hinsichtlich der technischen Anlagenspezifikation oder der Terminanforderungen zu erfassen und deren Realisierbarkeit in Abstimmung mit dem Kunden zu überprüfen (vgl. SCHMIDT 2008, S. 87f.). Andererseits ist der aktuelle Projektstand hinsichtlich der Zielgrößen Termin und Kosten mittels Rückmeldungen aus den internen Fachabteilungen sowie von externen Lieferanten und Dienstleistern stets mit dem Ziel transparent zu halten, etwaige Abweichungen in der Auftragsabwicklung möglichst frühzeitig zu erkennen und auf diese mit geeigneten Maßnahmen angemessen zu reagieren. Diese Abweichungsanalyse sowie das Ergreifen von Anpassungsmaßnahmen beziehen sich jedoch auf den prozessübergreifenden Bereich, da die Kernprozesse ihre jeweiligen Abweichungen mit dem Ziel einer möglichst hohen Autonomie selbstständig ausregeln (sollen). Sind schließlich die identifizierten Abweichungen durch unternehmensinterne Maßnahmen zu kompensieren, so werden diese angestoßen und die betroffenen Stellen im Unternehmen informiert. Bei derartigen Abweichungen, welche eine termingerechte Realisierung des Gesamtauftrags gefährden, werden im Sinne einer Kaskadierung vorgelagerte Prozesse wie bspw. die Projektplanung und Auftragsabstimmung im Rahmen der Projektierung erneut durchlaufen.

5.3.3 Zusammenfassende Prozesssicht der Produktionsplanung und -regelung

In Zusammenfassung der vorangegangenen Unterkapitel ergibt sich die Gesamtdarstellung der Prozesssicht der Produktionsplanung und -regelung in der Auftragsabwicklung des Maschinen- und Anlagenbaus (vgl. Abbildung 5-26). Im Kern der Prozesssicht (hier für die Rekursionsebene 2) stehen die operativen Prozesse der PPR, gleichbedeutend mit den Kernprozessen der Auftragsabwicklung. Diese Kernprozesse werden von ihren zugehörigen Lenkungsmechanismen überlagert, welche die auf den jeweiligen Kernprozess bezogene zielkonforme Prozessverrichtung sicherstellen, d. h. im regelungstechnischen Sinn als Regler für die Regelstrecken fungieren. Eine Ebene über der Prozesslenkung wirkt schließlich die Prozesssynchronisation, welche im Sinne einer Projektüberwachung und -steuerung für die prozessübergreifende Synchronisierung aller Teilaktivitäten zuständig ist.

Diese Form der Darstellung lässt sich nun auf die weiteren Rekursionsebenen (Ebene 3: Detailprozesse der Auftragsabwicklung, in Abbildung 5-26 unterhalb der Kernprozesse angedeutet; Ebene 4: Menschen und Maschinen) übertragen, indem jeder Kernprozess wiederum aus Detailprozessen besteht und auch diese Detailprozesse gelenkt und detailprozessübergreifend synchronisiert werden. Gesamtbetrachtet ergibt sich somit für die prozessuale Sicht auf die Produktionsplanung und -regelung eine pyramidenförmige Darstellung, welche kybernetisch gesehen einer Verschachtelung lebensfähiger Systeme und regelungstechnisch betrachtet einer Vermaschung bzw. Kaskadierung von Regelkreisen entspricht.

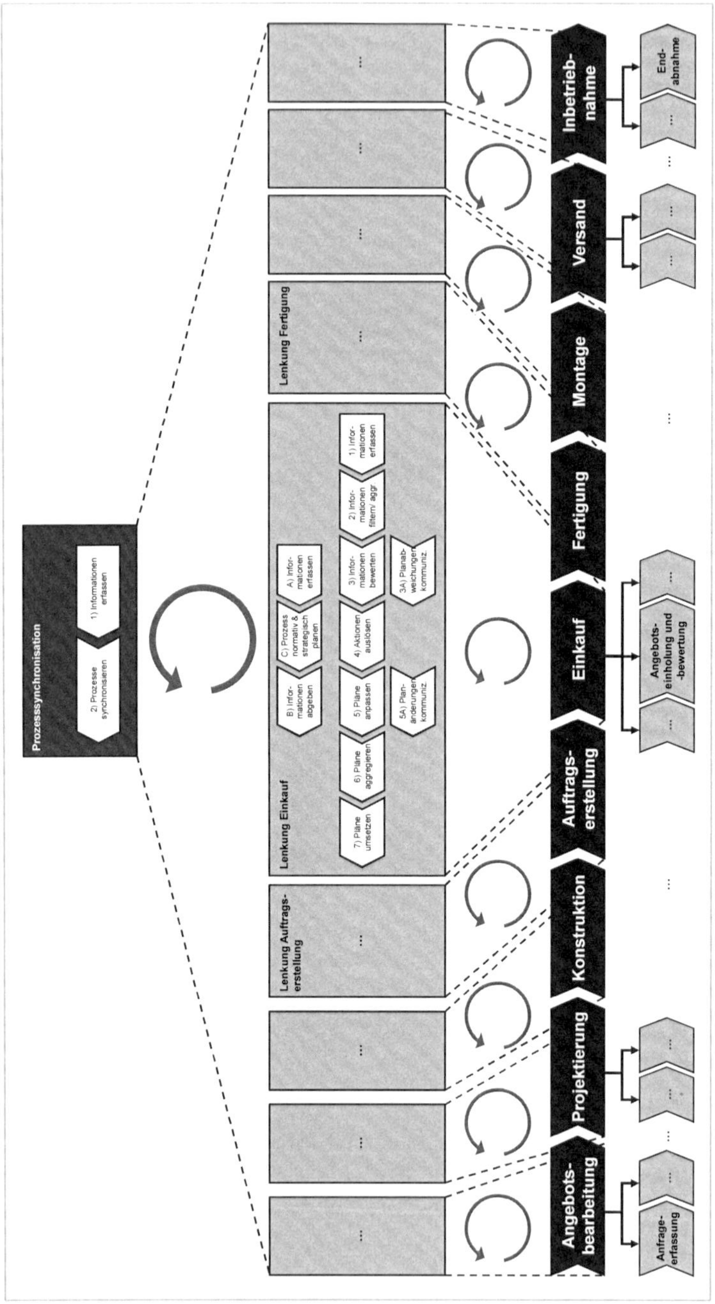

Abbildung 5-26: Prozesssicht der Produktionsplanung und -regelung

5.4 Regelkreise der Produktionsplanung und -regelung

Zur Gestaltung anforderungsgerecht echtzeitfähiger Lenkungsmechanismen ist zunächst ein Strukturmodell erforderlich, in welches sich die einzelnen dezentralen Regelkreise verorten lassen. Zu diesem Strukturmodell stellt das Managementmodell Wandlungsfähiger Produktionssysteme das Gerüst bereit, indem es über seine unterschiedlichen Rekursionsebenen sowie durch seine Struktur mit den verschiedenen Systemen eine kaskadierte Betrachtung erlaubt.

Die einzelnen Regelkreise ergeben sich dabei direkt aus der jeweiligen Systemstruktur (vgl. Kapitel 5.2.2) sowie den zugehörigen Systemaufgaben (vgl. Anhang C). So lassen sich für das Wirken einer Produktionsplanung und -regelung zum einen prozessual-regelnde Regelkreise zur Regelung der operativen Prozesse durch die Lenkungsmechanismen sowie zum anderen operativ-koordinierende Regelkreise zur Regelung der Lenkungsmechanismen durch das Prozesskoordinationszentrum identifizieren. Abbildung 5-27 zeigt zunächst den Typ des prozessual-regelnden Regelkreises der PPR. Bei diesem erhalten die Prozessleitungen sowie die Prozessregelzentren der Kernprozesse als Regler des Regelkreises Soll-Betriebspunkte und Prioritäten, Kennzahlen, Verhaltensstandards, Planungsstrategien und Ressourcenverfügbarkeiten vom taktischen Produktionsmanagement sowie vom Prozesskoordinationszentrum aktualisierte Prozesspläne, Maßnahmen zur Störungsbekämpfung und Kommunikationskanäle. Anschließend wandeln PL und PRZ in ihrer Funktion als Regler diese Informationen in die Stellgrößen Programme und Pläne, Maßnahmen, Reihenfolgen und Prioritäten um. Diese wiederum wirken auf den jeweiligen Kernprozess (Regelstrecke) selbst und nach dem Prozessdurchlauf werden die Tätigkeiten des Prozesses bzw. eventuelle Störungen wieder an die PL und das PRZ zurückgemeldet.

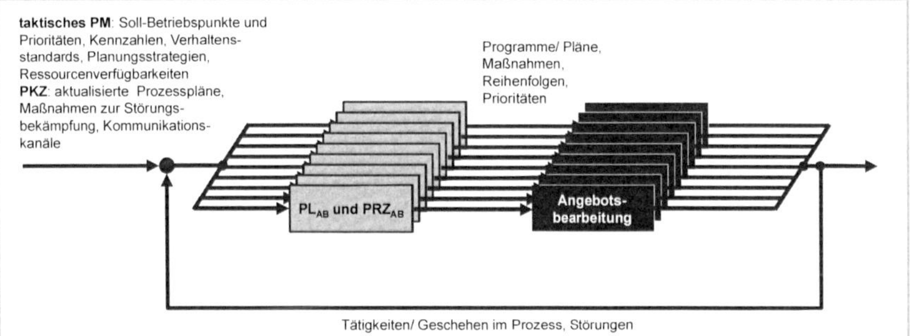

Abbildung 5-27: Prozessual-regelnde Regelkreise der Produktionsplanung und -regelung

Die Lenkungsmechanismen überlagernd wirkt der operativ koordinierende Regelkreis der PPR, bei dem das Prozesskoordinationszentrum als Regler für die zielkonforme Regelung (Synchronisation) der Prozessleitungen und -regelzentren der neun Kernprozesse zuständig ist (vgl. Abbildung 5-28). Vom taktischen PM erhält das PKZ seine Führungsgrößen (Soll-Betriebspunkte je Kernprozess, Verhaltensstandards, Zielkorridore im Kennlinienfeld, Alarmschwellen, Koordinationsroutinen, Prioritätsregeln, korrigierende Maßnahmen und Planänderungen) sowie die Ist-Betriebspunkte, den oder die Auftragsstatus sowie die aktuellen Ressourcenverfügbarkeiten der Kernprozesse und wandelt diese Informationen wiederum im

Sinne von Stellgrößen in aktualisierte Prozesspläne, Maßnahmen zur Störungsbekämpfung und Kommunikationskanäle um.

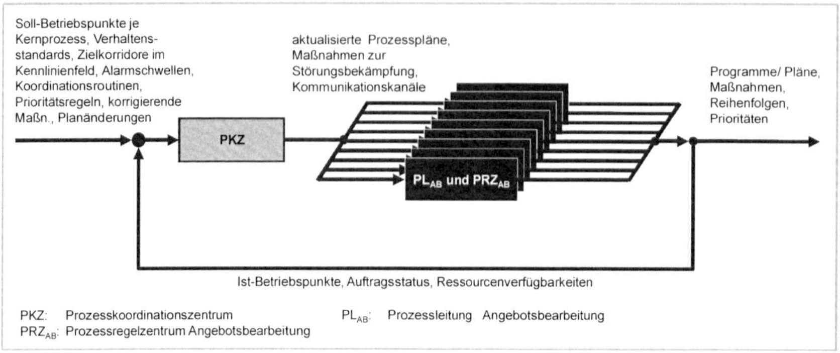

Abbildung 5-28: Operativ-koordinierender Regelkreis der Produktionsplanung und -regelung

Führt man nun die Einzeldarstellungen der Regelkreise in einem Gesamtschaubild zusammen, entsteht die in Abbildung 5-29 dargestellte Sicht auf die Produktionsplanung und -regelung (für die Ebene der Kernprozesse). Für die weiteren Rekursionsebenen ergeben sich analoge Darstellungen, einzig die Regelstrecken fokussieren nun anstatt der Kern- die Detailprozesse.

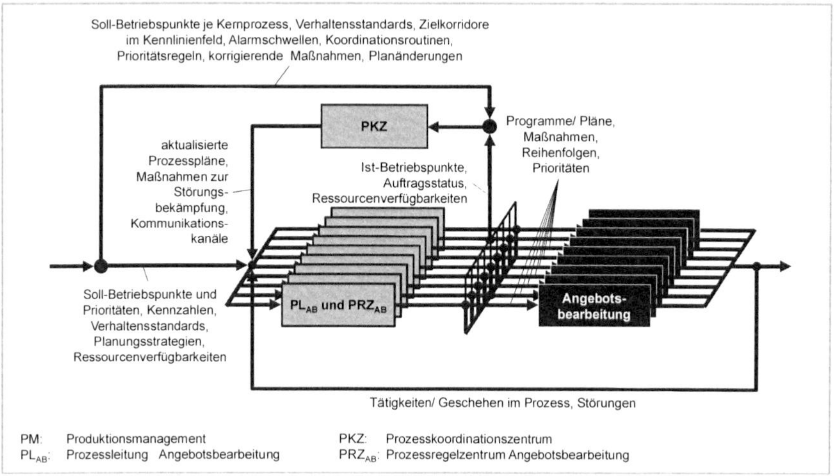

Abbildung 5-29: Kaskadiertes Regelkreismodell der Produktionsplanung und -regelung

Die Schaltbilddarstellungen zu den weiteren Regelkreisen des wandlungsfähigen Produktionsmanagementsystems sowie eine Darstellung des MWP als kaskadiertes Regelkreismodell sind Abbildung 5-30 bis Abbildung 5-35 am Ende des Kapitels 5.4 zu entnehmen.

Innerhalb des kaskadierten Regelkreismodells der Produktionsplanung und -regelung lassen sich nun sämtliche theoretisch möglichen, dezentralen Regelkreise der PPR identifizieren. Die neun Kernprozesse werden innerhalb neun prozessual-regelnder Regelkreise gelenkt und von einem operativ-koordinierenden Regelkreis synchronisiert. Jeder Kernprozess besteht wiederum aus Detailprozessen, in Summe 59, welche wiederum von 59 prozessualregelnden Regelkreisen zu lenken und von neun operativ-koordinierenden Regelkreisen zu synchronisieren sind. Für den weiteren Fortgang der Untersuchung wird auf die Regelkreise zur Lenkung und Synchronisation der neun Kernprozesse fokussiert. Aufgrund der Rekursivität der Gesamtstruktur ist eine anschließende Ausweitung auf die Lenkung und Synchronisation der Detailprozesse der Auftragsabwicklung ohne größeren konzeptionellen Aufwand möglich. Zur Vereinfachung kann jedoch auf Ebene der Detailprozesse eine Beschränkung auf diejenigen Detailprozesse erfolgen, welche im Sinne der Informationsmatrix der operativen Prozesse der PPR (vgl. Abbildung 5-14) eine Änderung des Informationsgehalts vornehmen, d. h. bei denen sich die Informationen des Prozessoutputs im Vergleich zum Prozessinput nach Durchlauf der Regelstrecke in dem Maße geändert haben, dass nicht nur die Überführung von einer Belegart in eine andere, wie bspw. bei der Anfrageerfassung, vorliegt.

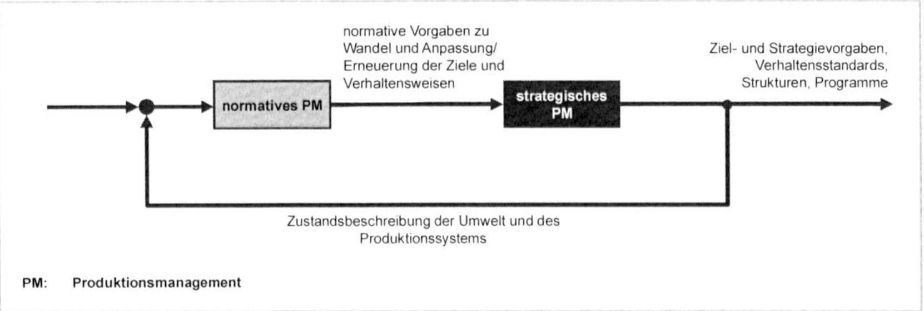

Abbildung 5-30: Normativ-strategischer Regelkreis des wandlungsfähigen Produktionsmanagementsystems

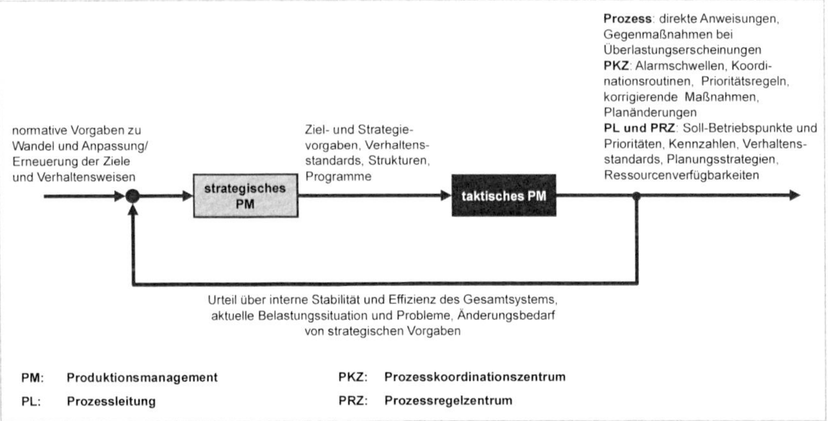

Abbildung 5-31: Strategisch-taktischer Regelkreis des wandlungsfähigen Produktionsmanagementsystems

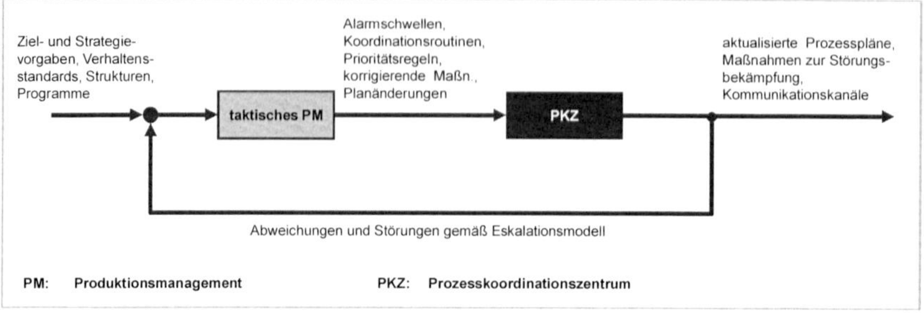

Abbildung 5-32: Taktisch-koordinierender Regelkreis des wandlungsfähigen Produktionsmanagementsystems

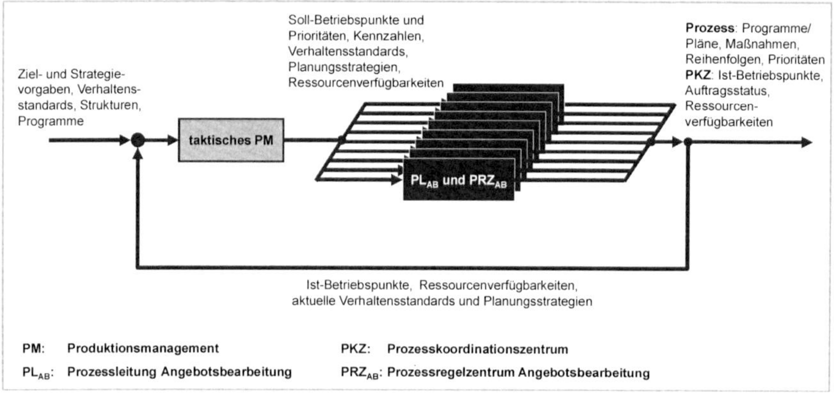

Abbildung 5-33: Taktisch-operativ regelnder Regelkreis des wandlungsfähigen Produktionsmanagementsystems

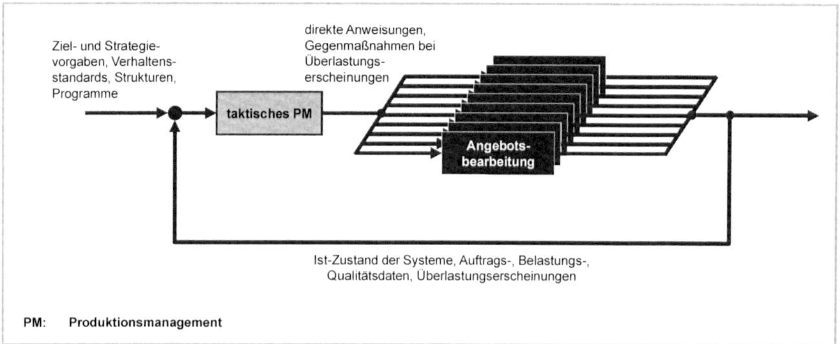

Abbildung 5-34: Taktisch-prozessualer Regelkreis des wandlungsfähigen Produktionsmanagementsystems

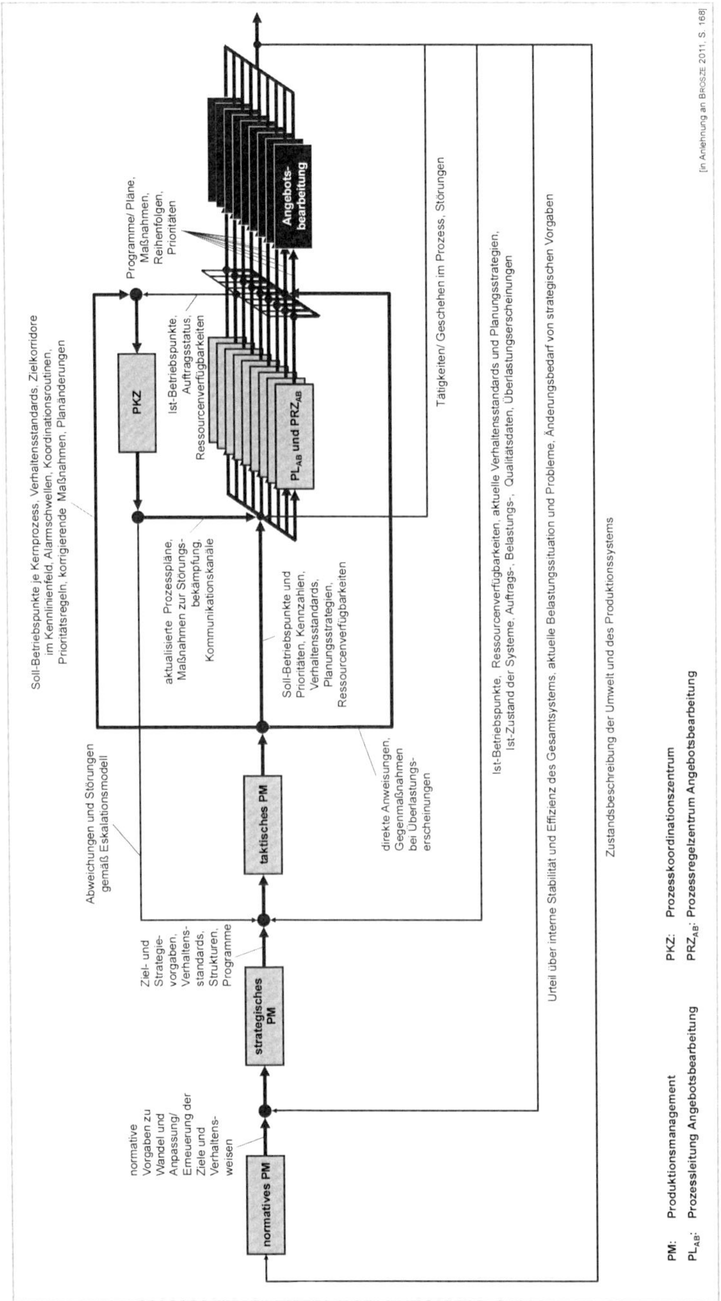

Abbildung 5-35: Kaskadiertes Regelkreismodell des wandlungsfähigen Produktionsmanagementsystems

6 Anforderungen an echtzeitfähige Regelkreise in der Produktionsplanung und -regelung

Nachdem die Produktionsplanung und -regelung im vorangegangenen Kapitel ausführlich in ihren unterschiedlichen Sichten beschrieben wurde, widmet sich Kapitel 6 konkret den Anforderungen an die PPR. Da die Produktionsplanung und -regelung gemäß ihres Aufbaus als kaskadiertes System unterschiedlicher Regelkreise zu verstehen ist, sind folglich die Anforderungen an die Einzelregelkreise sowie an deren Zusammenwirken zu definieren. Kapitel 6.1 stellt im Hinblick auf die Anwendung regelungstechnischer Prinzipien auf die vorliegende Problemstellung der Auftragsabwicklung im Maschinen- und Anlagenbau zunächst einige Vorüberlegungen an. Anschließend analysiert Kapitel 6.2 sukzessive die unterschiedlichen Anforderungstreiber im Kontext echtzeitfähiger Regelkreise mit dem Ergebnis einer Übersicht über allgemeine Anforderungen an echtzeitfähige Regelkreise in der PPR, welche in der Folge im Rahmen von Kapitel 6.3 konkret auf den vorliegenden Anwendungsfall übertragen wird. Kapitel 6.4 fasst die konkretisierten Anforderungen an echtzeitfähige Regelkreise in der Produktionsplanung und -regelung abschließend zusammen.

6.1 Vorüberlegungen zur Anwendung regelungstechnischer Prinzipien auf die Produktionsplanung und -regelung

Indem sich die Regelungstechnik mit der Regelung dynamischer, d. h. zeitlich veränderlicher, physikalischer Größen in technischen Systemen beschäftigt, resultieren die typischen Regelgrößen wie Druck oder Temperatur aus eindeutig ermittelbaren, technischen Wirkungszusammenhängen bzw. sind diese Größen zu jedem Zeitpunkt, d. h. kontinuierlich, messbar. Bereits die Anwendung regelungstechnischer Prinzipien auf die (diskrete) Produktion ist nur unter der Prämisse durchführbar, dass die Änderungsfrequenzen der Regelgrößen bedeutend kleiner als die jeweiligen Abtastraten sind, denn nur wenn keinerlei Signalverzerrung vorliegt, können Produktionsprozesse quasi kontinuierlich behandelt werden (vgl. PETERMANN 1996, S. 84; REUTER U. ZACHER 2008, S. 319; Kapitel 2.3.4). Als definitorische Teilmenge des Systems Produktion treffen diese Prämisse sowie die in Kapitel 2.3.4 diskutierten Punkte auch auf den hier vorliegenden Anwendungsfall einer Produktionsplanung und -regelung in der Auftragsabwicklung des Maschinen- und Anlagenbaus zu, bei welchem ebenso keine eindeutigen und insb. keine stetigen Wirkzusammenhänge vorliegen. Bedingt durch die in Kapitel 5 dargestellte hohe Komplexität einer PPR in der Auftragsabwicklung kann eine kontinuierliche Abbildbarkeit im Sinne einer mathematischen Beschreibung der einzelnen Realitäten (Prozesse der Auftragsabwicklung) nicht unterstellt werden, d. h. das Produktionssystem und seine Zusammenhänge lassen sich nach vorliegendem Verständnis nicht als zeitkontinuierliches, dynamisches System verstehen (vgl. SIMON 1995, S. 37). Somit liegt das Ziel einer echtzeitfähigen PPR auch nicht in der vollständigen Regelung sämtlicher existierender Größen gemäß der klassischen Regelungstechnik, sondern vielmehr soll die Regelungstechnik als Analogie theoretische Idealzustände für Teilbereiche der PPR im Hinblick auf den Umgang mit und die Verarbeitung von Informationen bereitstellen.

Die Regelungstechnik stellt mit der sog. Abtastregelung eine Erweiterung der Regelkreisstruktur bereit, welche die Überführung einer zeitkontinuierlichen in eine zeitdiskrete Ersatzregelstrecke ermöglicht (vgl. WÖRN U. BRINKSCHULTE 2005, S. 98; Kapitel 2.3.2). Dabei wird das kontinuierliche Signal der Regelstrecke zu diskreten Zeitpunkten abgefragt und somit rekonstruiert. Auch für die Wirkungsweise der PPR im Allgemeinen und der Lenkungsmechanismen im Speziellen ist eine Messung der Regelgrößen zu diskreten Zeitpunkten unter wirtschaftlichen Gesichtspunkten sinnvoll. Ebenso werden Stelleingriffe im Sinne der Anpassung von Programmen, Plänen, Maßnahmen usw. nur zu diskreten Zeitpunkten mit kontinuierlichen Abständen erfolgen. Die aus der Strukturdarstellung der PPR bekannten Input- und Outputsynapsen des prozessualen Lenkungsmechanismus (vgl. Abbildung 5-6) können in diesem Fall als Analog-Digital- bzw. Digital-Analog-Wandler fungieren, indem sie kontinuierlich ankommende Informationen aus den Prozessen aggregieren bzw. diskretisieren (Inputsynapse) und diese umgekehrt nach der Informationsverarbeitung wieder dem kontinuierlichen Prozess zuführen (Outputsynapse).

Aufgrund ihrer Charakteristik als diskrete, ereignisorientierte und stochastische Prozesse sowie ihrer im Vergleich zur klassischen Regelungstechnik großen Zeitkonstanten im Stunden-, Tages- oder gar Wochenbereich sind die Prozesse der Auftragsabwicklung im Maschinen- und Anlagenbau regelungstechnisch betrachtet stark verzögerungs- und totzeitbehaftet, d. h. durch Stellgrößen provozierte Änderungen der Regelgrößen sind erst nach einer definierten (langen) Zeitspanne am Ausgang der Regelstrecke messbar. Totzeiten im Regelkreis sowie das Nicht-Vorhandensein mathematischer Modelle der Regelstrecken führen dazu, dass sämtliche regelungstechnischen Methoden streng genommen nicht auf den vorliegenden Fall der Auftragsabwicklung im Maschinen- und Anlagenbau anwendbar sind. Unter der Annahme, dass zur Lenkung und Synchronisation von Auftragsabwicklungsprozessen jedoch keine exakten Reglergesetze ermittelt werden sollen und dass die Änderungsfrequenz der Regelgrößen in der betrieblichen Praxis bedeutend kleiner als die jeweiligen Abtastraten sind, was regelungstechnisch somit keine Signalverzerrung zur Folge hätte, können die Regelkreise der PPR quasi kontinuierlich behandelt werden (vgl. PETERMANN 1996, S. 84; REUTER U. ZACHER 2008, S. 319), was somit die Anwendung der Methoden und Gütekriterien der analogen Regelungstechnik gestattet (vgl. REUTER U. ZACHER 2008, S. 342).

Darüber hinaus liegt der Regelkreisbetrachtung innerhalb der PPR in der Auftragsabwicklung ein prozessorientiertes Verständnis zugrunde, was zu einer Adaption der Vorgehensweise bei der Modellierung von Regelkreisen führt (vgl. Kapitel 7.1). In Anlehnung an die prozessorientierte Regelkreisdefinition nach RAUCH sind alle Vorgänge in bzw. zwischen Regler und Regelstrecke innerhalb der PPR als Prozesse im Sinne der Definition aus Kapitel 2.1.2 zu verstehen (vgl. RAUCH 1997, S. 43).

6.2 Allgemeine Anforderungen an echtzeitfähige Regelkreise

Innerhalb des folgenden Unterkapitels werden zunächst allgemeine Anforderungen an echtzeitfähige Regelkreise definiert. Dazu erfolgt eine Aufbereitung derjenigen Eigenschaften von Regelkreisen, welche aufgrund der unterschiedlichen Analogiebetrachtungen zur Regelungstechnik bzw. zur Echtzeitsystematik Berücksichtigung zu finden haben. Darüber hinaus sollen hier die Leistungsmerkmale des High Resolution Production Management nach SCHUH (vgl. 2010 und 2011) betrachtet und mit den Regelungs- und Echtzeitanforderungen innerhalb des vorliegenden Betrachtungsbereichs in Einklang gebracht werden.

6.2.1 Gütekriterien der Regelungstechnik

Bedingt durch die quasikontinuierliche Betrachtung des vorliegenden Anwendungsfalls sind echtzeitfähige Regelkreise entsprechend der Gütekriterien der (analogen) Regelungstechnik zu gestalten, was die Forderungen nach Stabilität, Störkompensation und Sollwertfolge, Dynamik sowie Robustheit der Regelung impliziert (vgl. LUNZE 2010, S. 339ff.; Kapitel 2.3.3).

Als führendes Gütekriterium bezeichnet die **Stabilität** diejenige Eigenschaft einer zu regelnden Größe, sich nach Angriff einer Störung nach einem gewissen Zeitraum ohne weitere Einwirkung in einen Verharrungszustand zu begeben, d. h. das System soll in der Lage sein, die Störung „auszuregeln" und in seinen Ursprungszustand zurückzukehren (vgl. ZACHER U. REUTER 2011, S. 167). Dabei hängt die Stabilität eines Regelkreises sowohl von den Merkmalen der Regelstrecke als auch von den Kenngrößen des Reglers sowie der Charakteristik des Eingangssignals ab, sodass es bei falsch eingestellten Regeleinrichtungen zur Instabilität kommen kann. Dies kann bei einer auftretenden Störung in der Folge dazu führen, dass die Regelgröße derart oszilliert, dass das System u. U. zerstört wird (vgl. REUTER U. ZACHER 2008. S. 167). Somit ist es das Ansinnen der Stabilitätsbetrachtung, bei gegebener Regelstrecke für einen zu definierenden Frequenzbereich des Eingangssignals die am besten geeignete Regeleinrichtung zu ermitteln und bei auftretender Instabilität zu erkennen, welche Kenngrößen zu ändern sind, um wieder stabile Verhältnisse zu schaffen. In der klassischen Regelungstechnik existieren zur Stabilitätsermittlung unterschiedliche Stabilitätskriterien (z. B. nach HURWITZ oder nach NYQUIST), welche jedoch allesamt die mathematische Beschreibung der Regelstrecke im Sinne homogener Differenzialgleichungen voraussetzen und somit für den vorliegenden Anwendungsfall nicht geeignet sind.

Im Sinne der **Störkompensation und Sollwertfolge**, als zweitem Gütekriterium der Regelungstechnik, soll der Regelkreis ein vorgegebenes, stationäres Verhalten besitzen, d. h. die Regel- soll der Führungsgröße derart folgen, dass sich für große Zeiten keine bleibende Regelabweichung, d. h. keine Abweichung zwischen Regel- und Führungsgrößen, einstellt (vgl. REUTER U. ZACHER 2008, S. 222; LUNZE 2010, S. 340).

Die Art und Weise, wie sich die Regel- an die Führungsgröße annähert, wird in Form von **Dynamikforderungen** beschrieben (vgl. LUNZE 2010, S. 341), wobei in diesem Zusammenhang zwischen dem sog. Führungs- (dynamisches Verhalten der Regelgröße bei Sollwertänderung) und dem Störverhalten (dynamische Reaktion der Regelgröße bei Auftreten einer Störung) unterschieden wird (vgl. REUTER U. ZACHER 2008, S. 104). Dabei sollte die Regelgröße im Idealfall stets gleich der Führungsgröße sein und eine Störung sofort kompensieren. Zu Beginn der Regelungsaktivität ist die Anschwing- oder Anregelzeit ein Maß für die Schnelligkeit der Regelung und charakterisiert die Zeitspanne zwischen dem Auftreten einer Störung bzw. der Veränderung der Führungsgröße und dem Zeitpunkt, wenn die Regelgröße erstmalig in einen vorgegebenen Toleranzbereich eintritt (vgl. REUTER U. ZACHER 2008, S. 223). Demgegenüber zeigt die Einschwing- oder Ausregelzeit, wie lange der Übergangsprozess von einem alten in einen neuen Beharrungszustand dauert, d. h. bis die Regelgröße den Toleranzbereich des Endverharrungszustands nicht mehr verlässt. Innerhalb des Übergangsprozesses charakterisiert die Überschwingweite die größte Abweichung der Regelgröße vom Sollwert und wird prozentual zur Führungsgröße angegeben. Bei Auftreten einer Störung stellt die Überschwingweite die maximale Regelabweichung dar.

Gewährleistet eine Regelung trotz großer Änderungen der Prozessparameter eine zufriedenstellende Funktion, gilt sie im Sinne des vierten regelungstechnischen Gütekriteriums als **robust** (vgl. DIN 2009). Innerhalb vorhersehbarer Fehlerkorridore muss die Regelung bezüglich ihres internen Aufbaus (zusätzlich zu den von außen wirkenden Einflussgrößen) ihren Funktionszweck erfüllen und eine Maximierung ihres Stabilitätsbereiches anstreben.

6.2.2 Anforderungen der Echtzeitsystematik

Systeme gelten im Sinne der Echtzeitsystematik als echtzeitfähig, wenn sie harten Echtzeitbedingungen folgen, d. h. wenn Informationen innerhalb definierter Zeitspannen derart verarbeitet werden, dass diese ihren Nutzwert beibehalten (vgl. Kapitel 2.4). Echtzeitfähige Systeme sollen darüber hinaus nach objektiven Maßstäben Kriterien wie Rechtzeitigkeit, Vorhersagbarkeit, Sicherheit und Zuverlässigkeit erfüllen (vgl. ZÖBEL 2008, S. 18).

Dadurch, dass Echtzeitsysteme harten Zeitbedingungen folgen, müssen bestimmte Aufgaben zu einem definierten Zeitpunkt abgearbeitet sein. Die Forderung nach **Rechtzeitigkeit** der Aufgabenerfüllung ($A = r + \Delta e \leq d$) meint in diesem Zusammenhang, dass die Ausführung einer Aufgabe, welche eine gewisse Zeitspanne (Δe) in Anspruch nimmt, rechtzeitig beginnen (r) und rechtzeitig enden (d) muss (vgl. ZÖBEL 2008, S. 5). Bei harten Echtzeitbedingungen ist die Zeitbedingung A bei günstiger Randbedingung B mit einer Wahrscheinlichkeit von 1 zu erfüllen: $P(A \mid B) = 1$, wobei B in unmittelbarem Bezug zu der jeweiligen Aufgabenstellung dafür steht, dass im Zeitraum von r bis d weder technische Ausfälle auftreten, noch wichtigere Aufgaben zu erledigen sind. Innerhalb der technischen Umsetzung von Echtzeitsystemen sind die Rechenprozesse des Rechensystems, welche zwischen der Aufnahme von Messwerten und der Ausgabe von Stellwerten wirken, für die Einhaltung der Zeitbedingungen verantwortlich (vgl. ZÖBEL 2008, S. 32), denn ein richtiges Rechenergebnis zur falschen Zeit wird innerhalb der Echtzeitsystematik unter Zugrundelegung harter Zeitbedingungen ebenso als Fehler betrachtet wie ein falsches Rechenergebnis.

Da Echtzeitsysteme im praktischen Einsatz oft in sicherheitsrelevante Bereiche eingreifen und ihr Fehlverhalten mit Schaden verbunden sein kann (z. B. beim Elektronischen Stabilitätsprogramm (ESP) im Kraftfahrzeug), wird neben der Rechtzeitigkeit der Aufgabenerfüllung ebenso ein **vorhersagbares** oder gar determiniertes **Systemverhalten** gefordert (vgl. ZÖBEL 2008, S. 28). In diesem Zusammenhang ist im Sinne der Gleichung $P(A \mid B) = 1$ dafür zu sorgen, dass von der Randbedingung B sämtliche relevanten Situationen bekannt und erfasst sind, unter denen das Echtzeitsystem mit der Zeitbedingung A betrieben wird. Sind nicht sämtliche Situationen genau zu spezifizieren, ist wenigstens zu dokumentierten, unter welchen günstigen Bedingungen B sich keine Verletzungen der Zeitbedingung A ergeben, womit B letztlich die Betriebsbedingungen des Echtzeitsystems spezifiziert.

Im Hinblick auf **sicherheitsrelevante Anforderungen** an Echtzeitsysteme geht es vorrangig darum, Schaden aufgrund nicht eingehaltener Zeitbedingungen A zu verhindern, wobei in diesem Zusammenhang eine qualitative Abstufung des Begriffs „Schaden“ in Schaden für Leib und Leben (z. B. bei Störungen in Flugüberwachungssystemen), Schaden finanzieller Art (z. B. bei ungenauer Temperaturregelung eines Brennofens) und Schaden in Form von Qualitätseinbußen (z. B. beim zwischenzeitlichen Absinken der Sprachqualität eines Telefongespräches aufgrund von Überlastung) vorgenommen wird (vgl. ZÖBEL 2008, S. 28).

Oftmals als Synonym für die Sicherheit von Echtzeitsystemen wird der Begriff der Zuverlässigkeit gebraucht. Die **Zuverlässigkeit** bezieht sich dabei auf die Fehlersicherheit eines Echtzeitsystems und wird gewöhnlich in Form von Wahrscheinlichkeiten ausgedrückt. Als Messwert gibt die Zuverlässigkeit darüber Auskunft, inwieweit das Echtzeitsystem (im Betrieb) seiner Spezifikation entspricht und inwieweit es fehlerfrei arbeitet.

6.2.3 Leistungsmerkmale des High Resolution Production Managements

Indem sich das Konzept des High Resolution Production Management (HRPM) ebenso der Analogie zur Regelungstechnik bedient und darüber hinaus Aspekte der Echtzeitsystematik aufgreift (vgl. Kapitel 3.3.1), sollen an dieser Stelle die vier Leistungsmerkmale des HRPM ebenfalls mit in die Überlegungen zur Definition von Anforderungen an echtzeitfähige Regelkreise einbezogen werden.

In Form eines ersten Leistungsmerkmals wird dabei die konsequente Regelung der Produktionsplanungs- und -steuerungsprozesse in Form eines kaskadierten Regelkreismodells gefordert. Eine **echte Regelung der PPS** im Sinne des HRPM folgt dabei den Gütekriterien der Regelungstechnik, besteht aus kaskadierten, miteinander verknüpften Regelkreisen, arbeitet mit ebenenübergreifend konsolidierten Führungsgrößen, verarbeitet Echtzeitinformationen und regelt sich eigenständig innerhalb von Sollwert-Korridoren (vgl. SCHUH 2010). Im Sinne der im HRPM-Ansatz fokussierten adäquaten Hochauflösung der Informationsbeschaffung und -verarbeitung besagt die **Granularität der Führungsgrößen**, als zweitem Leistungsmerkmal, dass die Granularität bzw. Auflösung der Führungsgrößen innerhalb der Einzelregelkreise des kaskadierten Regelkreissystems adäquat, d. h. nur so fein wie nötig zu sein hat. Führungsgrößen auf Ebene der Vorausplanung sind somit deutlich höher zu aggregieren als Führungsgrößen auf den nachgelagerten Ebenen der Auftragseinlastung oder der Feinplanung. Aus der Granularität der Führungsgröße ist anschließend die jeweilige, adäquate Abtastrate des Regelkreises abzuleiten, wobei in diesem Zusammenhang, als drittem Leistungsmerkmal, eine **Harmonisierung des Antwortzeit-Verhaltens** des Einzelregelkreises bei Vorliegen mehrerer Führungsgrößen sowie der Regelkreisebenen oder -kaskaden untereinander anzustreben ist. Je Ebene oder Kaskade sind in Bezug auf die Führungsgrößen, als viertem und letztem Leistungsmerkmal des HRPM, **dynamische Sollwert-Korridore** festzulegen, innerhalb derer sich die Regelkreise selbstständig ausregeln können. Verlässt der Wert einer Führungsgröße den Sollwert-Korridor, müssen vorgelagerte Ebenen bzw. Kaskaden erneut durchlaufen werden. Darüber hinaus sind die Sollwert-Korridore der Führungsgrößen innerer Regelkreise im Sinne der klassischen Regelungstechnik aus den Stellgrößen der äußeren Regelkreise abzuleiten, was zu einer gewissen Dynamik bei der Vorgabe von Sollwert-Korridoren führt, welche wiederum durch das jeweilige System zu kompensieren ist.

6.2.4 Zusammenfassende allgemeine Anforderungen an echtzeitfähige Regelkreise

In Zusammenfassung der in den vorangegangenen Unterkapiteln aufgeführten, unterschiedlichen Anforderungen an echtzeitfähige Regelkreise ergibt sich die in Abbildung 6-1 dargestellte Übersicht. Da die einzelnen Anforderungen unterschiedlichen Bereichen entstammen, welche teilweise Überschneidungen besitzen, stehen einige Anforderungen als Synonym für wiederum andere, beinhalten oder bedingen einander. Das Ziel ist es nun, durch sachlogische Reduktion innerhalb einer Schnittmenge diejenigen Anforderungen herauszuarbeiten, welche letztlich auf den vorliegenden Fall einer Auftragsabwicklung im Maschinen- und Anlagenbau anwendbar sind.

Die klassische Regelungstechnik definiert zur Beurteilung des statischen und dynamischen Verhaltens von Regelkreisen sog. Gütekriterien (Stabilität, Störkompensation und Sollwertfolge, Dynamik und Robustheit). Diese Gütekriterien stehen ebenso im Fokus des ersten Leistungsmerkmals des HRPM, der echten Regelung der PPS, und sollen auch für eine echtzeitfähige PPR ihre Gültigkeit besitzen. Die Regelkreise der PPR sollen **regelungstechnisch stabil** sein, **Störungen ohne bleibende Abweichungen** zwischen Führungs- und Regelgrößen **kompensieren** sowie eine gewisse **Robustheit** besitzen, d. h. ihren jeweiligen Zweck trotz großer Änderungen der Prozessparameter erfüllen.

Die echte Regelung der PPS im HRPM fordert darüber hinaus einen **kaskadierten Aufbau** sowie die Verankerung dezentraler Regelkreise und wird ohne Einschränkung für die echtzeitfähige PPR übernommen. Zusätzlich dazu sind die **Führungsgrößen** der Einzelregelkreise im Hinblick auf die Verhinderung lokaler Optima ebenen- oder kaskadenübergreifend zu **synchronisieren**. Eine dritte, eher strukturelle Anforderung leitet sich ebenfalls aus den Leistungsmerkmalen des HRPM ab und fordert für die einzelnen Führungsgrößen **dynamische Sollwert-Korridore**, welche im Sinne einer weiteren Kaskadierung von einer überlagerten, sollwertgebenden Instanz bei mehrmaligem Verlassen der Toleranzbereiche der Sollwerte anzupassen sind. Eine Harmonisierung des Antwortzeitverhaltens, wie vom HRPM impliziert, ist bei strukturellem Verständnis der PPR nach Vorbild des Managementmodells Wandlungsfähiger Produktionssysteme (vgl. Kapitel 5.4) nicht notwendig, da sämtliche Führungsgrößen eines Regelkreises von ein und demselben Regler (Prozessleitung und -regelzentrum) geregelt werden. Darüber hinaus wird jedem Regelkreis, d. h. jedem Lenkungsmechanismus nach Verständnis des Systems 1, im Sinne der strukturgebenden Prinzipien der PPR ein Höchstmaß an Autonomie gewährt, sodass eine regelreisübergreifende Harmonisierung des Antwortzeitverhaltens ebenso nicht vorgesehen ist.

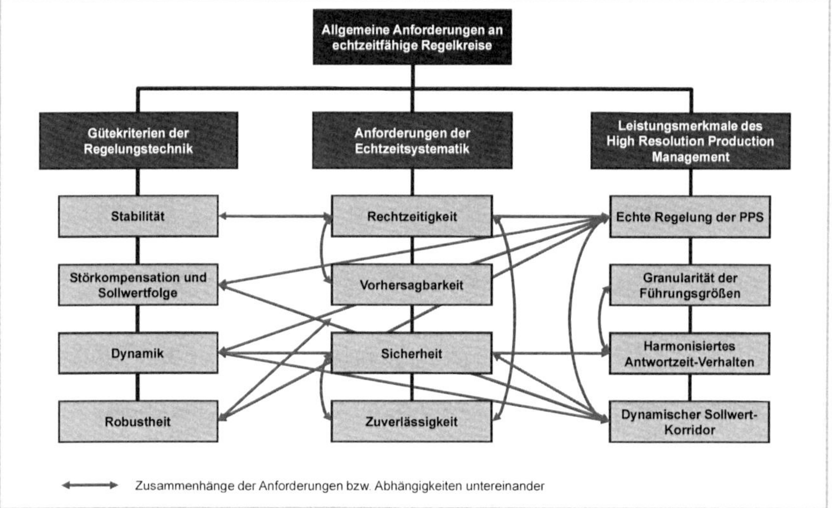

Abbildung 6-1: Allgemeine Anforderungen an echtzeitfähige Regelkreise

Im Hinblick auf die diskutierten Anforderungen aus der Echtzeitsystematik sind der Umgang mit dem Faktor Zeit bei der Informationsverarbeitung sowie die daraus abgeleiteten Bedingungen näher zu untersuchen. Nach den Erkenntnissen aus Kapitel 5.3.2 (Lenkungsprozesse der PPR) sind die Abläufe innerhalb der Regler der Regelkreise der PPR als prozessuale Kette zu verstehen, bei der die einzelnen Prozesse die Abarbeitung von Aufgaben bedingen, welche wiederum eine definierte Zeitspanne beanspruchen. Im Sinne der Zielerreichung, d. h. der Angleichung der Regel- an die Führungsgrößen, ist ein zügiger Prozessdurchlauf im Regler anzustreben. Eine echtzeitsystematische Forderung nach Sicherheit zielt in vielen Fällen auf die Abwendung von Schaden für Leib und Leben. Übertragen auf die PPR können Schäden dagegen vorrangig durch eine Nichterreichung von Zielen entstehen, wodurch die Anwendung harter Echtzeitbedingungen auf die PPR im weiteren Fortgang der Untersuchung kritisch zu hinterfragen ist. Die Erfüllung harter Zeitbedingungen erfordert neben **dynamischen Anforderungen** aus der klassischen Regelungstechnik eine **Rechtzeitigkeit** für die **Informationsverarbeitung**, welche jedoch individuell zu definieren sein wird. Aufgrund der Vorgabe harter Zeitbedingungen A sind darüber hinaus für vorhersagbare Situationen diejenigen günstigen Bedingungen B zu dokumentieren, unter welchen sich keine Verletzungen der Zeitbedingung A ergeben. Die echtzeitsystematische Forderung nach Sicherheit geht in der Forderung nach dynamischen Sollwert-Korridoren auf, da sich der Begriff der Sicherheit innerhalb der PPR auf Schäden durch Nichterreichung von Zielen bezieht. Auch soll die Forderung nach Zuverlässigkeit im echtzeitsystematischen Sinne nicht auf die PPR übertragen werden, wobei Zuverlässigkeit dabei fehlerfreies Arbeiten bedeutet, d. h. richtige Ergebnisse zur richtigen Zeit verlangt. Die Forderung nach „der richtigen Zeit" wird bereits durch eine rechtzeitige Informationsverarbeitung abgebildet und richtige Ergebnisse der Prozesse im Regler können definitorisch nicht garantiert werden, da keine mathematischen Modelle der jeweiligen Regelstrecken vorliegen. Zusammenfassend ergeben sich die in Abbildung 6-2 dargestellten Anforderungen an echtzeitfähige Regelkreise in der Produktionsplanung und -regelung.

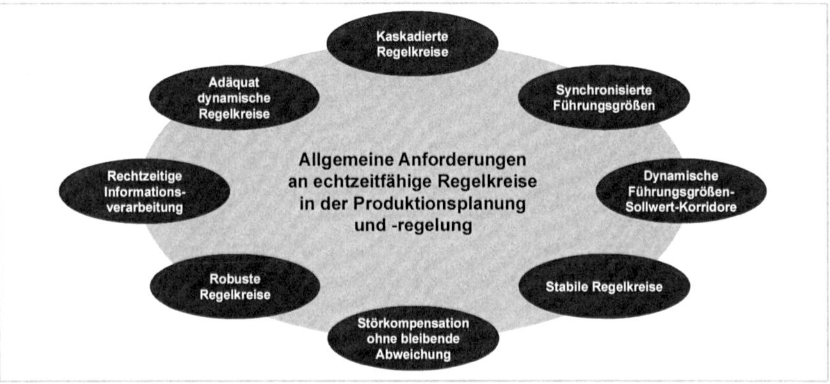

Abbildung 6-2: Allgemeine Anforderungen an echtzeitfähige Regelkreise in der Produktionsplanung und -regelung

Diese bis dato noch allgemein gehaltenen Anforderungen sollen innerhalb des folgenden Unterkapitels konkretisiert und im Hinblick auf die Auftragsabwicklung im Maschinen- und Anlagenbau präzisiert werden.

6.3 Konkretisierte Anforderungen an echtzeitfähige Regelkreise in der Produktionsplanung und -regelung

Die folgenden Unterkapitel befassen sich dezidiert mit den in Kapitel 6.2.4 abgeleiteten, allgemeinen Anforderungen an echtzeitfähige Regelkreise und konkretisieren diese für den vorliegenden Anwendungsbereich einer Produktionsplanung und -regelung in der Auftragsabwicklung des Maschinen- und Anlagenbaus.

6.3.1 Kaskadierte Regelkreise

Indem sich die Produktionsplanung und -regelung aus dem Managementmodell Wandlungsfähiger Produktionssysteme ableitet, übernimmt sie auch, soweit notwendig, dessen strukturellen Aufbau. Die PPR wirkt im Sinne des Rekursivitätsprinzips (vgl. Kapitel 5.2.1.2) auf den Rekursionsebenen der Kern- (RE_2) und der Detailprozesse (RE_3) und ist für die Lenkung und Synchronisation der jeweiligen Kern- bzw. Detailprozesse verantwortlich. Ebenen- bzw. kaskadenübergreifend entspricht die Struktur der aus der klassischen Regelungstechnik bekannten Kaskadenregelung (vgl. Kapitel 2.3.2). Übertragen bspw. auf das Wirken des Detailprozesses der Lieferterminermittlung innerhalb des Kernprozesses der Angebotsbearbeitung ergibt sich das in Abbildung 6-3 dargestellte Schaubild.

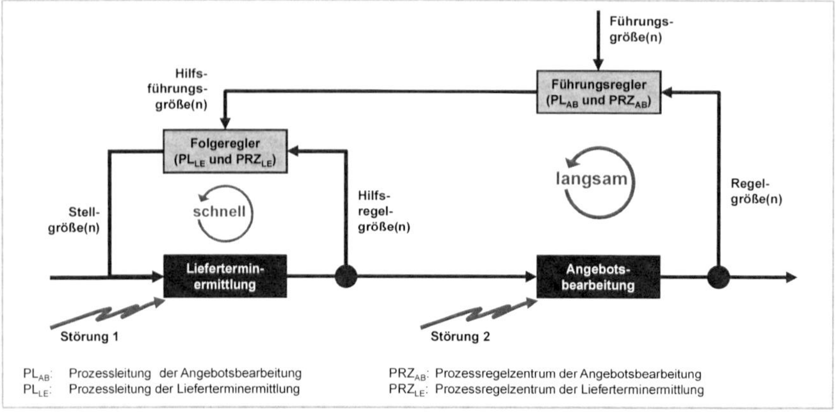

Abbildung 6-3: Kaskadierter Regelkreis aus Kernprozess Angebotsbearbeitung und Detailprozess Lieferterminermittlung

Der Regelkreis des Kernprozesses Angebotsbearbeitung wirkt als äußerer und der Regelkreis des Detailprozesses Lieferterminermittlung als innerer Regelkreis. Der auch als Führungsregler bezeichnete Regler der Angebotsbearbeitung entspricht kybernetisch betrachtet der Prozessleitung sowie dem Prozessregelzentrum der Angebotsbearbeitung und empfängt seine Führungsgröße(n) vom taktischen Produktionsmanagement (vgl. Brosze 2011, S. 128). Die Stellgrößen des äußeren Regelkreises der Angebotsbearbeitung ergeben wiederum die Führungsgrößen des inneren Regelkreises, wobei die Regelungstechnik in diesem Zusammenhang von Hilfsführungsgrößen spricht. Da die prozessuale Aufgabe der Lieferterminermittlung einer Teilmenge der Aufgabe der Angebotsbearbeitung entspricht (vgl. Kapitel 5.3.1.1), unterscheidet sich auch das Antwortzeit-Verhalten des Detail- von dem des Kernprozesses, indem sich der innere Regelkreis der Lieferterminermittlung schneller „dreht", als der äußere Regelkreis der Angebotsbearbeitung.

Aus der Prozess- und Informationsbetrachtung der PPR zum Kernprozess Angebotsbearbeitung (vgl. Kapitel 5.3.1.1) ist bekannt, dass sich selbige aus fünf Detailprozessen zusammensetzt (Anfrageerfassung, Anfrageklärung, Lieferterminermittlung, Preisermittlung und Angebotserstellung). Somit erweitert sich das Schaubild aus Abbildung 6-3 dahingehend, dass der äußere Regelkreis der Angebotsbearbeitung nunmehr fünf innere Regelkreise umschließt. Dies hat zur Folge, dass sämtliche Regelkreise der Detailprozesse der PPR ihre jeweiligen Führungsgrößen von den sie überlagerten Führungsreglern der Kernprozesse erhalten. Darüber hinaus sind die Führungsregler der Kernprozesse für die Synchronisation der Zielerreichung der Detailprozesse zuständig, indem sie, wie im MWP für die PL und PRZ vorgesehen, die Aufgaben der Prozesskoordination und -synchronisation (System 2) auf der nächsttieferen Rekursionsebene übernehmen (vgl. Brosze 2011, S. 129f.).

Denkt man die Kaskadierung noch eine Ebene weiter in Richtung Metasystem (in Abbildung 6-3 nach rechts), schließt sich im Sinne des MWP das taktische Produktionsmanagement an, welches wiederum die Führungsgrößen für sämtliche Kernprozessregler vorgibt und die Ausprägungen der jeweiligen Führungsgrößen auf ein größeres Ganzes (interne Stabilität des Produktionssystems) hin ausrichtet. Die Synchronisation der Kernprozesse im Sinne des Systems 2 entspricht dagegen keiner zusätzlichen Kaskade, da das System 2 keine Führungsgrößen definiert, sondern als eine Art Vorkopplung oder Vorsteuerung für die Weiterleitung von Regel- und Stellgrößenausprägungen der verschiedenen Folgeregler innerhalb einer Rekursionsebene zuständig ist (vgl. BROSZE 2011, S. 130). Abbildung 6-4 fasst die aus den allgemeinen Anforderungen der Kaskadierung abgeleiteten konkreten Anforderungen an die echtzeitfähige PPR nochmals zusammen.

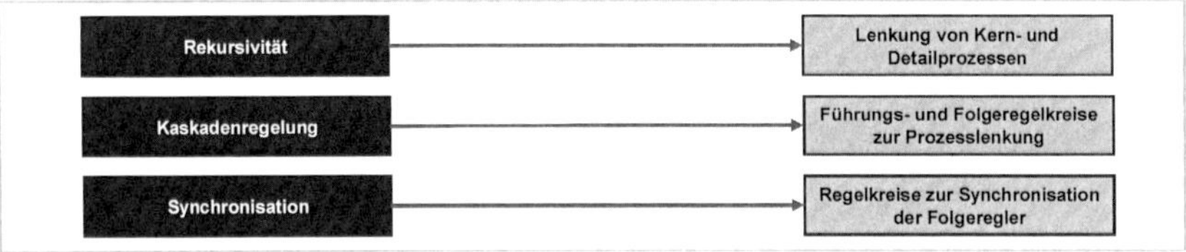

Abbildung 6-4: Anforderungen der Kaskadierung

6.3.2 Synchronisierte Führungsgrößen

Im Sinne der Definition aus Kapitel 2.3 ist es die Aufgabe einer Regelung, die Regelgröße des Regelkreises fortlaufend zu erfassen, mit einer Führungsgröße zu vergleichen und die Regel- an die Führungsgröße anzugleichen. Im vorliegenden Fall der PPR in der Auftragsabwicklung ist zunächst zwischen 1) auftragsneutralen, prozess- oder systembezogenen und 2) konkreten, auftragsbezogenen Führungsgrößen zu unterscheiden, wobei auftragsneutrale Führungsgrößen sowohl für die Lenkung als auch für die Synchronisation der Kernprozesse zu definieren sind. Das System der PPR als Summe aus Lenkungs- und Synchronisationsmechanismen bzw. Regelkreisen soll initial eingerichtet, nach mehrmaligem Durchlaufen der Regelkreise nachjustiert werden und anschließend unter Erfüllung der weiteren Anforderungen wie Stabilität und Robustheit ein zufriedenstellendes Langfristverhalten im Sinne der übergeordneten Zielgrößen (vgl. Kapitel 5.1.2) aufweisen.

Die **auftragsneutralen Führungsgrößen** der Regelkreise **zur Lenkung** der Prozesse der Auftragsabwicklung sollen dabei auf dem in Kapitel 5.1.3 konkretisierten Zielsystem der PPR basieren. Dabei sind die von BROSZE vorgeschlagenen und hier übernommenen Zielgrößen der internen Stabilität (Termintreue, Durchlaufzeit, Material- bzw. Arbeitsbestand, Auslastung, Prozessergebnisqualität und Prozesskosten; vgl. BROSZE 2011, S. 156) im Hinblick auf den konkreten Anwendungsfall der Auftragsabwicklung im Maschinen- und Anlagenbau zunächst zu präzisieren.

Als erste wichtige Führungsgröße fokussiert die Durchlaufzeit (DLZ) innerhalb der PPR auf die in Kapitel 2.1.2 eingeführte prozessuale DLZ, welche für eine Prozessaufgabe jeweils durch definierte Anfangs- und Endpunkte bestimmt wird. In diesem Sinne sind für die einzelnen Kern- und Detailprozesse im Hinblick auf die Durchführung ihrer Prozessaufgabe zeitliche Vorgaben in Form von Soll-Durchlaufzeiten festzulegen, welche in Relation zu einem Anfangs- einen Endtermin zum jeweiligen Prozess ausweisen. Ein Maß für die zeitgerechte Abarbeitung prozessualer Aufgaben definiert die Zielgröße der Termintreue, indem sie je Kern- oder Detailprozess vorgibt, in wie viel Prozent der Fälle eine zeitgerechte Bearbeitung stattzufinden hat. Die Zielgröße des Arbeitsbestands definiert den Vorrat an offenen Aufgaben für den jeweiligen Kern- oder Detailprozess, d. h. der Kernprozess Angebotsbearbeitung erhält bspw. die Vorgabe, unter Berücksichtigung der weiteren Zielgrößen, nach Möglichkeit nicht mehr und nicht weniger als fünf Angebote gleichzeitig zu erstellen. Die Auslastung als weitere Zielgröße bezieht sich auf die Auslastung der für die Abarbeitung der jeweiligen prozessualen Aufgabe bereitgestellten Kapazität, d. h. der Mitarbeiter oder Maschinen, welche den jeweiligen Prozess ausüben. Darüber hinaus sind die Kosten für die Durchführung der Prozessaufgaben als weitere Zielgröße ebenso mit zu berücksichtigen wie die Ergebnisqualität des Kern- oder Detailprozesses (z. B. beim Kernprozess Angebotsbearbeitung die Qualität des Angebotsdokuments inkl. sämtlicher inhaltlicher Punkte wie angebotener Liefertermin oder Preis).

Die den aufgeführten Führungsgrößen zugrundeliegenden Zielgrößen sind nicht unabhängig voneinander zu sehen, sondern beeinflussen sich gegenseitig. BROSZE empfiehlt hierfür die Analogiebetrachtung zum logistischen Verständnis der dargestellten Größen und deren Zielkonflikt (vgl. BROSZE 2011, S. 137f.), welchem über die Definition optimaler Betriebspunkte für das Gesamtsystem der PPR sowie der einzelnen dezentralen Einheiten, d. h. der Kern- und Detailprozesse, zu begegnen ist. Im Sinne der Überlegungen bei der Zielsystembildung in Kapitel 5.1.3 sollen die Zielkonflikte durch die Erfüllung des Ersatzziels der Regelungsfähigkeit sowie deren Teilzielen der Informationstransparenz, der Informationsqualität sowie der Echtzeitfähigkeit minimiert werden. In diesem Zusammenhang ist es die Aufgabe des (innerhalb dieser Untersuchung ausgeklammerten) taktischen PM, die charakteristischen Kennlinien, welche das Verhältnis der Zielgrößen untereinander ausdrücken, zu berechnen und anschließend die konkrete Ausprägung für jede Zielgröße und jeden Kernprozess vorzunehmen. Die PL innerhalb der Regler der Regelkreise prägen die Führungsgrößen anschließend in geeignete Stellgrößen aus. Durch die Kaskadierung der PPR wird gewährleistet, dass die Synchronität der Führungsgrößen über die verschiedenen Ebenen gewahrt bleibt, indem sich Führungsgrößen niederer Ebenen lediglich im durch die höher gelegene Ebene bereitgestellten Sollwert-Korridor positionieren können.

Neben den auftragsneutralen Führungsgrößen zur Lenkung der operativen Prozesse sind darüber hinaus **auftragsneutrale Führungsgrößen zur Synchronisation** selbiger notwendig, wozu das MWP ebenfalls Vorgaben bereithält (vgl. BROSZE 2011, S. 129ff.). Neben den Regelkreisen zur Lenkung erhalten auch die Regelkreise zur Synchronisation ihre Führungsgrößen vom taktischen PM. Um ihrem Zweck der Synchronisation folgen zu können, werden die Soll-Betriebspunkte der Prozesse ebenso an die Synchronisationsregelkreise als Vorgabe übermittelt, jedoch ergänzt um einen spezifischen Sollwert-Korridor je Größe der internen Stabilität (Durchlaufzeit, Termintreue, Arbeitsbestand, Auslastung, Prozesskosten und Prozessergebnisqualität) im durch das taktische PM berechneten Kennlinienfeld. Zusätzlich dazu wirken Vorgaben zu sog. Alarmschwellen, welche ein Maß für die Häufigkeit von Sollwert-Korridor-Überschreitungen der einzelnen Prozesse definieren, als weitere Führungsgrößen der Synchronisationsregelkreise. Wird ein bestimmter Schwellwert erreicht, muss der Synchronisationsregelkreis dies an den übergeordneten Führungsregler (taktisches PM) eskalieren, damit dieser zur Aufrechterhaltung der inneren Stabilität den jeweiligen Sollwert-Korridor anpasst oder aber Anpassungsmaßnahmen definiert und direkt an den betroffenen Kernprozess weiterleitet. Dazu erarbeitet das taktische PM ein Eskalationsmodell, welches konkret determiniert, welche Maßnahmen nach Erreichen welcher Kennzahlen zu ergreifen sind (vgl. BROSZE 2011, S. 138f.).

Beziehen sich die auftragsneutralen Führungsgrößen auf die prozessuale Struktur der PPR, d. h. auf die Lenkungs- und Synchronisationsmechanismen der Kern- und Detailprozesse der Auftragsabwicklung, fokussieren die **auftragsbezogenen Führungsgrößen** im Sinne des Zielsystems der PPR auf die Erfüllung der Marktziele Lieferzeit und Preis, woraus sich unternehmensintern die auftragsbezogenen Führungsgrößen Liefertermin und Herstellkosten ableiten. Die konkrete Ausprägung der beiden Größen wird innerhalb der Auftragsabwicklung im Rahmen des Kernprozesses der Projektierung vorgenommen (vgl. Kapitel 5.3.1.2) und anschließend in Form von Eckterminen und Soll-Kosten an die nachfolgenden Kernprozesse (Konstruktion bis Inbetriebnahme) sowie den Synchronisationsmechanismus zur Projektüberwachung und -steuerung weitergegeben. Auch für den konkreten Auftragsfall definiert das taktische PM ein Eskalationsmodell, welches definierte Maßnahmen bei einer Zielverletzung vorsieht. Dabei kann das Eskalationsmodell aus wirtschaftlichen Gesichtspunkten in der praktischen Anwendung aus einem Standard-Eskalationsmodell abgeleitet und für definierte Kunden, Produkte oder Kunden-Produkt-Kombinationen präzisiert werden. Abbildung 6-5 fasst die aus den allgemeinen Anforderungen der Führungsgrößen abgeleiteten konkreten Anforderungen an die echtzeitfähige PPR nochmals zusammen.

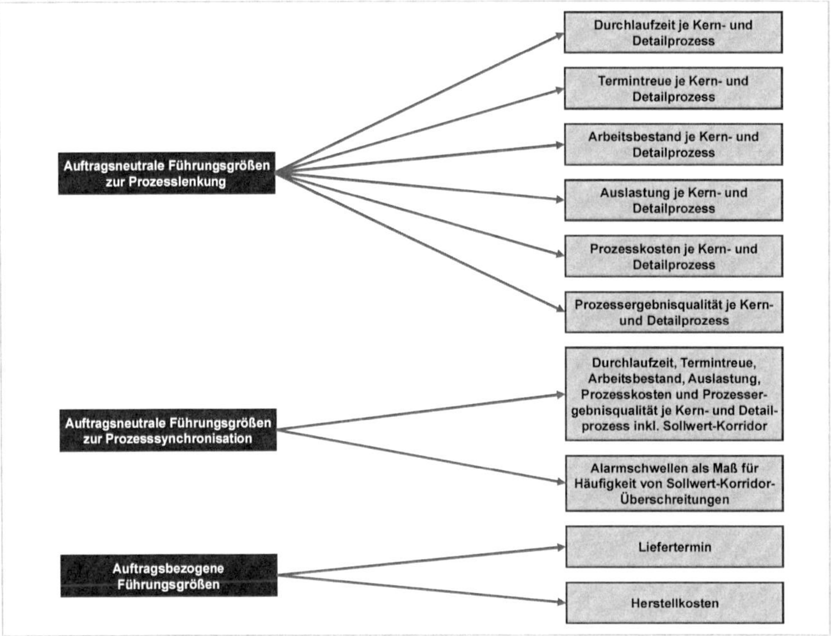

Abbildung 6-5: Anforderungen der Führungsgrößen

6.3.3 Dynamische Führungsgrößen-Sollwert-Korridore

Um den Regelkreisen zur Durchführung ihrer Aufgaben, d. h. der Lenkung und Synchronisation von Prozessen der Auftragsabwicklung, ein Höchstmaß an Autonomie zu gewähren, sind für die einzelnen Führungsgrößen adäquate Sollwert-Korridore festzulegen. Die Korridore grenzen dabei denjenigen Bereich ab, innerhalb dem sich der Regelkreis eigenständig „ausregeln" kann. Die klassische Regelungstechnik definiert dazu ein Feld aus oberer und unterer Toleranzgrenze, welches meist mit ±2 % bis ±4 % des angestrebten Endverharrungszustands gewählt wird (vgl. Kapitel 2.3.3). Im Sinne der strukturellen Anforderungen an echtzeitfähige Regelkreise steht jedoch weniger der Absolutwert des Korridors im Vordergrund, als vielmehr der Umstand, dass die Sollwert-Korridore der Führungsgrößen einer gewissen Dynamik unterliegen (sollen). Abgeleitet aus dem MWP sollen die Korridore dazu dienen, den Regelkreisen zur Störungsbewältigung einen definierten (Autonomie-)Spielraum zu gewähren. Verlassen die Führungsgrößen vereinzelt ihren Sollwert-Korridor, greift zunächst der synchronisierende Regelkreis ein. Verlässt die Führungsgröße eines Regelkreises dagegen mehrmals ihren Sollwert-Korridor, ist es die Aufgabe des synchronisierenden Regelkreises, dieses Verhalten an das taktische PM zu eskalieren, welches anschließend den Sollwert-Korridor der jeweiligen Führungsgröße anpasst und/ oder anderweitige Maßnahmen ergreift.

Zur Ermittlung der Sollwert-Korridore stehen dem taktischen PM verschiedene Methoden zur Verfügung. Ein geeignetes Mittel im logistischen Störungsmanagement ist diesbezüglich die Festlegung eines Toleranzbandes um die vorgegebene Zielgröße, wobei das Toleranzband durch eine obere und eine untere Eingreifgrenze definiert wird (vgl. SIMON 1995, S. 63f.; Abbildung 6-6). Die Eingreifgrenzen sollten dabei jeweils oberhalb bzw. unterhalb der vergangenheitsbezogenen Standardabweichung der Zielgröße definiert werden, um Turbulenzen im System durch zu häufiges Ändern des Sollwert-Korridors zu vermeiden.

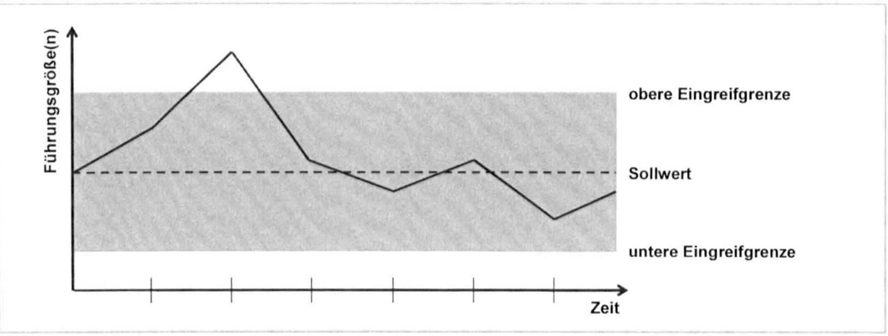

Abbildung 6-6: Führungsgrößen-Sollwert-Korridore

Abbildung 6-7 fasst die aus den allgemeinen Anforderungen der Führungsgrößen-Sollwert-Korridore abgeleiteten konkreten Anforderungen an die echtzeitfähige PPR nochmals zusammen.

Abbildung 6-7: Anforderungen der Sollwert-Korridore

6.3.4 Stabile Regelkreise

Die Stabilität gilt als das wichtigste Gütekriterium technischer Regelkreise und bezeichnet in diesem Zusammenhang die Eigenschaft, Störungen und Änderungen der Führungsgrößen derart „auszuregeln“, dass sich die Regelgrößen nach einem gewissen Zeitraum an die Führungsgrößen annähern (vgl. ZACHER U. REUTER 2011, S. 167). Übertragen auf die PPR soll sich bspw. die Ist-DLZ des Kernprozesses der Konstruktion bei Anliegen einer Störung (z. B. Ausfall von Konstruktionsmitarbeitern) durch Stelleingriffe so beeinflussen lassen, dass sich die Regelgröße (Ist-DLZ) nach einer gewissen Zeitspanne wieder an den Wert der Führungsgröße (Soll-DLZ) annähert und somit die Störung kompensiert wird.

Die Stabilität eines Regelkreises hängt u. a. von den Merkmalen der Regelstrecke ab, wobei Regelstrecken nach ihrem jeweiligen Zeitverhalten beurteilt werden (vgl. ZACHER U. REUTER 2011, S. 167). Zur Ermittlung der Merkmale einer technischen Regelstrecke wie Zeitkonstanten oder Verstärkungsfaktoren wird das betrachtete System mit einem definierten Eingangssignal beaufschlagt und das Ausgangssignal als Funktion der Zeit abgetragen. Aus der sog. Sprungantwort im Hinblick auf das Eingangssignal lassen sich anschließend unterschiedliche Regelstreckenmerkmale (z. B. Totzeiten) ableiten. Im vorliegenden Fall einer echtzeitfähigen PPR werden die Regelstrecken durch Prozessketten (Kern- und Detailprozesse innerhalb der lenkenden Regelkreise und Prozesse der Regler innerhalb der synchronisierenden Regelkreise; vgl. Kapitel 5.3) abgebildet und über verschiedene Führungsgrößen geregelt. Ein Regelvorgang wird dabei entweder nach Auftreten einer Störung oder der Änderung eines Führungsgrößenwertes angestoßen.

Neben den Merkmalen der Regelstrecke hängt die Stabilität eines Regelkreises darüber hinaus von den Kenngrößen des Reglers sowie der Charakteristik des Eingangssignals ab (vgl. ZACHER U. REUTER 2011, S. 167). Der Regler nach dem hier vorliegenden Verständnis ist im Sinne von Kapitel 5.3.2 als Abfolge definierter Prozessschritte zu verstehen, welche kybernetisch ausgedrückt dem Wirken von PL und PRZ entsprechen. In diesem Zusammenhang sind die Regler für das Regeln der zugehörigen Regelstrecke im Sinne der sechs Führungsgrößen verantwortlich. Regelungstechnisch entsteht ein sog. Mehrgrößenregler, wobei die Zusammenhänge der Führungsgrößen untereinander über die durch das taktische PM ermittelten Betriebskennlinien bekannt sind.

Zusammenfassend ist es das Ziel der Stabilitätsbetrachtung für die Regelkreise der PPR, durch die Definition von Sollwert-Korridoren und Vorgaben im Hinblick auf Häufigkeitswerte zur Sollwert-Korridor-Überschreitung, eindeutige Instabilitätsbereiche zu definieren, welche im laufenden Betrieb zu vermeiden sind. Ist dies nicht möglich, sind geeignete Stabilisierungsmaßnahmen zu hinterlegen, was insb. eine Anpassung der Sollwert-Korridore durch das taktische PM bedeuten kann. Darüber hinaus wirkt das Zusammenspiel aus Lenkungs- und Synchronisationsregelkreisen zusätzlich stabilisierend, indem die Synchronisationsregelkreise durch die Vorkopplung von Störungen anderer Lenkungsregelkreise ein antizipatives Entgegenwirken bereits vor Eintritt der Störung ermöglichen. Abbildung 6-8 fasst die aus den allgemeinen Anforderungen der Stabilität abgeleiteten konkreten Anforderungen an die echtzeitfähige PPR nochmals zusammen.

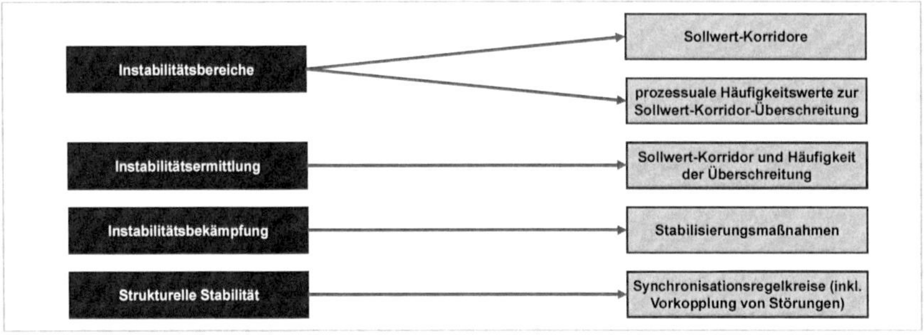

Abbildung 6-8: Anforderungen der Stabilität

6.3.5 Störkompensation ohne bleibende Abweichung

Als Teileigenschaft der Stabilität ist bereits bekannt, dass der Regelkreis anliegende Störungen derart ausregeln soll, dass sich die Regelgröße nach einer definierten Zeitspanne wieder an die Führungsgröße annähert. Zudem wird gefordert, dass für große Zeiten keine bleibende Abweichung zwischen Regel- und Führungsgröße resultiert. Im Hinblick auf die in Kapitel 6.3.2 definierten Führungsgrößen sind bezüglich des Zeitbegriffs unterschiedliche Überlegungen anzustellen. Zum einen ist zwischen der Zeitspanne zur Störkompensation selbst, d. h. bis die Regelgröße wieder in den Sollwert-Korridor eintritt, und zum anderen zwischen derjenigen Zeitspanne zu unterscheiden, bis zu der eine bleibende Regelabweichung möglichst zu minimieren ist. Eine bleibende Regelabweichung ist für die auftragsneutralen Führungsgrößen zur Prozesslenkung sowie für die auftragsbezogenen Führungsgrößen in jedem Fall im Rahmen der Soll-DLZ des jeweiligen Kernprozesses zu verhindern bzw. zu minimieren. Für den konkreten Auftragsfall bedeutet dies, dass ein Zeitverzug im Konstruktionsprozess auch nur innerhalb der DLZ des Konstruktionsprozesses selbst wieder aufgeholt werden kann, andernfalls schließt der Kernprozess der Konstruktion mit einer bleibenden Regelabweichung für die auftragsbezogene Führungsgröße Liefertermin.

Da der Synchronisationsregelkreis nicht hierarchisch in die PPR eingebettet ist, somit keiner zusätzlichen Kaskade entspricht und ebenso keine Führungsgrößen im eigentlichen Sinne besitzt, sind in diesem Zusammenhang bleibende Regelabweichungen in Bezug auf die auftragsneutralen Größen nicht existent und somit auch keine Zeitwerte vorzugeben. Demgegenüber soll für eine echtzeitfähige PPR jedoch gefordert werden, dass Störungen im Hinblick auf die auftragsneutralen Führungsgrößen zur Prozesslenkung sowie die auftragsbezogenen Führungsgrößen innerhalb eines definierten Prozentwertes der Soll-DLZ in dem Maße kompensiert werden, dass die Führungsgrößen wieder ihren Sollwert-Korridor erreichen, wobei die jeweiligen Prozentwerte individuell festzulegen sind. Abbildung 6-9 fasst die aus den allgemeinen Anforderungen der Störkompensation abgeleiteten konkreten Anforderungen an die echtzeitfähige PPR nochmals zusammen.

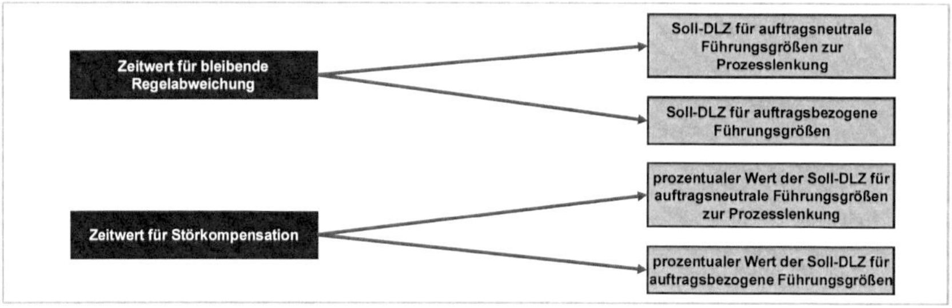

Abbildung 6-9: Anforderungen der Störkompensation

6.3.6 Robuste Regelkreise

Eine Regelung gilt im Sinne der Regelungstechnik grundsätzlich als robust, wenn sie ihren Funktionszweck auch bei großen Änderungen der Prozessparameter erfüllt und dabei eine Maximierung ihres Stabilitätsbereiches anstrebt (vgl. DIN 2009). Dies bedeutet übertragen auf den Anwendungsfall einer PPR in der Auftragsabwicklung, dass auch Störungen größeren Ausmaßes wie bspw. der Ausfall mehrerer Mitarbeiter einer Abteilung nach Möglichkeit nicht zu einer Instabilität in der Regelung des jeweiligen Prozesses führen sollte. Die aufgeführten Kriterien der Kaskadierung, der synchronisierten Sollwert-Korridore sowie der Dynamisierung selbiger erleichtern bereits den Umgang mit Instabilität; sie fordern gar die Auslegung der Regelung in einem Maße, dass bei mehrmaligem Überschreiten definierter Grenzen die bestehende Konfiguration hinterfragt und bei Bedarf angepasst wird. Dieser Umstand steht im Gegensatz zur Forderung der klassischen Regelungstechnik nach Regelkreisen, welche so zu konfigurieren sind, dass diese nach Möglichkeit jedwede eintretende Situation im Sinne der Führungsgröße(n) ausregeln können.

Als wichtiger Enabler für die Robustheit der prozessualen Regelkreise innerhalb der PPR wirken die Regelkreise zur Synchronisierung. Indem der Synchronisationsregelkreis die Möglichkeit bietet, große Abweichungen in den Führungsgrößen bei vorgelagerten Prozessen den nachgelagerten bereits frühzeitig mitzuteilen, erhalten diese die Option, ebenso frühzeitig bereits in geeignetem Maße gegenzusteuern. Dabei ist jedoch individuell zu entscheiden, ab welchem Abweichungswert der Führungsgröße(n) welcher Nachfolgeprozess zu informieren ist, da den Prozessen selbst nach Forderung des MWP grundsätzlich ein Höchstmaß an Autonomie einzuräumen ist (vgl. BROSZE 2011, S. 127f.). Das MWP stellt darüber hinaus mit dem sog. Alarmfilter (vgl. Kapitel 5.2.2.3) einen Mechanismus bereit, welcher außergewöhnliche Informationen direkt und ohne Umwege über den Synchronisationsregelkreis direkt an das taktische PM weiterleitet. Diese ebenso robustheitsfördernde Maßnahme greift bei außerordentlichen Regelabweichungen, z. B. wenn der Ausfall des ERP-Systems große Abweichungen bei mehreren Führungsgrößen hervorruft. Für die weiteren Betrachtungen soll der Mechanismus des Alarmfilters jedoch ausgeklammert werden, da er auf eine Maßnahmendefinition und -initiierung auf Ebene des taktischen oder gar des strategischen PM abzielt und sich somit außerhalb des operativen Betrachtungsbereichs der PPR befindet. Abbildung 6-10 fasst die aus den allgemeinen Anforderungen der Robustheit abgeleiteten konkreten Anforderungen an die echtzeitfähige PPR nochmals zusammen.

Abbildung 6-10: Anforderungen der Robustheit

6.3.7 Rechtzeitige Informationsverarbeitung

Abgeleitet aus der Analogie zur automatisierungstechnisch und informatorisch geprägten Echtzeitsystematik soll für echtzeitfähige Regelkreise in der PPR eine rechtzeitige Informationsverarbeitung gefordert werden. Die bereitgestellten Informationen sollen dabei hinsichtlich ihrer Qualität als verarbeitbar angenommen werden. Im Sinne der Definition in Kapitel 2.4 dient die Information dem Empfänger zu einem bestimmten Zweck und generiert dabei einen Wissenszuwachs, d. h. die Information selbst oder ihr informatorisch verarbeiteter Wert stiften dem Empfänger einen gewissen Nutzen (vgl. DIN 1995b). Oftmals besitzt der Nutzwert einer Information oder das Ergebnis eines informatorischen Prozesses eine zeitliche Befristung, d. h. tritt auf diese Information hin keine Reaktion ein, verliert die Information ihren eigentlichen Nutzwert und es kommt zur Verletzung von Zielgrößen oder bei großer Instabilität des Systems gar zu dessen Zerstörung.

Im Gegensatz zu technischen Echtzeitsystemen, bei denen sich die Zeitforderungen an die Rechenprozesse zur Informationsverarbeitung und somit weitergehend an die konkrete technische Umsetzung in Form von Prozessoren und Mikrocontrollern richten, stehen bei der PPR im Sinne von Kapitel 5.3.2 Informationsverarbeitungsprozesse zunächst ohne Vorgabe hinsichtlich einer operativen Umsetzung und somit ohne technische Restriktionen im Fokus der Betrachtungen. Als Zusammenführung der betriebsorganisatorischen Prozessdefinition aus Kapitel 2.1.2 sowie der Informationsflussdarstellung zur Lenkung der operativen Prozesse der PPR aus Kapitel 5.3.2.1 ergibt sich die folgende Darstellung.

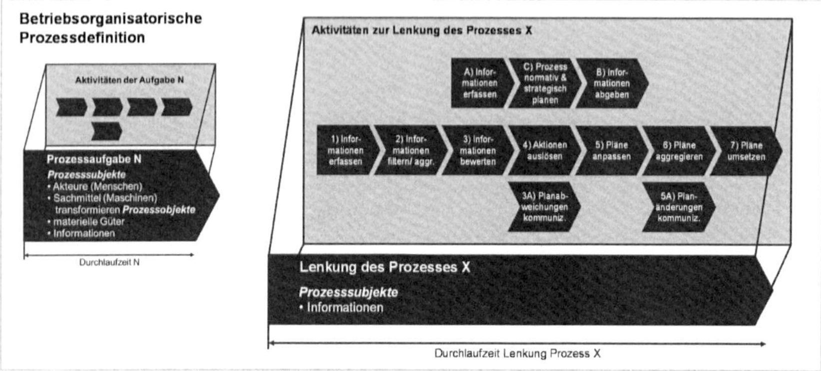

Abbildung 6-11: Prozesse zur Lenkung der operativen Prozesse der Produktionsplanung und -regelung

Dabei definieren die Schritte des aus dem Lenkungsmechanismus der Systeme 1 des MWP abgeleiteten Lenkungsablaufs die Aktivitäten, welche die Transformation der Prozesssubjekte „Informationen" zur Aufgabe haben. Der vollständige Durchlauf des Lenkungsablaufs von der Informationserfassung an der Regelstrecke bis zur Umsetzung abgeleiteter bzw. angepasster Pläne im Sinne eines Stelleingriffs determiniert dabei die DLZ zur Prozesslenkung. Somit ergibt sich für die Zeitforderungen A_n bei der Dimensionierung der jeweiligen Regler, dass diese so zu gestalten sind, dass die DLZ für den Lenkungsablauf Δe bei gegebenem Lenkungsbeginn r und Lenkungsende d eine rechtzeitige Informationsverarbeitung gestattet, d. h. dass die Gleichung $A = r + \Delta e \leq d$ Gültigkeit besitzt. Dabei hängt die Vorgabe für die DLZ des Lenkungsablaufs wiederum von den Merkmalen der Regelstrecke und dabei insb. von den Zeitkostanten ab. Umso schneller das Antwortzeitverhalten einer Regelung, umso geringer sollte auch die Prozesszeit des Reglers selbst ausfallen. Darüber hinaus sind für die Erfüllung der Zeitforderungen A_n im Hinblick auf eine spätere praktische Umsetzung des Modells diejenigen günstigen Bedingungen B zu untersuchen, welche eine Erfüllung der Zeitvorgaben erst ermöglichen. Abbildung 6-12 fasst die aus den allgemeinen Anforderungen der Rechtzeitigkeit der Informationsverarbeitung abgeleiteten konkreten Anforderungen an die echtzeitfähige PPR nochmals zusammen.

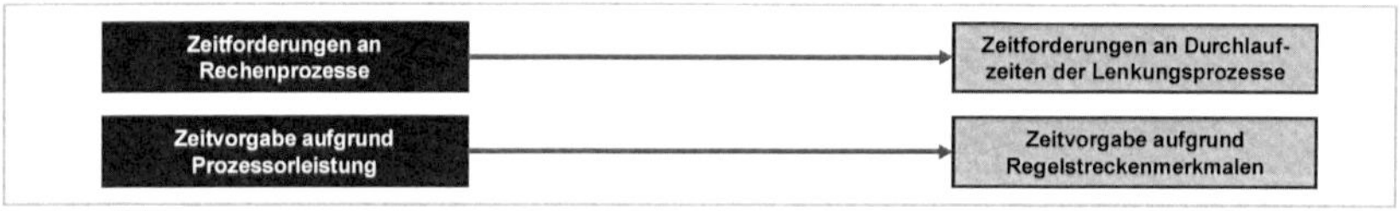

Abbildung 6-12: Anforderungen der Rechtzeitigkeit der Informationsverarbeitung

6.3.8 Adäquat dynamische Regelkreise

Innerhalb der vorangegangenen Unterkapitel sind bei der Diskussion der dortigen Anforderungen (z. B. Stabilität) bereits mehrfach Dynamikforderungen tangiert worden. Dynamikforderungen charakterisieren die Art und Weise einer Regelung, wie sich die Regelgröße bei Änderung der Führungsgröße oder bei Anliegen einer Störung über den Zeitablauf wieder an die Führungsgröße annähert und den Führungsgrößenwert nach Möglichkeit wieder einnimmt (vgl. LUNZE 2010, S. 341).

Problematisch bei der Betrachtung von Regelkreisen im Produktionsumfeld ist die Existenz von Übertragungs- und **Totzeiten** im Zeitablauf, wobei diese Verlustzeiten grundsätzlich in die Kategorien „Zeit zur Entwicklung einer Regelmaßnahme“ sowie in „Totzeiten der Regelstrecke“ unterteilt werden können (vgl. ZETLMAYER 1994, S. 38ff.). Abgeleitet aus den Totzeitarten bezogen auf Störungen in der Montage nach LEHMANN (vgl. 1992) können für den vorliegenden Anwendungsfall der PPR insgesamt vier Totzeitarten bezogen auf Störungen unterschieden werden:

- Totzeit der Störungsauswirkung: Störungen und Abweichungen innerhalb der Kern- und Detailprozesse wirken sich oft nicht sofort sichtbar aus, sondern entfalten ihre Wirkung zeitversetzt und/ oder auch erst innerhalb nachgelagerter Prozesse.
- Totzeit der Störungserfassung: Bis Störungen oder Abweichungen innerhalb der Kern- und Detailprozesse informatorisch erfasst werden (können), vergeht eine definierte (Tot-)Zeitspanne, welche in der praktischen Umsetzung bspw. durch Technik und Organisation der Betriebsdatenerfassung und des Rückmeldewesens bedingt sein kann.
- Totzeit der Maßnahmenentwicklung: Der Zeitraum der eigentlichen Regelung, d. h. der Ablauf der in Abbildung 6-11 skizzierten Prozesse von der Informationsbeschaffung bis zur Umsetzung der Pläne, wird ebenfalls als Totzeit betrachtet.
- Totzeit der Maßnahmenumsetzung: Da Planänderungen als Reaktionsmaßnahmen im Hinblick auf Störungen und Abweichungen bis zu ihrem Wirken erst umgesetzt werden müssen, ergeben sich hierbei je nach Umsetzungsaufwand weitere Verzögerungen.

Bis auf die Maßnahmenentwicklung sind alle Totzeiten dem Wirken der Regelstrecke zuzurechnen und somit durch die PPR nicht direkt beeinflussbar. Jedoch ist es das Ziel der in Kapitel 7 zu gestaltenden Regelkreise, diese Totzeiten beim Reglerentwurf bestmöglich zu berücksichtigen. Indem echtzeitfähige Regelkreise in der PPR die rechtzeitige Informationsverarbeitung im Sinne harter Echtzeitbedingungen fordern, ist es damit einhergehend das Ziel, auch die Totzeit zur Maßnahmenentwicklung so gering wie nötig (nicht wie möglich) zu halten. Die Reduzierung von Totzeiten geht darüber hinaus mit dem positiven Effekt einer Stabilitätserhöhung der Regelung einher (vgl. Kapitel 6.3.4). Möglichkeiten zur Zeitreduzierung bei der Maßnahmenentwicklung sind bspw. die Vorhaltung konkreter Reaktionsstrategien bei bekannten Störungen (vgl. ZETLMAYER 1994, S. 39).

Als wichtiges Kriterium für die Güte echtzeitfähiger Regelkreise in der PPR soll an dieser Stelle die sog. **Anregelzeit** definiert werden. Im Sinne der klassischen Regelungstechnik stellt die Anregelzeit ein Maß für die Schnelligkeit der Regelung und übertragen auf die PPR ein Kennzeichen für deren Echtzeitfähigkeit dar, indem sie die Zeitspanne zwischen der Identifikation einer Störung bzw. der Veränderung einer Führungsgröße und dem Zeitpunkt definiert, zu dem die Regelgröße den Sollwertkorridor wieder erreicht (vgl. REUTER U. ZACHER 2008, S. 223).

Im Gegensatz zur klassischen Regelungstechnik existieren innerhalb des dynamischen Verhaltens der Regelkreise der PPR keine Ausregelzeiten, da die Regelgrößen der PPR keine (gedämpften) Schwingungen ausführen und sich somit auch nicht um einen Sollwert einpendeln, sondern sich diesem asymptotisch annähern. Dies hat zur Folge, dass auch das Kriterium der Überschwingweite in den weiteren Ausführungen nicht zu berücksichtigen ist. Abschließend soll das Kriterium der bleibenden Regelabweichung als weitere Dynamikforderung an dieser Stelle lediglich aufgeführt werden, da es innerhalb von Kapitel 6.3.5 (Störkompensation ohne bleibende Abweichung) bereits behandelt wurde.

Als weitere wichtige Dynamikforderung ist die richtige **Abtastperiode**, d. h. diejenige Zeitspanne zu definieren, an deren Anfang und Ende jeweils die Messwerte der Regelgrößen ermittelt werden. Hinsichtlich der Forderung nach Stabilität darf die Abtastperiode aufgrund einer ansonsten zu großen Totzeit nicht zu groß gewählt werden (vgl. REUTER U. ZACHER 2008, S. 341). Andererseits könnte eine zu kleine Abtastperiode und somit eine zu häufige Messung der Regelgrößen (und somit Informationsverarbeitung) den Regler überlasten. Somit ergibt sich für die richtige Wahl der Abtastperiode auf der einen Seite als Extremwert die Verarbeitungsleistung des Reglers, welche eine minimale Abtastperiode (z. B. zehn Sekunden) und somit eine maximale Abtastrate (z. B. sechs Mal pro Minute) vorgibt. Auf der anderen Seite begrenzt die Soll-DLZ des jeweiligen Prozesses die Abtastperiode, indem die Messwerte der Regelgrößen bei Übereinstimmung von Soll-DLZ und Abtastperiode genau einmal abgefragt würden. Zwischen diesen beiden Extremwerten ist im Anwendungsfall eine adäquate Positionierung vorzunehmen. REUTER U. ZACHER empfehlen zehn und mehr Abtastungen je betrachtetem Zeitbereich, im Fall der Regelkreise der PPR innerhalb der DLZ der Lenkungsmechanismen. Diese Empfehlung deckt sich mit dem aus der klassischen Regelungstechnik bekannten Abtasttheorem nach SHANNON und NYQUIST, welches im auf die PPR übertragenen Sinne besagt, dass innerhalb der DLZ des Lenkungsmechanismus für gutes Führungsverhalten und schnelle Störkompensation zwischen sechs und zwanzig Mal abgetastet werden sollte (vgl. Kapitel 2.3.2). Abbildung 6-13 fasst die aus den allgemeinen Anforderungen der Dynamik abgeleiteten konkreten Anforderungen an die echtzeitfähige PPR nochmals zusammen.

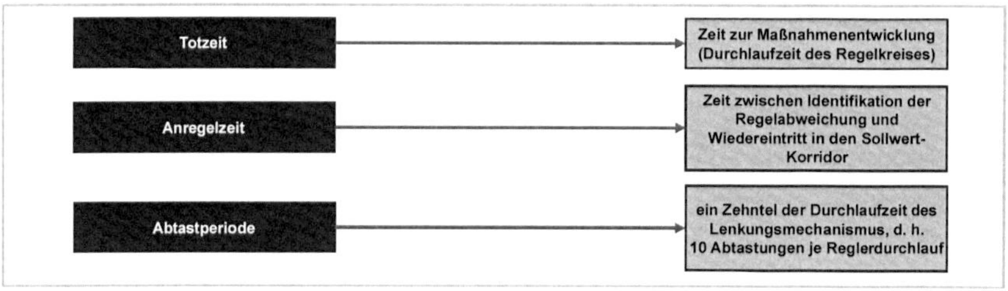

Abbildung 6-13: Anforderungen der Dynamik

6.4 Zusammenfassende Anforderungen an echtzeitfähige Regelkreise in der Produktionsplanung und -regelung

Abbildung 6-14 zeigt nochmals konsolidiert die Anforderungen an echtzeitfähige Regelkreise in der Produktionsplanung und -regelung. Im Folgenden wird davon ausgegangen, dass nur dann eine echtzeitfähige PPR gestaltet werden kann, wenn die dezentralen Regelkreise den definierten Anforderungen entsprechen. Auf Basis dieser Anforderungen werden in Kapitel 7 die Mechanismen zur Lenkung der neun Kernprozesse sowie zu deren Synchronisation echtzeitfähig gestaltet.

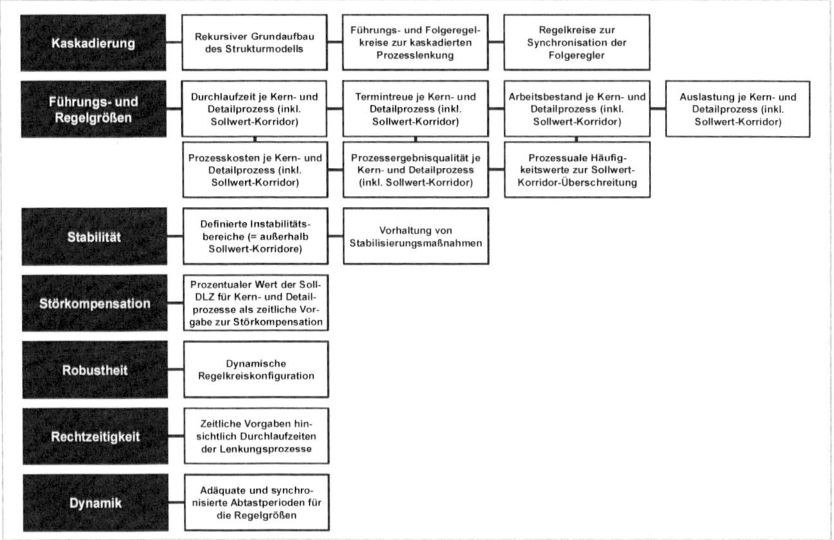

Abbildung 6-14: Konkrete Anforderungen an echtzeitfähige Regelkreise in der Produktionsplanung und -regelung

7 Echtzeitfähige Gestaltung der Produktionsplanung und -regelung

Nachdem in Kapitel 5 die Produktionsplanung und -regelung in der Auftragsabwicklung des Maschinen- und Anlagenbaus zunächst als ein aus mehreren dezentralen Regelkreisen bestehendes, kaskadiertes Regelkreissystem modelliert und die jeweiligen Anforderungen an die Einzelregelkreise sowie an deren Zusammenwirken aus unterschiedlichen Blickwinkeln in Kapitel 6 definiert wurden, führt Kapitel 7 nun die beiden Betrachtungen mit dem Ziel der echtzeitfähigen Gestaltung der PPR zusammen. Im Sinne einer systematischen Gestaltung erfolgt dabei zu Beginn die Adaption eines Vorgehensmodells zur Dimensionierung von Regelkreisen aus der klassischen Regelungstechnik (Kapitel 7.1). Der eigentlichen Gestaltung der Lenkungs- und Synchronisationsmechanismen einer echtzeitfähigen PPR nach den Schritten des Vorgehensmodells widmen sich die Kapitel 7.2 und 7.3, bevor die erarbeiteten Erkenntnisse in Kapitel 7.4 nochmals zusammengefasst werden. Kapitel 7.5 stellt schließlich einen allgemeingültigen Leitfaden zur Implementierung der echtzeitfähigen PPR bereit.

7.1 Vorgehensmodell zur echtzeitfähigen Gestaltung der Produktionsplanung und -regelung

In Kapitel 5 wurde die PPR in der Auftragsabwicklung des Maschinen- und Anlagenbaus eingehend beschrieben und abgegrenzt, indem sie als ein kaskadiertes Regelungssystem, bestehend aus Regelkreisen auf unterschiedlichen Ebenen, zu verstehen ist. Diese Regelkreise dienen zum einen der Lenkung operativer Prozesse, in diesem Fall den Kern- und Detailprozessen der Auftragsabwicklung, sowie der prozessübergreifenden Synchronisation. Die echtzeitfähige Gestaltung der PPR bezieht sich nun im Folgenden auf die Gestaltung der Prozesse zur Lenkung der neun Kernprozesse der Auftragsabwicklung (Angebotsbearbeitung, Projektierung, Konstruktion, Auftragserstellung, Einkauf, Fertigung, Montage, Versand und Inbetriebnahme) sowie auf die Prozesse zu deren Synchronisation. Aufgrund der Rekursivität des Gesamtsystems PPR lässt sich das Vorgehen ohne weitere Anpassung auf die Ebene der Detailprozesse ausdehnen. Für das komplexe Gestaltungsvorhaben soll zunächst ein adäquates Vorgehensmodell entwickelt werden, welches sich dessen Eigenschaft der Strukturierung von Abläufen zunutze macht (vgl. REITER 1999, S. 46). Da die hier im Fokus stehenden Lenkungsmechanismen nach dem Vorbild des Managementmodells Wandlungsfähiger Produktionssysteme auf der Regelkreisdarstellung basieren, soll für deren Gestaltung eine aus der klassischen Regelungstechnik etablierte Vorgehensweise zur Dimensionierung von Regelkreisen für die vorliegende Aufgabenstellung adaptiert werden (vgl. FÖLLINGER 2008, S. 12ff.; LUNZE 2010, S. 15ff.; Kapitel 4.2.3).

Entgegen dem klassischen Vorgehen zur Modellierung von Regelkreisen in der Regelungstechnik wird die **Modellierung der Regelstrecke** an den Anfang des Vorgehensmodells zur echtzeitfähigen Gestaltung der PPR gestellt. Dies hat den Grund, da sich die Anforderungen an die Regelkreise der PPR direkt aus den Charakteristika der zu lenkenden bzw. zu synchronisierenden Kern- und Detailprozesse der Auftragsabwicklung ableiten. Somit sind diese Prozesse im Sinne der betriebsorganisatorischen Prozessdefinition (vgl. Kapitel 2.1.2) mit ihren Aktivitäten sowie ihren Prozessin- bzw. -outputs zunächst adäquat darzustellen. Der Verweis aus der Regelungstechnik, das Modell zur Förderung der Robustheit möglichst einfach und so gering detailliert wie möglich zu gestalten (vgl. ABEL 2011, S. 364), wird an dieser Stelle ohne Einschränkungen übernommen.

In einem zweiten Schritt erfolgt anschließend die **Definition der Anforderungen** an die echtzeitfähigen Regelkreise im Sinne von Kapitel 6.4. Auf eine Festlegung der Regelungsart kann an dieser Stelle verzichtet werden, da sämtliche Regelkreise durch die Nachführung der Regelgrößen bei veränderlichen Führungsgrößen der Regelungsart einer Folgeregelung entsprechen (vgl. Kapitel 2.3.1). Die Definition der Anforderungen an die Regelkreise beinhaltet darüber hinaus die **Festlegung der zu regelnden Größen**.

Aus den Anforderungen an die Regelung sowie deren Regelgrößen sind in einem nächsten Schritt die relevanten **Stellgrößen abzuleiten**. In der klassischen Regelungstechnik wird bei Vorliegen mehrerer Stellgrößen zunächst über eine Analyse der physikalischen Wirkprinzipien diejenige Größe ermittelt, welche einen hinreichend großen und über wenige Verzögerungen wirkenden Einfluss auf die Regelgröße besitzt und auch unter Beachtung der physikalischen Beschränkungen eine ausreichende Wirkung erzielt. Im vorliegenden Fall der PPR muss an dieser Stelle eine Vereinfachung vorgenommen werden, da keine exakte mathematische Analyse und Beschreibung des Regelstreckenverhaltens möglich ist und somit eine konkrete Untersuchung der Wirkzusammenhänge zwischen Stell- und Regelgrößen den Rahmen dieser Untersuchung überschreitet. Das Managementmodell Wandlungsfähiger Produktionssysteme, welches die strukturelle Basis der hier diskutierten PPR darstellt, hat für die Lenkungsmechanismen der Systeme 1 Klassen von Stellgrößen definiert (Programme und Pläne, Maßnahmen, Reihenfolgen und Prioritäten; vgl. Kapitel 5.4), welche für den spezifischen Anwendungsfall der PPR im Folgenden zu präzisieren sind.

Innerhalb der Vorgehensweise zur echtzeitfähigen Gestaltung der PPR kommt der **Dimensionierung des Reglers** eine zentrale Bedeutung zu. Soll in der klassischen Regelungstechnik an dieser Stelle ein Reglergesetz ermittelt werden, bei dem der geschlossene Kreis die gegebenen Güteforderungen erfüllt, steht innerhalb der PPR die prozessuale Gestaltung der Regler zur Erfüllung der zuvor definierten Anforderungen im Vordergrund. In diesem Zusammenhang können zur bestmöglichen Anforderungserfüllung auch erweiterte regelungstechnische Wirkwege wie eine Vorsteuerung entworfen werden. In jedem Fall basiert die Struktur sämtlicher Regler auf den Vorgaben des MWP.

Die sich in der klassischen Regelungstechnik anschließende **Analyse** des Verhaltens des geschlossenen Regelkreises im Hinblick auf die **Erfüllung** der definierten **Anforderungen** wird innerhalb der vorliegenden Untersuchung in Form zweier Fallstudien durchgeführt (vgl. Kapitel 8). Fallstudien sind den sonst üblichen Simulationsuntersuchungen an dieser Stelle vorzuziehen, da das Regelstreckenverhalten zum einen nicht mathematisch exakt determinierbar ist und innerhalb der vorliegenden Forschungsarbeit eine anforderungsgerechte Gestaltung von Lenkungs- und Synchronisationsmechanismen anstatt einer tatsächlichen (technischen) Realisierung der Regler im Fokus steht (vgl. Kapitel 4.1).

Der letzte regelungstechnische Dimensionierungsschritt beinhaltet die konkrete technische **Realisierung des Reglers** mittels elektronischer, hydraulischer oder pneumatischer Elemente. Für den vorliegenden Fall einer echtzeitfähigen PPR zielt eine sich anschließende Realisierung insb. auf die Abbildung der Lenkungs- und Synchronisationsmechanismen in betrieblichen IT-Systemen (z. B. ERP-, MES- oder APS-Systemen usw.) in Kombination mit geeigneter, intelligenter Sensorik (z.B. Betriebs- (BDE)/ Maschinendatenerfassung (MDE), RFID usw.) und Aktorik, was sowohl innerhalb der Kapitel zur Reglerdimensionierung (vgl. Kapitel 7.2.4 und 7.3.4) als auch im Ausblick in Kapitel 9 nochmals aufgegriffen und diskutiert wird. Abbildung 7-1 fasst das Vorgehensmodell zur echtzeitfähigen Gestaltung der Regelkreise der Produktionsplanung und -regelung nochmals zusammen.

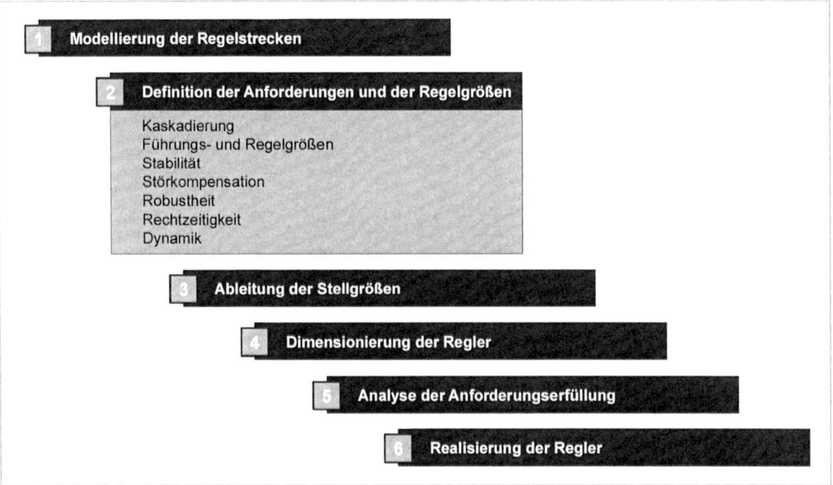

Abbildung 7-1: Vorgehensmodell zur echtzeitfähigen Gestaltung der Regelkreise der Produktionsplanung und -regelung

7.2 Echtzeitfähige Lenkungsmechanismen der Produktionsplanung und -regelung

Unter Anwendung des im vorangegangenen Kapitel entwickelten Vorgehensmodells sollen im Folgenden die Lenkungsmechanismen für die Kernprozesse der Auftragsabwicklung systematisch im Sinne der definierten Anforderungen entworfen und gestaltet werden. Dabei werden sämtliche Schritte am Beispiel des Kernprozesses der Angebotsbearbeitung demonstriert und können ohne Einschränkungen für die weiteren Prozesse übernommen werden.

7.2.1 Schritt 1: Modellierung der Regelstrecken

In der klassischen Regelungstechnik besteht der Sinn der Transformation der real vorliegenden Regelstrecke (zu regelnder Prozess) in ein mathematisches oder entsprechend graphisches Modell desselben darin, einen Regler für diese Strecke fundiert auswählen und einstellen zu können. Lediglich der Regler selbst steht am Ende in Kontakt mit dem realen Prozess, während das Streckenmodell nach erfolgreichem Reglerentwurf unbedeutend wird. Die Reglerauswahl sowie die Untersuchung des gesamten Regelkreisverhaltens werden dabei größtenteils auf mathematischer Basis vorgenommen. Wie in Kapitel 6.1 bereits erläutert, ist ein vollständig mathematischer Umgang mit einem Produktionssystem bisher nicht möglich. Von daher ist eine zu präzise Formulierung des Regelstreckenmodells nicht notwendig und insb. unter Berücksichtigung der Forderung nach einer robusten Regelung nicht erwünscht.

Festzuhalten ist an dieser Stelle, dass die Regelstrecken nach der Definition aus Kapitel 2.1.2 Prozessen mit ihren typischen Elementen entsprechen. Am Beispiel der Angebotsbearbeitung, als erstem Kernprozess der Auftragsabwicklung, sind dies die Aktivitäten des Prozesses selbst, charakterisiert durch die Detailprozesse der Angebotsbearbeitung, sowie die jeweiligen Prozessin- bzw. -outputs (vgl. Abbildung 7-2). Für die Beschreibung der zeitlichen Abläufe der einzelnen Regelstrecken (Kernprozesse der Auftragsabwicklung) sei auf die Ausführungen der Kapitel 5.3.1.1 bis 5.3.1.9 verwiesen; die informatorischen In- bzw.

Outputs der Kernprozesse der Auftragsabwicklung ergeben sich direkt aus der Informationsmatrix der operativen Prozesse der PPR nach SCHMIDT (vgl. Kapitel 5.3.1; Abbildung 5-14).

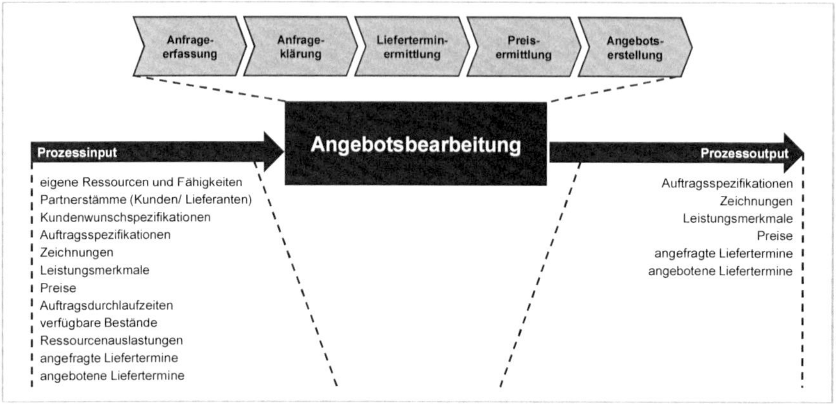

Abbildung 7-2: Modellierung der Regelstrecke am Beispiel der Angebotsbearbeitung

Für die weiteren Gestaltungsschritte sind die prozessualen Aktivitäten (Detailprozesse) sowie die Prozessin- bzw. -outputs in oben aufgeführter Darstellung nicht direkt von Bedeutung. Sie dienen jedoch insb. im nächsten Schritt indirekt der Definition konkreter Anforderungen an die jeweiligen Regelkreise.

7.2.2 Schritt 2: Definition der Anforderungen und der Regelgrößen

Nachdem die Regelstrecken (am Beispiel der Angebotsbearbeitung) in Form ihrer Aktivitäten sowie Prozessin- und -outputs dargestellt und beschrieben wurden, sollen daraus nun die Anforderungen an deren echtzeitfähige Regelung abgeleitet sowie die zu regelnden Größen bestimmt werden. Dazu wird sich an der in Kapitel 6.3 erarbeiteten Struktur zur Anforderungsdefinition orientiert und diese sukzessive angewendet.

7.2.2.1 Kaskadierung

Die erste Anforderung der Kaskadierung bezieht sich zunächst auf den strukturellen Aufbau der PPR in ihrer Gesamtheit. Um echtzeitfähig lenken bzw. synchronisieren zu können, ist ein kaskadierter Grundaufbau der PPR notwendig. Vergleichsweise schnell drehende, innere Regelkreise sollen eine (echt-)zeitnahe Anpassbarkeit an sich ändernde Gegebenheiten in der Auftragsabwicklung gewährleisten, während äußere, vergleichsweise langsamer drehende Regelkreise u. a. für die Überwachung und Anpassung der Führungsgrößen der inneren Regelkreise zuständig sind. Abbildung 7-3 zeigt wiederum am Beispiel der Angebotsbearbeitung die Umsetzung der Anforderungen aus der Kaskadierung (vgl. Kapitel 6.3.1). Der Forderung nach Führungs- und Folgeregelkreisen zur Prozesslenkung wird mit der vorliegenden Darstellung entsprochen. Die Lenkung des Kernprozesses erfolgt über den Folgeregler, welcher seine Führungsgrößen vom überlagernden Führungsregler erhält. In Summe existieren innerhalb der PPR auf Ebene der Kernprozesse neun Folgeregler, einer zur Lenkung jedes Kernprozesses, sowie ein Führungsregler (taktisches PM). Da die Verfeinerung der Betrachtung von Kern- auf Detailprozessebene lediglich einer weiteren Kaskadierung entspricht, wird somit der Rekursivitätsforderung nach einer Lenkung von Kern- und Detailprozessen entsprochen. Die letzte Forderung innerhalb der Kaskadierung (Regelkreise zur Synchronisation der Folgeregler) wird aus gliederungstechnischen Gesichtspunkten im Anschluss im Rahmen von Kapitel 7.3 behandelt.

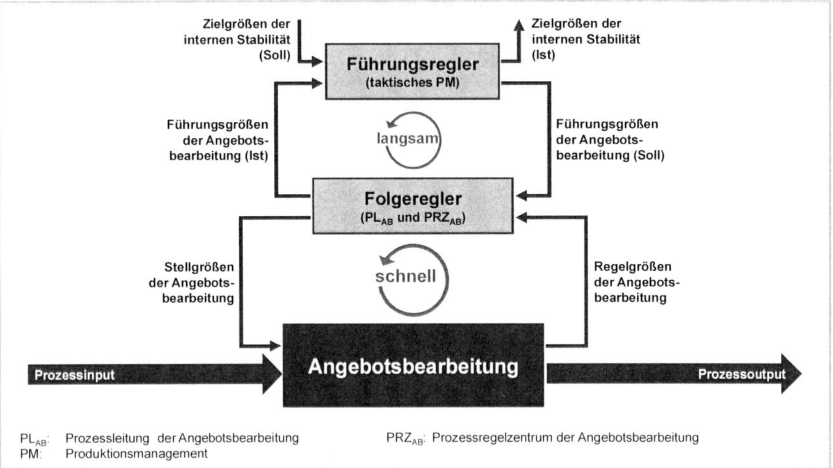

Abbildung 7-3: Umsetzung der Kaskadierungsanforderungen am Beispiel der Angebotsbearbeitung

7.2.2.2 Führungs- und Regelgrößen

Die Führungsgrößen der zu lenkenden bzw. zu regelnden neun Kernprozesse der Auftragsabwicklung entsprechen den in Kapitel 6.3.2 definierten, auftragsneutralen Führungsgrößen zur Prozesslenkung: Durchlaufzeit, Termintreue, Arbeitsbestand, Auslastung, Prozesskosten und -ergebnisqualität. Der Führungsregler des taktischen PM berechnet nach Vorgabe des MWP zunächst das Kennlinienfeld der Betriebskennlinien für das gesamte Produktionssystem (vgl. BROSZE 2011, S. 137f.). Anschließend werden daraus die Soll-Betriebspunkte für jeden der neun Kernprozesse abgeleitet, wobei jeder Betriebspunkt konkrete Ausprägungen zu den sechs Führungsgrößen sowie darüber hinaus (bei Bedarf) eine obere und untere Eingreifgrenze und somit einen Sollwert-Korridor beinhaltet. Abbildung 7-4 zeigt am Beispiel der Angebotsbearbeitung mögliche Führungsgrößenausprägungen.

Der Sollwert-Korridor für die Führungsgröße Durchlaufzeit liegt im dargestellten Beispiel der Angebotsbearbeitung zwischen null und sechs Betriebskalendertagen (BKT), d. h. zwischen dem Beginn (Eingang einer Kundenanfrage) und dem Ende des Kernprozesses (Versand des Angebots) sollen laut Vorgabe nicht mehr als sechs BKT vergehen. Verlässt der Kernprozess diesen Sollwert-Korridor mehrfach, in diesem Fall nach oben über die Sechstagegrenze hinaus, ist es die Aufgabe des Synchronisationsregelkreises, dieses transparent zu machen und geeignete Maßnahmen zu ergreifen. Dies kann entweder bedeuten, die Ist-Durchlaufzeiten wieder auf einen Wert kleiner sieben BKT zu reduzieren oder aber den Sachverhalt in Richtung des Führungsreglers (taktisches PM) zu eskalieren, welcher anschließend den Sollwert-Korridor für die DLZ verändern kann (z. B. auf den Wert „< 8 BKT").

Somit erhält die PPR zusammenfassend vom taktischen PM für jeden der neun Kernprozesse jeweils sechs Führungsgrößen inkl. (bei Bedarf) Sollwerten und Sollwert-Korridoren. Diese Werte ermittelt der Führungsregler auf Basis der vom strategischen PM kommenden Zielgrößenausprägungen für das gesamte Produktionssystem, indem dieser das Kennlinienfeld für das Produktionssystem berechnet und anschließend für jeden Kernprozess einen individuellen Betriebspunkt im Feld ermittelt, sodass die Summe aller Betriebspunkte ein Maximum an interner Stabilität des Produktionssystems anstrebt.

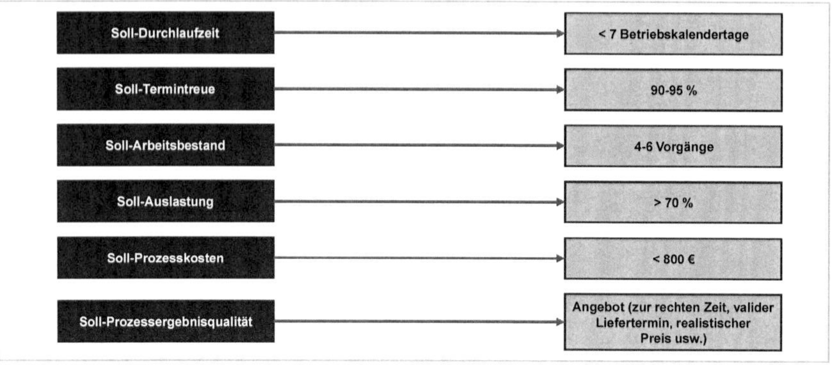

Abbildung 7-4: Beispielhafte Ausprägung der Führungsgrößen in der Angebotsbearbeitung

Im Gegensatz zur klassischen Regelungstechnik, bei der die Regelgrößen des Regelkreises aus den Güteforderungen der Regelung resultieren, lassen sich die Regelgrößen der Lenkungsmechanismen direkt aus den Führungsgrößen ableiten, indem sie deren Istwerten entsprechen. Am Beispiel des Kernprozesses der Angebotsbearbeitung ergibt sich aus der Führungs- und Regelgrößendiskussion für das regelungstechnische Schaubild des Lenkungsmechanismus die folgende Darstellung.

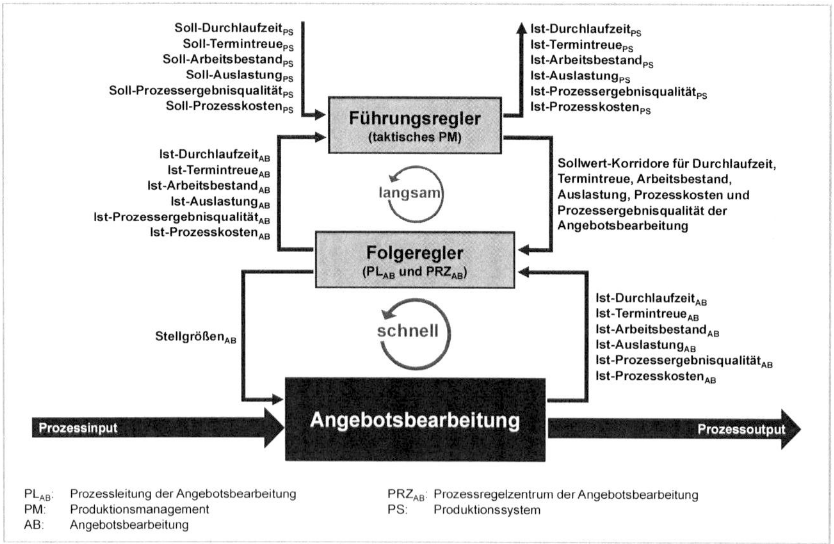

Abbildung 7-5: Umsetzung der Führungs- und Regelgrößenanforderungen am Beispiel der Angebotsbearbeitung

Der Führungsregler erhält von der ihn überlagernden Kaskade (strategisches PM) Sollwerte für die Zielgrößen der internen Stabilität des gesamten Produktionssystems und meldet dem strategischen PM zu definierten Zeiten die zugehörigen Istwerte zurück. Für jeden der neun Kernprozesse definiert der Führungsregler jeweils einen Betriebspunkt, welcher Sollwert-Korridore für die aufgeführten sechs Führungsgrößen beinhaltet. Der Folgeregler übersetzt diese Führungs- in Stellgrößen, wirkt damit auf die Regelstrecke ein und misst anschließend die zugehörigen Istwerte. Nach erfolgter Differenzbildung aus Ist- und Sollwerten wird ersichtlich, ob die Regelung innerhalb der definierten Sollwert-Korridore operiert oder ob eine bleibende Regelabweichung bei einer der Größen vorliegt. Ist dies der Fall, sind geeignete Angleichungsmaßnahmen zu ergreifen. Darüber hinaus werden die Werte der Regelabweichungen an den Synchronisationsregler übermittelt (vgl. Kapitel 7.3), welcher seinerseits Sollwert-Korridor-Überschreitungen außerhalb eines definierten Häufigkeitswertes (hier Annahme von erlaubten drei Überschreitungen für sämtliche Sollwert-Korridore) an den Führungsregler zur evtl. Sollwert-Korridor-Anpassung eskaliert.

7.2.2.3 Stabilität

Verlassen die Regelgrößen eines Lenkungsmechanismus ihren jeweiligen Sollwert-Korridor, ist es die Aufgabe der Regelung, die Regelgröße durch geeignete Wahl und Ausprägung von Stellgrößen der Führungsgröße im Zeitablauf wieder anzunähern. Diese Eigenschaft einer Regelung charakterisiert ihre Stabilität, indem durch Störungen oder Führungsgrößenänderungen provozierte Regelgrößenänderungen und somit entstehende Regelabweichungen vom Regelkreis selbst ausgeregelt und somit korrigiert werden. Für die Regelkreise bedeutet dies zunächst, eindeutige Bereiche zu definieren, in denen eine Instabilität zu vermuten ist. Da für die einzelnen Regelstrecken (Kernprozesse der Auftragsabwicklung) keine mathematischen Modelle ihres Verhaltens vorliegen, sind auch Aussagen zu deren zeitlichem Verhalten lediglich abzuschätzen. Aufgrund der strukturellen Auslegung der PPR auf Basis der Prinzipien der Lebensfähigkeit, der Rekursivität sowie der Autonomie wird jedoch eine gewisse Grundstabilität der Einzelregelkreise vorausgesetzt. In diesem Zusammenhang wirkt die Kaskadierung der PPR störungsdämpfend, indem Störungen zunächst lokal durch den jeweiligen Folgeregler behandelt werden. Somit ergeben sich für die Bereiche der Führungsgrößen, in denen es zu Instabilitäten kommen kann, die negierten Bereiche der Sollwert-Korridore. Abbildung 7-6 veranschaulicht dies am Beispiel der Angebotsbearbeitung.

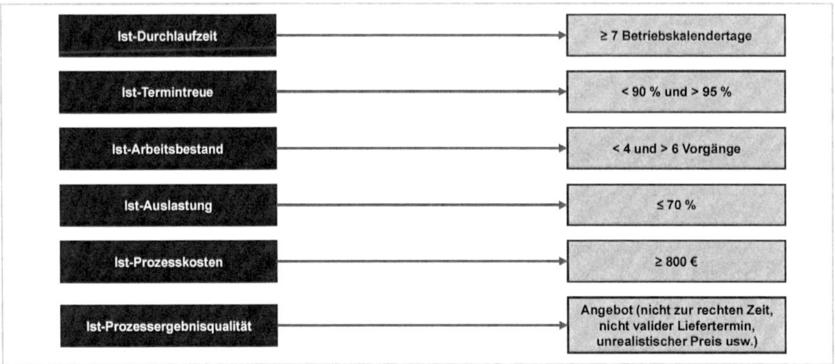

Abbildung 7-6: Mögliche Instabilitätsbereiche am Beispiel der Angebotsbearbeitung

Erhöht sich bspw. die DLZ der Angebotsbearbeitung langfristig auf Werte größer sieben BKT, so führt dies ebenso aufgrund der durch die Betriebskennlinien dokumentierten Abhängigkeiten zu negativen Auswirkungen bei den anderen Regelgrößen. Wie Abbildung 5-3 zeigt, verringert sich z. B. die Termintreue bei steigenden Durchlaufzeiten, was ebenso mit steigenden Prozesskosten einhergeht. Der Gedanke der eigentlichen Instabilität entsteht jedoch erst, wenn auch andere Regelungen, d. h. Lenkungsmechanismen weiterer Kernprozesse, betroffen sind. Erhöht sich bspw. der Ist-Arbeitsbestand im Einkauf so stark, dass die vorhandenen Mitarbeiter ihre Bestellvorgänge nicht mehr zeitgerecht abarbeiten können, kann dies dazu führen, dass benötigte Materialien in der Fertigung oder Montage nicht rechtzeitig vorhanden sind und sich somit die Auslieferung eines gesamten Kundenauftrags verzögert. Dies kann aber dadurch verhindert werden, dass der Synchronisationsregelkreis über die Sollwert-Korridor-Überschreitung im Einkaufsprozess informiert wird und somit die Gelegenheit erhält, nachfolgende Kernprozesse über die aufgetretenen Abweichungen zu benachrichtigen, sodass diese wiederum bereits im Vorfeld (im regelungstechnischen Sinne einer Vorsteuerung) geeignete Kompensationsmaßnahmen zumindest vorbereiten können.

Im Rahmen des regelkreisinternen Stabilitätsverständnisses ist es entscheidend, bei Überschreitung des Sollwert-Korridors schnell und insb. mit den richtigen Stabilisierungsmaßnahmen zu reagieren. Dazu sind in den jeweiligen Folgereglern passend zu definierten Sollwert-Korridor-Überschreitungen Repertoire an geeigneten Maßnahmen abzulegen, welche je nach Grad der Überschreitung zur Anwendung kommen sollen.

7.2.2.4 Störkompensation

Die Vorgabe von Sollwert-Korridoren dient dem Zweck, den Regelkreisen einen angemessenen Autonomiespielraum zu gewähren, in dessen Rahmen auf die Regelung einwirkende Störungen eigenständig ausgeregelt werden können, d. h. dass der Regler des Regelkreises nach Überschreiten des Sollwert-Korridors einer oder mehrerer Führungsgrößen geeignete Maßnahmen ergreift, um die Regelgröße innerhalb einer definierten Zeitspanne wieder in den Korridor zurückzuführen. Den zeitlichen Rahmen definiert dabei für jeden Kernprozess die vom Führungsregler vorgegebene Soll-DLZ. Am Beispiel der Angebotsbearbeitung ist die DLZ mit einem Sollwert von bis zu sechs BKT angegeben, was impliziert, dass sich der Wert der Regelgröße vor dem Erreichen der Soll-DLZ wieder an den Wert der Führungsgröße angenähert haben muss, um eine bleibende Regelabweichung zu verhindern.

Als Zeitwert für die Störungskompensation im Sinne der Anforderung aus Kapitel 6.3.5 soll für alle auftragsneutralen Führungsgrößen der Prozesslenkung sowie ebenso für alle Kernprozesse beispielhaft ein Wert von 20 % der Soll-DLZ des jeweiligen Kernprozesses angenommen werden. Dies bedeutet bspw., dass der Regler des Lenkungsmechanismus der Projektierung bei einer Überschreitung des Sollwert-Korridors der Führungsgröße Auslastung ein Fünftel des Wertes der Soll-DLZ der Projektierung als Zeitspanne vorgegeben bekommt, um die Regelgröße wieder in den Sollwert-Korridor zurückzuführen. Bei einer konkreten Anwendung der Lenkungsmechanismen im Unternehmen können die vorgegebenen Zeitwerte zur Störkompensation natürlich stark voneinander abweichen. Denkbar ist an dieser Stelle, höher priorisierte Führungsgrößen (z. B. Termintreue) mit geringeren Zeitwerten zu versehen, um somit eine schnellere Angleichung der Größen zu motivieren.

7.2.2.5 Robustheit

Indem die hier zu gestaltenden Lenkungsmechanismen in ihrer Struktur auf dem MWP basieren und damit einhergehend in ein kaskadiertes Regelkreissystem eingebunden sind, erfüllen sie bereits die Forderung nach einer dynamischen Regelkreiskonfiguration (vgl. Kapitel 6.3.6). Dies zielt insb. auf den Umstand, dass durch die Vorgabe von Sollwert-Korridoren sowie eine Dynamisierung selbiger eine Robustheit geschaffen wird, welche die Aufrechterhaltung der Funktionsfähigkeit der einzelnen Regelkreise auch bei großen Änderungen der Regelkreisgrößen gewährleistet. Dies kann sogar soweit führen, dass die gesamte PPR mit ihren Lenkungsmechanismen völlig neu zu konfigurieren sein kann, was nach Verständnis des MWP in den Aufgabenbereich des strategischen PM fällt (vgl. die Aufgabe der Produktionssystemgestaltung im Aufgabenmodell des MWP in Anhang C).

Zusätzlich dazu wirken die Regelkreise zur Synchronisation der Lenkungsmechanismen als weitere Enabler für eine Erhöhung der Robustheit der PPR an sich, indem diese Kenntnis über jedwede Sollwert-Korridor-Überschreitung sämtlicher Führungsgrößen und Kernprozesse erhalten und somit im Sinne einer Vorsteuerung fallspezifisch die weiteren Kernprozesse über potenzielle Störungen mit einem gewissen Zeitvorlauf informieren können. Am Beispiel der Angebotsbearbeitung ergibt sich aus der Robustheitsdiskussion für das regelungstechnische Schaubild des Lenkungsmechanismus die folgende Darstellung.

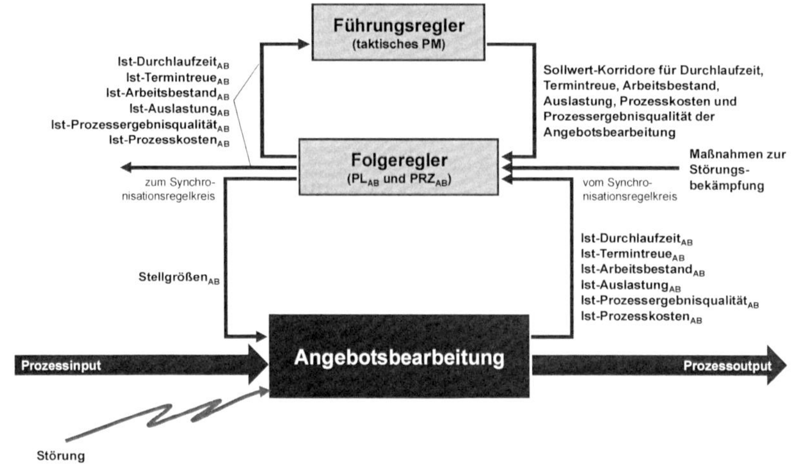

PL_{AB}: Prozessleitung der Angebotsbearbeitung
PM: Produktionsmanagement
PRZ_{AB}: Prozessregelzentrum der Angebotsbearbeitung
AB: Angebotsbearbeitung

Abbildung 7-7: Umsetzung der Robustheitsanforderungen am Beispiel der Angebotsbearbeitung

Abgeleitet aus der regelungstechnischen Darstellung des operativ-koordinierenden Regelkreistyps der PPR in Kapitel 5.4 resultiert für die Anknüpfung des Synchronisationsregelkreises an den Folgeregler der Angebotsbearbeitung die in Abbildung 7-7 dargestellte Form. Die Ist-Betriebspunkte der Führungsgrößen werden sowohl zum Führungs- als auch zum Synchronisationsregler weitergeleitet. Indem der Synchronisationsregler ebenfalls Informationen über die Sollwert-Korridore der Führungsgrößen erhält, darüber hinaus aber ebenso einen Gesamtüberblick über sämtliche Kernprozesse besitzt, kann er (im Rahmen des vom Führungsregler vorgegebenen Eskalationsmodells) bei Sollwert-Korridor-Überschreitungen entscheiden, ob er Maßnahmen zur Störungsbekämpfung an den Folgeregler des jeweiligen

Kernprozesses übermittelt oder aber die Überschreitung an den Führungsregler zur Sollwert-Korridor-Anpassung eskaliert.

7.2.2.6 Rechtzeitigkeit

Indem die Rechtzeitigkeit insb. auf zeitliche Restriktionen hinsichtlich der Informationsverarbeitung im Folgeregler fokussiert, definiert sie wichtige Rahmenbedingungen für den vierten Schritt des Vorgehensmodells, die Dimensionierung des Reglers selbst. Der Regler soll so gestaltet sein, dass er die durch die Rechtzeitigkeit definierten, harten Zeitforderungen erfüllt. Die Anforderung der Rechtzeitigkeit entstammt der Analogiebetrachtung zur Echtzeitsystematik und besagt, dass mit Nutzwerten ausgestattete Informationen innerhalb einer definierten Zeitspanne verarbeitet sein müssen, um ihren Nutzwert nicht zu verlieren (vgl. Kapitel 2.4). Bezogen auf die PPR und ihre Lenkungsmechanismen entsprechen die betrachteten Informationen den Messwerten der Regelgrößen der Regelkreise. Der Nutzwert der jeweiligen Information entsteht jedoch erst bei Vergleich des Regelgrößenwertes mit der zugehörigen Führungsgröße, d. h. erst wenn ein Wert für die Regelabweichung vorliegt, stiftet die Information der Regelgröße dem Folgeregler einen Nutzen.

Entscheidend nach Ermittlung der Regelabweichung ist jedoch die Reaktion auf selbige sowie die Zeitspanne zwischen der Identifizierung der Regelabweichung und der Einleitung konkreter Reaktionsmaßnahmen (vgl. Abbildung 7-8), denn tritt auf die Regelabweichung hin keine Reaktion bzw. die Reaktion nicht rechtzeitig ein, kommt es zu einer bleibenden Regelabweichung und somit zu einem Nutzwertverlust der ursprünglichen Information, d. h. des Messwertes der Regelgröße.

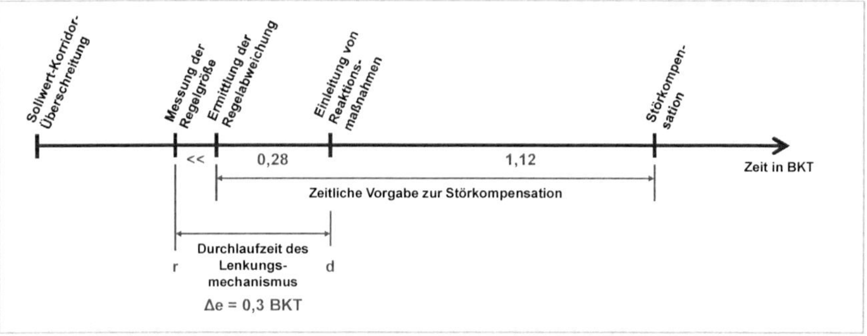

Abbildung 7-8: Rechtzeitigkeitsanforderungen am Beispiel der Angebotsbearbeitung

Der vollständige Durchlauf des Lenkungsmechanismus von der Informationserfassung im Sinne der Regelgrößenmessung an der Regelstrecke bis zum Stelleingriff, d. h. der Einleitung von Reaktionsmaßnahmen, determiniert die DLZ des Folgereglers. Unter der Annahme, dass der Zeitwert der Störkompensation für die Angebotsbearbeitung 1,4 BKT beträgt (20 % der Soll-DLZ des Kernprozesses) und dass innerhalb der Zeitspanne zur Störkompensation ca. 20 % für die Ableitung bzw. Erarbeitung und die Einleitung von Reaktionsmaßnahmen sowie 80 % für deren Wirkungsentfaltung anfallen, stehen dem Folgeregler im vorliegenden Beispiel 0,28 BKT zwischen Regelabweichungsermittlung und Reaktionsmaßnahmeneinleitung zur Verfügung. Ergänzt um einen definierten Zeitwert für die Regelgrößenmessung und Informationsweiterleitung ergibt sich für die DLZ des Lenkungsmechanismus Δe aus der spezifischen Regelgröße ein Wert von 0,3 BKT. Bei Existenz mehrerer Regelgrößen gilt jeweils der kleinste DLZ-Wert. Als Zeitforderung A resultiert somit für den Folgeregler der Angebotsbearbeitung, dass dieser so zu gestalten ist, dass zwischen Aufnahme des Messwertes einer Regelgröße und der Einleitung von Reaktionsmaßnahmen (bei Regelabweichung) nicht mehr als 0,3 BKT vergehen.

7.2.2.7 Dynamik

Eng verknüpft mit der Forderung nach einer adäquaten Rechtzeitigkeit der Informationsverarbeitung sind die aus der klassischen Regelungstechnik abgeleiteten Dynamikforderungen. Indem der Zeitraum der eigentlichen Regelung, d. h. der Durchlauf des Lenkungsmechanismus, ebenfalls als Totzeit betrachtet wird (vgl. Kapitel 6.3.8), ist dieser Wert (0,3 BKT am Beispiel der Angebotsbearbeitung) folglich zu minimieren. Darüber hinaus sind die weiteren identifizierten Totzeiten zwar dem Wirken der Regelstrecken zuzurechnen und somit durch die PPR nicht direkt beeinflussbar, jedoch sollen diese Totzeiten kung, -erfassung und Maßnahmenumsetzung) beim Reglerentwurf bestmöglich berücksichtigt werden. Die in Kapitel 6.3.8 aus der Regelungstechnik übernommene Anregelzeit entspricht im vorliegenden Fall der DLZ der Regelung selbst. Ihre Minimierung ist bereits gefordert.

Folglich sind noch die adäquaten Abtastperioden für die einzelnen Regelgrößen zu bestimmen und diese anschließend zu synchronisieren. Dabei sollen die Abtastperioden einem Zehntel der DLZ des jeweiligen Lenkungsmechanismus entsprechen, was am Beispiel der Angebotsbearbeitung einem Wert von 0,03 BKT bzw. 14,4 Min. (bei einem angenommenen Wert von 480 Min. je BKT) entspricht, d. h. alle 14:24 Min. werden die aktuellen Werte der Regelgrößen gemessen bzw. abgefragt.

7.2.2.8 Zusammenfassung der Anforderungen

Am Beispiel des Kernprozesses der Angebotsbearbeitung sollen im Folgenden die definierten Anforderungen nochmals zusammenfassend dargestellt werden.

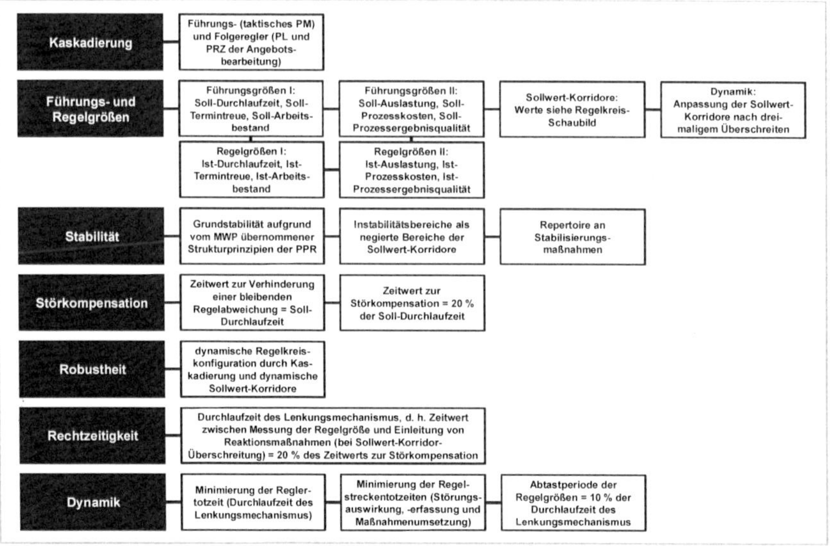

Abbildung 7-9: Zusammenfassung der Anforderungen am Beispiel der Angebotsbearbeitung I/III

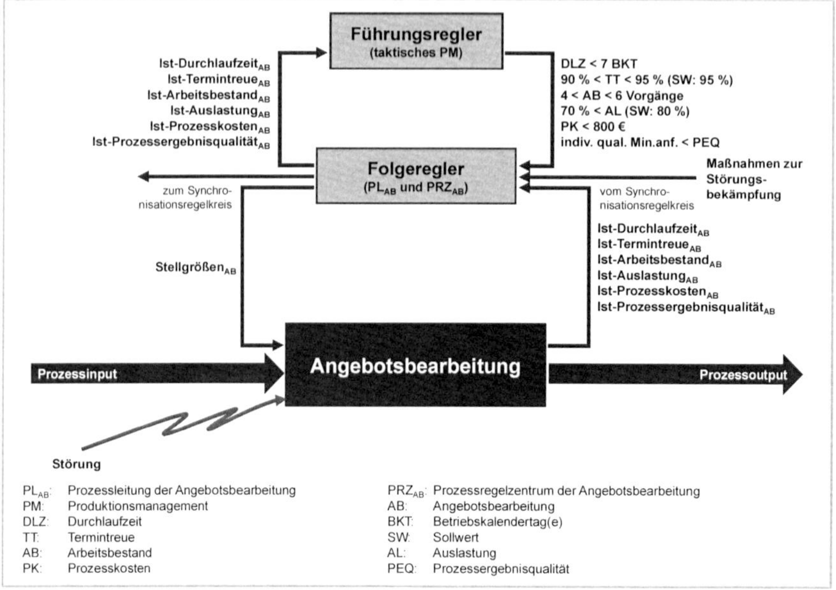

Abbildung 7-10: Zusammenfassung der Anforderungen am Beispiel der Angebotsbearbeitung II/III

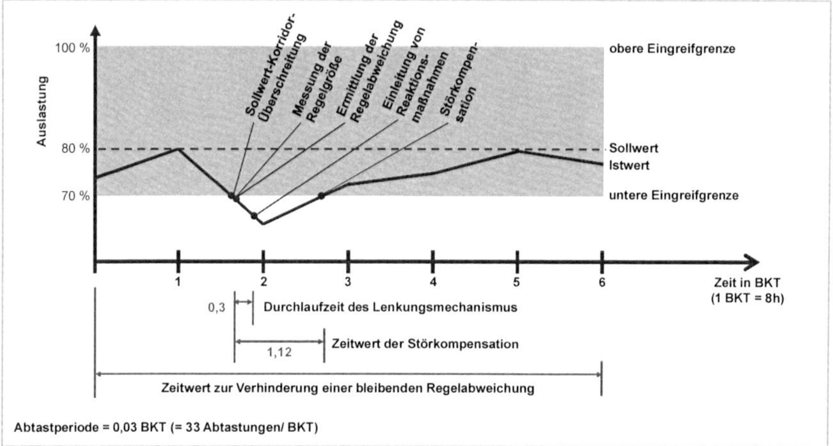

Abbildung 7-11: Zusammenfassung der Anforderungen am Beispiel der Angebotsbearbeitung III/III

7.2.3 Schritt 3: Ableitung der Stellgrößen

Aus den definierten Regelgrößen sowie den Anforderungen an die echtzeitfähige Regelung sind in einem nächsten Schritt die Stellgrößen der Regelkreise zu bestimmen. Aufgabe der Stellgrößen ist an dieser Stelle die Beeinflussung der Regelstrecke in dem Maße, dass sich die Regelgrößen innerhalb der Sollwert-Korridore der Führungsgrößen dauerhaft über den Zeitablauf bewegen. Ist dies der Fall, sind keine Stelleingriffe, d. h. keine Veränderungen der Stellgrößen notwendig. Verlassen die Regelgrößen jedoch ihre vorgegebenen Sollwerte, hat der Regler die Stellgrößen zur Störkompensation unter Beachtung der definierten Anforderungen (z. B. zeitliche Vorgaben) zu verändern, um somit den Wiedereintritt in den jeweiligen Sollwert-Korridor sicherzustellen.

Das MWP definiert als Stellgrößen für die Lenkungsmechanismen der Systeme 1 Programme und Pläne, Maßnahmen, Reihenfolgen und Prioritäten sowie Verhaltensstandards (vgl. BROSZE 2011, S. 128). Dabei ist an dieser Stelle zunächst zwischen einer Grundkonfiguration an Vorgaben für die Durchführung der Auftragsabwicklung auf der einen Seite und der Maßnahmenentwicklung und -einleitung bei Abweichungen der Regelgrößen vom Sollwert (-Korridor) zu differenzieren. Werden erstere im Rahmen der Produktionssystemgestaltung des strategischen sowie der Prozesskonfiguration des taktischen PM determiniert (vgl. die zugehörigen Aufgaben des MWP im Anhang C), so entwickeln sich Routinen für den Umgang mit Dynamik über den Zeitablauf im Unternehmen. Das MWP besagt an dieser Stelle, dass das PRZ des Lenkungsmechanismus, und somit der Regler selbst, Standardroutinen zum Umgang mit Dynamik speichert, wozu insb. Gegenmaßnahmen zur Regulierung regelmäßig auftretender Störungen gehören (vgl. BROSZE 2011, S. 128). Dies korrespondiert mit der Stabilitätsforderung aus dem vorangegangenen Arbeitsschritt, bei welchem zur Erfüllung der (harten) Zeitforderungen der Rechtzeitigkeit ein geeignetes Repertoire an Reaktionsmaßnahmen vorzuhalten ist (vgl. Kapitel 7.2.2.3).

Mögliche Stellgrößen innerhalb des Betrachtungsbereichs der PPR in der Auftragsabwicklung sind sowohl auftragsneutrale, prozessübergreifende Größen wie Produktionsprogramme und -pläne, Vertriebsprogramme und -pläne, Einkaufsprogramme und -pläne usw. als auch auftragsbezogene Projektpläne (Projektstruktur-, Zeit-, Kapazitäts- und Kostenpläne).

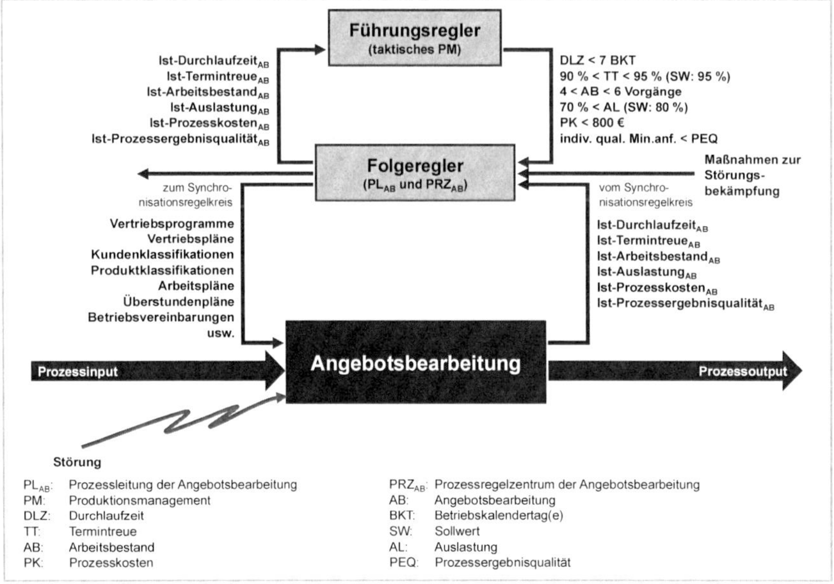

Abbildung 7-12: Ableitung der Stellgrößen am Beispiel der Angebotsbearbeitung

Dabei können Stellgrößen nach dem Verständnis des MWP wiederum andere Stellgrößen beinhalten, wie z. B. innerhalb der Fertigung und Montage, wo die Stellgröße Produktionsplan bereits weitere Stellgrößen wie Fertigungs- und Montagereihenfolgen oder Kunden- bzw. Auftragsprioritäten beinhaltet. Am Beispiel der Angebotsbearbeitung sind mögliche Stellgrößen in Abbildung 7-12 dargestellt. Treten innerhalb des Prozessablaufs Störungen auf und Regelgrößen verlassen ihren jeweiligen Sollwert oder gar ihren Sollwert-Korridor, so führt die ermittelte Regelabweichung zur Einleitung von Reaktionsmaßnahmen, d. h. zu einer Veränderung der Stellgrößen. In Plänen oder Programmen werden Parameter wie Zeitvorgaben, Prioritäten von Kunden oder Aufträgen definiert und verändert oder gar Überstunden angeordnet, um Abweichungen oder Störungen kompensieren zu können.

Unter Berücksichtigung der durch die Echtzeitsystematik innerhalb dieser Forschungsarbeit auferlegten (harten) Echtzeitforderungen sind Anschlussuntersuchungen dahingehend anzustellen, inwieweit Veränderungen bei den Regelgrößen (z. B. DLZ) mit bekannten Störungen (z. B. Fehlen von Material) in Verbindung gebracht werden können. Abbildung 7-13 stellt dazu in Anlehnung an HEIDERICH (vgl. 2001, S. 171ff.) eine Übersicht über bekannte Störungen in der Auftragsabwicklung bereit, welche zur Untersuchung der Wirkmechanismen zwischen Störungen und der Entwicklung der Regelgrößen genutzt werden kann. Eine sich anschließende Verknüpfung von geeigneten Reaktionsmaßnahmen mit den Regelgrößenveränderungen schließt den Kreis und ermöglicht an dieser Stelle eine teilautomatisierte Kompensation bekannter Störungen innerhalb der PPR in der Auftragsabwicklung.

Störung	Angebots-bearbeitung	Projek-tierung	Konstruk-tion	Auftrags-erstellung	Einkauf	Fertigung	Montage	Versand	Inbetrieb-nahme
Kundenauftragsänderung (Termin-, Mengen-, konstruktive Änderung)	x	x							
falsche Marktbeurteilung	x	x							
neuer Auftrag (neue Bestellung)	x	x							
Kursänderung	x	x							
ungenaue Vereinbarung der Erzeugnisqualität	x	x							
Stücklistenfehler			x	x					
Konstruktionsfehler			x						
Zeichnungsfehler			x						
unvollständige Erzeugnis-dokumentation			x						
Zeichnung unleserlich			x						
Arbeitsplan (noch nicht erstellt, noch nicht ausgegeben)				x					
Arbeitsplanfehler				x					
Dispositionsfehler				x					
Lieferant in Konkurs					x				
Bestelländerung (Menge, Art)					x				
Bestelländerung (Lieferverzögerung)					x				
Preisänderung					x				
Kursänderung					x				
Nichtbeachtung von Lieferzeit					x				
Lieferschwankung					x				
falsche Bestellangaben					x				
Betriebsmittelausfall (Maschine, Werkzeug, Vorrichtung oder Transportmittel fehlt oder defekt)						x	x		
Reihenfolgeänderung auf vorheriger Maschine						x	x		
unzweckmäßiges Fertigungsverfahren						x	x		
fehlerhafte oder überkomplizierte Konstruktion						x	x		
Maschine oder Werkzeug ungeeignet						x	x		
falsche Arbeitsanweisung						x	x		
Fabrikationsänderung						x	x		
Eilauftrag in der Produktion						x	x		
Erstauftrag mit Fertigungsschwierigkeiten						x	x		
Einrichtungsschwierigkeiten						x	x		
Prüfmittel fehlen						x	x		
Kontrolle versäumt						x	x		
falsche Kommissionierung								x	

falsche Versandbereitstellung								x	
falsches Eingangsmaterial, Zwischenprodukt oder Enderzeugnis						x	x	x	x
noch nicht transportiert						x	x	x	x
falsch bezeichnet	x	x	x	x	x	x	x	x	x
Krankheit	x	x	x	x	x	x	x	x	x
Betriebsunfall	x	x	x	x	x	x	x	x	x
unentschuldigtes Fehlen	x	x	x	x	x	x	x	x	x
ungenügende Qualifikation	x	x	x	x	x	x	x	x	x
Einsatz an anderem Arbeitsplatz	x	x	x	x	x	x	x	x	x
Betriebsversammlung	x	x	x	x	x	x	x	x	x
kurzfristiger Urlaub	x	x	x	x	x	x	x	x	x
Meldung vergessen	x	x	x	x	x	x	x	x	x
Meldung fehlerhaft	x	x	x	x	x	x	x	x	x
Mengenmeldung falsch	x	x	x	x	x	x	x	x	x
Energiezufuhr ausgefallen	x	x	x	x	x	x	x	x	x
Naturkatastrophen/ Brandschäden	x	x	x	x	x	x	x	x	x
Einfuhrbestimmung/ Sanktion	x	x	x	x	x	x	x	x	x
Änderung Exportbestimmung	x	x	x	x	x	x	x	x	x

[in Anlehnung an HEIDERICH 2001, S. 171ff.]

Abbildung 7-13: Störungen in der Auftragsabwicklung

7.2.4 Schritt 4: Dimensionierung der Regler

Mit dem Schritt der Dimensionierung der Folgeregler schließt der gestalterische Teil der Lenkungsmechanismen der PPR. In Analogie zur klassischen Regelungstechnik, bei der an dieser Stelle ein Reglergesetz ermittelt werden soll, bei dem der geschlossene Kreis die gegebenen Güteforderungen erfüllt, steht bei der PPR die echtzeitfähige und somit den Anforderungen aus Schritt 2 (vgl. Kapitel 7.2.2) entsprechende Gestaltung der einzelnen Folgeregler im Fokus. Dazu erfolgt zunächst die Modellierung der Regler als Ketten von Prozessen bzw. Aktivitäten im Sinne der Prozessdefinition aus Kapitel 2.1.2. Anschließend werden für die Prozesse des Reglers gesamthaft Vorgaben für deren zeitliche Abarbeitung aus den allgemeinen Regelkreisanforderungen und dabei insb. aus den Anforderungen der Rechtzeitigkeit und Dynamik abgeleitet. Der Untersuchung günstiger Bedingungen zur Erfüllung der Zeitvorgaben widmet sich schließlich der letzte Schritt der Reglerdimensionierung.

7.2.4.1 Prozessdarstellung der Regler

Abgeleitet aus den in Kapitel 5.3.2 dargestellten Lenkungsprozessen der PPR, welche wiederum dem Ablauf des Lenkungsmechanismus der Systeme 1 aus dem Managementmodell Wandlungsfähiger Produktionssysteme entsprechen, ergibt sich für die Prozesse innerhalb der Folgeregler (sämtlicher Kern- und Detailprozesse) folgender, in Abbildung 7-14 dargestellter, Durchlauf.

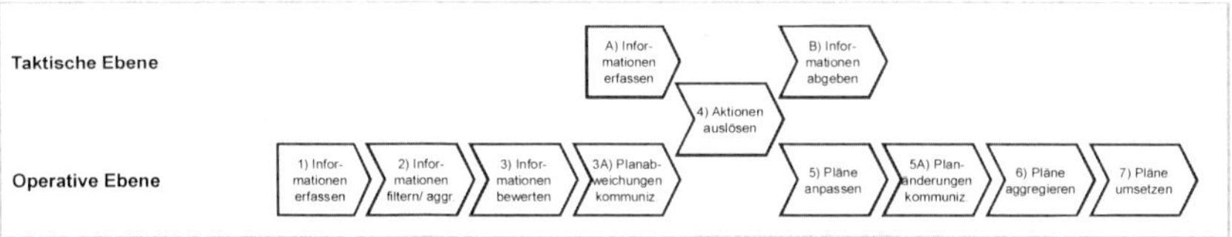

Abbildung 7-14: Prozessdarstellung des Folgereglers am Beispiel der Angebotsbearbeitung

Die taktische Ebene schließt den Kreis mit dem Führungsregler, stellt als Ergebnis die Sollwerte und/ oder Sollwert-Korridore für die Führungsgrößen bereit und gibt die zugehörigen Istwerte wieder an den Führungsregler zurück. Verbindung zur operativen hält die taktische Ebene über den Prozess 4) Aktionen auslösen. Die operative Ebene entspricht dem standardmäßigen prozessualen Durchlauf des Reglers. Am zu regelnden Prozess selbst (z. B. Angebotsbearbeitung) werden 1) die Regelgrößen gemessen (Informationen erfassen), was kontinuierlich oder zu diskreten Zeitpunkten geschehen kann. Anschließend erfolgt 2) eine Filterung, Aggregation oder Digitalisierung der Messwerte, bevor diese 3) mit den Sollwerten verglichen und die Regelabweichungen ermittelt werden (Informationen bewerten). Auf Basis der Regelabweichungen werden dann 4) geeignete Maßnahmen ausgewählt (Aktionen auslösen) und daraufhin 5) die Stellgrößen angepasst (Pläne anpassen). Vor der 7) Durchführung der Stelleingriffe (Pläne umsetzen) kann bei Vorliegen mehrerer Reaktionsmaßnahmen eine 6) Synchronisation bzw. Harmonisierung selbiger notwendig werden (Pläne aggregieren). In einem nächsten Schritt sind für die Prozessschritte nun konkrete Werte als Zeitvorgaben aus den zuvor definierten Anforderungen abzuleiten. Als abschließende Darstellung ergibt sich für die Lenkungsmechanismen der PPR am Beispiel des Kernprozesses der Angebotsbearbeitung folgendes Schaubild.

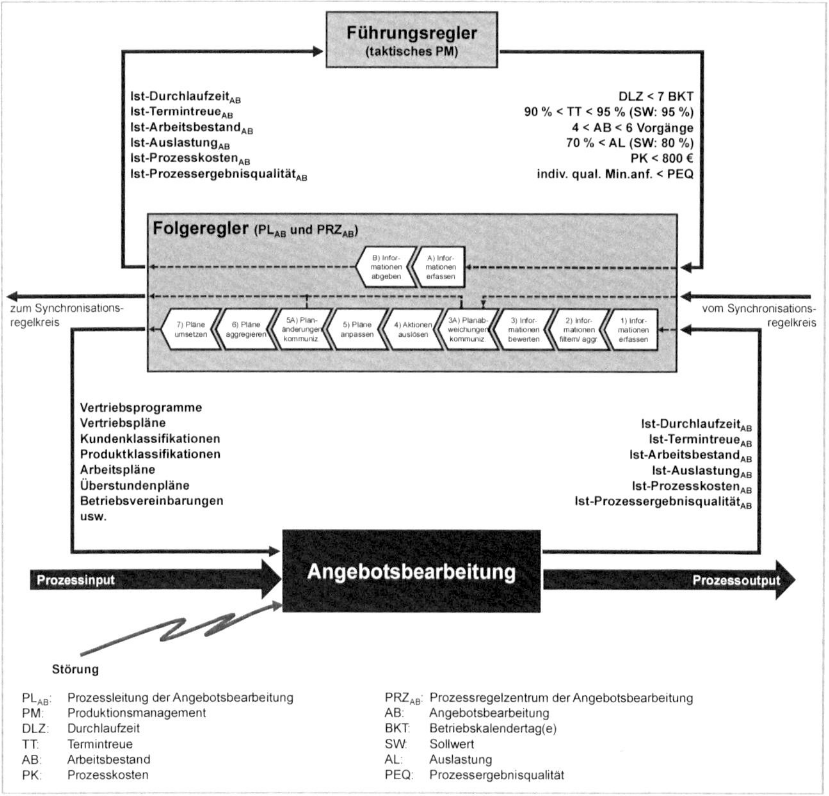

Abbildung 7-15: Echtzeitfähiger Lenkungsmechanismus der Produktionsplanung und -regelung am Beispiel der Angebotsbearbeitung

7.2.4.2 Prozessuale Zeitvorgaben der Regler

Aus der Rechtzeitigkeitsforderung (vgl. Kapitel 7.2.2.6) ist bekannt, dass sich die Gesamt-DLZ des (Folge-)Reglers aus der Zeitvorgabe zur Kompensation von Störungen ableitet, d. h. sollen Störungen innerhalb definierter Zeitspannen vom Regelungssystem ausgeregelt werden, muss der Regler innerhalb einer bestimmten Zeitspanne seine inhaltliche Tätigkeit verrichten und zu identifizierten Abweichungen der Regelgrößen geeignete Reaktionsmaßnahmen ermitteln und einleiten. Geschieht dies nicht innerhalb der vorgegebenen Grenzen, wird die Forderung nach Rechtzeitigkeit der Informationsverarbeitung verletzt und die Regelung verliert ihr Echtzeitprädikat.

Am Beispiel der Angebotsbearbeitung ergibt sich als Gesamt-DLZ für den Regelungsmechanismus ein Wert von 0,3 BKT bzw. im Umkehrschluss ist der Regler so zu gestalten, dass zwischen Prozess „1) Informationen erfassen" und Prozess „7) Pläne umsetzen" (bei Regelabweichung) nicht mehr als 0,3 BKT vergehen. Verknüpft man die Rechtzeitigkeitsanforderungen aus Abbildung 7-8 mit der Prozessdarstellung des vorangegangenen Kapitels ergibt sich folgende Darstellung.

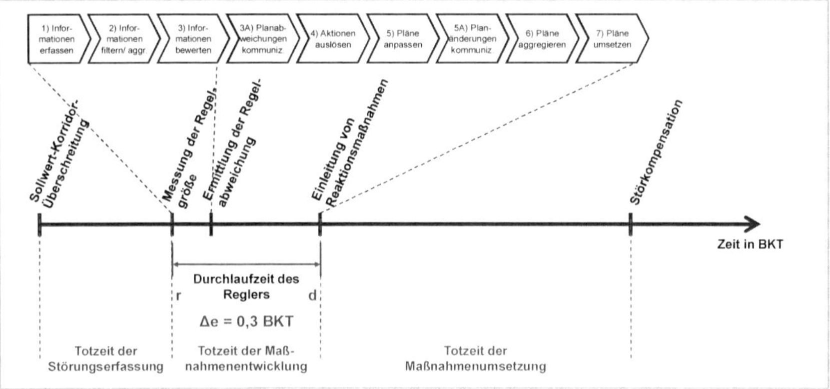

Abbildung 7-16: Prozessuale Zeitvorgaben der Regler

Zwischen der Messung der Regelgrößen und der Einleitung von Reaktionsmaßnahmen (bei Regelabweichung) sind die in Abbildung 7-14 aufgeführten Schritte durchzuführen. Der deutlich größere Teil der vorgegebenen Zeitspanne steht dabei für die Ab- und Einleitung von zu Störungen bzw. Regelabweichungen passenden Reaktionsmaßnahmen bereit. In diesem Zusammenhang gilt es, einen geeigneten Kompromiss zwischen der Forderung nach einer Minimierung der Totzeit zur Maßnahmenentwicklung sowie der tatsächlich benötigten Zeitspanne zur Maßnahmenfindung und -initiierung zu finden und umzusetzen.

Konkret impliziert das für das Beispiel der Angebotsbearbeitung, dass die Regelgrößen mindestens einmal alle 14:24 Min. abgefragt werden (vgl. Dynamikforderung aus Kapitel 7.2.2.7). Dies entspricht der Minimalforderung, wobei die Abfrage bzw. Messung auch kontinuierlich erfolgen kann und Schritt 2) dann eine Aggregation der Messwerte vornimmt und diese alle 14:24 Min. an Schritt 3) weiterleitet. Die Ermittlung der Regelabweichung(en) und die sich anschließende Bewertung der Ergebnisse, d. h. ob sich die Regelgrößen inner- oder außerhalb des Sollwert-Korridors befinden, stellen innerhalb der vorgegeben Zeitspanne von 0,3 BKT keine zeitkritischen Operationen dar. Entscheidend für die Anforderungserfüllung sind dagegen die Schritte 4) bis 7), für welche laut Rechtzeitigkeitsforderung 0,28 BKT oder umgerechnet 134:24 Min. zur Verfügung stehen. Dies bedeutet konkret am Beispiel der Angebotsbearbeitung, dass einem Vertriebsmitarbeiter bei identifizierter Regelabweichung in Verbindung mit einem Verlassen des Sollwert-Korridors bspw. der Regelgröße Ist-DLZ des Angebotsbearbeitungsprozesses ca. 134 Min. zur Verfügung stehen, um eine geeignete Reaktionsmaßnahme auszuwählen, diese zu konfigurieren und einzuleiten. Da die generelle Bedeutung der Zeitvorgaben im Fokus der Betrachtungen steht, soll auf eine feingranulare Aufteilung der Gesamtzeitvorgabe auf die einzelnen Prozessschritte des Reglers an dieser Stelle verzichtet werden. Vielmehr sollen in einem nächsten Schritt die günstigen Bedingungen zur Erfüllung der Zeitvorgaben untersucht werden.

7.2.4.3 Bedingungen zur Erfüllung der Zeitvorgaben

Abgeleitet aus der Analogie zur Echtzeitsystematik sind im Hinblick auf die Erfüllung der Zeitforderungen A_n für eine praktische Umsetzung des Regelungskonzepts im Folgenden diejenigen günstigen Bedingungen B zu untersuchen, welche eine Erfüllung der Zeitvorgaben unterstützen bzw. ermöglichen. Dazu werden sukzessive die einzelnen Prozessschritte des (Folge-)Reglers diskutiert und konkrete Umsetzungsoptionen aufgeführt. Als hilfreiche Gestaltungsorientierung dienen an dieser Stelle die Fragen zur Ermittlung problemrelevanter Aspekte aus dem Lenkungsmodell der Problemsituation nach GOMEZ (vgl. 1978, S. 160ff.), welche BROSZE ebenso in seinem MWP aufführt (vgl. 2011, S. 150f.). Die folgenden Übersichten zeigen konsolidiert das Ergebnis der Diskussion, in welches insb. nützliche Ansätze aus dem Stand der Erkenntnisse (vgl. Kapitel 3) eingeflossen sind.

	Prozessschritt	Aufgabe	Bedingungen zur Erfüllung der Zeitvorgaben
1	Informationen erfassen	Messung der Regelgrößen	▪ Überwachung der Regelgrößen der Regelkreise mittels Rückkopplung der Istwerte (kontinuierlich oder zu diskreten Zeitpunkten), jedoch mindestens einmal je definierter Abtastperiode ▪ Messung der Regelgrößen mittels Rückmeldungen aus den operativen Prozessen über Technologien der BDE und MDE (z. B. über RFID bei Material- und durch Rückmeldeschranken bei Informationsprozessen; vgl. Kapitel 3.2) ▪ Minimierung der Regelstreckentotzeiten der Störungsauswirkung und -erfassung (z. B. durch geringe Abtastperioden) ▪ mögliche Konzepte zur Deklaration von Rückmeldepunkten: EPCIS (vgl. Kapitel 3.2); Supply Chain Event Management (vgl. ARNOLD ET AL. 2008, S. 480ff.) ▪ Automatisierung der Informationserfassung (z. B. durch RFID und EPCIS) ▪ Ermöglichung einer Massendatenerfassung (z. B. durch einfache und günstige Sensorsysteme) ▪ Modularisierung der Sensorsysteme zur Sicherstellung einer schnellen Austauschbarkeit ▪ Herstellung der notwendigen Informationstransparenz in Verbindung mit einer hohen Informationsdichte (z.B. durch Konzept des HRPM; vgl. Kapitel 3.3.1) ▪ intelligente Sensorsysteme zur Informationserfassung (Ausdehnung des automatisierten Rückmeldewesens über Produktions-, Lager- und Versandbereich hinaus auch auf Vertriebs-, Einkaufs- und Konstruktionsprozesse) ▪ vollständig integrierte Informationsflüsse (z. B. durch Standardschnittstellen zwischen den beteiligten IT-Systemen)
2	Informationen filtern/ aggregieren	Ermittlung aggregierter Regelgrößenwerte	▪ automatisierte Durchführung mittels IT ▪ Auswertung von u. U. großen Mengen an Rückmeldedaten erfordert leistungsfähige Datenbanksysteme ▪ sichere Speicherung der großen Datenmengen zur evtl. späteren Nutzung (z. B. zur datenbezogenen Mustererkennung) ▪ Festlegung von Filter- und Aggregationslevels (z. B. Aggregation der (kontinuierlich gemessenen) Istwerte zu den Regelgrößen einmal je Abtastperiode) ▪ vollständig integrierte Informationsflüsse (z. B. durch Standardschnittstellen zwischen den beteiligten IT-Systemen)

Abbildung 7-17: Bedingungen zur Erfüllung der Zeitvorgaben I/III

	Prozessschritt	Aufgabe	Bedingungen zur Erfüllung der Zeitvorgaben
3	Informationen bewerten	Ermittlung der Regelabweichung(en) und Bewertung der Ergebnisse	▪ automatisierte Durchführung mittels IT ▪ wenn keine Sollwert-Korridor-Überschreitung, dann Dokumentation der Messung und Warten auf neue Messwerte ▪ Mustererkennung und Ableitung von Trends bzw. Prognosen für eine evtl. zukünftige Prädiktivität der Regelung ▪ Kriterienkatalog zur eindeutigen Definition, welche Regelabweichungen an welchen Regler weitergeleitet werden sollen (insb. Vermeidung von Turbulenz durch zu häufiges Weiterleiten bzw. Weiterleitung irrelevanter Abweichungen) ▪ vollständig integrierte Informationsflüsse (z. B. durch Standardschnittstellen zwischen den beteiligten IT-Systemen)
3A	Planabweichungen kommunizieren	Weiterleitung der bewerteten Ergebnisse an andere Folge- und den Synchronisationsregler	▪ automatisierte Durchführung mittels IT laut Kriterienkatalog aus (3) ▪ bedarfsorientierte Informationsweiterleitung, d. h. nur wenn notwendig ▪ wenn unternehmens- und/ oder IT-systemübergreifend, dann Nutzung von Übertragungsstandards (z. B. myOpenFactory; vgl. Kapitel 3.2) ▪ vollständig integrierte Informationsflüsse (z. B. durch Standardschnittstellen zwischen den beteiligten IT-Systemen)
4	Aktionen auslösen	Auswahl geeigneter Reaktionsmaßnahmen	▪ teilautomatisierte Durchführung (z. B. agentenbasiertes Entscheidungsunterstützungssystem für den Menschen; evtl. in Verbindung mit Methoden des Operation Research und künstlicher neuronaler Netze) ▪ Kriterienkatalog zur eindeutigen Definition, welche Abweichungen automatisch (z. B. durch IT) und welche durch den Menschen zu behandeln sind ▪ Entscheidungs- bzw. Übergabepunkte zwischen IT und Mensch und umgekehrt ▪ Analyse wiederkehrender Abweichungen (z. B. durch regelmäßig stattfindende Abstimmungsrunden von Prozesskoordinatoren) und nachhaltige Beseitigung der Ursachen ▪ Entwicklung selbstlernender Systeme, welche ergriffene Reaktionsmaßnahmen sowie deren erzielte Effekte zueinander ins Verhältnis setzen und dies bspw. in einem Repository vermerken, sodass beim nächsten Durchlauf mehr Reaktionsmaßnahmen zur Verfügung stehen ▪ Schaffung eines Repertoires an Reaktions- bzw. Stabilisierungsmaßnahmen, welches eine teilautomatisierte Auswahl passender Maßnahmen zum Typ bzw. Grad der Regelabweichung ermöglicht ▪ Modularisierung der IT-Systeme zur Ermöglichung einer schnellen, bedarfsorientierten Anpassung (z. B. durch Serviceorientierte Architekturen (SOA) und Software-as-a-Service- (SaaS-) Lösungen) ▪ mögliches Konzept zur Umsetzung einer teilautomatisierten Regelung: Supply Chain Event Management (SCEM setzt auf Daten aus vorhandenen IT-Systemen auf, verarbeitet die Statusinformationen und ermöglicht ein schnelles Reagieren auf Ausnahmesituationen, indem im Vorfeld integrierte, standardisierte Lösungsalternativen bereitgestellt werden (vgl. KARRER 2003; PLACZEK 2004) ▪ Integration einer Simulationskomponente zur Darstellung der Maßnahmenauswirkung (z. B. bei Umterminierungen, Reihenfolgevertauschungen oder Umpriorisierungen) und zur (bewerteten) Bereitstellung unterschiedlicher Lösungsalternativen ▪ Innovative Darstellung der Entscheidungsoptionen für den Entscheidungsträger Mensch (z. B. Wearable Computing System: Integration von Informationsdarstellungsoptionen in die Kleidung des Werkers) ▪ Weiterleitung der Informationen an den Menschen zur Entscheidungsfindung über Workflows mit Zeitvorgabe als Restriktion; evtl. mit Vertreterregelung, wenn nach bestimmter Zeitspanne keine Reaktion erfolgt ist ▪ Definition geeigneter Kollaborationsstrategien (wenn sich Reaktionsmaßnahmen unternehmensübergreifend auswirken) ▪ vollständig integrierte Informationsflüsse (z. B. durch Standardschnittstellen zwischen den beteiligten IT-Systemen)
5	Pläne anpassen	Konfiguration der Reaktionsmaßnahmen	▪ teilautomatisierte Durchführung ▪ Kriterienkatalog zur eindeutigen Definition, welche Reaktionsmaßnahmen an welchen Regler weitergeleitet werden sollen (insb. Vermeidung von Turbulenz durch zu häufiges Weiterleiten bzw. Weiterleitung irrelevanter Maßnahmen) ▪ vollständig integrierte Informationsflüsse (z. B. durch Standardschnittstellen zwischen den beteiligten IT-Systemen)

Abbildung 7-18: Bedingungen zur Erfüllung der Zeitvorgaben II/III

	Prozessschritt	Aufgabe	Bedingungen zur Erfüllung der Zeitvorgaben
5A	Planänderungen kommunizieren	Weiterleitung der konfigurierten Reaktionsmaßnahmen an andere Folge- und den Synchronisationsregler	▪ automatisierte Durchführung mittels IT laut Kriterienkatalog aus (5) ▪ bedarfsorientierte Informationsweiterleitung, d. h. nur wenn notwendig ▪ wenn unternehmens- und/ oder IT-systemübergreifend, dann Nutzung von Übertragungsstandards (z. B. myOpenFactory; vgl. Kapitel 3.2) ▪ vollständig integrierte Informationsflüsse (z. B. durch Standardschnittstellen zwischen den beteiligten IT-Systemen)
6	Pläne aggregieren	Sammlung und Übermittlung der konfigurierten Reaktionsmaßnahmen	▪ Zusammenfassung der Einzelmaßnahmen und -planänderungen ▪ Festlegung von Aggregationslevels ▪ Freigabe der aggregierten Maßnahmen bzw. Pläne zu definierten Zeitpunkten ▪ vollständig integrierte Informationsflüsse (z. B. durch Standardschnittstellen zwischen den beteiligten IT-Systemen)
7	Pläne umsetzen	Einleitung der Reaktionsmaßnahmen	▪ Minimierung der Regelstreckentotzeit der Maßnahmenauswirkung ▪ Sicherstellung der Maßnahmenwirkung innerhalb der Zeitvorgabe zur Störkompensation ▪ Sicherstellung der Verhinderung einer bleibenden Regelabweichung innerhalb der Soll-DLZ des jeweiligen Prozesses ▪ Modularisierung der Aktorsysteme zur Sicherstellung einer schnellen Austauschbarkeit ▪ vollständig integrierte Informationsflüsse (z. B. durch Standardschnittstellen zwischen den beteiligten IT-Systemen)

Abbildung 7-19: Bedingungen zur Erfüllung der Zeitvorgaben III/III

7.3 Echtzeitfähige Synchronisationsmechanismen der Produktionsplanung und -regelung

Nachdem im vorangegangenen Abschnitt das in Kapitel 7.1 adaptierte Vorgehensmodell zur echtzeitfähigen Gestaltung der Produktionsplanung und -regelung zunächst für den Betrachtungsbereich der Lenkungsmechanismen der PPR und dabei speziell für den Bereich der Kernprozesse der Auftragsabwicklung, angewendet und präzisiert wurde, erfolgt nun wiederum am Beispiel der Kernprozesse die exemplarische Gestaltung der Synchronisationsmechanismen. Aufgrund der Ähnlichkeit in der Durchführung werden die Anwendung des allgemeinen Vorgehensmodells für die Synchronisationsregelkreise verkürzt und vordergründig die Ergebnisse dargestellt sowie Änderungen bzw. Abweichungen zur Gestaltung der Lenkungsmechanismen diskutiert.

7.3.1 Schritt 1: Modellierung der Regelstrecken

Abgeleitet aus der Strukturdarstellung des operativ-koordinierenden Regelkreises der PPR (vgl. Abbildung 5-28) entsprechen die Abläufe in der Prozessleitung und dem Prozessregelzentrum der Lenkungsmechanismen der Kernprozesse den Regelstrecken des Synchronisationsmechanismus, d. h. der Synchronisationsregler ist für die zielkonforme Regelung sämtlicher Folgeregler verantwortlich. Abbildung 7-20 zeigt das (Prozess-)Modell (aus Gründen der Übersichtlichkeit) einer Regelstrecke am Beispiel des Kernprozesses der Angebotsbearbeitung. Wie aus dem kaskadierten Regelkreismodell der Produktionsplanung und -regelung bekannt (vgl. Abbildung 5-29), existieren jedoch neun in der Folge zu synchronisierende Regelstrecken, eine für jeden Kernprozess der Auftragsabwicklung. Die Prozessin- bzw. -outputs der Regelstrecken leiten sich dabei direkt aus den Ein- bzw. Ausgangsgrößen der Folgeregler ab. Die Regelstrecken selbst entsprechen den prozessualen Durchläufen der Lenkungsmechanismen.

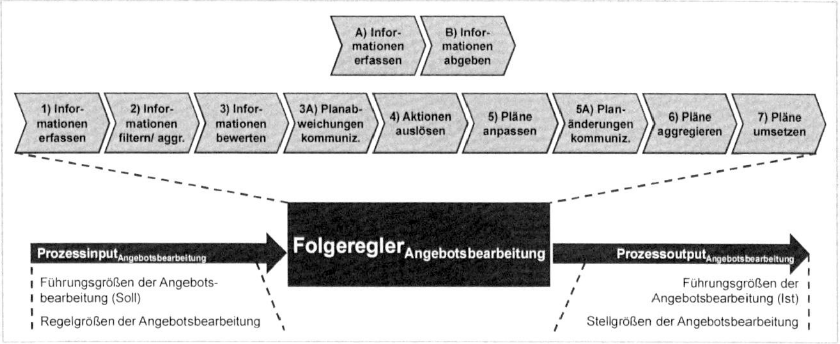

Abbildung 7-20: Modellierung der Regelstrecken am Beispiel der Angebotsbearbeitung

7.3.2 Schritt 2: Definition der Anforderungen und der Regelgrößen

Wiederum aus den Regelstrecken selbst sowie aus den strukturellen Vorgaben des MWP leiten sich die konkreten Anforderungen an den Synchronisationsmechanismus ab.

7.3.2.1 Kaskadierung

Die Synchronisation der Kernprozesse, d. h. der neun Folgeregler, entspricht im regelungstechnischen Sinn keiner zusätzlichen Kaskade, da der Synchronisationsregler keine Führungsgrößen für die Folgeregler definiert, sondern als eine Art Vorkopplung oder Vorsteuerung (lediglich) für die Weiterleitung von Planabweichungen und -änderungen der verschiedenen Folgeregler der Kernprozesse zuständig ist. Bereits mit Existenz des Synchronisationsmechanismus ist der Anforderung der Kaskadierung aus Kapitel 6.3.1 entsprochen.

7.3.2.2 Führungs- und Regelgrößen

Im Hinblick auf die Synchronisation der Führungsgrößen fand in Kapitel 6.3.2 eine Unterscheidung in auftragsneutrale und auftragsbezogene Führungsgrößen zur Synchronisation der Kernprozesse statt. Erstere erhält der Synchronisationsmechanismus, wie die Lenkungsmechanismen auch, vom taktischen PM, indem diese den Sollwerten und Sollwert-Korridoren sämtlicher Führungsgrößen aller neun Folgeregler entsprechen, ergänzt um definierte Häufigkeitswerte zur Sollwert-Korridor-Überschreitung. Somit erhält der Synchronisations-, ebenso wie bspw. der Folgeregler der Angebotsbearbeitung, die Führungsgrößen aus Abbildung 7-4 (DLZ < 7 BKT, Soll-Termintreue = 90-95 % usw.), inkl. der Vorgabe einer erlaubten dreimaligen Sollwert-Korridor-Überschreitung (vgl. Kapitel 7.2.2.2). Im Gegensatz zu den Lenkungsmechanismen, bei denen sich die Regelgrößen der Regelkreise direkt aus den Führungsgrößen ableiten lassen, indem sie deren Istwerten entsprechen, resultieren die Regelgrößen des Synchronisationsmechanismus aus den Strukturvorgaben des MWP. Dabei werden sämtliche Regelabweichungen (= Planabweichungen) aller Kernprozesse über die jeweiligen Verbindungen (Schritt 3A) Planabweichungen kommunizieren) sowie die dazu ermittelten Stelleingriffe (= Planänderungen) aller Kernprozesse über die jeweiligen Verbindungen (Schritt 5A) Planänderungen kommunizieren) an den Synchronisationsregler übermittelt.

Auftragsbezogene Führungsgrößen ergeben sich direkt aus der Tätigkeit der Auftragsabwicklung selbst und dabei im Speziellen aus dem Kernprozess der Projektierung (vgl. Kapitel

5.3.1.2). Innerhalb der Projektierung werden für den weiteren Fortgang der Auftragsabwicklung Ecktermine und Sollkosten definiert, welche als auftragsbezogene Führungsgrößen für die Projektüberwachung und -steuerung von der Konstruktion bis zur Inbetriebnahme und somit für den Synchronisationsmechanismus dienen. Aus den Führungsgrößen abgeleitet, entsprechen die Regelgrößen deren Istwerten in Bezug auf Fertigstellungstermin und Herstellkosten. Auch für den konkreten Auftragsfall definiert das taktische PM Stabilisierungsmaßnahmen, welche bei einer drohenden Zielverletzung greifen sollen.

7.3.2.3 Stabilität

Innerhalb des Stabilitätsverständnisses ist es entscheidend, bei Überschreitung von Sollwert-Korridoren schnell und insb. mit den richtigen Stabilisierungsmaßnahmen zu reagieren. Dazu übermittelt das taktische PM ein sog. Eskalationsmodell mit Stabilisierungsmaßnahmen an den Synchronisationsregler, welches in Abhängigkeit der Häufigkeit bestimmter Sollwert-Korridor-Überschreitungen passende Maßnahmen zuweist, sodass die jeweilige Regel-(Planabweichung) der Führungsgröße schnell wieder angenähert werden kann.

7.3.2.4 Störkompensation

Dadurch dass die Lenkungsmechanismen auftragsneutrale Störungen zur Wahrung einer möglichst hohen Autonomie eigenständig ausregeln sollen, fällt lediglich die auftragsbezogene Störkompensation im Sinne der Projektüberwachung und -steuerung in den Betrachtungsbereich des Synchronisationsregelkreises. Analog der Überlegungen zur Störkompensation bei den Lenkungsmechanismen (vgl. Kapitel 7.2.2.4) sind auch bei der Projektüberwachung und -steuerung Zeitwertvorgaben zur Störkompensation von besonderer Relevanz. Dabei sollen der Einfachheit halber dieselben Zeitwerte wie bei den Lenkungsmechanismen gewählt werden, d. h. der Zeitwert zur Verhinderung einer bleibenden Regelabweichung entspricht der Soll-DLZ des jeweiligen Kernprozesses, vorgegeben durch den innerhalb der Projektierung ermittelten Ecktermin. Daraus abgeleitet, soll der Zeitwert zur Störkompensation 20 % der Soll-DLZ des jeweiligen Kernprozesses betragen.

7.3.2.5 Robustheit

Der Forderung nach einem robusten Verhalten des Synchronisationsmechanismus entspricht dieser mit dem durch das taktische PM bereitgestellten Eskalationsmodell. Dieses sieht vor, dass große Änderungen innerhalb der auftragsbezogenen Führungsgrößen direkt über alle Kernprozesse transparent gemacht und somit schnell geeignete Stabilisierungsmaßnahmen ergriffen werden können. Ist dies nicht möglich, müssen ggf. Anpassungen bei den Führungsgrößen selbst (z. B. Verschiebung des Liefertermins der Maschine oder Anlage) vorgenommen werden.

7.3.2.6 Rechtzeitigkeit

Im Zuge der Forderung nach einer Rechtzeitigkeit in der Informationsverarbeitung sind zunächst zwei inhaltliche Tätigkeiten des Synchronisationsreglers zu unterscheiden. Zum einen obliegt diesem die (echtzeitige) Weiterleitung von Planabweichungen und -änderungen an andere Kernprozesse im Sinne einer Vorsteuerung, wobei klar zu definieren ist, welche Ereignisse weitergeleitet werden sollen und welche nicht. Diese echtzeitige Informationsweiterleitung soll nicht mit Zeitrestriktionen versehen werden, sondern innerhalb einer konkreten Umsetzung mittels durchgängiger Informationsflüsse, d. h. ohne Medienbrüche, realisiert werden. Die zweite Tätigkeit des Synchronisationsreglers fokussiert auf die eigentliche regelnde Tätigkeit, nämlich die Auswahl, Konfiguration, Aggregation und Weiterleitung geeigneter Stabilisierungsmaßnahmen (aus dem Eskalationsmodell) bei Überschreitung einzelner

Sollwert-Korridore durch die Regelgrößen der Folgeregler. Da innerhalb des MWP kein referenzartiger Prozessablauf innerhalb des dortigen System-2-Reglers hinterlegt ist, wird der bereits bekannte Ablauf des Lenkungsmechanismus adaptiert. Dieser sieht ebenso eine 1) Informationserfassung, 2) -aggregation sowie 3) -bewertung vor. Schritt 4) wählt bei Vorliegen einer Regelabweichung Stabilisierungsmaßnahmen aus (Aktionen auslösen), 5) konfiguriert und 6) aggregiert diese und leitet sie schließlich 7) an den jeweiligen Folgeregler zur Umsetzung weiter. Dieser Ablauf gilt insb. für die auftragsbezogene Betrachtung innerhalb der Projektüberwachung und -steuerung, für welche in der Folge zunächst dieselben (harten) Zeitforderungen wie bei den Lenkungsmechanismen definiert werden sollen. Dies bedeutet, dass zwischen Eingang der jeweiligen Planabweichung aus dem Folgeregler und der Weiterleitung der ausgewählten, konfigurierten und aggregierten Stabilisierungsmaßnahmen eine definierte Zeitspanne einzuhalten ist. Für den weiteren Fortgang der Untersuchung wird dazu der kleinste Zeitwert der Folgeregler gewählt, d. h. an dieser Stelle der Wert von 0,3 BKT aus der Angebotsbearbeitung.

7.3.2.7 Dynamik

Analog zur Dynamikbetrachtung bei den Lenkungs- sollen auch die Totzeiten bei der Reglerdimensionierung im Synchronisationsmechanismus möglichst minimiert werden. Darüber ergibt sich die Abtastperiode des Synchronisationsmechanismus aus der kleinsten Abtastperiode der Folgeregler, indem diese zu jeder (ihrer eigenen) Abtastperioden über den Schritt „3A) Planabweichungen kommunizieren" auch dann eine Information weiterleiten, wenn keine Abweichungen festgestellt wurden. Somit erhält der Synchronisationsregler bspw. aus der Angebotsbearbeitung alle 14:24 Min. eine Statusmeldung zum Stand seiner Regelgrößen. Sind für einen der acht weiteren Folgeregler geringere Abtastperioden definiert, übernimmt diese der Synchronisationsregler.

7.3.2.8 Zusammenfassung

Im Folgenden werden die definierten Anforderungen nochmals zusammengefasst.

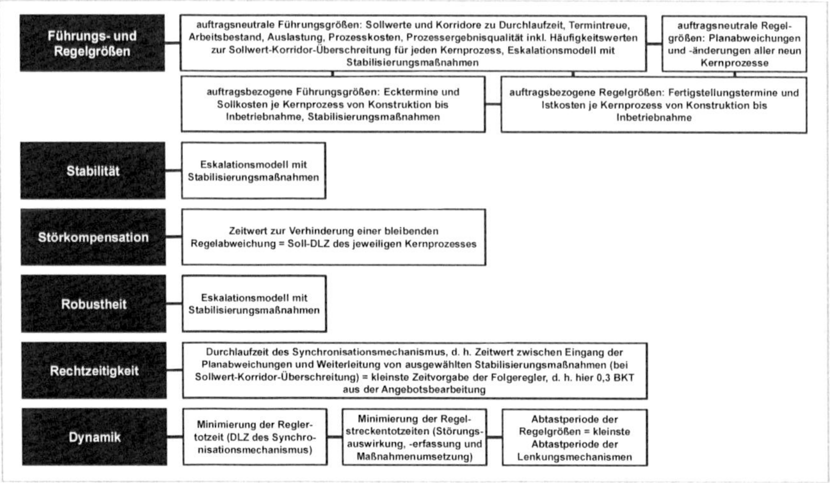

Abbildung 7-21: Zusammenfassung der Anforderungen

7.3.3 Schritt 3: Ableitung der Stellgrößen

Als Stellgrößen des Synchronisationsregelkreises fungieren zum einen die Planabweichungen und -änderungen aus anderen Kernprozessen, welche lediglich durch den Synchronisations- an die Folgeregler weitergeleitet werden, sowie zum anderen Maßnahmen zur Störungsbekämpfung, welche aus dem durch das taktische PM vorgegebenen Eskalationsmodell in Abhängigkeit der Sollwert-Korridor-Überschreitung für den jeweiligen Kernprozess zum Einsatz kommen (sollen). Auch hier sollten Anschlussuntersuchungen dahingehend angestellt werden, inwieweit sich eine Auswahl, Konfiguration und Aggregation von Stabilisierungsmaßnahmen aus dem Eskalationsmodell heraus im Hinblick auf die Einhaltung der (harten) Zeitvorgaben (teil-)automatisieren lassen.

7.3.4 Schritt 4: Dimensionierung des Reglers

In Anlehnung an die Dimensionierung der Folge- (vgl. Kapitel 7.2.4) erfolgt auch die Dimensionierung des Synchronisationsreglers, indem zunächst die Prozessdarstellung erarbeitet, die prozessualen Zeitvorgaben definiert und anschließend die günstigen Bedingungen zur Erfüllung der Zeitvorgaben untersucht und dokumentiert werden.

Wie bereits bei der Definition der Rechtzeitigkeitsanforderungen festgestellt, ist im MWP für den Ablauf des Synchronisationsmechanismus keine Referenz hinterlegt, weswegen der Ablauf des Lenkungsmechanismus für die Synchronisation adaptiert wurde (vgl. Kapitel 7.3.2.6). Somit ergibt sich für den echtzeitfähigen Synchronisationsmechanismus folgende, abschließende Darstellung (vgl. Abbildung 7-22). Als prozessuale Zeitvorgaben fungieren an dieser Stelle die Anforderungen zur rechtzeitigen Informationsverarbeitung, welche besagen, dass die kleinste Zeitvorgabe aller Folgeregler die zur Verfügung stehende Zeitspanne für den Prozessdurchlauf des Synchronisationsreglers determiniert. Da innerhalb dieser Untersuchung bisher sämtliche Überlegungen am Beispiel der Angebotsbearbeitung angestellt wurden, gilt hier der Wert der Angebotsbearbeitung mit 0,28 BKT oder 134:24 Minuten.

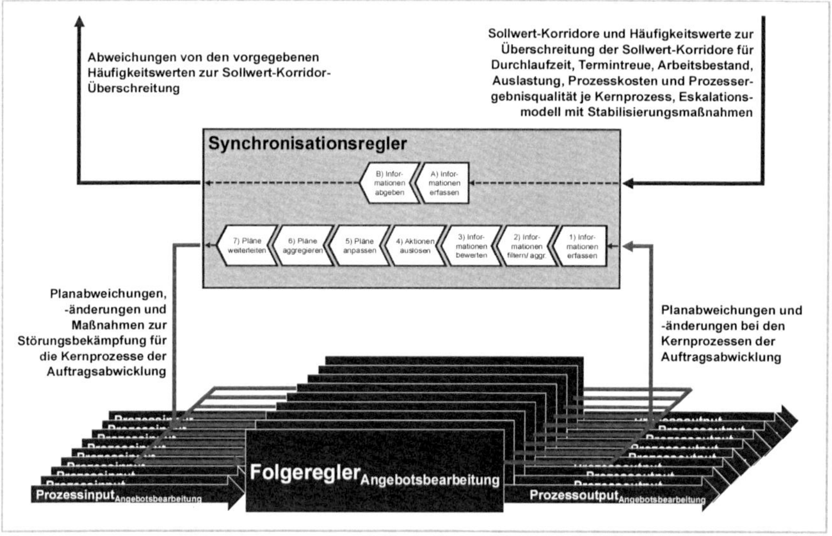

Abbildung 7-22: Echtzeitfähiger Synchronisationsmechanismus der Produktionsplanung und -regelung

Im Hinblick auf die Erfüllung der Zeitforderungen A_n sind für eine praktische Umsetzung des Regelungskonzepts im Folgenden diejenigen günstigen Bedingungen B zu untersuchen, welche eine Erfüllung der Zeitvorgaben unterstützen bzw. ermöglichen. Dazu werden sukzessive die einzelnen Prozessschritte des Synchronisationsreglers diskutiert und konkrete Umsetzungsoptionen aufgeführt, wobei dabei auf die Bedingungen zur Erfüllung der Zeitvorgaben für die Lenkungsmechanismen zurückgegriffen werden kann (vgl. Kapitel 7.2.4.3). Die folgenden Übersichten zeigen wiederum konsolidiert das Ergebnis der Diskussion.

	Prozessschritt	Aufgabe	Bedingungen zur Erfüllung der Zeitvorgaben
1	Informationen erfassen	Empfang von Planabweichungen und -änderungen aus den Kernprozessen	▪ Weiterleitung der Informationen zum Vergleich von Regel- und Führungsgrößen der Kernprozesse, auch wenn keine Regel- und somit keine Planabweichungen vorliegen ▪ Kopplung des Zeitpunkts der Informationsweiterleitung an die Abtastperiode des jeweiligen Kernprozesses ▪ Minimierung der Regelstreckentotzeiten der Störungsauswirkung und -erfassung (z. B. durch geringe Abtastperioden) ▪ vollständig integrierte Informationsflüsse (z. B. durch Standardschnittstellen zwischen den beteiligten IT-Systemen)
2	Informationen filtern/ aggregieren	Ermittlung aggregierter Planabweichungen und -änderungen	▪ automatisierte Durchführung mittels IT ▪ sichere Speicherung der Daten zur evtl. späteren Nutzung (z. B. zur datenbezogenen Mustererkennung) ▪ Festlegung von Filter- und Aggregationslevels ▪ vollständig integrierte Informationsflüsse (z. B. durch Standardschnittstellen zwischen den beteiligten IT-Systemen)
3	Informationen bewerten	Ermittlung der Regelabweichung(en) und Bewertung der Ergebnisse	▪ automatisierte Durchführung mittels IT ▪ wenn keine Planabweichung, dann Dokumentation und Warten auf neue Informationen ▪ Mustererkennung und Ableitung von Trends bzw. Prognosen für eine evtl. zukünftige Prädiktivität der Regelung ▪ Kriterienkatalog zur eindeutigen Definition, welche Planabweichungen und -änderungen an welchen Folgeregler weitergeleitet werden sollen (insb. Vermeidung von Turbulenz durch zu häufiges Weiterleiten bzw. Weiterleitung irrelevanter Abweichungen und Änderungen) ▪ vollständig integrierte Informationsflüsse (z. B. durch Standardschnittstellen zwischen den beteiligten IT-Systemen)
4	Aktionen auslösen	Auswahl geeigneter Stabilisierungsmaßnahmen	▪ teilautomatisierte Durchführung (z. B. agentenbasiertes Entscheidungsunterstützungssystem für den Menschen; evtl. in Verbindung mit Methoden des Operation Research und künstlicher neuronaler Netze) ▪ Kriterienkatalog zur eindeutigen Definition, welche Abweichungen automatisch (z. B. durch IT) und welche durch den Menschen zu behandeln sind ▪ Entscheidungs- bzw. Übergabepunkte zwischen IT und Mensch und umgekehrt ▪ Analyse wiederkehrender Abweichungen (z. B. durch regelmäßig stattfindende Abstimmungsrunden von Prozesskoordinatoren) und nachhaltige Beseitigung der Ursachen ▪ Entwicklung selbstlernender Systeme, welche ergriffene Reaktionsmaßnahmen sowie deren erzielte Effekte zueinander ins Verhältnis setzen und dies bspw. in einem Repository vermerken, sodass beim nächsten Durchlauf mehr Reaktionsmaßnahmen zur Verfügung stehen ▪ Schaffung eines Repertoires an Stabilisierungsmaßnahmen, welches eine teilautomatisierte Auswahl passender Maßnahmen zum Typ bzw. Grad der Planabweichung ermöglicht ▪ Integration einer Simulationskomponente zur Darstellung der Maßnahmenauswirkung (z. B. bei Umterminierungen, Reihenfolgevertauschungen oder Umpriorisierungen) und zur (bewerteten) Bereitstellung unterschiedlicher Lösungsalternativen ▪ Bereitstellung der Entscheidungsoptionen für den Entscheidungsträger Mensch ▪ Weiterleitung der Informationen an den Menschen zur Entscheidungsfindung über Workflows mit Zeitvorgabe als Restriktion; evtl. mit Vertreterregelung, wenn nach bestimmter Zeitspanne keine Reaktion erfolgt ist ▪ Definition geeigneter Kollaborationsstrategien (wenn sich Stabilisierungsmaßnahmen unternehmensübergreifend auswirken) ▪ vollständig integrierte Informationsflüsse (z. B. durch Standardschnittstellen zwischen den beteiligten IT-Systemen)

Abbildung 7-23: Bedingungen zur Erfüllung der Zeitvorgaben I/II

	Prozessschritt	Aufgabe	Bedingungen zur Erfüllung der Zeitvorgaben
5	Pläne anpassen	Konfiguration der Stabilisierungsmaßnahmen	▪ teilautomatisierte Durchführung ▪ Kriterienkatalog zur eindeutigen Definition, welche Planänderungen an welchen Folgeregler weitergeleitet werden sollen (insb. Vermeidung von Turbulenz durch zu häufiges Weiterleiten bzw. Weiterleitung irrelevanter Maßnahmen) ▪ vollständig integrierte Informationsflüsse (z. B. durch Standardschnittstellen zwischen den beteiligten IT-Systemen)
6	Pläne aggregieren	Sammlung und Übermittlung der konfigurierten Stabilisierungsmaßnahmen	▪ Zusammenfassung der Einzelmaßnahmen und -planänderungen ▪ Festlegung von Aggregationslevels ▪ Freigabe der aggregierten Maßnahmen bzw. Pläne zu definierten Zeitpunkten ▪ vollständig integrierte Informationsflüsse (z. B. durch Standardschnittstellen zwischen den beteiligten IT-Systemen)
7	Pläne weiterleiten	Weiterleitung der Stabilisierungsmaßnahmen	▪ vollständig integrierte Informationsflüsse (z. B. durch Standardschnittstellen zwischen den beteiligten IT-Systemen)

Abbildung 7-24: Bedingungen zur Erfüllung der Zeitvorgaben II/II

7.4 Zusammenfassende Darstellung

In Zusammenfassung der vorangegangenen Unterkapitel ergibt sich für das Gesamtbild einer echtzeitfähigen Produktionsplanung und -regelung in der Auftragsabwicklung des Maschinen- und Anlagenbaus folgende, in Abbildung 7-25 dargestellte, schematische Form. Den Kern der PPR bilden die neun Kernprozesse der Auftragsabwicklung (Angebotsbearbeitung, Projektierung, Konstruktion, Auftragserstellung, Einkauf, Fertigung, Montage, Versand und Inbetriebnahme) nach dem Verständnis des Aachener PPS-Modells (vgl. SCHUH ET AL. 2012e, S. 137ff.) und ergänzt durch die Arbeiten von SCHMIDT (vgl. 2008, S. 72ff.). Zur zielkonformen Lenkung der Kernprozesse werden diese von zugehörigen Lenkungsmechanismen geregelt, welche strukturell nach Vorbild des Managementmodells Wandlungsfähiger Produktionssysteme nach BROSZE aufgebaut (vgl. BROSZE 2011, S. 127ff.) und unter Analogiebetrachtungen zur Regelungstechnik und Echtzeitsystematik gestaltet und dimensioniert sind. Die Synchronisation der Lenkungsmechanismen im Sinne einer übergeordneten Regelung übernimmt ein ebenfalls echtzeitfähig gestalteter Synchronisationsmechanismus, welcher bei Betrachtung eines konkreten Kundenauftrags für die Aufgabe der Projektüberwachung und -steuerung zuständig ist.

Die echtzeitfähige Produktionsplanung und -regelung fügt sich nahtlos in das Managementmodell Wandlungsfähiger Produktionssysteme ein und ergänzt dieses zum einen um ein Vorgehensmodell zur konkreten echtzeitfähigen Gestaltung der Lenkungs- und Synchronisationsmechanismen (vgl. Abbildung 7-26) sowie zum anderen um konkrete Anforderungen im Hinblick auf eine Echtzeitfähigkeit in der PPR. Indem die echtzeitfähige Produktionsplanung und -regelung in der Auftragsabwicklung auf den Prinzipien des Managementmodells Wandlungsfähiger Produktionssysteme basiert, lässt sie sich aufgrund des Rekursivitätsprinzips schnell und einfach von der Kernprozess- auf die Ebene der Detailprozesse ausdehnen. Darüber hinaus lassen sich sowohl einzelne Kern- (z. B. Fertigung oder Versand) wie auch einzelne Detailprozesse (z. B. Detailkonstruktion innerhalb des Kernprozesses Konstruktion oder die Endabnahme innerhalb der Inbetriebnahme) separat, echtzeitfähig gestalten, ohne zuvor eine (nach den hier diskutierten Merkmalen und Maßstäben) vollständige Produktionsplanung und -regelung in der Auftragsabwicklung implementieren zu müssen.

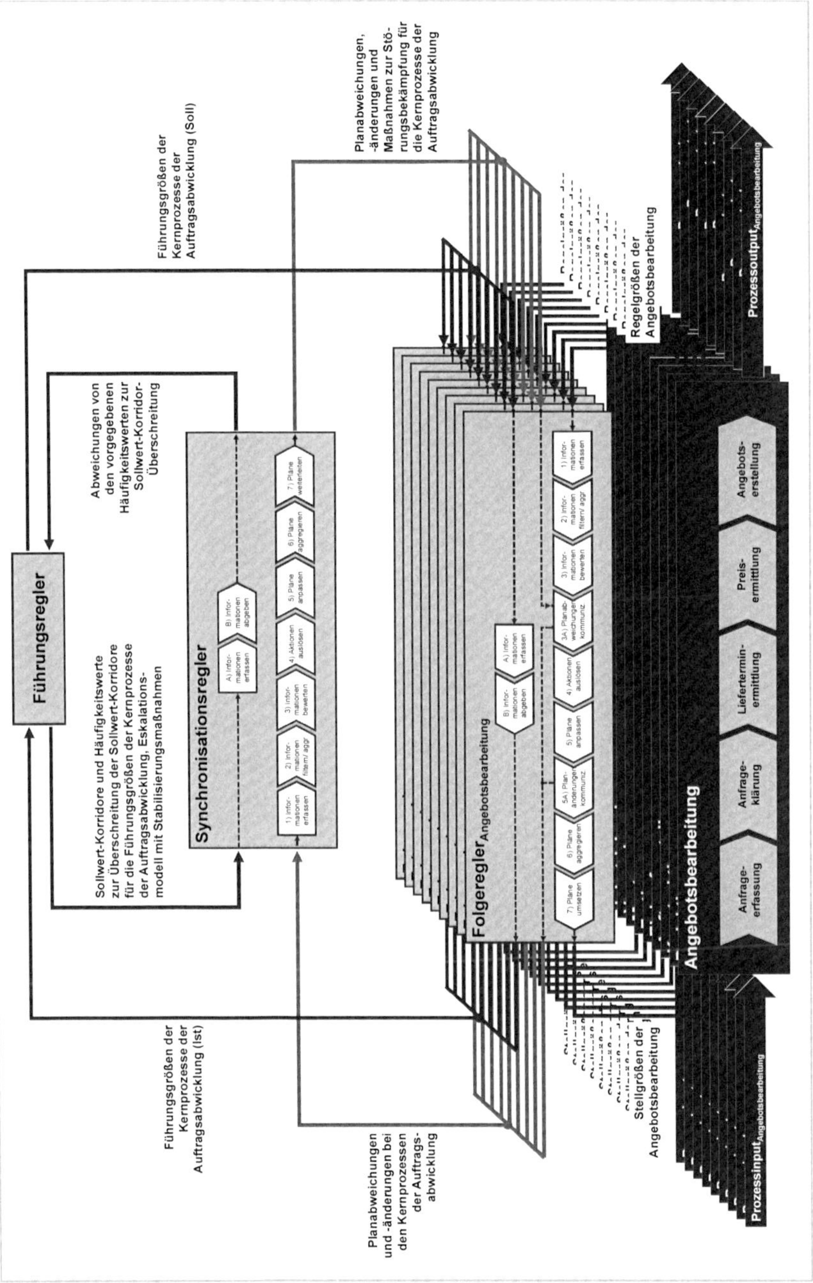

Abbildung 7-25: **Schematische Darstellung einer echtzeitfähigen Produktionsplanung und -regelung**

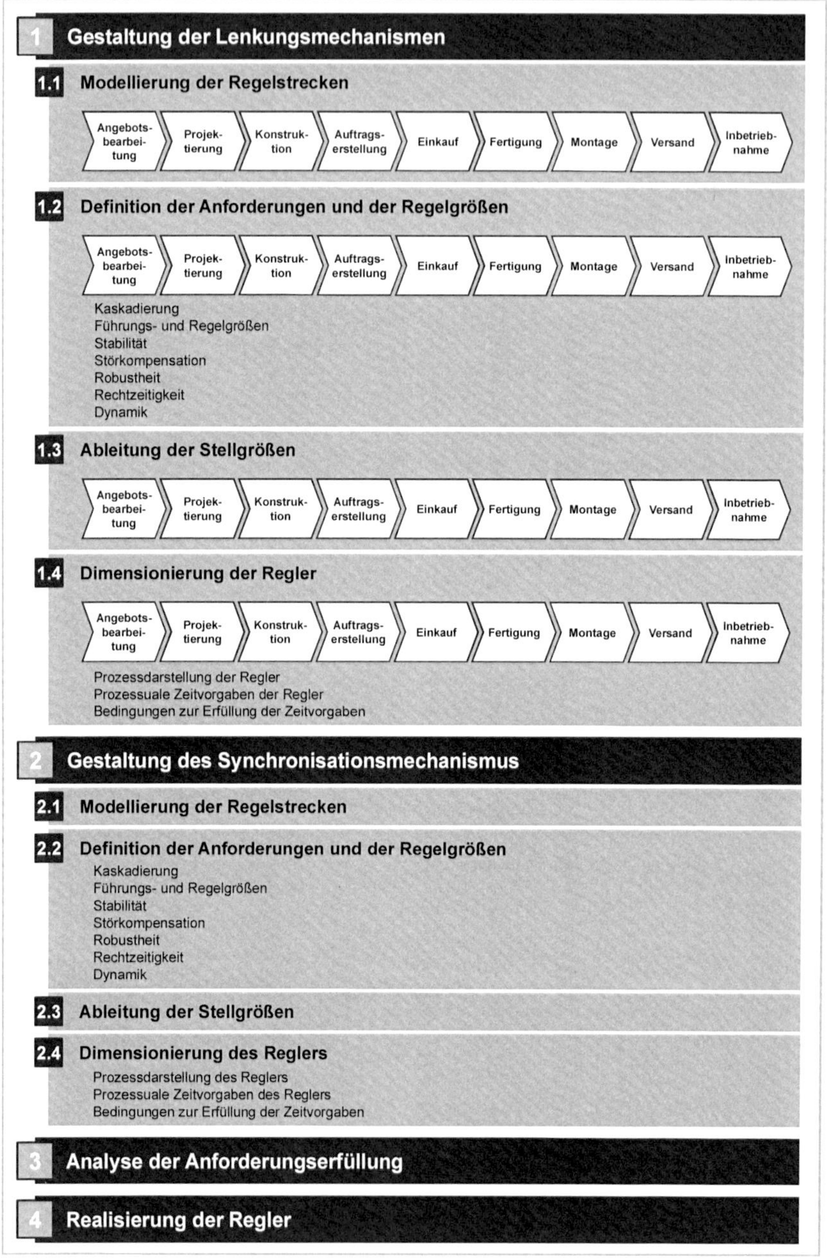

Abbildung 7-26: Vorgehensmodell zur Gestaltung einer echtzeitfähigen Produktionsplanung und -regelung

7.5 Leitfaden zur Implementierung der echtzeitfähigen Produktionsplanung und -regelung

Der vorletzte Schritt des Vorgehensmodells zur echtzeitfähigen Gestaltung der Produktionsplanung und -regelung in der Auftragsabwicklung fokussiert auf die Analyse der Anforderungserfüllung der einzelnen Regelkreise (vgl. Kapitel 7.1 und Abbildung 7-26). Diese Analyse wird in Form zweier Fallstudien bei typischen Unternehmen der adressierten Branche des Maschinen- und Anlagenbaus vorgenommen. Zuvor ist jedoch aus Gründen der Effizienz in der Analysedurchführung ein geeigneter Leitfaden für eine Implementierung der echtzeitfähigen PPR zu erarbeiten. Indem die echtzeitfähige PPR in ihrer Struktur auf dem MWP basiert und dieses Modell bereits einen Anwendungsleitfaden bereitstellt (vgl. BROSZE 2011, S. 169ff.), soll dieser aufgegriffen und an die spezifischen Belange der PPR angepasst werden.

Dies impliziert im Folgenden, dass die Hauptphasen des Leitfadens des MWP (Analyse-, Zuordnungs- und Gestaltungsphase) übernommen werden, der Fokus dabei jedoch auf dem für die PPR relevanten Bereich des MWP (operativ-taktisches Produktionsmanagementsystem) verbleibt und strategisch-normative Komponenten ausgeblendet werden (vgl. Kapitel 5.2.2.6). Somit ergibt sich der aus dem MWP abgeleitete und in Abbildung 7-27 dargestellte Leitfaden zur Implementierung der echtzeitfähigen Produktionsplanung und -regelung, welcher im Folgenden präzisiert wird.

Abbildung 7-27: Leitfaden zur Implementierung der echtzeitfähigen Produktionsplanung und -regelung

7.5.1 Phase 1: Analyse

Bevor die echtzeitfähige Gestaltung der PPR in der Auftragsabwicklung in den Fokus der Betrachtungen rückt, ist zunächst deren Ist-Zustand zu analysieren und zu dokumentieren. Als Orientierungshilfe sollen dabei die operativen Prozesse der PPR dienen (vgl. Kapitel

5.3.1), wie sie als Referenz für die Abwicklung von Kundenaufträgen bei Unternehmen der Auftragsfertigung (u. a. Maschinen- und Anlagenbau) sowohl im MWP (vgl. BROSZE 2011, S. 78ff.), als auch in der durch SCHMIDT erweiterten Prozesssicht des Aachener PPS-Modells (vgl. SCHMIDT 2008, S. 55ff.) hinterlegt sind. Grundsätzlich lässt sich die Analysephase in die beiden Schritte der Projekteinrichtung und der Prozess- und Strukturanalyse unterteilen.

7.5.1.1 Projekteinrichtung

Mit der Projekteinrichtung wird zu Beginn eines Veränderungs- oder Reorganisationsprojekts zunächst die Basis für einen späteren Projekterfolg geschaffen, indem der Betrachtungsbereich des Projekts abgegrenzt, die Ausgangssituation sowie die Problemstellung beschrieben, das Projektziel mit seinen Unterzielen definiert, eine Projektorganisation aufgebaut sowie ein Projektzeitplan erarbeitet wird. Für die Gestaltung einer echtzeitfähigen PPR in der Auftragsabwicklung meint dies insbesondere, dass sich der Betrachtungs- bzw. Untersuchungsbereich im Bezugsrahmen der PPR befindet. Auf Basis des zu untersuchenden bzw. gestaltenden Bereichs erfolgt anschließend die Bildung des Projektteams, sodass sämtliche tangierten Unternehmensbereiche angemessen im Projektteam repräsentiert sind. Der Umfang und die konkrete Teamzusammensetzung hängen stark von der Unternehmensgröße bzw. -struktur ab. Darüber hinaus empfiehlt sich die Installation eines sog. Lenkungsausschusses, welcher an definierten Projektmeilensteinen zusammenkommt, erarbeitete Ergebnisse abnimmt und Entscheidungen trifft.

7.5.1.2 Prozess- und Strukturanalyse

Wie im MWP vermerkt, folgt die Logik der Prozess- und Strukturanalyse dem etablierten Vorgehen innerhalb der Reorganisation der Produktionsplanung und -steuerung wie sie vom FIR AN DER RWTH AACHEN zur Gestaltung der innerbetrieblichen PPS erarbeitet wurde (vgl. SCHMIDT ET AL. 2012, S. 318ff.). Dabei ist es das Ziel der Prozess- und Strukturanalyse, sowohl den Ist-Zustand der Prozesse der Auftragsabwicklung (Kern- und Detailprozesse) als auch der zugehörigen Informationsflüsse, der aufbauorganisatorischen Struktur sowie der IT-Landschaft zu erfassen.

Dabei soll insb. zur vereinfachten Betrachtung der Ist-Prozesse dem Rekursivitätsgedanken der echtzeitfähigen PPR gefolgt werden, indem zunächst die Prozesse auf Ebene der Kernprozesse betrachtet werden. Dies unterstützt zum einen das Strukturierungsprinzip in der Vorgehensweise und fördert zum anderen das Verständnis bei den Projektteammitgliedern sowie deren Akzeptanz. Weiterhin sollten zur Dokumentation von Prozessen, Informationsflüssen, Organisationsstrukturen und IT-Landschaften methodische Hilfsmittel zum Einsatz kommen, welche schnell und einfach Prozess-, Struktur-, Wertstrom- oder IT-Beziehungen darstellen können.

Als Ergebnis der Kernprozessanalyse sollte eine grobe Prozesslandkarte vorliegen, aus der die grundsätzlichen Abläufe bei der Kundenauftragsabwicklung inkl. der durchführenden Abteilungen, der genutzten IT-Systeme sowie der fließenden Informationen hervorgehen; anschließend wird das Vorgehen für jeden einzelnen Kernprozess wiederholt. Dabei werden zu jedem Prozessschritt Schwachstellen bzw. Verbesserungspotenziale, fehlende, fehlerhafte oder zu spät bereitgestellte Informationen, verschwendungsreiche Tätigkeiten und regelmäßig auftretende Fehler erfasst und dokumentiert. Mit Abschluss der Detailprozessanalyse sollten neben der groben Kernprozesslandkarte für jeden Kernprozess eigenständige Prozessübersichten vorliegen, aus der die Detailprozesse, die sie verbindenden Informationsflüsse, die für jeden Detailprozess genutzten IT-Systeme sowie die aufgerufenen, bearbeiteten und wieder abgelegten Stamm- und Bewegungsdaten hervorgehen. Darüber hinaus empfiehlt sich die konsolidierte Sammlung sämtlicher identifizierter Schwachstellen und Verbesserungspotenziale in einer separaten Übersicht. Das Ergebnis der Analysephase stellt schließlich die strukturierte Dokumentation des Ist-Zustandes der Prozesse zur Abwicklung von Kundenaufträgen, der Informationsflüsse, der Lenkungs- und Synchronisationsmechanismen sowie der jeweils zugehörigen Schwachstellen und Verbesserungspotenzialen dar.

7.5.2 Phase 2: Zuordnung

Auf Basis der innerhalb der Analysephase identifizierten Schwachstellen und Verbesserungspotenziale im Hinblick auf eine echtzeitfähige PPR werden diese nun auf ihre Ursachen hin untersucht, inwiefern eine mangelnde Vollständigkeit oder Integration der Elemente der PPR dafür verantwortlich ist. Schwachstellen mit gemeinsamen Ursachen werden zunächst zu Clustern zusammengefasst und anschließend problemlösenden Elementen aus der PPR zugeordnet. Eine abschließende Aufwand- und Nutzenbetrachtung gestattet die Priorisierung und somit die Überführung der Gestaltungsmaßnahmen in eine Umsetzungsreihenfolge.

7.5.2.1 Ursachenanalyse

Schwachstellen, welche gleiche Ursachen aufweisen, werden zu Beginn logisch zu Klassen gruppiert, wobei die zugeordneten Probleme in diesen Fällen nur Symptom einer gemeinsamen Ursache sind und bis dato keinen direkten Bezug zu einzelnen Elementen der PPR aufweisen müssen. Die Schwachstellenclusterung innerhalb eines kleineren Teams (z. B. Kernteam) vermeidet dabei zu viele unterschiedliche Sichtweisen und erleichtert die Ursachenanalyse.

7.5.2.2 Ursachenzuordnung und Maßnahmenableitung

Unter Nutzung der schematischen Darstellung der echtzeitfähigen PPR (vgl. Abbildung 7-25) werden die ermittelten Ursachen nun einzelnen Bereichen der PPR zugewiesen (z. B. Kern- oder Detailprozess, Lenkungsmechanismus, Synchronisationsmechanismus usw.). Hilfreich ist bei der Ableitung konkreter Gestaltungsmaßnahmen die Unterteilung in Maßnahmen, welche lediglich eine Modifizierung bereits vorhandener PPR-Bestandteile vorsehen (z. B. wenn im Unternehmen bereits ein Auftragszentrum existiert, welches als Synchronisationsmechanismus die Aufgaben der Projektüberwachung und -steuerung wahrnimmt) und in Maßnahmen, welche eine komplette Neuinstallation von Komponenten bedingen (z. B. angefangen von der Einführung einer prozessorientierten Auftragsabwicklung, über die Installation einzelner Lenkungsmechanismen zu den Prozessen bis hin zur zielgerichteten Synchronisation dieser Lenkungsmechanismen).

Für die Orientierung innerhalb der PPR eignet sich insb. Abbildung 7-25. Sowohl Modifikationen bestehender PPR-Bestandteile, als auch Neugestaltungen sollten anhand des Vorgehensmodells aus Abbildung 7-26 vorgenommen werden. Einzelgestaltungsmaßnahmen können anschließend zu Maßnahmenpaketen zusammengefasst werden, insofern diese auf dieselben Schwachstellenursachen abzielen. Dadurch dass sowohl Problembeschreibungen aus der Analysephase als auch Templates zu deren Lösung im Sinne des Referenzcharakters des Gestaltungsmodells der echtzeitfähigen PPR vorliegen, können die fehlenden oder zu modifizierenden Elemente bereits grob skizziert werden. Zwar genügen diese Elemente aus Sicht des Modells noch nicht dem Vollständigkeitskriterium, jedoch unterstützen sie eine Verortung und Strukturierung sämtlicher Gestaltungsmaßnahmen bzw. -pakete.

7.5.2.3 Maßnahmenbewertung und -priorisierung

Indem die Einordnung der Maßnahmen bzw. -pakete in einen Gesamtzusammenhang ein Bewusstsein für den Nutzen schafft, welcher aus der Umsetzung der Maßnahmen entstehen soll, lässt sich durch die Ergänzung des Aufwands zur Realisierung der Maßnahmen in einem nächsten Schritt eine Priorisierung der Gestaltungsmaßnahmen vornehmen. Dadurch dass vorausgesetzt wird, dass die Einzelelemente der PPR aufeinander abgestimmt funktionieren, können diese auch in unterschiedlichen Reife- oder Detaillierungsgraden ausgeprägt sein. Somit werden innerhalb der Maßnahmenbewertung und -priorisierung bereits Anforderungen an die Umsetzung einzelner Maßnahmen innerhalb der dritten Phase definiert. Die Entscheidung über die konkrete Umsetzung hängt schließlich von der prognostizierten Wirkung der Gestaltungsmaßnahmen auf die Projektziele (z. B. Reduzierung der Durchlaufzeit, Durchgängigkeit der Informationen, Erhöhung der Liefertreue, regelmäßige Kosteneinsparungen, Kürzung der Arbeitszeit in Personenstunden pro Woche) und zudem vom Umsetzungsaufwand ab, welcher sich aus dem Investitionsbedarf (einmaliger Aufwand bei der Umsetzung ohne Personalkosten) und dem Umsetzungshorizont ergibt. Mittels Nutzwertanalyse können die einzelnen Gestaltungsmaßnahmen bzw. -pakete in eine Reihenfolge überführt werden, bevor sie dem Lenkungsausschuss zur Entscheidung vorgelegt werden.

7.5.3 Phase 3: Gestaltung

Die abschließende Gestaltungsphase zeichnet für die konkrete Ausgestaltung der Einzelmaßnahmen bzw. -pakete und deren operative Umsetzung verantwortlich. Die Bewertung des Umsetzungserfolgs im Sinne der anfangs definierten Projektziele schließt das Projekt zur Implementierung der echtzeitfähigen Produktionsplanung und -regelung in der Auftragsabwicklung ab.

7.5.3.1 Maßnahmengestaltung

Innerhalb der Maßnahmengestaltung erfolgt nun die Reorganisation der PPR in der Auftragsabwicklung und deren konkrete Gestaltung nach den innerhalb dieser Dissertation erarbeiteten Vorgaben und Anforderungen. Für prozessuale Maßnahmen zur Gestaltung der Kern- und Detailprozesse geben die Aufgaben- und Prozesssicht des Aachener PPS-Modells bspw. Hilfestellungen (vgl. SCHUH ET AL. 2012c, S. 29ff.; SCHUH ET AL. 2012e, S. 109ff.). Die die Prozesse umschließenden Lenkungs- und Synchronisationsmechanismen sind nach dem innerhalb dieser Forschungsarbeit definierten Vorgehensmodell zu gestalten, wozu insb. die erarbeiteten Bedingungen zur Erfüllung der Zeitvorgaben (vgl. Kapitel 7.2.4.3 und Kapitel 7.3.4) die Brücke zu einer konkreten Umsetzung der Mechanismen in Werkzeugen aus der Informationstechnologie schlagen. Die sich aus der Maßnahmengestaltung ergebenden Anforderungen an unterstützende IT-Systeme sind zu konsolidieren und den Leistungsbeschreibungen der bisherigen IT-Landschaft gegenüberzustellen. Dabei kann sich durchaus herausstellen, dass die aktuellen IT-Systeme bzw. deren Verknüpfung untereinander den Anforderungen, welche aus einer echtzeitfähigen PPR resultieren, nicht entsprechen und sich somit Folgeprojekte anschließen, die sich bspw. mit der Auswahl und Einführung anforderungsgerechter IT-Systeme befassen. Auch dazu bietet das Aachener PPS-Modell strukturell und inhaltlich hilfreiche Unterstützung (vgl. MEIER ET AL. 2012, S. 332ff.).

7.5.3.2 Maßnahmenumsetzung

Zur konkreten Umsetzung der Gestaltungsmaßnahmen und -pakete empfiehlt sich die Überführung selbiger in Teilprojekte sowie eine sich anschließende Synchronisierung der Teilprojektlandschaft. Zu diesem Zweck wird in Anlehnung an die Projekteinrichtung innerhalb der

Analysephase ebenso ein professionelles Projektmanagement im Hinblick auf Projektziele, -teams und -zeitpläne installiert. Die Synchronisierung der Teilprojekte zielt insb. auf die zeitliche Abstimmung der Projektpläne sowie der innerhalb der Projektteams gebundenen Kapazitäten der Mitarbeiter. Für die Gestaltung der PPR nach den hier definierten Maßstäben können neben den internen Kompetenzträgern ebenso externe Dienstleister (z. B. Berater) zum Einsatz kommen.

7.5.3.3 Projektabschluss und Zielreflektion

Bereits nach erfolgreicher Durchführung einzelner Teilprojekte sollte deren Zielerreichung gemessen und die Umsetzungsvorgehensweise evaluiert werden. Werden aus der Betrachtung Anpassungen an der Vorgehensweise einzelner Teilprojekte notwendig, ist dies zeitnah mit den beteiligten Projektteams abzustimmen. Darüber hinaus sind die Projektergebnisse zu dokumentieren und nach Abschluss des Gesamtprojekts den ursprünglichen Projektzielen aus der Projekteinrichtung gegenüberzustellen.

8 Evaluierung des Gestaltungsmodells im Anwendungszusammenhang

Innerhalb des folgenden Kapitels der Evaluierung des Gestaltungsmodells für eine echtzeitfähige PPR in der Auftragsabwicklung des Maschinen- und Anlagenbaus soll der objektive Nachweis erbracht werden, dass das Modell die formalen und inhaltlichen Anforderungen aus Kapitel 4.1 erfüllt. Dabei soll die Anwendbarkeit des erarbeiteten Gestaltungsmodells innerhalb der Evaluierung als Hypothese gelten, deren Gültigkeit anhand von Einzelbeobachtungen im Folgenden zu überprüfen ist. Indem sich der kritische Rationalismus in diesem Zusammenhang einer beschränkten Induktion mit Hilfe der Falsifizierung bedient, gilt eine Hypothese solange als wahr, bis sie für einen konkreten Anwendungsfall innerhalb des zugrunde liegenden Untersuchungsbereichs widerlegt wird (vgl. ULRICH U. HILL 1976b, S. 345f.).

Die Evaluierung des Gestaltungsmodells erfolgt im Sinne einer Vereinfachung der Bewertung der formalen Kernanforderung der Utilität des Modells durch potenzielle Anwender anhand des in Kapitel 7.5 erarbeiteten Leitfadens zur prototypischen Implementierung der echtzeitfähigen PPR, welcher darüber hinaus auf das zusammenfassende Vorgehensmodell zur echtzeitfähigen Gestaltung der PPR aus Kapitel 7.4 zurückgreift. Die konkrete Beurteilung der Utilität des Modells wird im Rahmen zweier Fallstudien bei typischen Unternehmen aus der Branche des Maschinen- und Anlagenbaus durchgeführt, wobei als Bewertungsgrundlage eine qualitative Abschätzung potenzieller Vereinfachungen bei der Gestaltung von Strukturen und Abläufen der PPR im Sinne der Effizienz des Modells genutzt wird. Zusätzlich dazu soll die Erörterung der Relevanz des Gesamtmodells mit Experten aus beiden Unternehmen als Grundlage für die Bewertung der Utilität des selbigen dienen. Im Sinne der Funktionalität ermöglichen Fallstudien eine Beurteilung der Zielerreichung hinsichtlich der inhaltlichen Gestaltungsziele sowie die Bewertung der Nachvollziehbarkeit der einzelnen Schritte und der Gestaltungsergebnisse selbst (Praktikabilität). Eine zusammenfassende Bewertung und kritische Würdigung des entwickelten Gestaltungsmodells schließt das Evaluierungskapitel ab.

8.1 Fallstudie A: Echtzeitfähige Produktionsplanung und -regelung in der Einzel- und Kleinserienfertigung

Die erste Fallstudie fokussiert die echtzeitfähige Produktionsplanung und -regelung in der Einzel- und Kleinserienfertigung bei der ROEMHELD GMBH, wozu das Unternehmen als typischer Vertreter des Maschinen- und Anlagenbaus zunächst kurz vorgestellt wird. Exemplarisch am Beispiel des Produktbereichs der „Systemlösungen für die Fertigungstechnik" wird das Modell zur Gestaltung einer echtzeitfähigen PPR in der Auftragsabwicklung in der Folge angewendet und abschließend durch Experten von ROEMHELD aus den Bereichen IT, Logistik, Materialwirtschaft, Produktion und Organisation bewertet.

8.1.1 Die ROEMHELD GMBH

Die ROEMHELD GMBH mit Hauptsitz im hessischen Laubach bei Gießen (im Folgenden abgekürzt als ROEMHELD) entwickelt, fertigt und vertreibt Komponenten und Systeme auf dem Gebiet der hydraulischen Spanntechnik für die spanende Fertigung. ROEMHELD bildet zusammen mit den Spanntechnik-Spezialisten HILMA aus Hilchenbach und STARK aus Götzis (Österreich) die ROEMHELD-Gruppe, welche eines der umfassendsten Produktprogramme für die Spann- und Positioniertechnik im Bereich der spanenden Fertigungstechnik anbietet.

Hervorgegangen ist die ROEMHELD-Gruppe aus der Gießerei FRIEDRICHSHÜTTE, welche auf Werkstücke in kleinen und mittleren Losgrößen aus Grau- und Sphäroguss spezialisiert und auch heute noch Teil der Unternehmensgruppe ist. Insgesamt umfasst die ROEMHELD-Gruppe rund 500 Mitarbeiter mit einem Jahresumsatz von ca. 70 Mio. Euro.

Wie im Maschinen- und Anlagenbau generell festzustellen (vgl. Kapitel 1.1), gewinnt neben den heimischen Kunden, welche bei ROEMHELD durch 17 Verkaufsbüros und Vertriebspartner umfassend betreut werden, auch der Export bei ROEMHELD immer stärker an Bedeutung. Aktuell weist ROEMHELD einen Exportanteil von rund 50 % auf, welcher durch indirekte Exporte auf über 65 % ansteigt. Durch eigene Tochtergesellschaften in Großbritannien, Frankreich, den USA, Japan und Südkorea sowie zahlreiche Vertriebspartner werden weltweit Beratung, Vertrieb und Service für die ROEMHELD-Kunden sichergestellt.

In der Vergangenheit hat bei ROEMHELD eine starke Diversifizierung des Produkt- und Kundenspektrums stattgefunden. Dies hatte zur Folge, dass im Sinne der Fertigungstypologien (vgl. Kapitel 2.1.1) sowohl Kundenaufträge nach dem Prinzip der Auftrags-, aber auch der Varianten- und Rahmenauftragsfertigung bearbeitet wurden. Da die echtzeitfähige Gestaltung der PPR in der Auftragsabwicklung auf den Typus des Auftragsfertigers fokussiert, wurde die folgende Evaluierung des Gestaltungsmodells bei ROEMHELD im Produktbereich der „Systemlösungen für die Fertigungstechnik" durchgeführt. Diese Produktgruppe ist vorrangig durch typisierte Erzeugnisse nach Kundenspezifikation und mit Varianten charakterisiert, wobei die Erzeugnisse mehrteilig sind und eine hauptsächlich komplexe Struktur aufweisen (vgl. Abbildung 8-1). Dadurch werden die Systemlösungen zumeist in Einmal-, Einzel- oder Kleinserienfertigung hergestellt und sind im Sinne von Kapitel 2.1.1 dem Typus der Auftragsfertigung zuzurechnen.

ROEMHELD
HILMA ▪ STARK

Roemheld GmbH, Laubach

Gründung:	1707 (Friedrichshütte, heutige Gießerei)
Mitarbeiter:	ca. 300 (Roemheld-Gruppe: ca. 500)
Umsatz:	ca. 46 Mio. € (Roemheld-Gruppe: ca. 70 Mio. €)
Standorte:	3 (Roemheld-Gruppe: 6)
Produkte:	Hydraulische Spannelemente, Hydraulikzylinder, Spann- und Industrieaggregate, Hydraulikdruckerzeuger, Montage- und Handhabungstechnik, Linear- und Antriebstechnik, Systemlösungen für die Fertigungstechnik
Internet:	www.roemheld.de

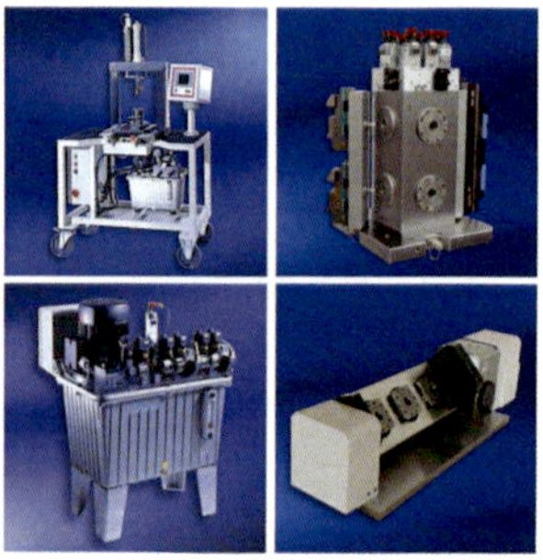

Auftragsabwicklungsmerkmale für den Bereich „Systemlösungen für die Fertigungstechnik":

Erzeugnisspektrum	Erzeugnisse nach Kundenspezifikation	typisierte Erzeugnisse mit Varianten	Standarderzeugnisse mit Varianten	Standarderzeugnisse ohne Varianten
Erzeugnisstruktur	mehrteilige Erzeugnisse mit komplexer Struktur	mehrteilige Erzeugnisse mit einfacher Struktur	Geringteilige Erzeugnisse	
Fertigungsart	Einmalfertigung	Einzel- und Kleinserienfertigung	Serienfertigung	Massenfertigung

trifft zu — trifft teilweise zu — trifft nicht zu

Abbildung 8-1: Kurzprofil der ROEMHELD GMBH

Zur Unterstützung der Auftragsabwicklungsprozesse bei den einzelnen Unternehmen sind innerhalb der ROEMHELD-Gruppe unterschiedliche IT-Systeme implementiert. Als Kernanwendung für die Auftragsabwicklung kommt bei ROEMHELD ein PPS-System zum Einsatz.

Darüber hinaus existieren eine Vielzahl weiterer Anwendungen, bspw. für das Qualitätswesen, die Finanzbuchhaltung, die Lagerverwaltung oder das Bestandsmanagement.

8.1.2 Exemplarische Gestaltung einer echtzeitfähigen Produktionsplanung und -regelung in der Auftragsabwicklung der Einzel- und Kleinserienfertigung

Dem Leitfaden aus Kapitel 7.5 folgend, wird innerhalb dieses Unterkapitels die exemplarische Gestaltung der echtzeitfähigen PPR innerhalb der Auftragsabwicklung für den Bereich der „Systemlösungen für die Fertigungstechnik“ bei ROEMHELD dargestellt. Dieser Gestaltungsabschnitt entspricht dabei einer Teilmenge eines Reorganisationsvorhabens im Vorfeld der unternehmensgruppenweiten Einführung einer neuen ERP-Lösung.

8.1.2.1 Phase 1: Analyse

Zu Beginn des Projekts erfolgte zunächst dessen **Einrichtung**, was die Abgrenzung des Betrachtungsbereichs, die Definition der Projektziele, einer Projektorganisation sowie eines Projektzeitplans beinhaltete. Als geeigneter Bereich zur exemplarisch echtzeitfähigen Gestaltung der PPR wurde in Abstimmung mit ROEMHELD die „Systemlösungen für die Fertigungstechnik“ ausgewählt, da hierbei vorrangig Produkte nach dem Prinzip der Auftragsfertigung hergestellt werden. Die Projektziele leiteten sich direkt aus den Zielen für das gesamte Reorganisationsprojekt ab, nämlich die Liefertermintreue zum Kunden zu erhöhen und dabei stets aussagefähig hinsichtlich des eigenen Auftragsfortschritts, aber auch dem der Lieferanten zu sein. Weiterhin sollten insb. Bestände in Arbeit sowie Fehllieferkosten gesenkt werden. Eine Optimierung der Kapazitätsauslastung wurde generell nicht angestrebt. Für die Projektdurchführung wurde ein Team aus Repräsentanten der Bereiche Konstruktion, Logistik, IT, Vertrieb, Einkauf und Fertigung gebildet und das gesamte Projektvorgehen unter Strukturierung mittels des hier angewendeten Leitfadens in einen Projektplan überführt, wobei der Zeitrahmen des Projekts bis zum Go-Live des neuen ERP-Systems reichte.

Für die sich anschließende **Prozess- und Strukturanalyse** wurde sich an den operativen Prozessen der PPR (vgl. Kapitel 5.3.1) als Referenz für die Auftragsabwicklung bei Auftragsfertigern orientiert. Dabei konnten laut ROEMHELD deutliche Vorteile gegenüber früheren Analysen erzielt werden, indem die operativen Prozesse der PPR zum einen durch ihren Vorlagencharakter eine schnellere Analyse ermöglichten und zum anderen die Vollständigkeit bei der Betrachtung sicherstellten. Des Weiteren erleichterte die Rekursivität der Struktur der PPR die Herangehensweise bei der Analyse, indem zunächst auf Ebene der Kernprozesse eine grobe Prozesslandkarte definiert wurde, welche anschließend sukzessive für jeden Kernprozess verfeinert wurde (vgl. Abbildung 8-2 und Abbildung 8-3).

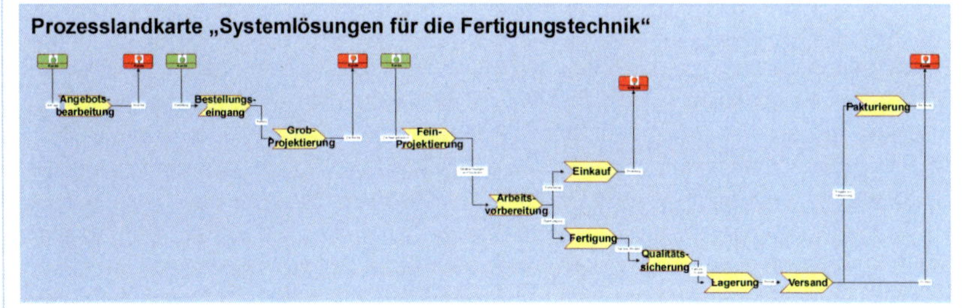

Abbildung 8-2: Kernprozesse der Produktionsplanung und -regelung in der Auftragsfertigung in Fallstudie A

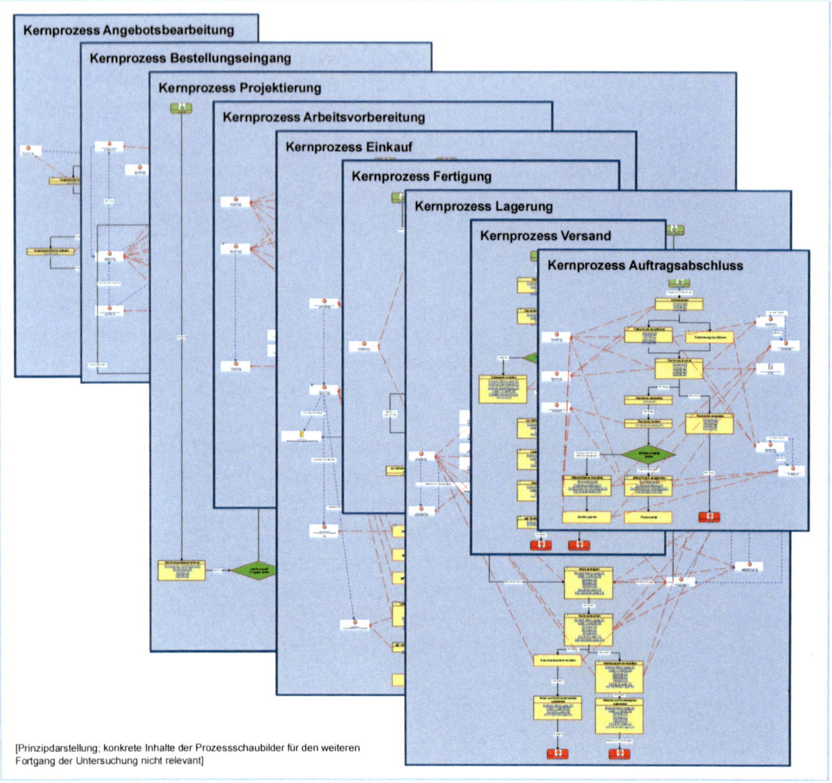

Abbildung 8-3: Detailprozesse der Produktionsplanung und -regelung in der Auftragsfertigung in Fallstudie A

Beginnend mit der Angebotsbearbeitung, bei der dem Kunden nach einer definierten Zeitspanne ein, seinen Funktions- und Leistungsanforderungen entsprechendes, schriftliches Angebot inkl. einer voraussichtlichen Lieferzeit sowie einem Preis übermittelt wird, schließt sich bei ROEMHELD, anders als bei den operativen Prozesse der PPR, der Bestellungseingang an. Innerhalb dieses Kernprozesses wird eine kaufmännische Prüfung der Bestellung durchgeführt, diese bei positivem Bescheid in einen Kundenauftrag überführt sowie ein valider Liefertermin ermittelt, welcher dem Kunden anschließend mittels Auftragsbestätigung mitgeteilt wird. Die sich anschließende Projektierung beinhaltet bei ROEMHELD ebenso die Prozesse der Konstruktion und ist dadurch entsprechend umfangreich gestaltet. Im Sinne eines ersten Regelkreises wird der Status eines jeden Kundenauftrags innerhalb des täglichen sog. 11-Uhr-Gesprächs diskutiert und bei Abweichungen vom Soll werden geeignete Gegenmaßnahmen beschlossen. Eine Freigabeschleife mit dem Kunden hinsichtlich der konstruktiven Zeichnungen schließt den Kernprozess der Projektierung ab. Die Tätigkeiten der Auftragserstellung innerhalb der operativen Prozesse der PPR (Erstellung von Stücklisten und Arbeitsplänen) entsprechen bei ROEMHELD den Tätigkeiten der Arbeitsvorbereitung. Die Prozesse innerhalb des Einkaufs orientieren sich stark an den Abläufen der Einkaufstätigkeiten der PPR. Im Rahmen der Lieferterminüberwachung existiert bei ROEMHELD ein weiterer Regelkreis, wobei wöchentliche Terminbesprechungen hinsichtlich zu erledigender Aufträge überprüfen, ob noch Lieferantenbestellungen für entsprechende Kundenaufträge offen sind bzw. zu Problemen in der weiteren Auftragsabwicklung führen könnten. Der Fertigungsprozess bei ROEMHELD beinhaltet ebenso die Montage und führt schließlich zur Einlagerung des fertigen und geprüften Erzeugnisses. Im Anschluss an den Versand der Ware endet der Prozess der Kundenauftragsabwicklung bei den „Systemlösungen für die Fertigungstechnik" im Sinne des Auftragsabschlusses mit der Fakturierung der erbrachten Leistung. Eine Inbetriebnahme vor Ort beim Kunden findet bei ROEMHELD aufgrund der Charakteristik der Produkte nicht statt.

Im Rahmen der Prozess- und Strukturanalyse der PPR konnten insb. durch die Orientierung an den operativen, den Lenkungs- und Synchronisationsprozessen sowie der Struktur der PPR in Anlehnung an das MWP zahlreiche Schwachstellen und Verbesserungspotenziale identifiziert und dokumentiert werden. Für den weiteren Fortgang wird sich auf diejenigen Potenziale beschränkt, welche der PPR direkt oder indirekt zuzurechnen sind. Abbildung 8-4 zeigt dazu einen Auszug aus der Schwachstellenanalyse und der zugehörigen Maßnahmenableitung.

8.1.2.2 Phase 2: Zuordnung

Zu Beginn der Zuordnungsphase wurden die innerhalb der Prozess- und Strukturanalyse identifizierten und der PPR mittel- und unmittelbar zurechenbaren Schwachstellen und Verbesserungspotenziale auf ihre **Ursachen** hin **analysiert** und zu Schwachstellen mit gleichen Ursachen zusammengefasst.

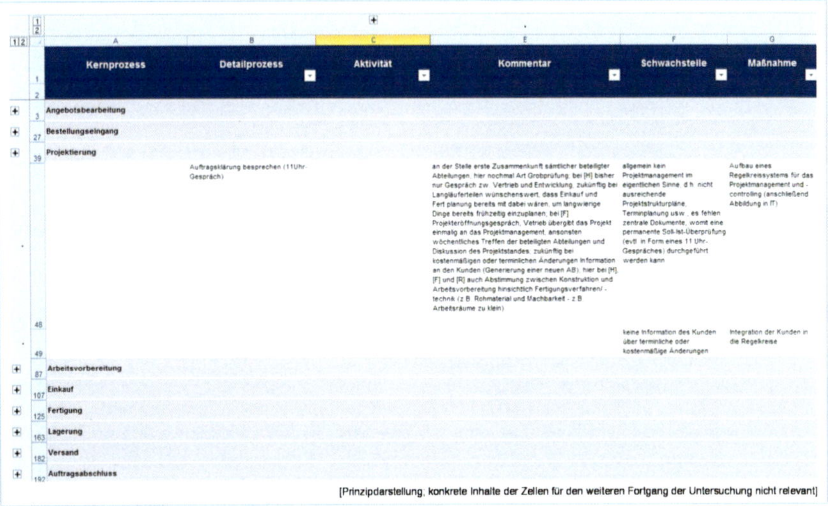

Abbildung 8-4: Schwachstellenanalyse und Maßnahmenableitung in Fallstudie A (Auszug)

Unter Nutzung der schematischen Darstellung der PPR (vgl. Kapitel 7.4) wurden den Schwachstellenclustern im Sinne der **Ursachenzuordnung und Maßnahmenableitung** anschließend problemlösende Elemente aus der PPR zugeordnet. Dabei fokussierte ein Großteil der Schwachstellencluster direkt auf die Kern- und Detailprozesse bzw. auf die Lenkungs- und Synchronisationsmechanismen. Das Beispiel in Abbildung 8-4 zeigt dazu das sog. 11-Uhr-Gespräch, welches dem eigentlichen Projektmanagement innerhalb der Auftragsabwicklung dienen soll. Durch die Spiegelung der identifizierten Schwachstellen dieses

Projektcontrollinginstruments an der schematischen Darstellung der PPR in Abbildung 7-25 wurde deutlich, dass die Schwachstelle durch den Aufbau eines Regelkreissystems für das Projektmanagement und -controlling nach Vorbild der echtzeitfähigen PPR in der Auftragsabwicklung eliminiert werden kann. Diese Maßnahme entspricht dabei trotz ihres gestalterischen Umfangs jedoch lediglich einer Modifizierung bereits vorhandener PPR-Bestandteile.

Abgeleitet aus den innerhalb der Projekteinrichtung definierten Projektzielen ist anschließend ein Bewertungsschema erarbeitet worden, mittels welchem sämtliche Maßnahmenpakete im Rahmen einer ausführlichen Beschreibung nach Umsetzungsaufwand und -wirkung **bewertet** wurden. Die nach der Nutzwertanalyse durchgeführte Bewertung ergab im Ergebnis für jedes Maßnahmenpaket einen kumulierten Wirkungs- sowie Aufwandswert. Beispielhaft sind die zwölf bei ROEMHELD abgeleiteten Maßnahmenpakete in Abbildung 8-5 im Aufwands-Wirkungs-Portfolio abgetragen.

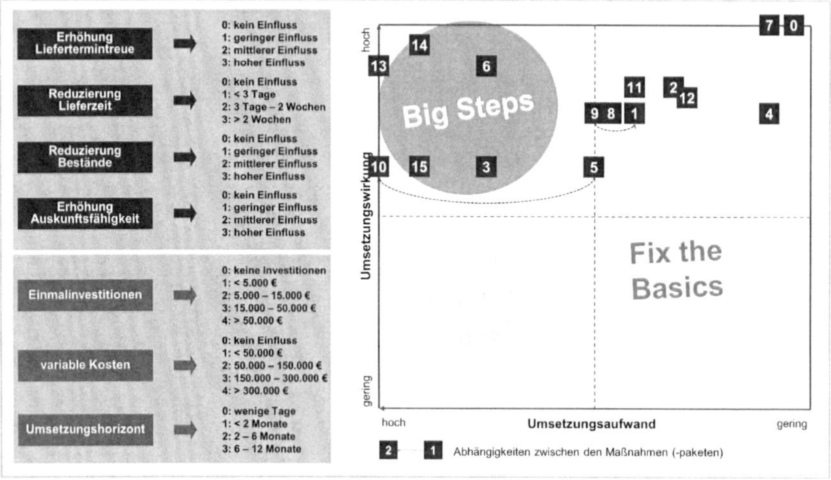

Abbildung 8-5: Maßnahmenbewertung und -priorisierung in Fallstudie A

Die Überführung der bewerteten Maßnahmenpakete in eine Portfoliodarstellung unterstützte unter Berücksichtigung der verfügbaren Kapazitäten und Budgets bei ROEMHELD in der Folge die Priorisierung und Reihenfolgebildung für die Maßnahmengestaltung und -umsetzung.

8.1.2.3 Phase 3: Gestaltung

Mit dem Ergebnis von zwölf detailliert beschriebenen und bewerteten Maßnahmenpaketen aus der Zuordnungsphase war die Reorganisation der PPR in der Auftragsabwicklung Aufgabe der Gestaltungsphase. Maßnahmenpakete, die auf prozessuale Maßnahmen abzielten, welche aus den Kern- oder Detailprozessen selbst herrührten, sollen an dieser Stelle nicht weiter betrachtet werden. Für deren Gestaltung wurde sowohl auf die Aufgaben- und Prozesssicht des Aachener PPS-Modells sowie insb. auf die Projekterfahrung der für die Prozessgestaltung verantwortlichen Berater zurückgegriffen.

Zur Evaluierung des Vorgehensmodells zur Regelkreisdimensionierung innerhalb des Leitfadens zur Implementierung der echtzeitfähigen PPR wird an dieser Stelle exemplarisch das Maßnahmenpaket zur Gestaltung eines echtzeitfähigen Lenkungsmechanismus für die Angebotsbearbeitung bei den „Systemlösungen für die Fertigungstechnik“ herangezogen. Diese

Maßnahme rührte u. a. daher, dass in der Vergangenheit bei der Angebotserstellung oftmals durch den potenziellen Kunden vorgegebene Terminschranken nicht eingehalten werden konnten, sodass dadurch potenzielle Aufträge verloren gegangen sind.

Zu Beginn des Vorgehensmodells zur echtzeitfähigen Gestaltung des Lenkungsmechanismus der Angebotsbearbeitung bei ROEMHELD war zunächst die **Regelstrecke** zu **modellieren** (vgl. Abbildung 8-6). Dies impliziert innerhalb eines Reorganisationsprojekts die Überführung des Ist-Prozesses der Angebotsbearbeitung in einen entsprechenden Soll-Zustand. Bei ROEMHELD zielte dies insb. auf eine Standardisierung der prozessualen Tätigkeiten für die gesamte Unternehmensgruppe ab. So wurden bestimmte Schritte verschoben, umbenannt, zusammengefasst oder schlicht eliminiert, weil sie auf Restriktionen des alten PPS-Systems zurückzuführen waren. Die Regelstreckenmodellierung schloss mit dem Ergebnis von neun Detailprozessen der Angebotsbearbeitung.

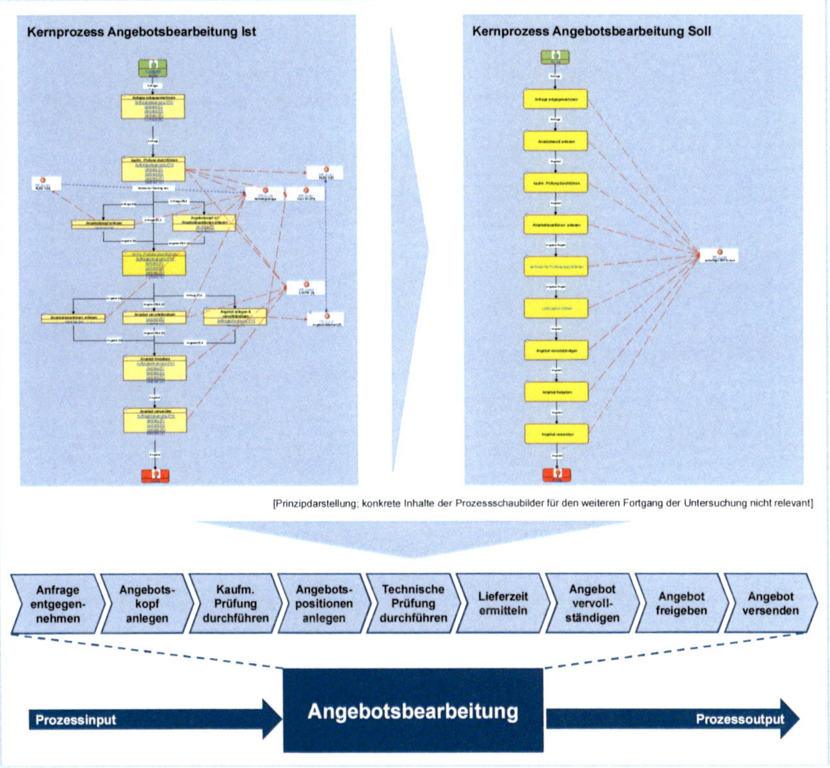

Abbildung 8-6: Modellierung der Regelstrecke der Angebotsbearbeitung in Fallstudie A

In einem nächsten Schritt sind sukzessive die **Anforderungen** an eine echtzeitfähige Angebotsbearbeitung **definiert** worden. Im Sinne der **Kaskadierung** wird der Prozess der Angebotsbearbeitung von einem sog. Angebotsregler geregelt, welcher als Folgeregler fungiert und in Form von IT abzubilden ist. Die Schnittstelle zwischen Geschäftsleitung und operativer Basis nimmt bei ROEMHELD der „Leiter Operative Prozesse" ein, weswegen dieser in der Folge auch für die Definition der Führungsgrößen verantwortlich ist. Als **Führungsgrößen** für den Lenkungsmechanismus der Angebotsbearbeitung definierte dieser, dass die DLZ zur Angebotserstellung weniger als fünf BKT betragen soll, dass eine Termintreue von größer 95 % anzustreben ist und dass für die Qualität des Prozessergebnisses definierte Werte in der Arbeitsbeschreibung festzuhalten sind (z. B. Pflichtfelder, Layout, Freigabeverfahren usw.). Somit ergeben sich als **Regelgrößen** des Regelkreises die Istwerte für die DLZ, die Termintreue sowie die Prozessergebnisqualität (vgl. Abbildung 8-7).

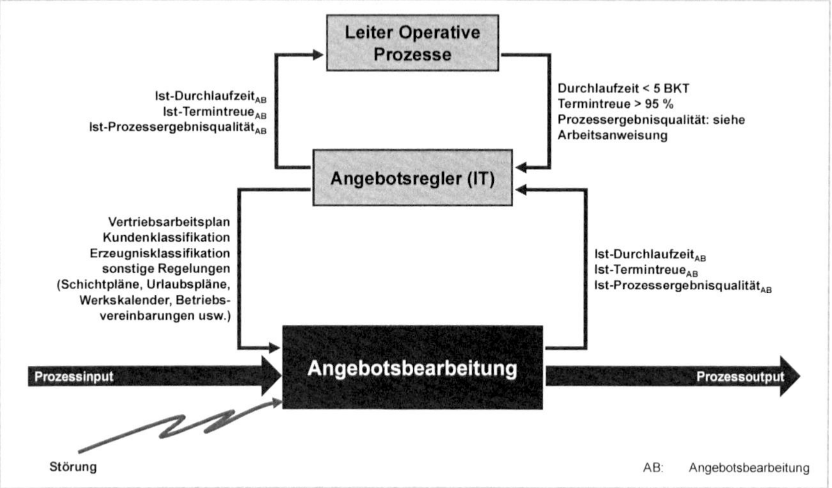

Abbildung 8-7: Definition der Anforderungen, der Regel- und Stellgrößen bei der Angebotsbearbeitung in Fallstudie A

Im Sinne der Forderung nach **Stabilität** wird diese so lange als gegeben angenommen, wie der Regelkreis innerhalb der Stabilitätsbereiche operiert, wobei die Instabilitäts- den negierten Stabilitätsbereichen entsprechen. Treten Störungen im Prozessablauf auf, gelten als Zeitwerte zur **Störkompensation** für alle drei Regelgrößen (aus Gründen der Einfachheit) 1,5 BKT. Da die Termintreue zum Kunden unter den drei Führungsgrößen bei ROEMHELD nochmal eine übergeordnete Bedeutung besitzt, soll selbige zu einem späteren Zeitpunkt eine höhere Gewichtung erfahren, was sich dann in einem geringeren Zeitwert zur Störkompensation im echtzeitfähigen Lenkungsmechanismus der Angebotsbearbeitung niederschlagen wird. Abgeleitet aus den Zeitwerten zur Störkompensation ergaben sich im Hinblick auf die **Rechtzeitigkeit** der Informationsverarbeitung und somit für die Durchlaufzeiten des Lenkungsmechanismus bei einer Verteilung der DLZ von 30 % für die Maßnahmenermittlung und 70 % für die Maßnahmenwirkung für alle drei Regelgrößen Durchlaufzeiten von 0,45 BKT für die Ermittlung und 1,05 BKT für die Wirkung der Maßnahmen. Da laut Vorgabe der kleinste der drei Werte gilt, diese aber bei ROEMHELD identisch sind, werden dem Lenkungsmechanismus der Angebotsbearbeitung 0,45 BKT an DLZ zugestanden. Unter der Annahme, dass die Regelgrößen je Regelkreisdurchlauf zehn Mal abgetastet werden sollen (**Dynamik**) und dass ein BKT bei ROEMHELD im Zweischichtbetrieb sechzehn Stunden beträgt, ergibt sich als Abtastperiode für alle Regelgrößen ein Wert von 43:12 Min. Dies bedeutet, dass aus dem Prozess der Angebotsbearbeitung alle 43:12 Minuten eine Meldung zum Iststand der drei Regelgrößen abzugreifen ist, insofern der Lenkungsmechanismus den definierten Echtzeitanforderungen genügen will. In Anhang D sind die soeben definierten Anforderungen nochmals übersichtlich tabellarisch aufgeführt.

Zur Beeinflussung der Regelstrecke (Detailprozesse der Angebotsbearbeitung) sind bei ROEMHELD folgende **Stellgrößen** identifiziert worden, welche in der Folge durch den Regler (bei Vorliegen einer Regelabweichung) so zu verändern sind, dass sich die Regelgrößen innerhalb des vorgegebenen Zeitwerts zur Störkompensation wieder an die Führungsgrößen annähern: Vertriebsarbeitsplan, Kunden- und Erzeugnisklassifikation sowie sonstige Regelungen wie Schicht- und Urlaubspläne, Werkskalender, Betriebsvereinbarungen usw.

Der vierte und letzte Schritt innerhalb des Vorgehensmodells zur echtzeitfähigen Gestaltung des Lenkungsmechanismus der Angebotsbearbeitung befasst sich mit der konkreten **Dimensionierung des Angebotsreglers.** Die Abläufe innerhalb des Reglers, welche praktisch durch das ERP-System in Verbindung mit den beteiligten Mitarbeitern aus dem Vertrieb umgesetzt werden, entsprechen dabei den aus dem MWP abgeleiteten und in Abbildung 7-14 dargestellten Schritten aus 1) Informationen erfassen, 2) Informationen filtern/ aggregieren, 3) Informationen bewerten, 4) Aktionen auslösen, 5) Pläne anpassen, 6) Pläne aggregieren und 7) Pläne umsetzen. Da der Lenkungsmechanismus der Angebotsbearbeitung zum jetzigen Zeitpunkt einen Pilotregelkreis darstellt, können keine Planabweichungen oder Planänderungen an andere Folgeregler kommuniziert werden, da diese noch nicht existieren. Dennoch sollen Möglichkeiten dazu (Schritte 3A und 5A) bei der Dimensionierung berücksichtigt werden. Zusätzlich muss der Regler über eine Schnittstelle zum „Leiter Operative Prozesse" verfügen, um von dort die Sollwerte zu den Führungsgrößen empfangen und deren Istwerte zurückmelden zu können. Hinsichtlich der Zeitvorgaben soll der Regler so gestaltet sein, dass er über ausreichend Prozessorleistung verfügt, um innerhalb von 0,45 BKT geeignete Reaktionsmaßnahmen auswählen, konfigurieren, einleiten und umsetzen zu können. Unter Nutzung der Übersichten zu den Bedingungen im Hinblick auf die Erfüllung der Zeitvorgaben bei echtzeitfähigen Lenkungsmechanismen (vgl. Abbildung 7-17 bis Abbildung 7-19) ergeben sich bei ROEMHELD folgende Anforderungen an eine Umsetzung des Regelungsmechanismus zur echtzeitfähigen Angebotsbearbeitung.

	Prozessschritt	Bedingungen zur Erfüllung der Zeitvorgaben
1	Informationen erfassen	▪ Ausbaustufe I: Überwachung der Regelgrößen mittels Abfrage der Werte bei den Vertriebsmitarbeitern über Dialog und Workflow alle 43:12 Min. ▪ Ausbaustufe II: Hinterlegung feingranularer Rückmeldepunkte im Prozessablauf und dadurch (teil-)automatisiertes Abgreifen der Regelgrößen (Prüfung EPCIS auf Tauglichkeit) ▪ Tests im Hinblick auf richtige Wahl der Abtastperioden, um Störungen schnell identifizieren zu können ▪ Installation eines durchgängigen Rückmeldewesens der am Prozess Beteiligten sowie Integration der beteiligten IT-Systeme
2	Informationen filtern/ aggregieren	▪ zunächst keine kontinuierliche Regelgrößenabfrage (nur zu diskreten Zeitpunkten), daher vorerst keine Filterung bzw. Aggregation notwendig
3	Informationen bewerten	▪ automatisierte Ermittlung der Regelabweichungen ▪ Definition eines Workflows im Hinblick auf den Umgang mit Abweichungen bzw. keinen Abweichungen (z. B. wenn keine Abweichung, dann Ablauf mit Dokumentation von Wert und Zeitstempel und Warten auf nächste Regelgrößenmessung; wenn Abweichung, dann Ablauf wie definiert)
3A	Planabweichungen kommunizieren	▪ Vorhaltung einer bedarfsorientierten Weiterleitungsmöglichkeit ▪ Prüfung der Kopplung mit myOpenFactory

Abbildung 8-8: Anforderungen aus der Reglerdimensionierung der echtzeitfähigen Angebotsbearbeitung in Fallstudie A I/II

Prozessschritt		Bedingungen zur Erfüllung der Zeitvorgaben
4	Aktionen auslösen	▪ Kriterienkatalog zur eindeutigen Definition, welche Regelabweichungen automatisch durch das ERP-System und welche durch die Vertriebsmitarbeiter zu bearbeiten sind ▪ Definition eindeutiger Übergabepunkte zwischen ERP-System und Vertriebsmitarbeitern und umgekehrt im Workflow ▪ Analyse wiederkehrender Abweichungen durch zunächst wöchentlich stattfindende Abstimmungsrunden der Vertriebsmitarbeiter (Zeitraum kann später verändert werden) ▪ Definition eines Störungskatalogs ▪ Dokumentation der ergriffenen Maßnahmen und Zuweisung zu Störungen, um somit langfristig eine Störungsdatenbank aufzubauen ▪ wenn Mensch involviert, dann Mitgabe der Zeitvorgabe als Restriktion ▪ Überprüfung der Vertreterregelung und Verankerung im ERP-System ▪ Definition von Eskalationsschritten im Workflow, sodass klar geregelt ist, wer nach Überschreiten bestimmter Zeitschranken wie zu reagieren hat
5	Pläne anpassen	▪ ergibt sich aus dem Workflow, d. h. Plananpassung entweder durch ERP-System oder durch Vertriebsmitarbeiter
5A	Planänderungen kommunizieren	▪ Vorhaltung einer bedarfsorientierten Weiterleitungsmöglichkeit ▪ Prüfung der Kopplung mit myOpenFactory
6	Pläne aggregieren	▪ ergibt sich aus dem Workflow, d. h. Planaggregation entweder durch ERP-System oder durch Vertriebsmitarbeiter ▪ Definition der Zeitpunkte, an denen die Maßnahmen bzw. Pläne freigegeben werden
7	Pläne umsetzen	▪ Monitoring der Maßnahmenwirkung, sodass diese innerhalb der Zeitvorgabe zur Störkompensation eintritt, d. h. Überprüfung der Entwicklung der Regelgrößen ▪ Abbildung des Monitorings in eigenem Fenster für Vertriebsmitarbeiter inkl. Restzeit zur Störkompensation sowie grafischer Darstellung zur Entwicklung der Regelgrößenwerte ▪ Definition von Anschlussworkflows, falls sich eine bleibende Regelabweichung einstellt

Abbildung 8-9: Anforderungen aus der Reglerdimensionierung der echtzeitfähigen Angebotsbearbeitung in Fallstudie A II/II

Mit dieser Übersicht schließt die Anwendung des Vorgehensmodells zur echtzeitfähigen Gestaltung der Angebotsbearbeitung für den Bereich der „Systemlösungen für die Fertigungstechnik" bei ROEMHELD.

Neben dem soeben diskutierten, wurden auch die weiteren elf Maßnahmenpakete sukzessive ausgestaltet. Im Hinblick auf die konkrete **Umsetzung der Maßnahmen** sind diese anschließend bei ROEMHELD in Teilprojekte überführt und in Form einer übergeordneten Teilprojektlandschaft synchronisiert worden. Da die operative Umsetzung der meisten Maßnahmenpakete mit einer umfangreichen IT-Unterstützung einhergeht, ergaben sich aus der Gestaltungsphase zahlreiche funktionale IT-Anforderungen, welche mit den bereits zu einem früheren Zeitpunkt aus den operativen Prozessen der PPR abgeleiteten IT-Anforderungen zu einem Lastenheft konsolidiert wurden, welches als Basis für die Auswahl und Einführung einer Standard-ERP-Lösung für die gesamte ROEMHELD-Gruppe diente.

8.1.3 Beurteilung der exemplarischen Anwendung aus Fallstudie A

Innerhalb des folgenden Abschnitts wird nochmals zusammenfassend dargestellt, inwiefern das entwickelte Modell zur Gestaltung einer echtzeitfähigen Produktionsplanung und -regelung in der Auftragsabwicklung bei ROEMHELD den in Kapitel 4.1 definierten inhaltlichen Anforderungen genügt. Dabei beziehen sich die Anforderungen zum einen auf Aspekte der Vollständigkeit in der Abbildung der PPR sowie zum anderen auf Vereinfachungen und Beschleunigungen im Hinblick auf deren echtzeitfähige Gestaltung. Die Vollständigkeit zielt zunächst auf die in Kapitel 5.3.1 beschriebenen, operativen Prozesse der PPR in der Auftragsabwicklung. Weiterhin sollen die Strukturen zur Prozesslenkung (vgl. Kapitel 5.3.2) in Form von Regelkreisen (zur Lenkung und Synchronisation) vollständig abgebildet sowie die Anforderungen an die Regelkreisgestaltung im Sinne der Echtzeitfähigkeit (vgl. Kapitel 6.4) vollständig definiert sein. Zur Überprüfung dieser Anforderungen wurden die Experten von

ROEMHELD dahingehend befragt, inwieweit das nach Anwendung des Leitfadens aus Kapitel 7.5 hervorgegangene Gestaltungsergebnis die relevanten operativen Prozesse und Informationsflüsse der PPR sowie ihre Lenkungs- und Synchronisationsstrukturen enthält. Ebenso haben die Experten die Vollständigkeit bei der Anforderungsdefinition im Hinblick auf die Regelkreisdimensionierung bewertet. Für die Durchführung der Expertenbefragung sind die in Abbildung 8-10 dargestellten Aussagen mit der Möglichkeit formuliert worden, diese auf einer fünfstufigen Skala von „trifft vollständig zu" bis „trifft nicht zu" zu bewerten. Neben der Bewertung auf Vollständigkeit wurden die Experten von ROEMHELD ebenso gebeten, die Verkürzung der Modellierungs- bzw. Dimensionierungsdauer gegenüber einer konventionellen Gestaltung von Mechanismen zur Prozesslenkung und -synchronisation auf einer vierstufigen Skala von 25 bis 75 % abzuschätzen (vgl. Abbildung 8-10).

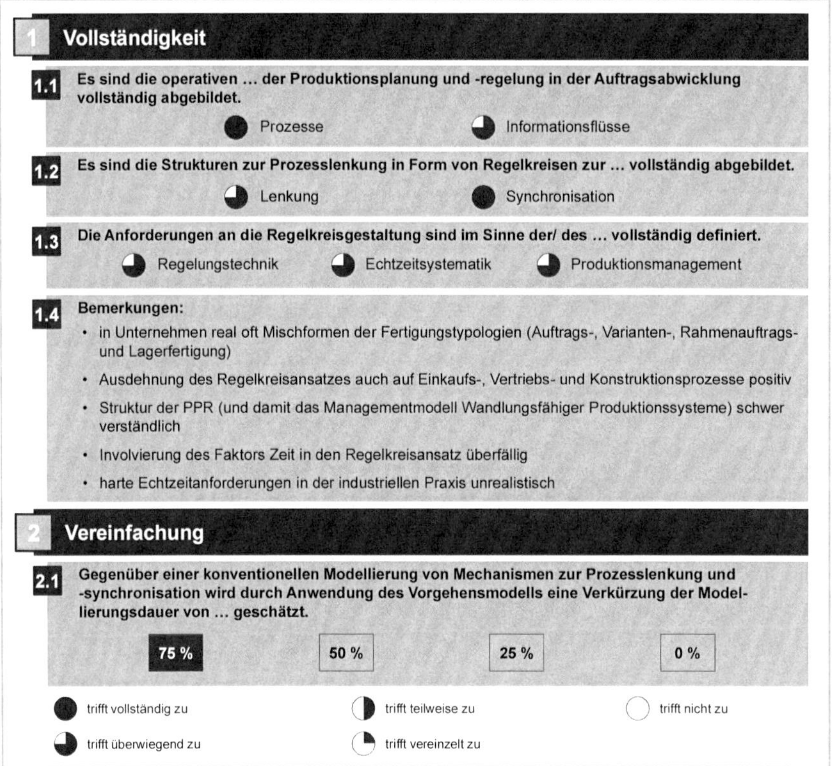

Abbildung 8-10: Zusammenfassende Bewertung der Ergebnisse der Fallstudie A

Im Ergebnis haben die Experten zunächst die Vollständigkeit des Gestaltungsmodells weitestgehend bestätigt. Die operativen Prozesse und Informationsflüsse der PPR, wie in Kapitel 5.3.1 beschrieben, deckten sich zu einem hohen Prozentsatz mit den tatsächlich bei ROEMHELD innerhalb der „Systemlösungen für die Fertigungstechnik" vorgefundenen Ist-Prozessen. Unterschiede ergaben sich hauptsächlich in der konkreten Prozessbezeichnung sowie in der (oftmals durch das jeweilige IT-System vorgegebenen) Prozessreihenfolge. Angemerkt wurde insb. aus dem Bereich der Fertigung, dass in der Realität in der PPR oftmals Mischformen der Fertigungstypologien existieren, d. h. bestimmte Erzeugnisse werden nur mit direktem Kundenauftrag als Einmalteil oder Kleinserie gefertigt. Wiederum andere Kundenaufträge werden über Projekte abgewickelt und nicht zuletzt Vor- und Zwischenprodukte werden in Form einer Lagerfertigung über Lose kundenauftragsanonym vorproduziert. Erst die Integration dieser Typologien und die anschließende Abbildung in IT spiegeln laut den Experten die unternehmerische Realität vollends wider. Erleichternd innerhalb der Prozess- und Strukturanalyse wirkte dagegen die Rekursivität der Struktur der PPR, da über die initiale Betrachtung der Kernprozesse zunächst ein einheitliches Prozessverständnis generiert wurde, bevor die Breite und Tiefe der Analyse auf Ebene der Detailprozesse ausgedehnt werden konnte.

Der Regelkreisansatz zur Lenkung und Synchronisation von Prozessen ist nicht neu, die Ausdehnung dieser Herangehensweise auf die gesamte Auftragsabwicklung und dabei explizit auch auf Einkaufs-, Vertriebs- und Produktionsprozesse jedoch wurde von ROEMHELD nochmals positiv hervorgehoben. Dabei muss jedoch besonders bei einer erstmaligen Vorstellung des Modells viel Zeit für die Verständnisgenerierung vorgesehen werden, da die Analogie der Lenkungs- und Synchronisationsmechanismen zum menschlichen Organismus auf den ersten Blick zwar interessant und einleuchtend erscheint, die konkrete Abbildung mittels der Strukturen zur Prozesslenkung (Lenkung und Synchronisation) jedoch mitunter schwer zu durchdringen ist.

Die Herangehensweise zur Anforderungsdefinition bei der Regelkreisgestaltung mittels Analogiebetrachtung wurde von den Experten ausdrücklich positiv hervorgehoben. Auch wenn nicht jeder im Detail mit den Aspekten der Regelungstechnik und Echtzeitsystematik vertraut war, so konnten anschauliche Beispiele aus der Automobilindustrie insb. das Ansinnen der Echtzeitsystematik und somit die Sinnhaftigkeit der Überprüfung auf Übertragbarkeit von Methoden selbiger auf den Bereich der PPR in der Auftragsabwicklung unterstreichen. Besonders die Involvierung des Faktors Zeit erschien vielen Experten vor dem Hintergrund der aktuellen unternehmerischen Herausforderungen als überfällig. Für die Weiterentwicklung des Modells empfehlen die Experten, in der Theorie zunächst mit der Vorgabe harter Echtzeitforderungen weiter zu arbeiten. Für eine Umsetzung des Modells in der Praxis erscheinen harte Echtzeitforderungen aufgrund dadurch erwarteter hoher Folgekosten dagegen als nicht realistisch bzw. nicht notwendig.

Im Hinblick auf konventionelle Methoden der Analyse und Gestaltung der PPR in der Auftragsabwicklung schätzten die Experten einen deutlichen Vereinfachungs- und Beschleunigungseffekt. Dabei wird besonders dem gestalterischen Anteil durch Nutzung des Vorgehensmodells zur echtzeitfähigen Gestaltung der PPR ein hohes Potenzial bescheinigt. Die Gestaltung eigener Regelkreise basierend auf den individuellen Gegebenheiten des Unternehmens wurde bei ROEMHELD in der Vergangenheit nicht durchgeführt. Zwar wurde das Konzept der Regelung stets als hilfreich erachtet, jedoch mangelte es zum einen an einem übergeordneten Gesamtkonzept sowie zum anderen an einer praxistauglichen Vorgehensweise zur Regelkreisgestaltung. Mittels des im Rahmen dieser Forschungsarbeit entwickelten Modells ist diese Lücke geschlossen worden, wobei jedoch die Abbildung des Vorgehensmodells in Form eines IT-gestützten Konfigurators angeregt wurde.

8.2 Fallstudie B: Echtzeitfähige Produktionsplanung und -regelung in der Projektfertigung

Die zweite Fallstudie fokussiert die echtzeitfähige Produktionsplanung und -regelung in der Projektfertigung bei der WESTAFLEX WERK GMBH, wozu das Unternehmen als typischer Vertreter des Maschinen- und Anlagenbaus analog der ersten Fallstudie zunächst kurz vorgestellt wird. Die Gestaltung der PPR ist dabei eingebettet in das Forschungsprojekt WInD[1], welches sich mit der Konzeptionierung wandlungsfähiger Produktionssysteme befasst und bei dem die WESTAFLEX WERK GMBH aktiv als Projektpartner mitwirkt.

8.2.1 Die WESTAFLEX WERK GMBH

Als traditionsreiches, mittelständisches Familienunternehmen in nunmehr vierter Generation und Teil der WESTA-Gruppe ist die WESTAFLEX WERK GMBH (im Folgenden abgekürzt als WESTAFLEX) in unterschiedlichen Branchen weltweit tätig. WESTAFLEX ist spezialisiert auf die Verarbeitung von Aluminium, Edelstahl und Kunststoff und neben einem Standardprogramm an flexiblen und starren Rohren wird auch ein zunehmender Anteil in Form kundenindividueller Projekte realisiert. Typische Kunden von WESTAFLEX sind in der Automobilindustrie, der Luft- und Klimatechnik, dem Waggonbau, der Küchengeräteindustrie und der Schornsteintechnik zu finden, wobei ursprünglich für die Automobilbranche entwickelte Spezialrohre und Schalldämpfer heute auch in der Haustechnik eingesetzt werden. Neben den industriell gefertigten Erzeugnissen bietet WESTAFLEX zudem Auslegungs- und Ausschreibungssoftware sowie Schulungsseminare als Dienstleistungen an und engagiert sich darüber hinaus stark in der anwendungsorientierten Erforschung und Weiterentwicklung organisatorischer und informationstechnologischer Konzepte im Hinblick auf die Anwendung in der betrieblichen Praxis.

Seit mehr als zwanzig Jahren ist WESTAFLEX mit dem Produktbereich der „Lufttechnischen Bauelemente“ auf dem Markt für Schienenfahrzeuge erfolgreich aktiv und beliefert in diesem Zusammenhang insb. die großen Original Equipment Manufacturer (OEMs), welche sich wiederum in einer Kunden-Lieferanten-Beziehung bspw. mit Materialbeschaffungsämtern der DEUTSCHEN BAHN befinden. Preisvorgaben oder Vorgaben zur Kostenreduktion der Auftraggeber an die OEMs reichen diese oftmals direkt an ihre jeweiligen Zulieferer weiter, was bei WESTAFLEX nicht durch Skalen- aufgrund sinkender Stückkosten, sondern nur unter großen Anstrengungen durch Lernkurveneffekte aufgefangen werden kann. Typische kundenspezifische Erzeugnisse im Bereich lufttechnischer Bauelemente sind komplette Be- und Entlüftungsanlagen für Züge und Waggons inkl. Leitungen und Schächte. Die Kundenaufträge werden dabei in Form von Projekten abgewickelt und somit bedingt durch ihre komplexe Struktur in der Form auch lediglich einmal gefertigt (vgl. Abbildung 8-11).

Charakteristisch für die lufttechnischen Bauelemente sind zudem deren hohe und umfangreiche Anforderungen, bspw. an die Sicherheit, das Klima (z. B. ausdünstungsstabil und erkältungsfrei), die Bahnfestigkeit im Sinne einer Rüttel- und Erschütterungsresistenz sowie die Hygiene (Möglichkeiten zu Kanalreinigung und Luftfilterwechsel). Die Kunden von WESTAFLEX streben darüber hinaus eine Reduzierung der Anzahl der Vorlieferanten an, was bei WESTAFLEX bis zur Notwendigkeit der Kooperation mit direkten Wettbewerbern bspw. in Form des Austausches technischer Zeichnungen führt. Hohe, durch den OEM induzierte, Schwankungen in Bezug auf konkrete Fertigstellungstermine führen im Extremfall zu Planänderungen alle zwei Wochen, wodurch die Auftragsabwicklung bei den lufttechnischen

---

[1] WInD: Wandlungsfähige Produktionssysteme durch integrierte IT-Strukturen und dezentrale Produktionsplanung und -regelung (Förderkennzeichen: 02PR2160; gefördert durch das Bundesministerium für Bildung und Forschung (BMBF); betreut durch den Projektträger Karlsruhe im Karlsruher Institut für Technologie (PTKA); Projektlaufzeit: 15.06.2010 - 31.05.2013; mehr Informationen unter: http://www.win-d.de)

Bauelementen einen im Vergleich zum planenden deutlich höheren regelnden Anteil aufweist. Dies wird zudem dadurch verstärkt, dass sich die Anforderungen an die Erzeugnisse, bedingt durch wechselnde Kunden oder Auftraggeber, auch regelmäßig verändern, sodass eine Produktstandardisierung maximal auf Einzelteilebene möglich ist.

westaflex

Westaflex werk GmbH, Gütersloh

Gründung:	1933
Mitarbeiter:	ca. 250 (Westa-Gruppe: ca. 2.700)
Umsatz:	ca. 32 Mio. €
Standorte:	2
Produkte:	Luft- und Klimatechnik, Akustik, Wohnungsbelüftung, Abgastechnik, Stromtanksäulen, Wasserfiltration, lufttechnische Bauelemente für Schienenfahrzeuge
Internet:	www.westaflex.com

Auftragsabwicklungsmerkmale für den Bereich „Lufttechnische Bauelemente":

Erzeugnisspektrum	Erzeugnisse nach Kundenspezifikation	typisierte Erzeugnisse mit Varianten	Standarderzeugnisse mit Varianten	Standarderzeugnisse ohne Varianten
Erzeugnisstruktur	mehrteilige Erzeugnisse mit komplexer Struktur	mehrteilige Erzeugnisse mit einfacher Struktur	Geringteilige Erzeugnisse	
Fertigungsart	Einmalfertigung	Einzel- und Kleinserienfertigung	Serienfertigung	Massenfertigung

trifft zu — trifft teilweise zu — trifft nicht zu

Abbildung 8-11: Kurzprofil der WESTAFLEX WERK GMBH

Ein typischer Kundenauftrag im Bereich lufttechnischer Bauelemente besteht bspw. in der Ausstattung zweier Züge mit jeweils zehn Waggons, wobei die lufttechnische Ausstattung vom OEM für alle zwanzig Waggons über einen Rahmenauftrag (Laufzeit von zwei bis vier Jahren) bestellt und die Elemente für jeden einzelnen Waggon anschließend unregelmäßig abgerufen werden. Der erste Durchlauf des Auftragsabwicklungsprozesses entspricht dabei einem Prototyp und auch noch nach Auftragserteilung können Änderungen an der Spezifikation durch den OEM erfolgen.

8.2.2 Exemplarische Gestaltung einer echtzeitfähigen Produktionsplanung und -regelung in der Auftragsabwicklung der Projektfertigung

Dem Leitfaden aus Kapitel 7.5 folgend, wird innerhalb dieses Unterkapitels die exemplarische Gestaltung einer echtzeitfähigen PPR innerhalb der Auftragsabwicklung für den Bereich der lufttechnischen Bauelemente bei WESTAFLEX dargestellt. Dabei resultiert dieses Gestaltungsvorhaben aus dem ganzheitlichen Ansatz eines wandlungsfähigen Produktionssystems, welches mit dem Forschungsvorhaben WInD angestrebt wird und bei welchem WESTAFLEX als Projektpartner aktiv beteiligt ist.

Im Vergleich zur ersten Fallstudie erfolgt die echtzeitfähige Gestaltung der PPR bei WESTAFLEX zunächst konzeptionell innerhalb des Forschungsvorhabens WInD. Dabei soll der Schwerpunkt insb. auf der Modellierung der operativen Prozesse der PPR unter Nutzung der Referenz aus Kapitel 5.3 sowie auf der echtzeitfähigen Gestaltung der Lenkungs- und Synchronisationsmechanismen analog dem Vorgehensmodell aus Kapitel 7.4 liegen, mit dem Ziel, zukünftige funktionale Anforderungen an das zentrale ERP-System bei WESTAFLEX abzuleiten. In diesem Zusammenhang wird die bestehende Prozesskonfiguration bei

WESTAFLEX nicht auf Schwachstellen oder Verbesserungspotenziale hin untersucht, weswegen die Phase 2 des Leitfadens (Zuordnungsphase) vorrangig dazu dienen soll, aus der Analyse heraus sinnvolle Lenkungs- und Synchronisationsmechanismen im Sinne der echtzeitfähigen PPR abzuleiten bzw. zuzuordnen. Aufgrund der beschriebenen Charakteristik der Auftragsabwicklung in Form von Projekten mit Laufzeiten von bis zu vier Jahren erfolgt zudem die exemplarische, echtzeitfähige Gestaltung der PPR in der Auftragsabwicklung bei WESTAFLEX, im Unterschied zur ersten Fallstudie, aus der auftragsbezogenen Perspektive heraus.

8.2.2.1 Phase 1: Analyse

Analog zur ersten Fallstudie erfolgte auch innerhalb des Gestaltungsvorhabens in Fallstudie B zu Beginn die konkrete **Einrichtung des Projekts**, was durch die Integration in das Forschungsvorhaben WInD insb. auf die Ableitung des Betrachtungsbereichs, der Teilprojektziele sowie der Teilprojektorganisation aus den übergeordneten Gesamtprojektbeschreibungen, -plänen und -organisationen abzielte. Aufgrund der langen Durchlaufzeiten und dem somit hohen regelnden Anteil innerhalb der Auftragsabwicklung wurde als Betrachtungsbereich für eine exemplarische, echtzeitfähige Gestaltung der PPR bei WESTAFLEX der Bereich der lufttechnischen Bauelemente ausgewählt. Die Ziele für das Teilprojekt der echtzeitfähigen Gestaltung der PPR leiteten sich direkt aus den Zielen für das gesamte Forschungsvorhaben ab. Indem im Rahmen von WInD zukünftig Echtzeitdaten in einer adäquaten Zeitspanne verarbeitet werden sollen, zielt dies innerhalb der Auftragsabwicklung bei WESTAFLEX insb. auf eine Erhöhung oder zumindest Beibehaltung der Liefertermintreue zum Kunden (OEM im Zug- und Waggonbau) trotz steigender Anpassungs- bzw. Änderungsquote bei den durch die OEMs vorgegebenen Fertigstellungsterminen. Somit ist die PPR in der Auftragsabwicklung für die lufttechnischen Bauelemente bei WESTAFLEX derart zu gestalten, dass Änderungen bei den Führungsgrößen adäquat echtzeitnahe Reaktionen hervorrufen bzw. ermöglichen können. Darüber hinaus muss WESTAFLEX stets aussagefähig hinsichtlich des eigenen und, die Lieferkette hinab, des Auftragsfortschritts der beteiligten Lieferanten sein. Aufgrund der bereits dargestellten hohen und umfangreichen Anforderungen an die zu fertigenden Erzeugnisse besteht eine weitere Zielsetzung in einer Reduzierung der Fehllieferkosten, welche bspw. durch verspätete Lieferungen hervorgerufen werden. Die Verantwortung für die Durchführung des Teilprojekts oblag der technischen Geschäftsführung von WESTAFLEX, welche punktuell durch Experten aus den Bereichen Vertrieb, Projektmanagement, Konstruktion, Produktion und IT unterstützt wurde.

Auch die **Prozess- und Strukturanalyse** des fokussierten Bereichs der lufttechnischen Bauelemente erfolgte unter Nutzung der operativen Prozesse der PPR aus Kapitel 5.3.1 als Referenz für die Auftragsabwicklung bei Auftragsfertigern. Dabei zeigte sich, dass auf Ebene der Kernprozesse sämtliche operativen Kernprozesse der PPR in der Auftragsabwicklung der lufttechnischen Bauelemente bei WESTAFLEX vorhanden waren (vgl. Abbildung 8-12). Im Vergleich zu vorherigen Prozessanalysen bei WESTAFLEX ermöglichte die Orientierung an den operativen Prozessen der PPR einen deutlich schnelleren Einstieg in die Prozessthematik. Insbesondere die Rekursivität der Struktur der PPR unterstützte die stufenweise Herangehensweise bei der Analyse, indem zunächst auf Ebene der Kernprozesse eine grobe Prozesslandkarte konstruiert wurde, welche anschließend (je nach Bedarf) auf Ebene der Detailprozesse verfeinert werden konnte (vgl. Abbildung 8-13).

Auch bei WESTAFLEX begann die Auftragsabwicklung bei den lufttechnischen Bauelementen mit dem Kernprozess der Angebotsbearbeitung, genauer mit der Erfassung und Klärung der

Anfrage durch den OEM und endete mit der Erstellung und Zusendung des schriftlichen Angebots. Kommt es zur Auftragserteilung durch den OEM, besitzt der Kundenauftrag die Charakteristik eines Rahmenauftrags, aus welchem unregelmäßig abgerufen wird. Da das ERP-System von WESTAFLEX zum Rahmenauftrag lediglich Konditionen und keine Reservierungen verwalten kann, können die Abrufe nicht als Input für die eigene Produktionsprogrammplanung genutzt werden, was in der Folge auch eine unternehmensübergreifende Netzwerkabsatz- und eine sich daran anschließende Netzwerkbedarfsplanung unmöglich macht.

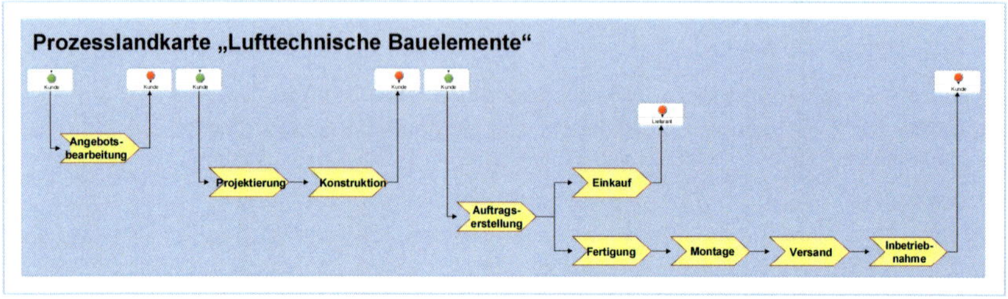

Abbildung 8-12: Kernprozesse der Produktionsplanung und -regelung in der Auftragsfertigung aus Fallstudie B

Mit dem zweiten Kernprozess der Projektierung beginnt die eigentliche Auftragsabwicklung, wobei der erstmalige Abruf einer lufttechnischen Anlage aus dem vereinbarten Rahmenauftrag als eine Art prototypischer Auftragsabwicklungsprozess behandelt und durchgeführt wird. Dazu wird ein Projektstrukturgerüst inkl. Projektplanung, Auftragsabstimmung mit den wichtigsten Lieferanten sowie Vorabdisposition bekannter Langläufer derart erarbeitet, dass sämtliche weiteren Abrufe unter Nutzung des Gerüsts schnell und einfach abgewickelt werden können. Im regelungstechnischen Sinne einer Vorsteuerung werden mit Verabschiedung der Projektstruktur bereits Meldungen an die Montage, den Versand und die Inbetriebnahme abgesetzt. Die sich an die Projektierung anschließende Konstruktion führt dann sämtliche Schritte von der technischen Klärung bis zur Freigabe der Detailkonstruktion durch.

Innerhalb der Auftragserstellung erfolgt nach der Erstellung von Stücklisten und Arbeitsplänen die sog. Nettobedarfsermittlung, bei der die benötigten Teile nach Eigenfertigung und Fremdbezug unterschieden werden. Sämtliche Materialien werden dabei mittels ABC-Analyse über ihren Wert klassifiziert, allerdings erfolgt anschließend keine klassenspezifische Disposition. Für Kleinteile wie z. B. Nieten sind Kanban-Regelkreise mit einer Wiederbeschaffungszeit von einer Woche implementiert. Projektspezifischen Bestellvorschlägen werden im Einkauf zunächst potenzielle Lieferanten zugeordnet und nach einer entsprechenden Einholung und Prüfung verschiedener Angebote wird der jeweilige Vorzugslieferant ausgewählt und die Bestellung wird durchgeführt.

Die direkt wertschöpfenden Prozesse der Fertigung und Montage beginnen zunächst mit der Erstellung der jeweiligen Fertigungs- bzw. Montageaufträge, woran sich die Durchlaufterminierung, Ressourcenfeinplanung und Reihenfolgebildung anschließen, bevor die Fertigungs- bzw. Montageaufträge freigegeben und dann bearbeitet werden. Teilfertigmeldungen aus der Fertigung können bereits sich anschließende Montagearbeitsgänge anstoßen.

Versand und Inbetriebnahme haben bereits aus der Projektierung heraus Vorabinformationen hinsichtlich Termingerüst und etwaiger (Sonder-)Spezifikationen erhalten und ihre Grobplanungen abgeschlossen. Sind die Elemente fertig montiert und versandbereit, werden der Versand feinterminiert und die Transportplanung in Abstimmung mit den Spediteuren durchgeführt. Mit Versandfreigabe erhält der OEM einen Lieferavis und der Versand wird operativ durchgeführt. Da bereits auch Teilelemente versendet werden (können), erfolgt ebenso der Einbau vor Ort im Zug oder Waggon sukzessive. Dazu haben innerhalb der Inbetriebnahme im Vorfeld eine Feinterminierung, Ressourcenfein- sowie Reihenfolgeplanung für den konkreten Einbau der lufttechnischen Elemente stattgefunden. Mit den vertraglich vereinbarten Funktionstests im Sinne einer Endabnahme schließt der Prozess der Auftragsabwicklung.

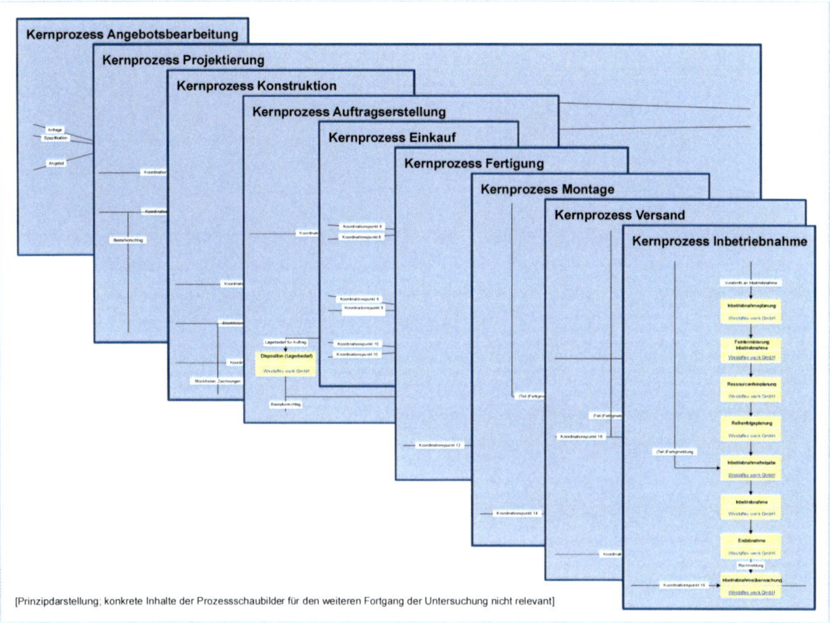

Abbildung 8-13: Detailprozesse der Produktionsplanung und -regelung in der Auftragsfertigung aus Fallstudie B

Innerhalb der Auftragsabwicklung abgeschlossene Detailprozesse werden im Management Information System (MIS) von WESTAFLEX zurückgemeldet. Da jedoch zu Projekten keine Personen eindeutig zugeordnet waren und die Projektstruktur im MIS nur unzureichend abgebildet war, erschwerte dies die von den OEMs zusehends geforderte, permanente Auftragsfortschrittstransparenz. Aus den vereinbarten Rahmenaufträgen wurde mittels Prognosen fortgeschrieben, was in zukünftigen Perioden herzustellen wäre und was bereits gefertigt sein müsste. Häufig vorkommende Lieferverfrühungen durch den OEM wurden in das MIS eingegeben und in wöchentlich stattfindenden, abteilungsübergreifenden Arbeitsbesprechungen diskutiert, wobei die Reaktionen auf die vorgezogenen Liefertermine oftmals zu spät bzw. nicht adäquat erfolgten.

Generell wurden Lenkungs- bzw. Synchronisationsmechanismen bisher nicht aktiv wahrgenommen bzw. unbewusst durchgeführt, was auch der eher funktions- als prozessorientierten Struktur der Auftragsabwicklung bei WESTAFLEX geschuldet ist. Die Abteilungen besaßen eigene Ziele bzw. Zielsysteme, welche untereinander nicht synchronisiert sind, was wiederum regelungstechnisch betrachtet u. U. konfliktionäre Führungsgrößen nach sich zieht.

Demgegenüber verfügte WESTAFLEX jedoch auch über eine hohe Kapazitätsflexibilisierung, was einen großen Spielraum hinsichtlich möglicher Anpassungs- und Reaktionsmaßnahmen bot, indem Schichtänderungen noch am selben Tag vom Betriebsrat genehmigt werden (konnten). Somit stellte sich für die Zuordnungsphase die Frage, inwieweit Bestandteile der echtzeitfähigen PPR insb. für eine bei WESTAFLEX angestrebte Erweiterung der Teilautomatisierung von Entscheidungen im Rahmen der Projektüberwachung sowie im Hinblick auf ein „Mitdenken" der IT-Systeme sinnvoll genutzt und gestaltet werden konnten.

8.2.2.2 Phase 2: Zuordnung

Da innerhalb der Prozess- und Strukturanalyse bei WESTAFLEX auf eine großflächige Untersuchung von Schwachstellen und Verbesserungspotenzialen im Hinblick auf die bestehende Prozesskonfiguration verzichtet worden ist, sollte die Zuordnungsphase vorrangig dazu dienen, für die Auftragsabwicklung der lufttechnischen Bauelemente bei WESTAFLEX sinnvolle Lenkungs- und Synchronisationsmechanismen im Sinne der echtzeitfähigen PPR abzuleiten bzw. zuzuordnen.

Aufgrund der langen prozessualen Durchlaufzeiten und des damit einhergehenden hohen zu regelnden Anteils sollten als Maßnahmen echtzeitfähige Lenkungsmechanismen für die Kernprozesse der Konstruktion, des Einkaufs, der Fertigung, der Montage und der Inbetriebnahme sowie ein übergreifender Synchronisationsmechanismus für die Projektüberwachung und -steuerung definiert werden. Sämtliche Mechanismen sollten dabei auftrags- bzw. projektbezogen wirken, was einer Definition von Klassen (Regelkreisgerüst) entspricht, welche im konkreten Auftrags- oder Projektfall ausgeprägt bzw. instanziiert werden.

8.2.2.3 Phase 3: Gestaltung

Aufgabe der Gestaltungsphase war es nun, die zugeordneten Lenkungs- und Synchronisationsmechanismen nach dem innerhalb dieser Forschungsarbeit entwickelten Vorgehensmodell (vgl. Kapitel 7.4) echtzeitfähig zu gestalten. Aufgrund der im Gegensatz zur ersten Fallstudie auftrags- bzw. projektbezogenen Regelkreisbetrachtung ergaben sich im Hinblick auf eine spätere praktische Umsetzung für die Struktur der PPR einige Änderungen. Wie bereits angesprochen, sollen hier zunächst Klassen von Regelkreisen definiert und gestaltet werden, welche im konkreten Auftrags- oder Projektfall zu instanziieren sind.

Das führende Dokument innerhalb der Auftragsabwicklung bei WESTAFLEX ist der Kundenauftrag, welcher sich unternehmensintern in unterschiedliche Konstruktions-, Beschaffungs-, Fertigungs-, Versandaufträge usw. verfeinert. Innerhalb der Projektfertigung wird der Kundenauftrag im Rahmen des Kernprozesses der Projektierung in einen Projektstrukturplan (PSP) überführt, welcher stets mit dem Kundenauftrag verknüpft bleibt und aus dem sich alle weiteren Konstruktions-, Fertigungsaufträge usw. ableiten. Somit beschreibt der PSP diejenigen Elemente (Konstruktionsaufgaben, Materialbestellungen, Fertigungs- und Montageaufgaben, Inbetriebnahmetätigkeiten usw.), welche es gemäß der Zielvorgaben bis zum Fertigstellungstermin zu regeln gilt, d. h. der PSP definiert ähnlich einer Stückliste das Mengengerüst an zu instanziierenden Regelkreisen. Erreicht ein Projektstrukturelement (PSE) einen bestimmten Kernprozess (z. B. die Konstruktionsaufgabe „Klimaanlage 15A" den Kernprozess Konstruktion) wird aus der vorkonfigurierten Klasse des Regelkreises „Konstruktion" entsprechend den Vorgaben des PSE eine Regelkreisinstanz gebildet und innerhalb des beteiligten ERP-Systems implementiert. Hat das PSE den Kernprozess absolviert, kann der Regelkreis nach Erledigung der Aufgabe dokumentiert und wieder gelöscht werden. Als Ergebnis entsteht eine Matrixstruktur mit Kernprozessen auf der einen und Projektstrukturelementen auf der anderen Achse, wobei deren Verknüpfung vorgibt, für welche Kombination aus Kernprozess und PSE Regelkreise anzulegen sind. Dabei ist jedoch bei der Wahl der PSE auf eine adäquate Größe zu achten, um den Aufwand für das Anlegen, Bearbeiten, Dokumentieren und Löschen der Regelkreise in einem vertretbaren Rahmen zu halten. Aus regelungstechnischer Sicht bedeutet dies, dass der PSP innerhalb der Projektierung nach Kernprozessen aufgesplittet wird und die zugehörigen Teile an die jeweiligen Folgeregler übergeben werden; einzig der Synchronisationsregler (im Folgenden abgekürzt als Synchroregler) erhält, dem Gedanken des Systems 2 im MWP folgend, den vollständigen PSP.

Beginnend mit den **Lenkungsmechanismen** von Konstruktion, Einkauf, Fertigung, Montage und Inbetriebnahme sind in einem ersten Schritt zunächst die jeweiligen **Regelstrecken** zu **modellieren**. Aufgrund des innerhalb der Analysephase identifizierten hohen Überschneidungsgrads mit den operativen Prozessen der PPR aus Kapitel 5.3.1 werden diese hier als Referenz für die einzelnen Regelstrecken im Sinne von Soll-Prozessen genutzt (vgl. Abbildung 8-14).

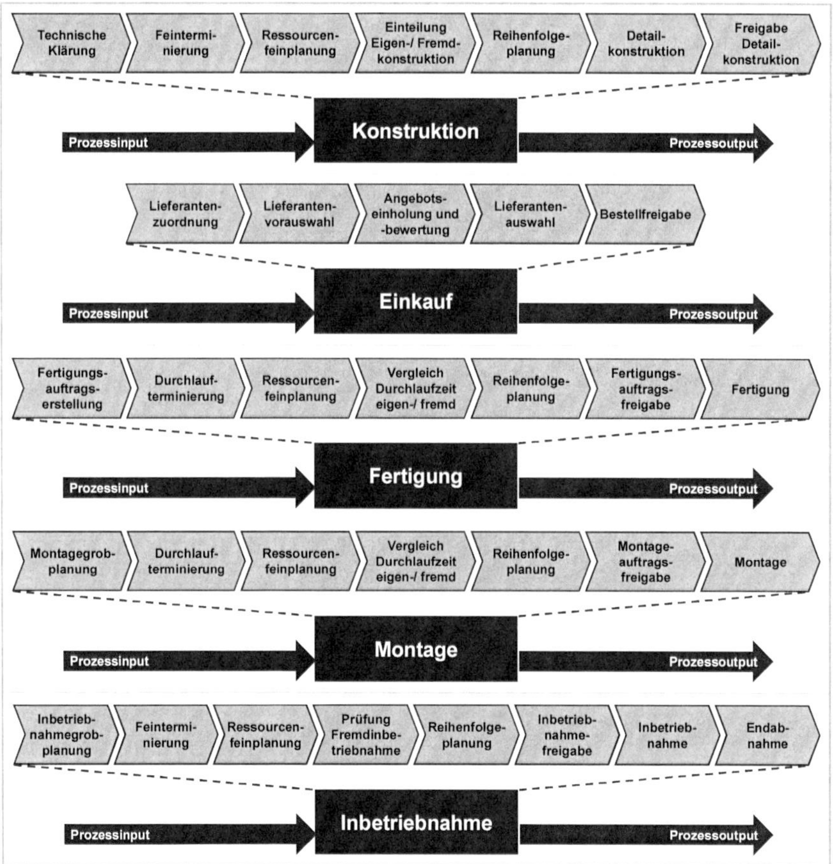

Abbildung 8-14: Modellierung der Regelstrecken der Lenkungsmechanismen in Fallstudie B

An die Regelstreckenmodellierung schließt sich laut Vorgehensmodell die **Definition der Anforderungen und der Regelgrößen** für die fünf Lenkungsmechanismen an. Im Sinne der **Kaskadierung** werden sämtliche Prozesse von ihren namensgleichen Reglern geregelt (Konstruktionsregler für die Konstruktion usw.), welche der Definition nach als Folgeregler fungieren sollen. Die Funktion des Führungsreglers (Definition und Überwachung der Führungsgrößen) nimmt innerhalb der Gestaltungs- und Erprobungsphase zunächst die technische Geschäftsführung ein, da diese hauptsächlich für die Durchführung des Forschungsvorhabens bei WESTAFLEX verantwortlich ist.

Als **Führungsgrößen** werden für die fünf (Klassen von) Lenkungsmechanismen die DLZ, die Termintreue sowie die Prozessergebnisqualität festgelegt. Auf Ebene der Regelkreisklassen können für die Führungsgröße der DLZ zunächst keine Werte vorgegeben werden, da diese zum einen von den Vorgaben des jeweiligen Kundenauftrags und zum anderen vom PSE selbst abhängen. Die DLZ wird folglich bei Anlage des instanziierten Regelkreises als Führungsgröße ausgeprägt (z. B. Sollwert von 10 BKT für das PSE „Klimaanlage 15A“ innerhalb des Konstruktionsprozesses). Die Termintreue soll generell über alle Kernprozesse und PSE größer 95 % betragen und die Vorgaben für die Qualität des Prozessergebnisses resultieren aus der Spezifikation bzw. Leistungsbeschreibung des zu fertigenden Erzeugnisses. Somit ergeben sich als **Regelgrößen** für die Regelkreisklassen von Konstruktion, Einkauf, Fertigung, Montage und Inbetriebnahme die Istwerte für die DLZ, die Termintreue sowie die Prozessergebnisqualität.

Für alle Regelkreisklassen wird deren **Stabilität** so lange als gegeben angenommen, wie deren Instanzen innerhalb der Stabilitätsbereiche operieren, wobei die Instabilitäts- den negierten Stabilitätsbereichen entsprechen. Treten Störungen im Prozessablauf auf, gelten als Zeitwerte zur **Störkompensation** für alle drei Regelgrößen sämtlicher fünf Regelkreisklassen 20 % der PSE-spezifischen Durchlaufzeit. Aus den Zeitwerten zur Störkompensation lassen sich im Hinblick auf die **Rechtzeitigkeit** der Informationsverarbeitung die Durchlaufzeiten der Lenkungsmechanismen ableiten. In diesem Zusammenhang sind bei WESTAFLEX 25 % für die Maßnahmenermittlung und 75 % der DLZ für die Maßnahmenwirkung für alle drei Regelgrößen sämtlicher fünf Lenkungsmechanismen vorgesehen. Aufgrund der PSE-spezifischen DLZ-Ausgangswerte sind auch hier zunächst keine absoluten Angaben möglich. Im Sinne der **Dynamik** sollen die später instanziierten Regelkreise innerhalb ihrer PSE-spezifischen DLZ zehn Mal abgetastet werden. Auch WESTAFLEX arbeitet innerhalb der lufttechnischen Bauelemente im Zweischichtbetrieb, weswegen für einen BKT 16 Stunden angenommen werden. Somit sind die Anforderungen an die Regelkreisklassen der fünf Lenkungsmechanismen der Konstruktion, des Einkaufs, der Fertigung, der Montage und der Inbetriebnahme definiert. Anhang E zeigt die Anforderungen nochmals übersichtlich in tabellarischer Form (vgl. Abbildung Anhang E 1 und Abbildung Anhang E 2).

Zur Beeinflussung der verschiedenen Regelstrecken (Prozesse der Konstruktion, des Einkaufs, der Fertigung, der Montage und der Inbetriebnahme) wirken wiederum PSE-spezifische **Stellgrößen**, welche sich erst nach Verabschiedung des PSP im konkreten Auftrags- oder Projektfall determinieren lassen. Abbildung 8-15 fasst die definierten Anforderungen, die Regel- und Stellgrößen der Klassen der Lenkungsmechanismen nochmals am Beispiel der Konstruktion zusammen und stellt diese im bekannten Regelkreisschaubild dar. Die Darstellungen zu den anderen vier Lenkungsmechanismen sind dem Anhang E zu entnehmen (vgl. Abbildung Anhang E 3 bis Abbildung Anhang E 6).

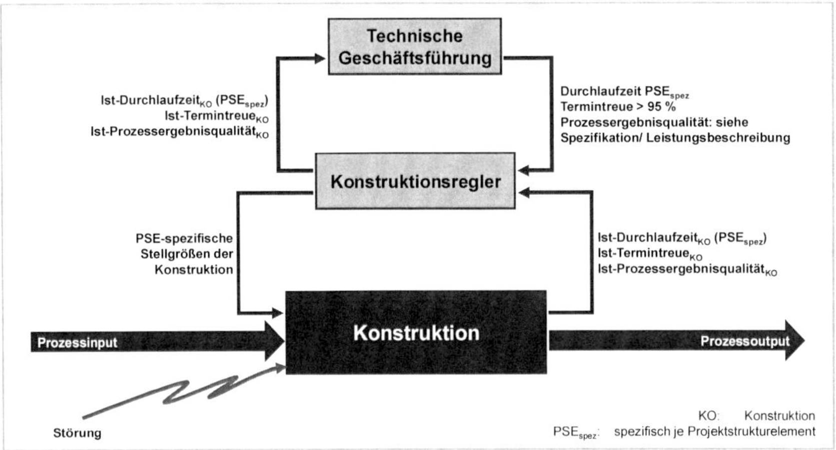

Abbildung 8-15: Definition der Anforderungen, der Regel- und Stellgrößen der Lenkungsmechanismen am Beispiel der Konstruktion in Fallstudie B

Der vierte und letzte Schritt innerhalb des Vorgehensmodells zur echtzeitfähigen Gestaltung der fünf Klassen von Lenkungsmechanismen befasst sich mit der konkreten (soweit möglichen) **Dimensionierung der Folgeregler**. Die Abläufe innerhalb der Regler, welche praktisch durch das ERP-System von WESTAFLEX in Verbindung mit den beteiligten Mitarbeitern aus der Konstruktion, dem Einkauf und der Produktion umgesetzt werden, entsprechen dabei den aus dem MWP abgeleiteten und in Abbildung 7-14 dargestellten Schritten aus 1) Informationen erfassen, 2) Informationen filtern/ aggregieren, 3) Informationen bewerten, 4) Aktionen auslösen, 5) Pläne anpassen, 6) Pläne aggregieren und 7) Pläne umsetzen. Dadurch dass hier zunächst ein Regelkreisgerüst in Form von Klassen definiert wird, sind auch die Anforderungen aus den konkreten Reglerdimensionierungen zum jetzigen Zeitpunkt allgemeiner gehalten. Unter Nutzung der Übersichten zu den Bedingungen im Hinblick auf die Erfüllung der Zeitvorgaben bei echtzeitfähigen Lenkungsmechanismen (vgl. Abbildung 7-17 bis Abbildung 7-19) ergeben sich bei WESTAFLEX folgende Anforderungen an eine Umsetzung der Klassen von Regelungsmechanismen zur echtzeitfähigen Konstruktion, Einkauf, Fertigung, Montage und Inbetriebnahme.

	Prozessschritt	Bedingungen zur Erfüllung der Zeitvorgaben
1	Informationen erfassen	▪ Aufnahme des Status Quo der aktuellen Rückmeldemöglichkeiten ▪ Definition von Rückmeldepunkten im Prozessablauf (wo dies noch nicht geschehen ist) ▪ Prüfung EPCIS zur Nutzung der Events als Rückmeldeformat ▪ dadurch (teil-)automatisiertes Abgreifen der Regelgrößen ▪ Installation eines durchgängigen Rückmeldewesens der am Prozess Beteiligten sowie Integration der beteiligten IT-Systeme
2	Informationen filtern/ aggregieren	▪ zunächst keine kontinuierliche Regelgrößenabfrage (sondern zu diskreten Zeitpunkten), daher vorerst keine Filterung bzw. Aggregation notwendig
3	Informationen bewerten	▪ automatisierte Ermittlung der Regelabweichungen im ERP-System ▪ Definition eines Workflows im Hinblick auf den Umgang mit Abweichungen bzw. keinen Abweichungen (z. B. wenn keine Abweichung, dann Ablauf mit Dokumentation von Wert und Zeitstempel und Warten auf nächste Regelgrößenmessung; wenn Abweichung, dann Ablauf wie definiert)

Abbildung 8-16: Anforderungen aus der Reglerdimensionierung der Lenkungsmechanismen der echtzeitfähigen Produktionsplanung und -regelung in Fallstudie B I/II

	Prozessschritt	Bedingungen zur Erfüllung der Zeitvorgaben
3A	Planabweichungen kommunizieren	▪ Vorhaltung einer bedarfsorientierten Weiterleitungsmöglichkeit zwischen den Regelkreisen im ERP-System ▪ Integration des myOpenFactory-Standards zur Anbindung von Lieferanten (verlängerte Werkbank usw.)
4	Aktionen auslösen	▪ Kriterienkatalog zur eindeutigen Definition, welche Regelabweichungen automatisch durch das ERP-System und welche durch die Mitarbeiter aus Konstruktion, Einkauf und Produktion zu bearbeiten sind ▪ Definition eindeutiger Übergabepunkte zwischen ERP-System und Mitarbeitern und umgekehrt im Workflow ▪ Analyse wiederkehrender Abweichungen durch regelmäßig stattfindende Abstimmungsrunden (Perioden noch zu definieren) der beteiligten Mitarbeiter ▪ Erarbeitung eines Störungskatalogs und Integration in das ERP-System ▪ Dokumentation der ergriffenen Maßnahmen und Zuweisung zu Störungen, um somit langfristig eine Störungsdatenbank aufzubauen ▪ wenn Mensch involviert, dann Mitgabe der Zeitvorgabe als Restriktion ▪ Überprüfung der Vertreterregelung und Verankerung im ERP-System ▪ Definition von Eskalationsschritten im Workflow, sodass klar geregelt ist, wer nach Überschreiten bestimmter Zeitschranken wie zu reagieren hat
5	Pläne anpassen	▪ ergibt sich aus dem Workflow, d. h. Plananpassung entweder durch ERP-System oder durch Konstruktions-, Einkaufs- oder Produktionsmitarbeiter
5A	Planänderungen kommunizieren	▪ Vorhaltung einer bedarfsorientierten Weiterleitungsmöglichkeit zwischen den Regelkreisen im ERP-System ▪ Integration des myOpenFactory-Standards zur Anbindung von Lieferanten (verlängerte Werkbank usw.)
6	Pläne aggregieren	▪ ergibt sich aus dem Workflow, d. h. Planaggregation entweder durch ERP-System oder durch Mitarbeiter ▪ Definition der Zeitpunkte, an denen die Maßnahmen bzw. Pläne freigegeben werden
7	Pläne umsetzen	▪ Monitoring der Maßnahmenwirkung, sodass diese innerhalb der Zeitvorgabe zur Störkompensation eintritt, d. h. Überprüfung der Entwicklung der Regelgrößen ▪ Abbildung des Monitorings in eigenem Fenster des ERP-Systems für die beteiligten Mitarbeiter inkl. Restzeit zur Störkompensation sowie grafischer Darstellung zur Entwicklung der Regelgrößenwerte ▪ Definition von Anschlussworkflows, falls sich eine bleibende Regelabweichung einstellt

Abbildung 8-17: Anforderungen aus der Reglerdimensionierung der Lenkungsmechanismen der echtzeitfähigen Produktionsplanung und -regelung in Fallstudie B II/II

Nachdem im ersten Teil die (Klassen der) Lenkungsmechanismen von Konstruktion, Einkauf, Fertigung, Montage und Inbetriebnahme echtzeitfähig gestaltet wurden, befasst sich der folgende Abschnitt mit der **echtzeitfähigen Gestaltung des Synchronisationsmechanismus** zur Projektüberwachung und -steuerung anhand des zusammengefassten Vorgehensmodells in Kapitel 7.4. Auch hier ist in einem ersten Schritt zunächst die **Regelstrecke** des Regelkreises zu **modellieren**. Indem der Synchroregler für die zielkonforme Regelung sämtlicher Folgeregler verantwortlich ist, entspricht seine Regelstrecke den Abläufen innerhalb der Konstruktions-, Einkaufs-, Fertigungs-, Montage- und Inbetriebnahmeregler. Auch hier lässt sich zunächst mit den zuvor definierten (abstrakten) Lenkungsmechanismen arbeiten, d. h. der Synchroregler wird für die fünf Regelkreisklassen so ausgelegt, dass deren Instanzen später zielkonform durch den Synchroregler im Sinne der Projektüberwachung und -steuerung betrieben werden können. Abbildung 8-18 zeigt das Modell (aus Gründen der Übersichtlichkeit) einer Regelstrecke am Beispiel der Konstruktion. Neben der Konstruktionsregelstrecke existieren darüber hinaus die Strecken des Einkaufs, der Fertigung, der Montage sowie der Inbetriebnahme, welche einen analogen Aufbau besitzen und in Form einer Parallelschaltung ähnlich Abbildung 7-25 unterhalb des Synchroreglers angeordnet sind. Die Prozessin- bzw. -outputs der Regelstrecken leiten sich direkt aus den Ein- bzw. Ausgangsgrößen der Folgeregler ab. Die Regelstrecken selbst entsprechen den prozessualen Durchläufen der Lenkungsmechanismen.

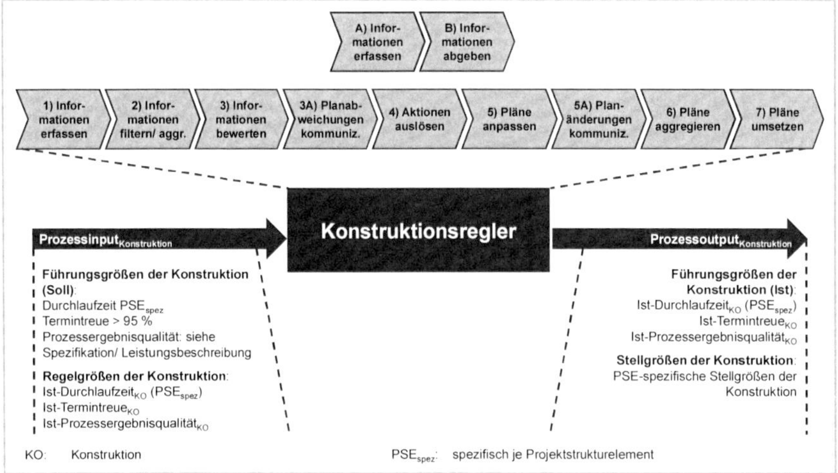

Abbildung 8-18: Modellierung der Regelstrecke des Synchronisationsmechanismus am Beispiel der Konstruktion in Fallstudie B

Aus den zuvor definierten Klassen der Lenkungsmechanismen von Konstruktion, Einkauf, Fertigung, Montage und Inbetriebnahme lassen sich nun die **Anforderungen** an den Synchronisationsmechanismus der Projektüberwachung und -steuerung ableiten. Im Hinblick auf die **Führungs- und Regelgrößen** ergibt sich dabei eine Unterscheidung in eine auftragsneutrale und eine auftragsbezogene Komponente (vgl. Kapitel 7.3.2.2). Als **auftragsneutrale Führungsgrößen** erhält der Synchroregler dieselben Werte von der technischen Geschäftsführung (Führungsregler) übermittelt wie die fünf Klassen von Folgereglern auch, d. h. in diesem Fall die Vorgaben zur Termintreue (> 95 %). Die Sollwerte zu DLZ und Prozessergebnisqualität werden dagegen PSE-spezifisch und somit auftragsbezogen ausgeprägt. Zusätzlich dazu wird ein Häufigkeitswert von fünf für eine erlaubte Überschreitung (in dem Fall Unterschreitung des 95 %-Wertes) der Sollwert-Korridore bei der Termintreue eingeräumt. Im Gegensatz zu den fünf Lenkungsmechanismen, bei denen sich die Regel- direkt aus den Führungsgrößen ableiten, indem sie deren Istwerten entsprechen, resultieren die Regelgrößen des Synchronisationsmechanismus aus den durch die Lenkungsmechanismen über die Kanäle 3A und 5A übermittelten Planabweichungen (3A) sowie Planänderungen (5A). Die Planabweichungen entsprechen dabei der Unterschreitung des Sollwert-Korridors der Termintreue und die Planänderungen den daraufhin ausgewählten Reaktionsmaßnahmen durch die Lenkungsmechanismen. Bei Unterschreitung der Termintreue-Sollwerte ist es die Aufgabe des Synchroreglers, geeignete Stabilisierungsmaßnahmen einzuleiten. Dazu definiert die technische Geschäftsführung ein sog. Eskalationsmodell, welches ein geeignetes Maßnahmenrepertoire vorhält und welches im Synchronisationsmechanismus abgelegt wird.

Indem der Synchronisations-, im Unterschied zu den Lenkungsmechanismen, innerhalb der Projektierung den vollständigen PSP erhält (vgl. Ausführungen zu Beginn von Kapitel 8.2.2.3), ergeben sich daraus in der Folge die **auftragsbezogenen Führungsgrößen** für den Synchronisationsmechanismus. Der PSP definiert für jedes PSE, oder zumindest in aggregierter Form für Elementgruppen (z. B. auf Baugruppenebene), Ecktermine als auftragsbezogene Führungsgrößen für die Projektüberwachung und -steuerung. Aus den Führungsgrößen abgeleitet, entsprechen die Regelgrößen deren Istwerten in Bezug auf den jeweiligen Fertigstellungstermin.

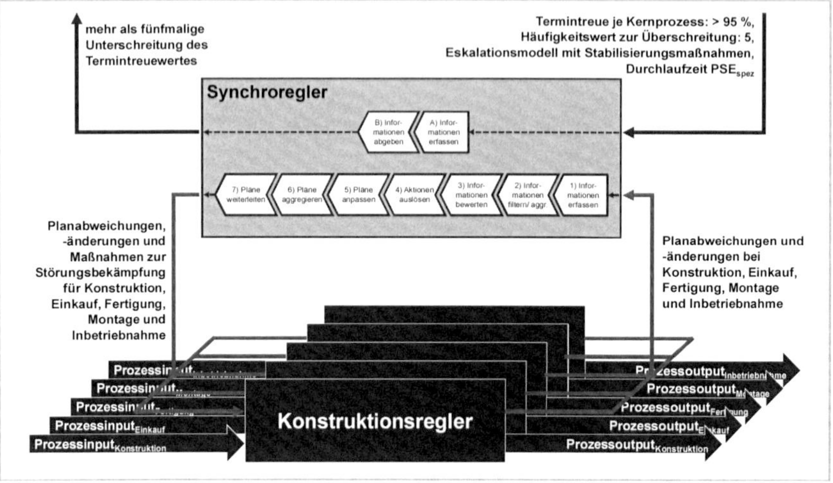

Abbildung 8-19: Definition der Anforderungen, der Regel- und Stellgrößen des Synchronisationsmechanismus in Fallstudie B

Mit der Existenz eines Eskalationsmodells mit Stabilisierungsmaßnahmen (abgespeichert im Synchroregler) ist den Forderungen nach **Stabilität** und **Robustheit** des Mechanismus entsprochen. Im Sinne der **Störkompensation** obliegt dem Synchronisationsregelkreis lediglich die auftragsbezogene Komponente im Hinblick auf die Projektüberwachung und -steuerung. Dabei sollen der Einfachheit halber dieselben Zeitwerte wie bei den Lenkungsmechanismen gewählt werden, d. h. der Zeitwert zur Verhinderung einer bleibenden Regelabweichung entspricht der Soll-DLZ des jeweiligen PSE in Bezug auf den Kernprozess, in dem es sich gerade befindet (vorgegeben durch den innerhalb der Projektierung ermittelten Ecktermin). Daraus abgeleitet, soll der Zeitwert zur Störkompensation 20 % der PSE-spezifischen Soll-DLZ betragen. Vorgaben hinsichtlich Zeitwerten zur Auswahl, Konfiguration, Aggregation und Weiterleitung geeigneter Stabilisierungsmaßnahmen (aus dem Eskalationsmodell) bei mehr als fünfmaliger Unterschreitung der Termintreuewerte definieren die Anforderungen an die **Rechtzeitigkeit**. Diese sollen analog den Lenkungsmechanismen zunächst harten Zeitforderungen entsprechen, was bedeutet, dass zwischen Eingang der jeweiligen Planabweichung z. B. aus dem Konstruktionsregler und der Weiterleitung der ausgewählten, konfigurierten und aggregierten Stabilisierungsmaßnahmen eine definierte Zeitspanne von 25 % der PSE-spezifischen Durchlaufzeit (entspricht dem Vorgabewert für die fünf Folgeregler) einzuhalten ist. Die Abtastperioden des Synchronisations- sind abhängig von denen der Lenkungsmechanismen (**Dynamik**), indem die Folgeregler zu jeder (ihrer eigenen) Abtastperioden über den Schritt „3A) Planabweichungen kommunizieren" auch dann eine Information weiterleiten, wenn keine Abweichungen festgestellt wurden.

Als **Stellgrößen** des Synchronisationsregelkreises fungieren zum einen die Planabweichungen und -änderungen aus anderen Kernprozessen, die durch den Synchronisations- an den Konstruktions-, Einkaufs-, Fertigungs-, Montage- oder Inbetriebnahmeregler weitergeleitet werden, sowie zum anderen Maßnahmen zur Störungsbekämpfung, welche aus dem von der technischen Geschäftsführung vorgegebenen Eskalationsmodell zum Einsatz kommen sollen.

Innerhalb der echtzeitfähigen Gestaltung des Synchronisationsmechanismus befasst sich der letzte Schritt mit der **Dimensionierung des Synchroreglers** selbst. Die Abläufe innerhalb des Reglers entsprechen dabei den in Abbildung 7-22 und Abbildung 8-19 dargestellten Schritten und als prozessuale Zeitvorgaben fungieren an dieser Stelle die weiter oben definierten Anforderungen zur rechtzeitigen Informationsverarbeitung. Im Hinblick auf die Erfüllung der Zeitforderungen sind für eine praktische Umsetzung des Regelungskonzepts im Folgenden diejenigen Anforderungen an Mensch und IT zu definieren, welche eine Erfüllung der Zeitvorgaben ermöglichen. Unter Nutzung der Übersichten zu den Bedingungen im Hinblick auf die Erfüllung der Zeitvorgaben bei echtzeitfähigen Synchronisationsmechanismen (vgl. Abbildung 7-23 und Abbildung 7-24) ergeben sich bei WESTAFLEX folgende Anforderungen an eine Umsetzung des Regelungsmechanismus zur echtzeitfähigen Synchronisation.

	Prozessschritt	Bedingungen zur Erfüllung der Zeitvorgaben
1	Informationen erfassen	▪ Synchroregler als eine Art zentrales Auftragszentrum, abgebildet im ERP-System ▪ Weiterleitung der PSE-spezifischen Istwerte zu Durchlaufzeit und Prozessergebnisqualität (Termintreue errechnet sich aus Ist- und Soll-DLZ), auch wenn beim jeweiligen PSE keine Abweichungen gegenüber dem Soll vorliegen (dann lediglich Dokumentation der Rückmeldung) ▪ Kopplung des Zeitpunkts der Istwert-Weiterleitung an die Abtastperiode des jeweiligen PSE im zugehörigen Kernprozess ▪ Tests zur Ermittlung der optimalen praktischen Abtastperioden bei den Kernprozessen (zur Minimierung der Regelstreckentotzeiten der Störungsauswirkung und -erfassung) ▪ medienbruchfreie Anbindung sämtlicher Rückmeldesysteme aus Konstruktion, Einkauf, Fertigung, Montage und Inbetriebnahme (vgl. Anforderungsdefinition der Lenkungsmechanismen)
2	Informationen filtern/ aggregieren	▪ automatisierte Durchführung im ERP-System ▪ Sicherstellung einer ausreichenden Datenbankperformance ▪ sichere Speicherung der Daten zur evtl. späteren Nutzung (z. B. zur datenbezogenen Mustererkennung) ▪ Festlegung von Filter- und Aggregationslevels
3	Informationen bewerten	▪ automatisierte Durchführung im ERP-System ▪ wenn keine Planabweichung, dann Dokumentation und Warten auf neue Istwerte ▪ Erarbeitung und Test eines Kriterienkatalogs zur eindeutigen Definition, welche Planabweichungen und -änderungen an welche Folgeregler weitergeleitet werden sollen
4	Aktionen auslösen	▪ Ausbaustufe I: zunächst Analyse, wie oft die vorgegebenen Häufigkeitswerte überschritten werden und dann manuelle Auswahl geeigneter Stabilisierungsmaßnahmen in Absprache zwischen technischer Geschäftsführung und den Mitarbeitern des Auftragszentrums ▪ Ausbaustufe II: teilautomatisierte Durchführung, z.B. basierend auf im ERP abgebildeten Erfahrungswerten zur Passung von Abweichungen und eingeleiteten Maßnahmen ▪ dazu auch Erarbeitung eines Kriterienkatalogs zur eindeutigen Definition, welche Abweichung automatisch (z. B. durch ERP-System) und welche durch den Menschen zu behandeln sind ▪ Festlegung eindeutiger Entscheidungs- bzw. Übergabepunkte zwischen ERP-System und Mensch und umgekehrt ▪ Integration wiederkehrender Abweichungen in den KVP zur nachhaltigen Beseitigung der Ursachen ▪ Weiterleitung der Informationen an den Menschen zur Entscheidungsfindung über Workflows mit Zeitvorgabe als Restriktion; evtl. mit Vertreterregelung, wenn nach bestimmter Zeitspanne keine Reaktion erfolgt ist (aber der Mensch bleibt letztlich Entscheidungsträger)
5	Pläne anpassen	▪ Ausbaustufe I: zunächst manuelle Konfiguration der Stabilisierungsmaßnahmen ▪ Ausbaustufe II: teilautomatisierte Konfiguration der Stabilisierungsmaßnahmen ▪ Erarbeitung und Test eines Kriterienkatalogs zur eindeutigen Definition, welche Planabweichungen und -änderungen an welche Folgeregler weitergeleitet werden sollen

Abbildung 8-20: Anforderungen aus der Reglerdimensionierung des Synchronisationsmechanismus der echtzeitfähigen Produktionsplanung und -regelung in Fallstudie B I/II

	Prozessschritt	Bedingungen zur Erfüllung der Zeitvorgaben
6	Pläne aggregieren	▪ Zusammenfassung der Einzelmaßnahmen und -planänderungen und Sicherstellung, dass sich Einzelmaßnahmen nicht gegenseitig behindern ▪ Festlegung von Aggregationslevels ▪ Freigabe der aggregierten Maßnahmen bzw. Pläne
7	Pläne weiterleiten	▪ medienbruchfreie Anbindung sämtlicher Aktorsysteme aus Konstruktion, Einkauf, Fertigung, Montage und Inbetriebnahme

Abbildung 8-21: Anforderungen aus der Reglerdimensionierung des Synchronisationsmechanismus der echtzeitfähigen Produktionsplanung und -regelung in Fallstudie B II/II

Mit dieser Übersicht schließt die Anwendung des Vorgehensmodells zur echtzeitfähigen Gestaltung der Produktionsplanung und -regelung in der Auftragsabwicklung für den Bereich der lufttechnischen Bauelemente bei WESTAFLEX. Ziel dieser Maßnahmengestaltung war es, insb. die generischen Anforderungen, welche aus einer echtzeitfähigen Gestaltung der PPR an das unternehmenseigene ERP-System resultieren, übergreifend zu definieren. Diese Anforderungen sollen vor allem dem ERP-Anbieter von WESTAFLEX als Orientierung für die zukünftige Weiterentwicklung der ERP-Lösung dienen und somit die **Umsetzung** der hier gestalteten **Maßnahmen** vorantreiben.

8.2.3 Beurteilung der exemplarischen Anwendung aus Fallstudie B

Analog zu Fallstudie A erfolgt im Rahmen des folgenden Abschnitts nochmals eine zusammenfassende Diskussion, ob und wie das entwickelte Modell zur Gestaltung einer echtzeitfähigen PPR in der Auftragsabwicklung bei WESTAFLEX den in Kapitel 4.1 definierten inhaltlichen Anforderungen genügt. Die Anforderungen beziehen sich dabei zum einen auf Aspekte der Vollständigkeit in der Abbildung der PPR und zum anderen auf Vereinfachungen und Beschleunigungen im Hinblick auf deren echtzeitfähige Gestaltung. Auf die in Kapitel 5.3.1 beschriebenen, operativen Prozesse der PPR in der Auftragsabwicklung zielt zunächst die Vollständigkeit ab. Darüber hinaus sollen die Strukturen zur Prozesslenkung (vgl. Kapitel 5.3.2) in Form von Regelkreisen (zur Lenkung und Synchronisation) vollständig abgebildet sowie die Anforderungen an die Regelkreisgestaltung im Sinne der Echtzeitfähigkeit (vgl. Kapitel 6.4) vollständig definiert sein. Die Experten von WESTAFLEX wurden im Hinblick auf die Überprüfung dieser Anforderungen dahingehend befragt, inwieweit das nach Anwendung des Leitfadens aus Kapitel 7.5 hervorgegangene Gestaltungsergebnis die relevanten operativen Prozesse und Informationsflüsse der PPR sowie ihre Lenkungs- und Synchronisationsstrukturen enthält. Die Vollständigkeit bei der Anforderungsdefinition in Bezug auf die Regelkreisdimensionierung haben die Experten im Anschluss ebenso bewertet. Für die Durchführung der Expertenbefragung sind die in Abbildung 8-22 dargestellten Aussagen mit der Möglichkeit formuliert worden, diese auf einer fünfstufigen Skala von „trifft vollständig zu" bis „trifft nicht zu" zu bewerten. Im Anschluss an die Bewertung auf Vollständigkeit sind die Experten von WESTAFLEX gebeten worden, die Verkürzung der Modellierungs- bzw. Dimensionierungsdauer gegenüber einer konventionellen Gestaltung von Mechanismen zur Prozesslenkung und -synchronisation auf einer vierstufigen Skala von 25 bis 75 % abzuschätzen (vgl. Abbildung 8-22).

Die Vollständigkeit des Gestaltungsmodells wurde von den Experten im Ergebnis bestätigt, wobei insb. die operativen Prozesse der PPR einen sehr hohen Überschneidungsgrad mit den tatsächlich innerhalb der lufttechnischen Bauelemente bei WESTAFLEX vorgefundenen Prozessen aufwiesen. Unterschiede ergaben sich lediglich auf Ebene der Detailprozesse.

Die Vollständigkeit im Hinblick auf die dargestellten Informationsflüsse wurde dagegen nur mittelmäßig bewertet. Dies ist dem Umstand geschuldet, dass die Informationsflüsse zwischen den operativen Kern- und Detailprozessen der PPR als In- bzw. Output der Regelstrecken der Lenkungsmechanismen nicht im Fokus dieser Untersuchung standen und somit notwendigerweise auch nicht im Detail aufgeführt wurden. Auch bei WESTAFLEX wurde die Anmerkung geäußert, dass sich die Auftragsabwicklungsstrukturen in der Praxis nicht den Reinformen von Auftrags-, Varianten-, Rahmenauftrags- oder Lagerfertigung zuordnen lassen, sondern Mischformen bestehen. Gleichwohl wurde bestätigt, dass eine typenbezogene Betrachtung die Komplexität zunächst reduziert, eine zukünftige praktische Umsetzung des Modells einer echtzeitfähigen PPR jedoch die Unternehmensrealität und somit auch Mischformen von Auftragsabwicklungstypen abbilden können muss.

Abbildung 8-22: Zusammenfassende Bewertung der Ergebnisse der Fallstudie B

Der innovative Ansatz der Übertragung menschlicher Steuerungs- und Regelungsmechanismen auf Problemstellungen der betrieblichen Praxis fand auch bei WESTAFLEX großen Anklang. Trotz der zum Teil hohen Komplexität wünschen sich viele Experten eine Gestaltung des ERP-Systems im Bereich der Produktionsplanung und -regelung bzw. im Projektmanagement nach dem Regelkreisprinzip, wobei insb. die Integration bisher wenig bis gar nicht geregelter Bereiche wie der Konstruktion positiv hervorgehoben wurde. Aufgrund der bis dato isolierten Betrachtung nur eines Produktbereiches bei WESTAFLEX und der demnach bisher fehlenden, ganzheitlichen Perspektive auf das Unternehmen, bewerteten die Experten die Vollständigkeit der Regelkreisstrukturen zur Lenkung und Synchronisation von Prozessen jeweils mit überwiegend zutreffend.

Als sehr gelungen wurde von den Experten die Analogiebetrachtung zur Regelungstechnik und zur Echtzeitsystematik betrachtet. Speziell der Gedanke der Zeitvorgabe für die Erledigung bestimmter Aufgaben (um das Projekt bzw. den Auftrag als großes Ganzes nicht zu gefährden) fand breite Zustimmung. Die Definition harter Echtzeitforderungen wurde für die vorliegende Untersuchung als eine Art Startpunkt für die Gestaltung echtzeitfähiger Strukturen im Produktionsumfeld als notwendig erachtet; für eine zukünftige praktische Umsetzung des Modells sollten aus Gründen niedriger Barrieren für interessierte Unternehmen jedoch nach dem Motto „nur so genau wie nötig“ sog. Minimalanforderungen definiert werden.

Auch bei WESTAFLEX wurden bisher Mechanismen zur Prozesslenkung und -synchronisation eher unbewusst gestaltet oder dimensioniert bzw. wurden die durch das eigene ERP-System bereitgestellten Funktionen (z. B. für das Projektmanagement) genutzt. Aus diesem Grund wird dem hier entwickelten Modell ein hohes Verkürzungspotenzial im Hinblick auf bisherige Methoden bei der Analyse und Gestaltung der PPR in der Auftragsabwicklung bescheinigt. Dabei sehen die Experten von WESTAFLEX das Modell einer echtzeitfähigen PPR mittel- bis langfristig im Verantwortungsbereich der ERP-Hersteller, welche ihr IT-System dementsprechend strukturieren und das hier entwickelte Vorgehensmodell zur echtzeitfähigen Gestaltung der Lenkungs- und Synchronisationsmechanismen in ihr Implementierungs-, Konfigurations- bzw. Customizing-Konzept integrieren sollten.

8.3 Zusammenfassende Bewertung der Evaluierungsergebnisse

Bezog sich die jeweilige Beurteilung der Gestaltungsergebnisse aus den zuvor dargestellten Fallstudien im Schwerpunkt auf die Erfüllung der inhaltlichen Anforderungen an das Gestaltungsmodell, soll die zusammenfassende Bewertung der Evaluierungsergebnisse eine Aussage dahingehend treffen, inwieweit das entwickelte Modell den formalen Anforderungen der Validität, Reliabilität und Utilität genügt (vgl. Kapitel 4.1).

Da die Überprüfung der **Reliabilität** mit einer statistisch abgesicherten Vielzahl von Anwendungsfällen einhergeht und somit den Rahmen dieser Forschungsarbeit übersteigt, wird im Folgenden vorrangig eine Überprüfung der Validität und Utilität fokussiert, wobei die **Validität** des zu bewertenden Gestaltungsmodells als gegeben gilt, sofern der Modelleinsatz bei verschiedenen Unternehmen des Maschinen- und Anlagenbaus zu richtigen und zuverlässigen Ergebnissen führt. Dabei kann festgehalten werden, dass die exemplarische Anwendung des Gestaltungsmodells bei beiden Fallstudienteilnehmern aus dem Maschinen- und Anlagenbau mit positivem Ergebnis überprüft werden konnte. Bevor die Validität des Gesamtmodells jedoch als endgültig nachgewiesen angesehen werden kann, sind weitere Anwendungsfälle notwendig.

Der Nachweis der **Utilität** soll über die Beurteilung der Kriterien der Praktikabilität, Effizienz und Relevanz erbracht werden, wobei im Hinblick auf die **Praktikabilität** des Gestaltungsmodells zunächst die Nachvollziehbarkeit der Struktur des kaskadierten Regelkreissystems und der Einzelregelkreise kritisch hinterfragt werden soll. Darüber hinaus soll die Nachvollziehbarkeit der Anforderungen an die Regelkreise sowie schließlich die Nachvollziehbarkeit der Gestaltungsvorgehensweise beurteilt werden. Die Benotung der **Effizienz** erfolgt über die Abschätzung, inwieweit das entwickelte Gestaltungsmodell zur Vereinfachung der Analyse und Gestaltung der PPR beiträgt. Zur Einschätzung der **Relevanz** soll abschließend die

Bedeutung des Gesamtmodells zur echtzeitfähigen Gestaltung der PPR in der Auftragsabwicklung für den praktischen Anwendungszusammenhang beurteilt werden. Die Bewertung der Kriterien erfolgt durch die Experten von ROEMHELD und WESTAFLEX auf einer fünfstufigen Skala, innerhalb welcher „sehr hoch (1)" die beste und „sehr niedrig (5)" die schlechteste Note darstellen. In Abbildung 8-23 ist neben dem Wertebereich insgesamt auch der arithmetische Mittelwert aus den zehn Einzelbewertungen dargestellt.

Die **Praktikabilität** lässt sich zusammenfassend als hoch bis sehr hoch bewerten, wobei die Nachvollziehbarkeit der Anforderungen an die Regelkreise vergleichsweise am schlechtesten (Note: 2,1) abgeschnitten hat. Dies ist zum einen dem Umstand geschuldet, dass die Anforderungen aus Analogiebetrachtungen zu anderen Wissenschaftsdisziplinen (Regelungstechnik und Echtzeitsystematik) hergeleitet wurden und die bewertenden Praktiker keine Experten im jeweiligen Fachgebiet sind oder waren. Zum anderen wurden aufgrund der konsequenten Analogiebetrachtung zum Teil auch weniger in der Praxis nachvollziehbare Anforderungen wie harte Echtzeitbedingungen definiert. Im Mittel als hoch ist die Praktikabilität im Hinblick auf die Nachvollziehbarkeit der Struktur des kaskadierten Regelkreissystems und der Einzelregelkreise bewertet worden (Note: 1,9). Alle Experten betonten nochmals, dass sie die Übertragung menschlicher Strukturen zur Lenkung und Synchronisation auf die Produktionsplanung und -regelung in der Auftragsabwicklung als sehr gewinnbringend erachten. Innerhalb der Praktikabilität ist die Nachvollziehbarkeit der Vorgehensweise zur echtzeitfähigen Gestaltung der PPR am besten bewertet worden (Note: 1,6). Dennoch, so wurde angemerkt, empfehlen die Experten hier die Abbildung des Vorgehensmodells in einer Art Konfigurator, welcher nach Möglichkeit kompatibel mit Werkzeugen zur Prozess- und Workflowmodellierung ist.

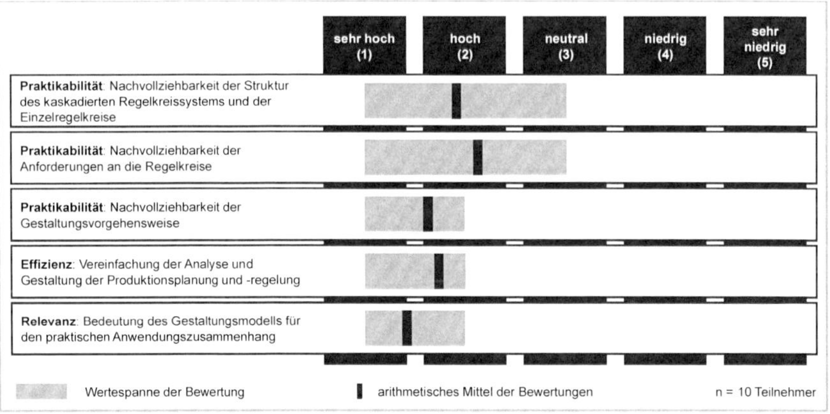

Abbildung 8-23: Zusammenfassende Bewertung der Evaluierungsergebnisse

Die bereits in den Kapiteln 8.1.3 und 8.2.3 hervorgehobene Vereinfachung der Analyse und Gestaltung der PPR gegenüber konventionellen Methoden wird im Rahmen der zusammenfassenden Bewertung nochmals betont, indem die **Effizienz** insgesamt als hoch (Note: 1,7) bewertet wurde. Angemerkt wurde jedoch, dass pro Unternehmen nur eine echtzeitfähig gestaltete PPR existieren kann, d. h. kommen in einem Unternehmen mehrere Fertigungstypologien vor, muss das Modell der PPR diese zusammenführen. Darüber hinaus trägt auch ein Konfigurator, wie bereits oben erwähnt, zu einer nochmaligen Effizienzsteigerung bei.

Die **Relevanz** des Modells im Sinne der Bedeutung für den praktischen Anwendungszusammenhang ist insgesamt von allen formalen Anforderungen am besten bewertet worden (Note: 1,4). Allein die Namensänderung, weg von einem steuernden und hin zu einem regelnden Konzept, wurde positiv hervorgehoben. Darüber hinaus wurde angemerkt, dass eine PPR in der Auftragsfertigung völlig andere Schwerpunkte definiert als bspw. eine PPR in der Lagerfertigung, weswegen die separate Betrachtung zunächst für die Auftragsfertigung als sinnvoll erachtet wurde. Deutlich angemerkt wurde aber auch, dass insb. Anbieter betrieblicher IT-Systeme (ERP-, MES-, APS-Systeme usw.) für die praktische Umsetzung von Ansätzen wie der echtzeitfähigen PPR verantwortlich seien. In diesem Zusammenhang sollten die IT-Anbieter durch die Nutzung des hier entwickelten Gestaltungsmodells mit den Unternehmen zusammen konkrete Anforderungen an deren jeweilige Regelkreise definieren und diese anschließend bspw. mittels modularisierter IT in Form einer Software-as-a-Service schnell und einfach zu einem funktionsfähigen Anwendungssystem konfigurieren.

Im Rahmen dieses Kapitels wurde das Gestaltungsmodell für eine echtzeitfähige Produktionsplanung und -regelung in der Auftragsabwicklung exemplarisch bei zwei Unternehmen des Maschinen- und Anlagenbaus angewendet und bewertet. Auf Basis der innerhalb des abschließenden Bewertungskapitels geführten Diskussion lässt sich die Erfüllung der inhaltlichen und formalen Anforderungen an das vorgestellte Gestaltungsmodell bestätigen.

9 Zusammenfassung und Ausblick

Mit mehr als 900.000 Beschäftigten in über 6.200 Unternehmen ist der Maschinen- und Anlagenbau einer der größten industriellen Arbeitgeber in Deutschland (vgl. VDMA 2011, S. 6) und mit einer Exportquote von mehr als 75 % bei einem Gesamtumsatz von 173,4 Mrd. Euro im Jahr 2010 eine wichtige Stütze der deutschen (Außen-)Wirtschaft (vgl. VDMA 2011, S. 9). Darüber hinaus kommt der Branche aufgrund ihrer Stellung als wesentlicher Innovationstreiber für weitere Wirtschaftszweige wie bspw. die Automobil- oder Chemieindustrie eine Schlüsselrolle zu. Der Erfolg der überwiegend mittelständisch geprägten Unternehmen des Maschinen- und Anlagenbaus beruht im Besonderen auf einer hohen organisatorischen Flexibilität und Leistungsbereitschaft bei der Herstellung technologisch höchst anspruchsvoller Investitionsgüter. Trotz schwankender Auftragseingänge, einem sich immer rascher wandelnden Wettbewerbsumfeld in Form wachsender asiatischer Konkurrenz, einer aktuell in Deutschland mit der Energiewende von großen Veränderungen geprägten Situation sowie einer damit einhergehenden, abnehmenden Determinierbarkeit sind die komplexen Kundenaufträge im Sinne der wichtigsten logistischen Zielgröße, der Liefertermintreue (vgl. SCHUH U. STICH 2011, S. 15), rechtzeitig fertigzustellen (vgl. VDMA 2011, S. 16ff.). Dies erfordert effiziente, schnelle und zuverlässige Prozesse, welche sich jederzeit an veränderte Anforderungen anpassen lassen (vgl. VDMA 2011, S. 33), eine schnelle Reaktionsfähigkeit sowie ein hohes Maß an Flexibilität und Robustheit bei der Gestaltung der Produktionssysteme (vgl. FLEISCH U. ÖSTERLE 2004, S. 17; NYHUIS 2008b, S. 186; WILDEMANN 2008, S. 20).

Die zielkonforme Planung und Durchführung der Abwicklung von Kundenaufträgen im Maschinen- und Anlagenbau wird heute nach wie vor vom operativen Aspekt der Produktionsplanung und -steuerung fokussiert (vgl. SCHUH ET AL. 2012C, S. 29), welche mit ihren Aufgaben und Prozessen fast vollständig in IT-Systemen abgebildet ist (vgl. BAUHOFF ET AL. 2011, S. 13). Im Hinblick auf die notwendige Beherrschung der dynamischen Einflüsse auf die Prozessabläufe innerhalb der Auftragsabwicklung mangelt es jedoch an der Nutzung entscheidungsrelevanter und insb. echtzeitnaher Informationen (vgl. FLEISCH ET AL. 2005, S. 4; GÜNTHNER 2008, S. 389; SCHUH ET AL. 2008b, S. 268; SWAFFORD ET AL. 2008, S. 288; WINDT 2008, S. 352; ZHOU 2009, S. 252). Zum Teil fehlerhafte oder fehlende Rückkopplungen (z. B. Fortschrittsinformationen) führen zu einer verfälschten Prozesssituation (vgl. FLEISCH ET AL. 2005, S. 12; WINDT 2006, S. 282f.; WILDEMANN 2008, S. 20). Darüber hinaus verhindern die aktuell eingesetzten PPS-Logiken, dass echtzeitig, z. B. mittels RFID oder BDE/ MDE, ermittelte Prozessdaten auch anforderungsgerecht echtzeitnah zur Entscheidungsfindung genutzt werden, indem diese durch die bestehenden Logiken nicht adäquat verarbeitet werden können (vgl. FLEISCH ET AL. 2005; ARICA U. POWELL 2010, S. 3f.; SCHUH 2010; ABELE U. REINHART 2011, S. 121f. u. 178; SCHOLZ-REITER ET AL. 2011b, S. 17). Zu diesem Zweck bedarf es eines Wandels weg von bis dato wenig integrierten Planungsebenen und somit von einer rückkopplungsarmen und entkoppelten Auftragssteuerung hin zu einem kaskadierten Regelungssystem einer Produktionsplanung und -regelung, um schnell auf Veränderungen reagieren zu können (vgl. FLEISCH ET AL. 2008, S. 453). Dabei muss die Rückkopplung von Informationen, als wesentlicher Baustein eines geschlossenen Wirkungsweges, jedoch rechtzeitig und genau erfolgen (vgl. WIENDAHL, H.-H. U. BEHRINGER 2006, S. 23ff.).

Das **Ziel dieser Forschungsarbeit** ist es daher, ein Gestaltungsmodell für eine echtzeitfähige Produktionsplanung und -regelung in der Auftragsabwicklung von Unternehmen des Maschinen- und Anlagenbaus zu entwickeln. Dabei steht zunächst die durchgängige Beschreibung von Prozessen, Strukturen und Regelkreisen einer Produktionsplanung und -regelung aus der Perspektive eines kybernetischen Produktionsmanagementsystems sowie im Rahmen einer erklärenden Komponente die Übertragung von Gesetzmäßigkeiten aus der Regelungstechnik und der Echtzeitsystematik zur Definition von Anforderungen an echtzeitfähige Regelkreise im Vordergrund. In Zusammenführung der Beschreibungs- und Erklärungsanteile entsteht ein Gestaltungsmodell, welches eine, den Anforderungen aus kybernetischem Produktionsmanagement, Regelungstechnik und Echtzeitsystematik entsprechende, echtzeitfähige Lenkung und Synchronisation der Prozesse der Auftragsabwicklung ermöglicht.

Auf Basis einer terminologischen Konkretisierung des Untersuchungsbereichs wird zunächst der **resultierende Forschungsbedarf** aus einer Bewertung existierender Lösungsansätze abgeleitet. Dabei zeigt sich, dass das MRPII-Konzept nach wie vor das dominierende Verfahren in der PPS darstellt; punktuell ergänzt (z. B. durch MES- zur Fertigungsfeinplanung oder APS-Systeme zur überbetrieblichen Planung), weiterentwickelt (z. B. durch Analogiebetrachtungen im Hinblick auf das Verhalten von Tieren im Betrachtungsbereich einer zunehmenden Dezentralisierung und Selbststeuerung der PPS-Aufgaben) oder in Teilen substituiert (z. B. durch Übertragung regelungstechnischer Prinzipien insb. auf die steuernde Komponente der PPS). Das Schließen der Lücke zwischen physischer und informatorischer Welt setzen sich Echtzeitansätze in Produktion und Logistik (z. B. Ubiquitous Computing oder Cyber-Physische Systeme) zum Ziel, indem eine informationstechnisch unterstützte Datenverarbeitung im Millisekundenbereich den ursprünglich aus der Automatisierungstechnik stammenden Echtzeitgedanken auf den Betrachtungsbereich der industriellen Fertigung überträgt. Im Sinne einer übergeordneten Strukturierungsreferenz werden abschließend Ansätze untersucht, welche unter Verknüpfung der beiden Schwerpunkte von PPS und Echtzeitfähigkeit als ein Rahmenwerk für eine echtzeitfähige PPR in der Auftragsabwicklung fungieren und in welchem sich einzelne, dezentrale Regelkreise verorten lassen können. In diesem Zusammenhang erscheint insb. das Managementmodell Wandlungsfähiger Produktionssysteme hilfreich, schafft es doch durch die Synthese von Strukturen und Verhalten des menschlichen Organismus sowie den traditionellen Aufgaben und Prozessen der technischen Auftragsabwicklung ein neuartiges Verständnis einer PPR für Unternehmen der Auftragsfertigung. Zusammenfassend ergibt die Diskussion des Erkenntnisstands jedoch, dass bis dato kein ganzheitliches Konzept existiert, welches eine PPR in der Auftragsabwicklung von Unternehmen des Maschinen- und Anlagenbaus unter Berücksichtigung von Echtzeitanforderungen gestaltet.

Im Hinblick auf eine praxisorientierte, **echtzeitfähige Gestaltung der PPR** ist im Anschluss zunächst ein **einheitliches Grundverständnis** über die relevanten Aspekte selbiger in der Auftragsabwicklung im Maschinen- und Anlagenbau notwendig. Beginnend mit dem Zielsystem der PPR, welches bereits so konstruiert wird, dass sich in Bezug auf die Regelkreisgestaltung direkt die Führungsgrößen ableiten lassen, wird unter Detaillierung des Managementmodells Wandlungsfähiger Produktionssysteme zunächst die strukturelle Basis der PPR geschaffen. Indem die PPR über vier verschiedene Rekursionsebenen verfügt sowie auf jeder Ebene unterschiedliche Regelkreise operieren, entspricht sie in ihrer Struktur einem kaskadierten Regelungssystem mit dezentralen Lenkungs- und Synchronisationsmechanismen. Die Lenkungsmechanismen dienen der autonomen Regelung der über die vier Rekursionsebenen angeordneten Prozesse der Auftragsabwicklung, wie sie im Aachener PPS-Modell (vgl. SCHUH ET AL. 2012e, S. 137ff.) bzw. in der Erweiterung nach SCHMIDT (vgl. 2008, S. 72ff.) referenzartig beschrieben sind, während die Synchronisationsmechanismen im Sinne der Projektüberwachung und -steuerung als prozessübergreifende Koordinationsinstanz wirken.

Nachdem die strukturelle und inhaltliche Basis des Gestaltungsmodells mit der Modellierung eines kaskadierten Regelungssystems der PPR inkl. der Verortung der dezentralen Regelkreise geschaffen wurde, befasst sich der zweite Teil des Modells mit der Definition der **Anforderungen an die einzelnen Regelkreise im Sinne der Echtzeitfähigkeit**. Unter der Annahme, dass zur Lenkung und Synchronisation von Auftragsabwicklungsprozessen keine exakten Reglergesetze ermittelt werden sollen und dass die Änderungsfrequenz der Regelgrößen in der betrieblichen Praxis bedeutend kleiner als die jeweiligen Abtastraten sind, können die Regelkreise der PPR quasi kontinuierlich behandelt werden (vgl. PETERMANN 1996, S. 84; REUTER U. ZACHER 2008, S. 319). Indem somit die Methoden und Gütekriterien der (analogen) Regelungstechnik Anwendung finden können, werden zunächst unter Betrachtung der Analogie zur Regelungstechnik sowie weiterhin zur Echtzeitsystematik und zum High Resolution Production Management allgemeine Anforderungen an echtzeitfähige Regelkreise abgeleitet. Diese werden anschließend auf den konkreten Anwendungsfall einer PPR in der Auftragsabwicklung von Unternehmen des Maschinen- und Anlagenbaus übertragen und konkretisiert, mit dem Ziel einer konsolidierten Übersicht bzgl. Anforderungen an echtzeitfähige Regelkreise in der Produktionsplanung und -regelung.

In Zusammenführung der beiden vorherigen Modellbestandteile entsteht eine **Gestaltungsreferenz für echtzeitfähige, prozessuale Lenkungs- und Synchronisationsmechanismen** in der Auftragsabwicklung von Unternehmen des Maschinen- und Anlagenbaus. Unter Adaption der Dimensionierungsrichtlinie für technische Regelkreise wird zu Beginn ein Vorgehensmodell zur echtzeitfähigen Gestaltung der PPR erarbeitet. Am Beispiel der zweiten Rekursionsebene der PPR (Kernprozesse der Auftragsabwicklung) werden die prozessualen Lenkungsmechanismen anhand des Vorgehensmodells sowie unter Beachtung der zuvor definierten Anforderungen in der Folge echtzeitfähig gestaltet. Im Anschluss erfolgt die echtzeitfähige Gestaltung des die Lenkungsmechanismen überlagernden Synchronisationsmechanismus, mit dem Ziel, eine für die Ebene der Kernprozesse der Auftragsabwicklung vollständige Gestaltungsreferenz bereitzustellen, welche anschließend beliebig auf die Ebene der Detailprozesse ausgedehnt werden kann. Das Gestaltungsmodell schließt mit einer gesamthaften, schematischen Darstellung einer echtzeitfähigen PPR, fasst nochmals das Vorgehensmodell zur Gestaltung selbiger zusammen und stellt in Form eines Leitfadens eine Orientierungshilfe zur Implementierung einer echtzeitfähigen PPR in der Auftragsabwicklung für Unternehmen des Maschinen- und Anlagenbaus bereit.

Abschließend erfolgt die **Evaluierung des Gestaltungsmodells** durch dessen exemplarische Anwendung in Form zweier Fallstudien bei typischen Unternehmen des Maschinen- und Anlagenbaus. Dabei werden als Teilbereiche der PPR in der Auftragsabwicklung, entsprechend des Vorgehensmodells, Lenkungs- und Synchronisationsmechanismen exemplarischer Produktbereiche echtzeitfähig gestaltet. Die zusammenfassende Bewertung des Gestaltungsmodells ergibt, dass das Regelkreisprinzip als das richtige Konzept für eine zunehmend dynamischer werdende Auftragsabwicklung im Maschinen- und Anlagenbau angesehen wird. Darüber hinaus wird die Ausdehnung des Gedankens der prozessualen Regelung auch auf Nichtproduktionsbereiche (z. B. Konstruktion, Einkauf usw.) positiv hervorgehoben. Die Involvierung des Faktors Zeit in den Regelkreisansatz wird gar als überfällig bezeichnet und die Analogiebetrachtung zur Echtzeitsystematik in diesem Zusammenhang als gewinnbringend erachtet.

Zusammenfassend lässt sich festhalten, dass das entwickelte Modell einen geeigneten Ansatz zur Gestaltung einer echtzeitfähigen Produktionsplanung und -regelung in der Auftragsabwicklung von Unternehmen des Maschinen- und Anlagenbaus zur Verfügung stellt. **Weiterer Forschungs- und Entwicklungsbedarf** besteht aus Sicht des Verfassers zunächst in der Ausdehnung des Gedankens der echtzeitfähigen PPR auch auf die anderen drei Fertigungstypologien (Varianten-, Rahmenauftrags- und Lagerfertigung) sowie die anschließende Integration dieser zu einem Gesamtkonzept einer ganzheitlichen, industriellen Produktionsplanung und -regelung. Die praktische Umsetzung dieses Konzepts fällt anschließend in den Verantwortungsbereich der Hersteller betrieblicher IT-Systeme, welche ihre Software dementsprechend strukturieren und das hier entwickelte Vorgehensmodell zur echtzeitfähigen Gestaltung der Lenkungs- und Synchronisationsmechanismen in ihr Implementierungs-, Konfigurations- bzw. Customizing-Konzept integrieren sollten. Dabei stellen sowohl die Automatisierung der Informationserfassung (z. B. durch RFID und EPCIS) als auch die Ermöglichung einer Massendatenerfassung (z. B. durch einfache und günstige Sensorsysteme in Verbindung mit Konzepten wie dem Complex Event Processing) wichtige Eckpfeiler bei der praktischen Umsetzung des Konzepts dar. Eine Massendatenerfassung erfordert anschließend eine, innerhalb adäquater Zeitkorridore durchgeführte, Auswertung der u. U. großen Datenmengen (Big Data Management). Die dazu notwendigen, leistungsfähigen Datenbanksysteme müssen die erfassten Datenmengen ebenso im Hinblick auf eine evtl. spätere Nutzung (z. B. für eine datenbezogene Mustererkennung) sicher speichern. Mittels Mustererkennung und der Ableitung von Trends bzw. Prognosen erscheint eine teilweise Prädiktivität des Regelungskonzepts möglich. Teilautomatisierte Entscheidungsunterstützungssysteme (z. B. agentenbasiert) können den Menschen bei der Alternativensuche entlasten und die Entscheidungsfindung somit deutlich beschleunigen bzw. durch die Integration von Simulationskomponenten zur Darstellung der Entscheidungsauswirkung und der Bereitstellung unterschiedlicher Lösungsalternativen zusätzlich absichern. In Erweiterung dazu können selbstlernende Systeme ergriffene Reaktions- bzw. Anpassungsmaßnahmen sowie deren erzielte Effekte zueinander ins Verhältnis setzen und dies bspw. in einem Repository vermerken, sodass beim nächsten Regelungsdurchlauf weitere Maßnahmen zur Verfügung stehen. In jedem Fall sind jedoch bei einer teilautomatisierten Regelung die Übergabepunkte zwischen Mensch und IT eindeutig zu definieren sowie im Hinblick auf eine adäquate Echtzeitfähigkeit in der betrieblichen Praxis die Echtzeitanforderungen im Sinne der Effizienz und Komplexitätsreduktion „nur so genau wie nötig“ zu definieren. Vor diesem Hintergrund empfiehlt sich zunächst eine physische Abbildung des Modells der echtzeitfähigen PPR bspw. im Rahmen einer Demonstrationsfabrik, um so sukzessive einzelne Teilbereiche weiter erforschen und erproben zu können. Insbesondere die innerhalb dieser Dissertation nicht simulativ betrachteten, dynamischen Aspekte einer echtzeitfähigen PPR ließen sich in diesem Zusammenhang untersuchen und das entwickelte Modell somit an eine zukünftige, praktische Nutzung heranführen.

Literaturverzeichnis

Abel, D. (2011): Umdruck zur Vorlesung – Regelungstechnik und Ergänzungen (Höhere Regelungstechnik). Institut für Regelungstechnik, RWTH Aachen. 35. Auflage, Verlag Mainz, Aachen 2011.

Abele, E., Reinhart, G. (2011): Zukunft der Produktion - Herausforderungen, Forschungsfelder, Chancen. Carl-Hanser-Verlag, München 2011.

Abolhassan, F. (2003): Das Real-Time Enterprise - Eine Einordnung. In: Scheer, A.-W., Abolhassan, F., Bosch, W. (Hrsg.): Real-Time Enterprise. Springer-Verlag, Berlin et al. 2003.

Ahsan, M., Hasin, A., Pandey, P. (1996): MRP II: Should Its Simplicity Remain Unchanged? In: Industrial Management 38 (1996) 3, S. 19-21.

Albayrak, S., Bussmann, S. (1993): Kommunikation und Verhandlungen in Mehragenten-Systemen. In: Müller, J. (Hrsg.): Verteilte Künstliche Intelligenz: Methoden und Anwendungen. BI-Wissenschaftsverlag, Mannheim et al. 1993, S. 55-91.

Alshawi, S. (2001): Logistics in the Internet age. Towards a holistic information and process picture. In: Logistics Information Management 14 (2001) 4, S. 235-241.

Alt, R., Österle, H. (2004): Real time business: Lösungen, Bausteine und Potenziale des Business Networking. Springer-Verlag, Tokio 2004.

Anosike, A.I., Zhang, D.Z. (2009): An agent-based approach for integrating manufacturing operations. In: International Journal of Production Economics 121 (2009), S. 333-352.

Anzenbacher, A. (1981): Einführung in die Philosophie. Herder-Verlag, Wien 1981.

Arica, E., Powell, D. J. (2010): ICT Integration for Automatic Real-time Production Planning and Control: A Concept Note. International Conference on Advances in Production Management Systems (APMS). 11.-13. Oktober 2010, Cernobbio (Italien), Paper Nr. 254.

Arndt, H. (2010): Supply Chain Management - Optimierung logistischer Prozesse. 5., aktualisierte und überarbeitete Auflage, Gabler-Verlag, Wiesbaden 2010.

Arnold, D., Kuhn, A., Furmans, K., Isermann, H., Tempelmeier, H. (2008): Handbuch Logistik. Springer-Verlag, Berlin, Heidelberg 2008.

Ashby, W. R. (1970): An introduction to cybernetics. Champman and Hall, London 1970.

Askin, R. G., Goldberg, J. B. (2002): Design and analysis of lean production systems. Wiley, New York 2002.

Attaran, M. (2006): RFID pays off. In: Industrial Engineer 38 (2006) 9, S. 46-50.

Balve, P. (2002): Ein Rahmenkonzept zur Gestaltung wandlungsfähiger Auftragsmanagementsysteme. Dissertation Universität Stuttgart. Jost-Jetter-Verlag, Heimsheim 2002.

Bamberg, G., Coenenberg, A.G. (2004): Betriebswirtschaftliche Entscheidungslehre, 12. Auflage, Verlag Franz Vahlen, München 2004.

Bamberger, R. (1996): Entwicklung eines Werkzeuges zum Management in der Produktionsregelung. Dissertation Universität Stuttgart. Springer-Verlag, Berlin 1996.

Bauhoff, F., Brosze, T., Kompa, S., Meier, C., Schmidt, C., Sontow, K., Treutlein, P. (2011): Marktspiegel Business Software - ERP/PPS 2011/2012. 6. Auflage. Schuh, G., Stich, V. (Hrsg.). Aachen 2011.

Becker, J. (2004): Referenzmodellierung. Aktuelle Methoden und Modelle. In: Wirtschaftsinformatik 46 (2004) 5, S.325-326.

Becker, J., Kahn, D. (2008): Der Prozess im Fokus. In: Becker, J., Kugeler, M., Rosemann, M. (Hrsg.): Prozessmanagement - Ein Leitfaden zur prozessorientierten Organisationsgestaltung. 6., überarbeitete und erweiterte Auflage, Springer-Verlag, Berlin, Heidelberg 2008, S. 3-16.

Becker, T. (2008): Prozesse in Produktion und Supply Chain optimieren. Springer-Verlag, Berlin, Heidelberg 2008.

Beckmann, H. (1999a): Prinzipien zur Gestaltung verteilter Fabrikstrukturen. In: Zeitschrift für wirtschaftliche Fertigung 94 (1999) 1-2, S. 42-47.

Beckmann, H. (1999b): Supply Chain Management Systeme - Aufbau und Funktionalität. In: Jahrbuch Logistik 1999. Verlagsgruppe Handelsblatt, Düsseldorf 1999, S. 166-171.

Beer, S. (1962): Kybernetik und Management. Fischer-Verlag, Frankfurt am Main 1962.

Beer, S. (1972): Brain of the firm. The Penguin Press, London 1972.

Beer, S. (1973): Kybernetische Führungslehre. Herder und Herder Verlag, Frankfurt am Main et al. 1973.

Beer, S. (1979): The heart of enterprise. Wiley, Chichester 1979.

Beer, S. (1994): Beyond dispute. Wiley, Chichester 1994.

Betge, D., Leisten, R. (2006): Iteratives APS. In: PPS Management 3 (2006) S. 19-22.

Blecker, T., Kaluza, B. (2004): Produktionsstrategien - ein vernachlässigtes Forschungsgebiet? In: Braßler, A., Corsten, H. (Hrsg.): Entwicklungen im Produktionsmanagement. Verlag Franz Vahlen, München 2004, S. 4-27.

BMWi (2012): Entwicklung des Auftragseingangs in der Industrie - Berichtsmonat Dezember 2011. Pressemitteilung des Bundesministeriums für Wirtschaft und Technologie vom 06.02.2012.

Bonabeau, E., Meyer, C. (2001): Schwarm-Intelligenz: Unternehmen lernen von Bienen und Ameisen. In: Harvard Business Manager 6/2001, S. 38-49.

Bond, A., Gasser, L. (1988): Readings in Distributed Artificial Intelligence. Morgan Kaufmann, Sant Mateo 1988.

Bortz, J., Döring, N. (1995): Forschungsmethoden und Evaluation für Sozialwissenschaftler. 2. Auflage. Springer-Verlag, Berlin et al. 1995.

Bottani, E., Rizzi, A. (2008): Economical assessment of the impact of RFID technology and EPC system on the fast-moving consumer goods supply chain. In: International Journal of Production Economics 112 (2008) 2, S. 548-569.

Brand, L., Hülser, T., Grimm, V., Zweck, A. (2009): Internet der Dinge. Zukünftige Technologien. VDI-Verlag, Düsseldorf 2009.

Breithaupt, J.-W. (2001): Rückstandsorientierte Produktionsregelung von Fertigungsbereichen. Grundlagen und Anwendung. Dissertation Universität Hannover. VDI-Verlag, Düsseldorf 2001.

Brenner, W., Zarnekow, R., Wittig, H. (1998): Intelligente Softwareagenten. Grundlagen und Anwendungen. Springer-Verlag, Berlin et al. 1998.

Bretzke, W.-R. (2006): SCM - Sieben Thesen zur zukünftigen Entwicklung logistischer Netzwerke. In: Supply Chain Management 3/2006, S. 7-15.

Brinzer, B., Priese, J., Klemm, P., Pritschow, G. (2004): Neue Ansätze zur dezentralen Produktionsregelung - Verhandlungsbasierte Produktionsregelung. In: wt Werkstattstechnik online 95 (2005) 4, S. 275-281.

Britsch, K. (1979): Grenzen wissenschaftlicher Problemlösung. Der mögliche Beitrag der Wissenschaft zur Lösung von Problemen: Anmerkungen zur Theorie der Planung. Nomos Verlagsgesellschaft, Baden-Baden 1979.

Brosze, T. (2011): Kybernetisches Management wandlungsfähiger Produktionssysteme. Dissertation RWTH Aachen. Shaker-Verlag, Aachen 2011.

Broy, M. (2010): Cyber-Physical Systems - Wissenschaftliche Herausforderungen bei der Entwicklung. In: Broy, M. (Hrsg.): Cyber-Physical Systems. Springer-Verlag. München 2010, S. 17-32.

Bruns, M. (1991): Systemtechnik - Ingenieurwissenschaftliche Methodik zur interdisziplinären Systementwicklung. Springer-Verlag, Berlin, Heidelberg 1991.

Büdenbender, W. (1991): Ganzheitliche Produktionsplanung und -steuerung. Konzepte für Produktionsunternehmen mit kombinierter kundenanonymer und kundenbezogener Auftragsabwicklung. Dissertation RWTH Aachen. Springer-Verlag, Berlin, Heidelberg 1991.

Bullinger, H.-J. (1993): Leitvortrag. In: Warnecke, H.-J., Bullinger, H.-J. (Hrsg.): 12. IAO Arbeitstagung - Wege aus der Krise, Geschäftsprozessmodellierung und Informationslogistik, 9.-10. November 1993, Springer-Verlag, Berlin et al. 1993.

Bullinger, H.-J. (2001): Knowledge meets Process - Wissen und Prozesse managen im Intranet. Fraunhofer Institut für Arbeitswissenschaft und Organisation, Stuttgart 2001.

Bullinger, H.-J., ten Hompel, M. (2007): Internet der Dinge. Springer-Verlag, Berlin et al. 2007.

Burger, C. (1992): Produktionsregelung mit entscheidungsunterstützenden Informationssystemen. Dissertation Technische Universität München. München 1992.

Burkhard, H.-D. (2000): Software Agenten. In: Görg, G., Rollinger, C.-R., Schneeberger, J. (Hrsg.): Handbuch der künstlichen Intelligenz. 3., vollständig überarbeitete Auflage, Oldenbourg-Verlag, München et al. 2000, S. 941-1018.

Burmeister, M. (1997): Auslegung der Verbrauchssteuerung bei vernetzter Produktion. Dissertation Universität Hannover. VDI-Verlag, Düsseldorf 1997.

Busch, A., Dangelmaier, W. (2004): Integriertes Supply Chain Management - Ein koordinationsorientierter Überblick. Gabler-Verlag, 2004.

Bussmann, S. (1998): Autonome und Kooperative Produktionssysteme. In: Informationstechnik und Technische Informatik. Oldenbourg-Verlag, 1998, S. 34-39.

Buzacott, J. A., Shantikumar, J. G. (1992): A General Approach for coordinating production in multiple-cell manufacturing systems. In: Production and Operations Management 1 (1992) 1, S. 34−52.

Carmel, D., Markovitch, S. (1996): Opponent Modeling in Multi-Agent Systems. In: Weiß, G., Sen, S. (Hrsg.): Adaption and Learning in Multi-Agent Systems. In: Proceedings of the IJCAI ´95 Workshop. Montréal, 21. August 1995, Springer-Verlag, Berlin et al. 1996, S. 40-52.

Carr, N.G. (2004): The Corrosion of IT Advantage: Strategy makes a Comeback. In: Journal of Business Strategy 25 (2004) 5, S. 10-15.

Chang, Y., McFarlane, D., Koh, R., Floerkemeier, C., Putta, L. (2009): Methodologies for Integrating Auto-ID Data with existing Manufacturing Business Information Systems. University of Cambridge 2009.

Cheeseman, M. J., Swann, P., Hesketh, G. B., Barnes, S. (2005): Adaptive manufacturing scheduling: a flexible and configurable agent-based prototype. In: Production Planning & Control 16 (2005) 5, S. 479-487.

Chmielewicz, K. (1994): Forschungskonzeption der Wirtschaftswissenschaft. 3., unveränderte Auflage, Schäffer-Poeschel-Verlag, Stuttgart 1994.

Choi, B.-W., Nagy, D. (2007): Global Solutions to Challenges in Manufacturing - Project Outcomes from the International IMS Program. IMS International, Korea 2007.

Christensen, J. (1994): Holonic Manufacturing Systems - Initial Architecture and Standards Directions. In: Proceedings of the first European conference on Holonic manufacturing systems, Hannover 1994.

Christopher, M. (1998): Logistics and supply chain management - Strategies for reducing cost and improving service. Pearson Education, Harlow 1998.

Christopher, M., Towill, D. (2001): An integrated model for the design of agile supply chains. In: Management 31 (2001) 4, S. 235-246.

Chryssolouris, G. (2005): Manufacturing Systems - Theory and Practice. Springer-Verlag, New York et al. 2005.

Clark, A. J., Scarf, H. (1960): Optimal policies for a multiechelon inventory problem. In: Management Sciences 6 (1960) 4, S. 475-490.

Clasen, M. (2007): Logistik von morgen mit dem EPCglobal-Netzwerk. In: Industrie Management 23 (2007) 1, S. 68-71.

Corsten, H. (2009): Produktionswirtschaft: Einführung in das industrielle Produktionsmanagement. 12., vollständig überarbeitete und erweiterte Auflage, Oldenbourg-Verlag, Wien 2009.

Dangelmaier, W., Warnecke, H. (1997): Fertigungslenkung - Planung und Steuerung des Ablaufs der diskreten Fertigung. Springer-Verlag, Berlin et al. 1997.

Dangelmaier, W., Gajewski, U., Pape, U., Rüther, M. (2002): Supply Chain Management am Beispiel des Projektes CoagenS. In: Loos, N., Gronau, N. (Hrsg.): E-Business - Integration industrieller ERP-Architekturen. Göttingen 2002, S. 59-71.

De Weck, J. (2012): Auftragseingang der deutschen Industrie legt überraschend zu. In: Welt Online. URL: http://www.welt.de/107911837. Abruf am 07.07.2012.

DeMarco, T. (1985): Structured Analysis and System Specification. Prentice Hall, Englewood Cliffs 1985.

Dias, J. C. Q., Calado, J. M. F., Osorio, A. L., Morgado, L. F. (2009): RFID together with multi-agent systems to control global value chains. In: Annual Reviews in Control 33 (2009) 2, S. 185-195.

DIN (1995a): Leittechnik, Regelungstechnik und Steuerungstechnik. DIN 19226, Teil 1. Beuth-Verlag, Berlin, Köln 1995.

DIN (1995b): Informationsverarbeitung. Begriffe. Allgemeine Begriffe. DIN 44300, Teil 1. Beuth-Verlag, Berlin, Köln 1995.

DIN (2009): Internationales Elektrotechnisches Wörterbuch. DIN IEC 60050, Teil 351: Leittechnik, Beuth-Verlag, Berlin, Köln 2009.

Döring, T. (1999): Airline-Netzwerkmanagement aus kybernetischer Perspektive. Dissertation Universität St. Gallen. Haupt-Verlag, Bern 1999.

Drabow, G. (2006): Modulare Gestaltung und ganzheitliche Bewertung wandlungsfähiger Fertigungssysteme. Dissertation Universität Hannover. PZH Produktionstechnisches Zentrum, Garbsen 2006.

Drexl, A., Fleischmann, B., Günther, H.-O., Stadler, H., Tempelmeier, H. (1994): Konzeptionelle Grundlagen kapazitätsorientierter PPS-Systeme. In: zfbf Zeitschrift für betriebswirtschaftliche Forschung 46 (1994), S. 1022-1045.

Dutta, A., Lee, H. L., Whang, S. (2007): RFID and Operations Management: Technology, Value and Inventives. In: Production and Operations Management 16 (2007) 5, S. 646-655.

Dyckhoff, H., Spengler, T. S. (2010): Produktionswirtschaft - Eine Einführung. 3. Auflage, Springer-Verlag, Berlin, Heidelberg 2010.

Eberhard, K. (1987): Einführung in die Erkenntnis- und Wissenschaftstheorie. Geschichte und Praxis der konkurrierenden Erkenntniswege. Kohlhammer-Verlag, Stuttgart et al. 1987.

Eggers, T., Kinkel, S. (2002): Produktionsnetzwerke im verarbeitenden Gewerbe. In: ZWF Zeitschrift für wirtschaftlichen Fabrikbetrieb 97 (2002) 9, S. 435-440.

Eisenführ, F., Weber, M. (2003): Rationales Entscheiden. 4. Auflage, Springer-Verlag, Berlin, Heidelberg 2003.

Ellerkmann, F. (2011): Logistik als Bindeglied in Produktionsnetzwerken. In: Becker, T., Dammer, I., Howaldt, J., Loose, A. (Hrsg.): Netzwerkmanagement - Mit Kooperation zum Unternehmenserfolg. 3., überarbeitete und erweiterte Auflage. Springer-Verlag, Heidelberg et al. 2011, S. 229-242.

ElMaraghy, H. A. (2005): Flexible and reconfigurable manufacturing systems paradigms. In: International Journal of Flexible Manufacturing Systems 17 (2005) 4, S. 261-276.

Erdmann, M.-K. (2007): Supply Chain Performance Measurement: Operative und strategische Management- und Controllingansätze. 2. Auflage, Josef-Eul-Verlag, Köln 2007.

Espejo, R. (1996): Organizational transformation and learning - A cybernetic approach to management. Wiley, Chichester 1996.

Espejo, R., Harnden, R. (1989): The viable system model - Interpretations and applications of Stafford Beer's VSM. Wiley, Chichester 1989.

Espejo, R., Schwaninger, M. (1993): Organisational fitness - Corporate effectiveness through management cybernetics. Campus-Verlag, Frankfurt et al. 1993.

Eversheim, W. (1993): Erfolgreiches Störungsmanagement in der Einzel- und Kleinserienmontage. In: Erfolgreiches Störungsmanagement in der Einzel- und Kleinserienmontage, VDI-Berichte 1028. VDI-Verlag, Düsseldorf 1993, S. 1-24.

Eversheim, W. (2002): Organisation in der Produktionstechnik. Band 3: Arbeitsvorbereitung. 4., bearbeitete und korrigierte Auflage, Springer-Verlag, Berlin et al. 2002.

Eversheim, W., Schuh, G. (1996): Betriebshütte - Produktion und Management. Springer-Verlag, Berlin et al. 1996.

Eversheim, W., Schuh, G. (2005): Integrierte Produkt- und Prozessgestaltung. Springer-Verlag, Berlin et al. 2005.

Fastabend, H. (1997): Kennliniengestützte Synchronisation von Fertigungs- und Montageprozessen. Dissertation Universität Hannover. VDI-Verlag, Düsseldorf 1997.

Fenn, J., Raskino, M. (2008): Mastering the hype cycle: how to choose the right innovation at the right time. Harvard Business Press, Boston 2008.

Fettke, P., Loos, P. (2004): Referenzmodellierungsforschung. In: Wirtschaftsinformatik 46 (2004) 5, S. 331-340.

Finkler, M. (2006): Advanced Planning and Scheduling - Die stille ERP-Revolution. In: PPS Management 3 (2006), S. 23-25.

Fleisch, E. (2001a): Betriebswirtschaftliche Perspektiven des Ubiquitous Computing. In: Buhl, H. U., Huther, A., Reitwiesner, B. (Hrsg.): Information Age Economy. Physica-Verlag, Heidelberg 2001, S. 177-191.

Fleisch, E. (2001b): Das Netzwerkunternehmen. Springer-Verlag, Berlin et al. 2001.

Fleisch, E. (2001c): Von der Vernetzung von Unternehmen zur Vernetzung von Dingen. In: Schögel, M., Tomczak, T., Belz, C. (Hrsg.): Roadmap to E-Business: wie Unternehmen das Internet erfolgreich nutzen. Festschrift zum 75. Geburtstag von Prof. Dr. Heinz Weinhold-Stünzi. Thexis-Verlag, St. Gallen 2001, S. 124-135.

Fleisch, E. (2006): RFID & ERP in der Zukunft. Foliensatz. 13. Aachener PPS-Tage. 4. April 2006.

Fleisch, E., Österle, H. (2004): Auf dem Weg zum Echtzeit-Unternehmen. In: Alt, R., Österle, H. (Hrsg.): Real-time Business. Springer-Verlag, Berlin 2004, S. 4-17.

Fleisch, E., Christ, O., Dierkes, M. (2005): Die betriebswirtschaftliche Vision des Internet der Dinge. In: Das Internet der Dinge: Ubiquitous Computing und RFID in der Praxis: Visionen, Technologien, Anwendungen, Handlungsanleitungen. Fleisch, E., Mattern, F. (Hrsg.), Springer-Verlag, Berlin 2005, S. 3-38.

Fleisch, E., Fuchs, S., Gottschalk, S., Güthenke, T., Höhne, T., Jacobs, F., Junker, K., Millarg, C., Narr, C., Nyhuis, P., Schuh, G. (2008): High Resolution Production Management (HRPM). In: Brecher, C., Klocke, F., Schmitt, R., Schuh, G. (Hrsg.): Wettbewerbsfaktor Produktionstechnik. Aachener Perspektiven. Apprimus-Verlag, Aachen 2008, S. 453-472.

Floerkemeier, C. (2005): EPC-Technologie - vom Auto-ID Center zu EPCglobal In: Das Internet der Dinge: Ubiquitous Computing und RFID in der Praxis: Visionen, Technologien, Anwendungen, Handlungsanleitungen. Fleisch, E., Mattern, F. (Hrsg.), Springer-Verlag, Berlin 2005, S. 87-100.

Föllinger, O. (2008): Regelungstechnik: Einführung in die Methoden und ihre Anwendung. 10., durchgesehene Auflage, Nachdruck der 8., überarbeiteten Auflage, Hüthig-Verlag, Heidelberg 2008.

Foschiani, S. (1997): Bionic Manufacturing. Die Natur als Vorbild für Produktionsstrukturen. In: Gablers Magazin 11 (1997) 4, S. 20-23.

Foschiani, S. (1998a): Moderne Produktionssysteme (I): Revolution statt Evolution. In: Gablers Magazin 12 (1998) 4, S. 29-32.

Foschiani, S. (1998b): Moderne Produktionssysteme (II): Bionic Manufacturing - Konzept mit Zukunft? In: Gablers Magazin 12 (1998) 5, S. 32-35.

Frank, U., Giese, H., Klein, F., Oberschelp, O., Schmidt, A., Schulz, B., Vöcking, H., Witting, K. (2004): Selbstoptimierende Systeme des Maschinenbaus - Definitionen und Konzepte. Gausemeier, J. (Hrsg.), Paderborn 2004.

Franke, J., Merhof, J., Hopfensitz, S. (2010): Einsatz von dezentralen Multiagentensystemen - Komplexitätsbeherrschung bei der Produktionsplanung und -steuerung. In: ZWF Zeitschrift für wirtschaftlichen Fabrikbetrieb 105 (2010) 12, S. 1075-1078.

Freitag, M., Herzog, O., Scholz-Reiter, B. (2004): Selbststeuerung logistischer Prozesse - Ein Paradigmenwechsel und seine Grenzen. In: Industrie Management 20 (2004) 1, S. 23-27.

Frese, E. (2005): Grundlagen der Organisation. Entscheidungsorientiertes Konzept der Organisationsgestaltung. 9. Auflage, Gabler-Verlag, Wiesbaden 2005.

Friedrichs, J. (1990): Methoden empirischer Sozialforschung. 14. Auflage, Westdeutscher Verlag, Opladen 1990.

Fromm, H. (1992): Das Management von Zeit und Variabilität in Geschäftsprozessen. In: CIM Management (1992) 5, S. 7-14.

Frost, B. (2005): Lebensfähigkeit von communities of practice im organisationalen Kontext. Dissertation Universität St. Gallen. Difo-Druck-Verlag, Bamberg 2005.

Fuchs, H. (1973): Systemtheorie und Organisation. Gabler-Verlag, Wiesbaden 1973.

Gaitanides, M. (2007): Prozessorganisation - Entwicklung, Ansätze und Programme des Managements von Geschäftsprozessen. Verlag Franz Vahlen, München 2007.

Gaitanides, M., Scholz, R., Vrohlings, A. (1994): Prozessmanagement - Grundlagen und Zielsetzungen. In: Gaitanides, M., Scholz, R., Vrohlings, A., Raster, M. (Hrsg.): Prozessmanagement - Konzepte, Umsetzungen und Erfahrungen des Reengineering. Carl-Hanser-Verlag, München, Wien 1994, S. 1-19.

Gehr, F., Kulow, B. (1999): Bewertung von Geschäftsprozessen - Konzepte, Methoden und Hilfsmittel. In: Hofer-Alfeis, J. (Hrsg.): Geschäftsprozessmanagement. Innovative Ansätze für das wandlungsfähige Unternehmen. Tectum-Verlag, Marburg 1999.

Gienke, H., Kämpf, R., Aldinger, L. (2007): Handbuch Produktion: Innovatives Produktionsmanagement: Organisation, Konzepte, Controlling. Hanser-Verlag, München 2007.

Gierth, A. (2009): Beurteilung der Selbststeuerung logistischer Prozesse in der Werkstattfertigung. Dissertation RWTH Aachen. Shaker-Verlag, Aachen 2009.

Goldratt, E. M. (1984): The Goal. Excellence in Manufacturing. North River Press, Great Barrington 1984.

Goldsby, T. J., Griffis, S. E., Roath, A. S. (2006): Modelling lean, agile, and leagile supply chain strategies. In: Journal of Business Logistics 27 (2006) 1, S. 57-80.

Gomez, P. (1978): Die kybernetische Gestaltung des Operations Managements - Eine Systemmethodik zur Entwicklung anpassungsfähiger Organisationsstrukturen. Habilitation Universität St. Gallen. Haupt-Verlag, Bern, Stuttgart 1978.

Gomez, P., Malik, F., Oeller, K.-H. (1975): Systemmethodik - Grundlagen einer Methodik zur Erforschung und Gestaltung komplexer soziotechnischer Systeme. Gemeinschaftsdissertation Universität St. Gallen. Haupt-Verlag, Bern, Stuttgart 1975.

Grauer, M., Metz, O., Karadgi, S., Schäfer, W. (2010): Auf dem Weg zum Echtzeitunternehmen. In: PRODUKTIVITY Management 15 (2010) 1, S. 17-19.

Gronau, N., Lindemann, M. (2007): RFID: Innovative industrielle Anwendungen. In: Industrie Management 23 (2007) 4, S. 9-12.

Grünewald, C. W. (1992): Optimale Koordination von Instandhaltung und Produktion. Dissertation RWTH Aachen. Aachen 1992.

Gstettner, S., Kuhn, H. (1996): Analysis of production control systems Kanban and CONWIP. In: International Journal of Production Research 34 (1996) 11, S. 3253-3273.

Günther, H.-O., Tempelmeier, H. (2009): Produktion und Logistik. 8. Auflage, Springer-Verlag, Berlin, Heidelberg 2009.

Günthner, W. A. (2008): Ereignisorientierte Logistik. In: Nyhuis, P. (Hrsg.): Beiträge zu einer Theorie der Logistik. Springer-Verlag, Berlin et al. 2008, S. 373-390.

Günthner, W. A., Kuzmany, F., Chisu, R. (2006): Selbststeuernde Materialflussmittel - Ein Technologiebaukasten für das Internet der Dinge. In: Pfohl, H.-C., Wimmer, T. (Hrsg.): Wissenschaft und Praxis im Dialog. Steuerung von Logistiksystemen auf dem Weg zur Selbststeuerung. Deutscher Verkehrs-Verlag, Hamburg 2006, S. 307-319.

Günthner, W., ten Hompel, M., Chisu, R., Nettsträter, A., Roidl, M. (2010): Das Internet der Dinge in der Intralogistik. In: wt Werkstattstechnik online, 100 (2010) 3, S. 146-151.

Guo, Y.W., Li, W.D., Mileham, A.R., Owen, G.W. (2009): Optimisation of integrated process planning and scheduling using a particle swarm optimisation approach. In: International Journal of Production Research 47 (2009) 14, S. 3775-3796.

Gutenberg, E. (1983): Grundlagen der Betriebswirtschaftslehre. Band I. Die Produktion. 24. Auflage, Springer-Verlag, Berlin et al. 1983.

Haats, C. (2000): Produktionsplanung und-steuerung für Unternehmen mit linearen Prozessketten. Dissertation Universität Stuttgart. Jost-Jetter-Verlag, Heimsheim 2000.

Haberfellner, R., Daenzer, W. F. (2002): Systems Engineering - Methodik und Praxis. 11., durchgesehene Auflage, Verlag Industrielle Organisation, Zürich 2002.

Haberfellner, R., Nagel, P., Becker, M., Büchel, A., von Massow, H. (1999): Systems Engineering - Methodik und Praxis. 10. Auflage, Verlag Industrielle Organisation, Zürich 1999.

Hackstein, R. (1989): Produktionsplanung und -steuerung (PPS) - Ein Handbuch für die Betriebspraxis. 2. Auflage, Düsseldorf 1989.

Hahn, D. (1995): Unternehmungsziele im Wandel: Konsequenzen für das Controlling. In: Controlling 7 (1995) 6, S. 328-338.

Hall, R. W. (1986): Synchro MRP: Combining Kanban and MRP. The Yamaha PYMAC System. In: Driving the productivity machine: Production Planning and Control in Japan, APICS 1986, S. 43–56.

Hamann, T. (2008): Lernfähige intelligente Produktionsregelung. Dissertation Universität Bremen. Verlag für Industrielle Informationstechnik und Organisation, Berlin 2008.

Hansen, M., Thiel, C. (2012): Cyber-Physical Systems und Privatsphärenschutz. In: Datenschutz und Datensicherheit 36 (2012) 1, S. 26-30.

Heiderich, T. (2001): Informationsflüsse nach ungeplanten Ereignissen in der technischen Auftragsabwicklung. Dissertation RWTH Aachen. Shaker-Verlag, Aachen 2001.

Heinemeyer, W. (1992): Die Planung und Steuerung des logistischen Prozesses mit Fortschrittszahlen. In: Adam, D. (Hrsg.): Fertigungssteuerung - Grundlagen und Systeme. Wiesbaden 1992, S. 161-188.

Heinen, E. (1991): Industriebetriebslehre: Entscheidungen im Industriebetrieb. 9., vollständig neu bearbeitete und erweiterte Auflage. Gabler-Verlag, Wiesbaden 1991.

Hellmich, K. (2003): Kundenorientierte Auftragsabwicklung - Engpassorientierte Planung und Steuerung des Ressourceneinsatzes. Dissertation Technische Universität Cottbus. Deutscher Universitäts-Verlag, Wiesbaden 2003.

Herold, C. (1991): Ein Vorgehenskonzept zur Unternehmensstrukturierung - Eine heuristische Anwendung des Modells lebensfähiger Systeme. Dissertation Universität St. Gallen. Difo-Druck, Bamberg 1991.

Herrmann, C., Bergmann, L., Halubek, P. (2008): Production Management in SME Networks - Evaluation of Potentials and Achievements. In: Annals of the CIRP Conference on Manufacturing Systems, Tokio, 26.-28. Mai 2008, S. 97-102.

Heylighen, F., Joslyn, C. (2001): Cybernetics and second order cybernetics. In: Encyclopedia of physical science and technology 4 (2001), S. 155-170.

Hildebrand, K. (2001): Informationsmanagement - Wettbewerbsorientierte Informationsverarbeitung mit Standard-Software und Internet. 2. Auflage, Oldenbourg-Verlag, München, Wien 2001.

Hill, W., Fehlbaum, R., Ulrich, P. (1994): Organisationslehre I. Ziele, Instrumente und Bedingungen der Organisation sozialer Systeme. 5. Auflage, Haupt-Verlag, Bern et al. 1994.

Hillebrandt, V. (2002): Gestaltung und Auswahl von Koordinationsschwerpunkten zwischen Produzent und Logistikdienstleister. Dissertation RWTH Aachen. Shaker-Verlag, Aachen 2002 .

Hofmann, E. (2006): Entkoppelungsmanagement: Ein relevanter Schritt auf dem Weg zur Selbststeuerung von Supply Chains. In: Pfohl, H.-C., Wimmer, T. (Hrsg.): Wissenschaft und Praxis im Dialog. Steuerung von Logistiksystemen auf dem Weg zur Selbststeuerung. Deutscher Verkehrs-Verlag, Hamburg 2006, S. 75-95.

Horváth, P. (2003): X-Engineering – Ohne Balanced Scorecard und Performance Measurement nicht wirksam. In. Controlling 15 (2003) 7/8, S. 373-377.

Hufgard, A., Hecht, H. (2005): Business Integration mit SAP-Lösungen: Potenziale, Geschäftsprozesse, Organisation und Einführung. Springer-Verlag, Berlin et al. 2005.

Intra, C. (2000): Effiziente Produktionsplanung durch eine vereinfachte Ablaufsimulation. Dissertation RWTH Aachen. Shaker-Verlag, Aachen 2000.

Jennings, N. R., Wooldridge, M. J. (1998): Agent Technology, Foundations, Applications and Markets. Springer-Verlag, Berlin et al. 1998.

Jeong, S., Hur, S. M., Suh, S.-H. (2009): A conceptual framework for computer-aided ubiquitous system engineering: architecture and prototype. In: International Journal of Computer Integrated Manufacturing 22 (2009) 7, S. 671-684.

Jones, D., Womack, J. (2003): Seeing the Whole. Mapping the Extended Value Stream. Lean Enterprise Institute, Brookline 2003.

Kämpf, R., Gienke, M. (2001): Fraktale Organisation. Fachverlag Deutscher Wirtschaftsdienst, Köln 2001.

Käppner, M., Laakmann, F., Stracke, N. (2002): Dortmunder Prozesskettenparadigma - Grundlagen. Technical Report 02005, Sonderforschungsbereich 559 „Modellierung großer Netze in der Logistik“, Dortmund 2002.

Kaluza, B., Blecker, T. (2001a): Produzieren in vernetzten Unternehmen. In: Industrie Management 17 (2001) 5, S. 49-52.

Kaluza, B., Blecker, T. (2001b): Produktionsplanung und -steuerung in der Unternehmung ohne Grenzen. In: Bellmann, K. (Hrsg.): Kooperations- und Netzwerkmanagement. Duncker und Humblot Verlag, Berlin 2001, S. 83-110.

Kang, S.G., Choi, S.H. (2010): Multi-agent based beam search for intelligent production planning and scheduling. In: International Journal of Production Research 48 (2010) 11, S. 3319-3353.

Karnouskos, S., Baecker, O., de Souza, L., Spiess, P. (2007): Integration of SOA-ready networked embedded devices in enterprise systems via a cross-layered web service infrastructure. In: Proceedings of Emerging Technology and Factory Automation, 2007, S. 293-300.

Karrer, M. (2003): Supply Chain Event Management. Impulse zur ereignisorientierten Steuerung von Supply Chains. In: Dangelmaier, W., Gajewski, T., Kösters, C. (Hrsg.): Innovationen im E-Business. Fraunhofer ALB-HNI-Verlagsschriftenreihe, Paderborn 2003.

Kersten, W., Schröder, K., Hohrath, P., Späth, H. (2006): Wissensmanagement als Instrument des Supply Chain Risk Managements. In: Pfohl, H.-C., Wimmer, T. (Hrsg.): Wissenschaft und Praxis im Dialog. Steuerung von Logistiksystemen auf dem Weg zur Selbststeuerung. Deutscher Verkehrs-Verlag, Hamburg 2006, S. 233-253.

Kiener, S (2006): Produktions-Management: Grundlagen der Produktionsplanung und -steuerung. 8., vollständig überarbeitete und erweiterte Auflage, Oldenbourg-Verlag, München et al. 2006.

Kieser, A., Kubicek, H. (1978): Organisationstheorien II - Kritische Analysen neuerer sozialwissenschaftlicher Ansätze. Kohlhammer-Verlag, Stuttgart et al. 1978.

Kiesewetter, S. A. (1991): Entwicklung einer dynamisch adaptierbaren Produktionsregelung. Dezentrale, hierarchische Regelung operativer Produktionsabläufe. Dissertation RWTH Aachen. Aachen 1991.

Killich, S., Luczak, H. (2003): Unternehmenskooperation für kleine und mittelständische Unternehmen. Springer-Verlag, Berlin, Heidelberg 2003.

Kimball, G. (1988): General Principles of Inventory Control. In: Journal of Manufacturing and Operations Management 1 (1988), S. 119-130.

Kjaer, A (2003): The integration of business and production processes. In: IEEE Control Systems Magazine 23 (2003) 6, S. 50-58.

Kletti, J. (2006): MES - Manufacturing Execution System - Moderne Informationstechnologie zur Prozessfähigkeit der Wertschöpfung. Springer-Verlag, Berlin et al. 2006.

Klügl, F. (2001): Multiagentensimulation. Konzepte, Werkzeuge, Anwendungen. Addison-Wesley-Verlag, München 2001.

Kobayashi, I., Panskus, G. (2000): 20 Keys® Die 20 Schlüssel zum Erfolg im internationalen Wettbewerb. Adapt-Media-Verlag, Bochum 2000.

Koestler, A. (1967): The Ghost in the Machine. Macmillan, New York 1967.

Kötzle, A., Göbel, E. (1997): Strategisches Management - Theoretische Ansätze, Instrumente und Anwendungskonzepte für Dienstleistungsunternehmen. Lucius und Lucius Verlag, Stuttgart 1997.

Komorek, C. (1991): Methoden und Denkweisen der Unternehmenskybernetik. Verlag TÜV-Rheinland, Köln 1991.

Krcmar, H. (2010): Informationsmanagement. 5., verbesserte Auflage, Springer-Verlag, Berlin et al. 2010.

Kresken, T., Baumann, M. (2006): Selbst ist der Auftrag - Selbstorganisierende Verfahren zur Produktionssteuerung. In: ZWF Zeitschrift für wirtschaftlichen Fabrikbetrieb 101 (2006) 5, S. 269-272.

Kürschner, C., Condea, C., Kasten, O., Thiesse, F. (2008): Discovery Service Design in the EPCglobal Network. In: Floerkemeier, C., Fleisch, E., Langheinrich, M., Mattern, F., Sarma, S. E. (Hrsg.): The Internet of Things. Springer-Verlag, Berlin et al. 2008, S. 19-34.

Kuhn, A. (1995): Prozessketten in der Logistik. Entwicklungstrends und Umsetzungsstrategien. Praxiswissen. Dortmund 1995.

Kuhn, A., Kaeseler, J. (1996): Geschäftsprozessmodellierung - Werkzeuge für die ganzheitliche Gestaltung der Logistik. In: Pfohl, H.-C. (Hrsg.): Integrative Instrumente der Logistik: Informationsverknüpfung - Prozessgestaltung - Leistungsmessung - Synchronisation. Erich Schmidt Verlag, Berlin 1996, S. 99-132.

Kuhn, A., Pielok, T. (1994): Produktivitäts-Management mit Hilfe von Prozessketten. In: Wildemann, H. (Hrsg.): Qualität und Produktivität - Erfolgsfaktoren im Wettbewerb. Frankfurter Allgemeine Zeitung, Frankfurt 1994, S. 26-42.

Kurbel, K. (2011): Enterprise Resource Planning und Supply Chain Management in der Industrie. 7., vollständig überarbeitete und aktualisierte Auflage, Oldenbourg-Verlag, München, Wien 2011.

Kurbel, K., Endres, A. (2005): Produktionsplanung und -steuerung: Methodische Grundlagen von PPS-Systemen und Erweiterungen. Oldenbourg-Verlag, München et al. 2005.

Lee, J.-H., Kim, C.-O. (2008): Multi-agent systems applications in manufacturing systems and supply chain management: a review paper. In: International Journal of Production Research 46 (2008) 1, S. 233-265.

Lee, H., Banerjee, A. (2011): Executable design and control framework using reconfigurable manufacturing holons and its evolution algorithm. In: International Journal of Production Research 49 (2011) 5, S. 1405-1423.

Lee, J. Y., Choi, S. S., Kim, G. Y., Do, S. (2011): Ubiquitous product life cycle management (u-PLM): a real-time and integrated engineering environment using ubiquitous technology in product life cycle management (PLM). In: International Journal of Computer Integrated Manufacturing 24 (2011) 7, S. 627-649.

Lehmann, F. (1992): Störungsmanagement in der Einzel- und Kleinserienmontage. Dissertation RWTH Aachen. Shaker-Verlag, Aachen 1992.

Leimeister, J. M., Knebel, U., Krcmar, H. (2007): RFID as enabler for the boundless real-time organisation: empirical insights from Germany. In: International Journal of networking and Virtual Organisations 4 (2007) 1, S. 45-64.

Liao, C.-J., Liao, C.-C. (2008): An ant colony optimisation algorithm for scheduling in agile manufacturing. In: International Journal of Production Research 46 (2008) 7, S. 1813-1824.

Lindemann, U. (2009): Methodische Entwicklung technischer Produkte. Springer-Verlag, Berlin et al. 2009.

Liu, C. L. (1973): Scheduling Algorithms for Multiprogramming in a Hard-Real-Time Environment. In: Journal of the ACM 20 (1973) 1, S. 46-63.

Lödding, H. (2001): Dezentrale Bestandsorientierte Fertigungsregelung. Dissertation Universität Hannover. VDI-Verlag, Düsseldorf 2001.

Lödding, H. (2008): Verfahren der Fertigungssteuerung - Grundlagen, Beschreibung, Konfiguration. Springer-Verlag, Berlin, Heidelberg 2008.

Loeffelholz, F. (1991): Qualität von PPS-Systemen. Dissertation RWTH Aachen. Springer-Verlag, Berlin 1991.

Lopitzsch, J. R. (2005): Segmentierte Adaptive Fertigungssteuerung. Dissertation Universität Hannover. Hannover 2005.

Luczak, H., Wiendahl, H.-P. (2001): Logistik-Benchmarking: Praxisleitfaden mit LogiBEST. Springer-Verlag, Berlin et al. 2001.

Lüth, T. (1998): Technische Multiagentensysteme - Verteilte autonome Roboter- und Fertigungssysteme. Carl-Hanser-Verlag, München et al. 1998.

Lunze, J. (2008): Regelungstechnik 2 - Mehrgrößensysteme, Digitale Regelung. 5., neu bearbeitete Auflage, Springer-Verlag, Berlin, Heidelberg 2008.

Lunze, J. (2010): Regelungstechnik 1 - Systemtheoretische Grundlagen, Analyse und Entwurf einschleifiger Regelungen. 8., neu bearbeitete Auflage, Springer-Verlag, Berlin, Heidelberg 2010.

Märtens, A., Reinsch, S., Dammann, M., Ouali, K. (2006): Dezentrale agentenbasierte Produktionssteuerung - Agentenkonditionierung für logistikgerechte Verhandlungen. In: wt Werkstattstechnik online 96 (2006) 5, S. 331-338.

Malik, F. (1993): Systemisches Management, Evolution, Selbstorganisation. Grundprobleme, Funktionsmechanismen und Lösungsansätze für komplexe Systeme. Haupt-Verlag, Bern et al. 1993.

Malik, F. (2006): Strategie des Managements komplexer Systeme - Ein Beitrag zur Management-Kybernetik evolutionärer Systeme. 9. Auflage, Haupt-Verlag, Bern et al. 2006.

Malone, T. W., Crowston, K. (1994): The Interdisciplinary Study of Coordination. ACM Computing Surveys 26 (1994) 1, S. 87-119.

Marks, S. (1991): Gemeinsame Gestaltung von Technik und Organisation in soziotechnischen kybernetischen Systemen. Dissertation RWTH Aachen. VDI-Verlag, Düsseldorf 1991.

Marquardt, G., Kersten, W. (2003): Kernkompetenzen als Basis der strategischen und organisationalen Unternehmensentwicklung. Deutscher Universitäts-Verlag, Wiesbaden 2003.

Martin, C. (1998): Produktionsregelung - ein modularer, modellbasierter Ansatz. Dissertation Technische Universität München. Springer-Verlag, Berlin 1998.

Mattern, F. (2005): Die technische Basis für das Internet der Dinge. In: Fleisch, E., Mattern, F. (Hrsg.): Das Internet der Dinge: Ubiquitous Computing und RFID in der Praxis: Visionen, Technologien, Anwendungen, Handlungsanleitungen. Springer-Verlag, Berlin, Heidelberg 2005, S. 39-66.

McFarlane, D. C., Chirn, J. L., Jarvis, D., Matson, J., Jarvis, J. (2002): Holonic Production Control to Support Mass Customisation. Production Planning and Control, Special Issue: Mass Customisation, 2002.

McFarlane, D., Sarma, S., Chirn, J. L., Wong, C.Y., Ashton, K. (2003): Auto ID systems and intelligent manufacturing control. In: Engineering Applications of Artificial Intelligence 16 (2003) 4, S. 365-376.

Meier, C., Schmidt, C., Runge, S. (2012): Auswahl und Einführung von ERP-/PPS-Systemen. In: Schuh, G., Stich, V. (Hrsg.): Produktionsplanung und -steuerung 1. Grundlagen der PPS. 4., überarbeitete Auflage, Springer-Verlag, Berlin, Heidelberg 2012, S. 332-379.

Meier, H., Golembiewski, M., Zoller, C. S. (2004): Systematik für Produktionsnetzwerke im Supply Chain Management. In: ZWF Zeitschrift für wirtschaftlichen Fabrikbetrieb 99 (2004) 3, S. 86-89.

Mellerowicz, K. (1952): Der Betrieb als Organismus und als Organ. Freiburg 1952.

Mertins, K., Süsenguth, W., Jochem, R. (1994): Modellierungsmethoden für rechnerintegrierte Produktionsprozesse - Unternehmensmodellierung, Softwareentwurf, Schnittstellendefinition, Simulation. Carl-Hanser-Verlag, München, Wien 1994.

Meyer, A., Seibert, G., Wendelberger, E. (1969): Enzyklopädie 2000 - Das moderne Farblexikon in Folgen. Wissen-Verlag, Stuttgart, Zürich 1969.

Meyer, M. (2006): Logistisches Störungsmanagement in kundenverbrauchsorientierten Wertschöpfungsketten. Dissertation RWTH Aachen. Shaker-Verlag, Aachen 2006.

Meyer, J. C. (2010): Hybride Supply Chains. Dissertation RWTH Aachen. Shaker-Verlag, Aachen 2010.

Mithas, S. (2005): Effect of Information Technology on Customer Satisfaction. In: Journal of Marketing 69 (2005) 10, S. 201-209.

Mönch, L. (2006): Agentenbasierte Produktionssteuerung komplexer Produktionssysteme. Habilitation Technische Universität Ilmenau. Ilmenau 2006.

Mößmer, H. E. (1999): Methode zur simulationsbasierten Regelung zeitrelevanter Produktionssysteme. Dissertation Technische Universität München. Herbert-Utz-Verlag, München 1999.

Much, D. (1997): Harmonisierung von technischer Auftragsabwicklung und Produktionsplanung und -steuerung bei Unternehmenszusammenschlüssen. Dissertation RWTH Aachen. Shaker-Verlag, Aachen 1997.

Nachreiner, F. (1997): Grundlagen naturwissenschaftlicher Methodik in der Arbeitswissenschaft. In: Luczak, H., Volpert, W. (Hrsg.): Handbuch Arbeitswissenschaft. Schäffer-Poeschel-Verlag, Stuttgart 1997, S. 87-92.

Neff, W. (2000): Herausforderungen im Maschinen- und Anlagenbau. Ergebnisse einer Fragebogenaktion. In: ZWF Zeitschrift für wirtschaftlichen Fabrikbetrieb 95 (2000) 11, S. 564-567.

Nyhuis, P. (2008a): High Resolution Production Management. In: Brecher, C., Klocke, F., Schmitt, R., Schuh, G. (Hrsg.): AWK 2008 - Wettbewerbsfaktor Produktionstechnik. Aachener Perspektiven. Shaker-Verlag, Aachen 2008.

Nyhuis, P. (2008b): Produktionskennlinien: Grundlagen und Anwendungsmöglichkeiten. In: Nyhuis, P. (Hrsg.): Beiträge zu einer Theorie der Logistik. Springer-Verlag, Berlin, Heidelberg 2008, S. 185-218.

Nyhuis, P., Wiendahl, H.-P. (2003): Logistische Kennlinien - Grundlagen, Werkzeuge und Anwendungen. 2. Auflage. Springer-Verlag, Berlin et al. 2003.

Nyhuis, P., Wiendahl, H.-P. (2010): Ansatz zu einer Theorie der Produktionstechnik. In: ZWF Zeitschrift für wirtschaftlichen Fabrikbetrieb 105 (2010) 1-2, S. 15-20.

Nyhuis, P., Kolakowski, M., Heger, C. L. (2005): Evaluation of Factory Transformability. In: Annals of the CIRP International Conference on Reconfigurable Manufacturing: CIRP'05. Ann Arbor (USA), 10.-12. Mai 2005.

Nyhuis, P., Reinhart, G., Abele, E. (2008): Wandlungsfähige Produktionssysteme - Heute die Industrie von morgen gestalten. PZH - Produktionstechnisches Zentrum, Garbsen 2008.

Nyhuis, P., Hartmann, W., Kennemann, M., Münzberg, B. (2009): Produktionsregelung mit logistischen Kennlinien. Fertigungssteuerung auf Basis einer kaskadierten Regelung. In: wt Werkstattstechnik online 99 (2009) 4, S. 239-243.

Österle, H., Blessing, D. (2005): Ansätze des Business Engineering. In: HMD Praxis der Wirtschaftsinformatik 42 (2005) 2, S. 7-17.

Ohno, T. (1993): Das Toyota-Produktionssystem. Campus-Verlag, New York 1993.

Okino, N. (1988): Bionical Manufacturing Systems - Bio-Model on Based System Design. In: Sata, T. (Hrsg.): The second Toyota Conference, Organization of Engineering Knowledge for Product Modelling. In: International Journal of Computer Integrated Manufacturing 1988, S. 65-81.

Okino, N. (1989): Bionical Manufacturing Systems. In: Proceedings of CAM-I 18th Annual International Conference 1989, S. 1-26.

Orlicky, J., Plossl, G. (1994): Orlicky's material requirements planning. McGraw-Hill, New York 1994.

Overmeyer, L., Nyhuis, P., Höhn, R., Fischer, A. (2006): Controlling in der Intralogistik mit Hilfe von PreProcessing Labels. In: Pfohl, H.-C., Wimmer, T. (Hrsg.): Wissenschaft und Praxis im Dialog. Steuerung von Logistiksystemen auf dem Weg zur Selbststeuerung. Deutscher Verkehrs-Verlag, Hamburg 2006, S. 205-215.

Paegert, C. (1997): Entwicklung eines Entscheidungsunterstützungssystems zur Zeitparametereinstellung. Dissertation RWTH Aachen. Shaker-Verlag, Aachen 1997.

Patzak, G. (1982): Systemtechnik - Planung komplexer innovativer Systeme. Grundlagen, Methoden, Techniken. Springer-Verlag, Berlin et al. 1982.

Pawellek, G. (1993): Produktionslogistik top-down planen und bottom-up regeln. In: Zeitschrift für Logistik 14 (1993) 2, S. 6-14.

Pawellek, G., Best, D., Hinz, F. (1994): Produktionslogistik: Organisation und Steuerung kybernetisch optimieren. In: Zeitschrift für Organisation 63 (1994) 1, S. 34-41.

Petermann, D. (1996): Modellbasierte Produktionsregelung. Dissertation Universität Hannover. VDI-Verlag, Düsseldorf 1996.

Philipp, T., Windt, K., de Beer, C., Scholz-Reiter, B. (2007): Evaluation of Autonomous Logistic Processes - Analysis of the Influence of Structural Complexity. In: Hülsmann, M., Windt, K. (Hrsg.): Understanding Autonomous Cooperation and Control in Logistics - The Impact on Management, Information and Communication and Material Flow. Berlin 2007, S. 303-324.

Picot, A. (1975): Experimentelle Organisationsforschung. Methodische und wissenschaftstheoretische Grundlagen. Gabler-Verlag, Wiesbaden 1975.

Placzek, T. (2004): Potenziale der Verkehrstelematik zur Abbildung von Transportprozessen im Supply Chain Event Management. In: Logistik Management 6 (2004) 4, S. 34-36.

Prahalad, C. K., Hamel, G. (1990): The core competence of the organization. In: Harvard Business Review 68 (1990) 3, S. 79-91.

Pritschow, G., Brinzer, B. (2002): Produktionsregelung für die variantenreiche Serienfertigung. In: ZWF Zeitschrift für wirtschaftlichen Fabrikbetrieb 97 (2002) 12, S. 627-632.

Probst, G. J. B. (1987): Selbst-Organisation: Ordnungsprozesse in sozialen Systemen aus ganzheitlicher Sicht. Parey-Verlag, Berlin 1987.

Probst, G. J. B. (1991): Selbstorganisation. In: Frese, E. (Hrsg.): Handwörterbuch der Organisation. Schaeffer-Poeschel-Verlag, Stuttgart 1991, S. 2255-2270.

Pümpin, C. (1991): Management der Unternehmensentwicklung - Phasengerechte Führung und der Umgang mit Krisen. Campus-Verlag, Frankfurt et al. 1991.

Pümpin, C. (1992): Strategische Erfolgspositionen - Methodik der dynamischen strategischen Unternehmensführung. Haupt-Verlag, Bern et al. 1992.

Raffee, H. (1995): Grundprobleme der Betriebswirtschaftslehre. 9., unveränderter Nachdruck der 1. Auflage. Vandenhoeck & Ruprecht Verlag, Göttingen 1995.

Rajkumar, R., Insup, L., Lui, S., Stankovic, J. (2010): Cyber-physical systems: The next computing revolution. In: Proceedings of Design Automation Conference (DAC) 2010. 47th ACM/ IEEE. VDE-Verlag, 2010, S. 731-736.

Rauch, C. (1997): Prozeßorganisation auf Basis vernetzter Regelkreise am Beispiel der Produktion. Dissertation Technische Universität Kaiserslautern. Kaiserslautern 1997.

Rech, K. (1994): Regelungsmodell zur Konzipierung der Informationsverarbeitung in der Produktionslogistik. Dissertation Universität des Saarlands. Saarbrücken 1994.

Reiter, C. (1999): Toolbasierte Referenzmodellierung: State-of-the-Art und Entwicklungsperspektiven. Physica-Verlag, Heidelberg 1999.

Reuter, M., Zacher, S. (2008): Regelungstechnik für Ingenieure - Analyse, Simulation und Entwurf von Regelkreisen. 12., korrigierte und erweiterte Auflage, Verlag Vieweg+Teubner, Wiesbaden 2008.

Rhensius, T. (2010): Typisierung von RFID-Anwendungen. Dissertation RWTH Aachen. Shaker-Verlag, Aachen 2010.

Rhensius, T., Deindl, M. (2009): Metastudie RFID. Schuh, G., Stich, V. (Hrsg.). FIR-Edition Studien, Band 1. 2., korrigierte und neu bearbeitete Auflage, Klinkenberg-Verlag, Aachen 2009.

Riedl, R. (2000): Strukturen der Komplexität: Eine Morphologie des Erkennens und Erklärens. Springer-Verlag, Berlin, Heidelberg 2000.

Riggs, J. L. (1987): Production Systems - Planning, Analysis and Control. 4. Auflage, Verlag John Wiley & Sons, New York 1987.

Rodies, H. J. (2002): Planungswerkzeuge aus Sicht des Anlagenbaus. In: atp Automatisierungstechnische Praxis 44 (2002) 1, S. 40-44.

Rüegg-Stürm, J. (2003): Das neue St. Galler Management-Modell: Grundkategorien einer integrierten Managementlehre; der HSG-Ansatz. 2. Auflage, Haupt-Verlag, Bern et al. 2003.

Ruhm, K. H. (2003): Abtasttheorem – Qualitative Beschreibung. ETH Zürich 2003. URL: http://www.mmm.ethz.ch/dok01/d0000099.pdf. Abruf am 14.08.2012.

Scheer, A.-W. (1998): Wirtschaftsinformatik. Referenzmodelle für industrielle Geschäftsprozesse. Studienausgabe, 2., durchgesehene Auflage, Springer-Verlag, Berlin et al. 1998.

Scheer, A.-W. (2001): ARIS - Metamodellierungsmethoden, Metamodelle, Anwendungen. 4. Auflage, Springer-Verlag, Berlin 2001.

Scheer, A.-W. (2002): Die Vision - Eine gemeinsame Sprache für IT und Management. In: Scheer, A.-W., Jost, W. (Hrsg.): ARIS in der Praxis - Gestaltung, Implementierung und Optimierung von Geschäftsprozessen. Springer-Verlag, Berlin, Heidelberg 2002.

Scheer, A.-W., Abolhassan, F., Bosch, W. (2003): Real-Time Enterprise - Mit beschleunigten Managementprozessen Zeit und Kosten sparen. Berlin 2003.

Schiemenz, B., Schönert, O. (2005): Entscheidung und Produktion. 3., überarbeitete Auflage. Oldenbourg-Verlag, München 2005.

Schmid, S. (2006): Das aktuelle Stichwort: APS-Systeme. In: PPS Management 3 (2006), S. 14.

Schmidt, G. (1987): Grundlagen der Regelungstechnik. Springer-Verlag, Berlin et al. 1987.

Schmidt, C. (2008): Konfiguration überbetrieblicher Koordinationsprozesse in der Auftragsabwicklung des Maschinen- und Anlagenbaus. Dissertation RWTH Aachen. Shaker-Verlag, Aachen 2008.

Schmidt, C., Wienholdt, H. (2009): myOpenFactory - Mit effizienter Auftragsabwicklung Kostensenkungspotenziale in der Beschaffung realisieren. In. UdZ Unternehmen der Zukunft 1/2009, S. 30-34.

Schmidt, C., Meyer, M., Sticht, W., Aechtner, R. (2004): "Plug and Do Business" - ERP der nächsten Generation für die effiziente Auftragsabwicklung in Produktionsnetzwerken. In: Luczak, H., Stich, V. (Hrsg.): Betriebsorganisation im Unternehmen der Zukunft. Springer-Verlag, Berlin et al. 2004, S. 217-226.

Schmidt, A., Schuh, G., Gottschalk, S., Schöning, S., Gulden, A., Rauhut, M., Zancul, E., Ring, T., Augustin, R. (2007): Effizient, schnell und erfolgreich - Strategien im Maschinen- und Anlagenbau. VDMA-Studie. VDMA, Frankfurt 2007.

Schmidt, C., Schweicher, B., Walber, B., Wienholdt, H. (2008): Referenzmodell überbetrieblicher Koordinationsprozesse. In: Schuh, G. (Hrsg.): Effiziente Auftragsabwicklung mit myOpenFactory. Carl-Hanser-Verlag, München, Wien 2008, S. 73-88.

Schmidt, C., Bauhoff, F., Schoth, A. (2012): Reorganisation der PPS. In: Schuh, G., Stich, V. (Hrsg.): Produktionsplanung und -steuerung 1. Grundlagen der PPS. 4., überarbeitete Auflage, Springer-Verlag, Berlin, Heidelberg 2012, S. 306-331.

Schmitt, P. (2008): Adoption und Diffusion neuer Technologien am Beispiel der Radiofrequenz-Identifikation (RFID). Dissertation ETH Zürich. Zürich 2008.

Schneeweiß, C. (1991): Planung. Band 1. Systematische und entscheidungstheoretische Grundlagen. Springer-Verlag, Berlin et al. 1991.

Schneeweiß, C. (1992): Planung. Band 2. Konzepte der Prozess- und Modellgestaltung. Springer-Verlag, Berlin et al. 1992.

Schneider, U. (1990): Kulturbewusstes Informationsmanagement. Oldenbourg-Verlag, München 1990.

Schneider, O. (2010): Adding enterprise value. Dissertation ETH Zürich. vdf Hochschulverlag, Zürich 2010.

Schönsleben, P. (2011): Integrales Logistikmanagement. Operations und Supply Chain Management innerhalb des Unternehmens und unternehmensübergreifend. 6., bearbeitete und erweiterte Auflage, Springer-Verlag, Berlin et al. 2011.

Scholz-Reiter, B., Höhns, H. (2012): Selbststeuerung logistischer Prozesse mit Agentensystemen. In: Schuh, G., Stich, V. (Hrsg.): Produktionsplanung und -steuerung 2. Evolution der PPS. 4., überarbeitete Auflage, Springer-Verlag, Berlin, Heidelberg 2012, S. 294-335.

Scholz-Reiter, B., Hamann, T., Gronau, N., Bogen, J. (2004): Fallbasierte neuronale Produktionsregelung - Nutzung des Case-Based Reasoning zur Produktionsregelung mit neuronalen Netzen. In: wt Werkstattstechnik online 95 (2005) 4, S. 293-298.

Scholz-Reiter, B., Hildebrandt, T., Kolditz, J., Höhns, H. (2005): Selbststeuerung in der Produktion - ein Modellierungskonzept. In: Industrie Management 21 (2005) 4, S. 33-36.

Scholz-Reiter, B., Kolditz, J., Hildebrandt, T., Höhns, H. (2006a): Modellierung selbststeuernder logistischer Prozesse in der Produktion. In: Karagiannis, D., Rieger, B. (Hrsg.): Herausforderungen in der Wirtschaftsinformatik. Springer-Verlag, Berlin 2006, S. 221-236.

Scholz-Reiter, B., Philipp, T., de Beer, C., Windt, K., Freitag, M. (2006b): Einfluss der strukturellen Komplexität auf den Einsatz von selbststeuernden logistischen Prozessen. In: Pfohl, H.-C., Wimmer, T. (Hrsg.): Steuerung von Logistiksystemen - auf dem Weg zur Selbststeuerung. Konferenzband zum 3. BVL-Wissenschaftssymposium Logistik. Hamburg 2006, S. 11-25.

Scholz-Reiter, B., Kolditz, J., Hildebrandt, T. (2007a): Entwicklung selbststeuernder Produktionssysteme - ein Vorgehensmodell. In: Industrie Management 23 (2007) 3, S. 27-31.

Scholz-Reiter, B., Jagalski, T., de Beer, C. (2007b): Selbststeuerung logistischer Prozesse in Produktionsnetzen. In: Industrie Management 23 (2007) 1, S. 19-22.

Scholz-Reiter, B., Jagalski, T., Bendul, J. (2007c): Bienenalgorithmen zur Selbststeuerung logistischer Prozesse. In: Industrie Management 23 (2007) 5, S. 7-10.

Scholz-Reiter, B., Görges, M., Jagalski, T., Sowade, S. (2011a): Vorgehensmodell zur Entwicklung von Selbststeuerungsstrategien. In: Industrie Management 27 (2011) 1, S. 55-58.

Scholz-Reiter, B., Lappe, D., Werthmann, D., Ruthenbeck, C. (2011b): Vorgehensmodell zur Weiterentwicklung eines Wearable Computing Systems. In: Industrie Management 27 (2011) 1, S. 17-20.

Schomburg, E. (1980): Entwicklung eines betriebstypologischen Instrumentariums zur systematischen Ermittlung der Anforderungen an EDV-gestützte Produktionsplanungs- und -steuerungssysteme im Maschinenbau. Dissertation RWTH Aachen. Shaker-Verlag, Aachen 1980.

Schotten, M. (1998): Beurteilung von EDV-gestützten Koordinationsinstrumentarien in der Fertigung. Dissertation RWTH Aachen. Shaker-Verlag, Aachen 1998.

Schrammel, P. (2008): Systemarchitektur. In: Bartneck, N., Klaas, V., Schönherr, H. (Hrsg.): Prozesse optimieren mit RFID und Auto-ID: Grundlagen, Problemlösungen und Anwendungsbeispiele. Publicis Publishing, Erlangen 2008, S. 64-82.

Schütte, R. (1998): Grundsätze ordnungsgemäßer Referenzmodellierung. Konstruktion konfigurations- und anpassungsorientierter Modelle. Dissertation Universität Münster. Gabler-Verlag, Wiesbaden 1998.

Schuh, G. (2003): Strategiekonforme Produktionssteuerung - Wunsch oder Wirklichkeit? In: Tagungsband der Aachener PPS-Tage. 4.-5. Juni 2003, Aachen.

Schuh, G. (2005): Produktkomplexität managen: Strategien - Methoden - Tools. 2. Auflage. Carl-Hanser-Verlag. München et al. 2005.

Schuh, G. (2006): Sm@rt Logistics: Intelligent networked systems. In: Annals of the CIRP International Conference on Reconfigurable Manufacturing. 55 (2006) 1, S. 505-508.

Schuh, G. (2007): High Resolution Logistics - Perspektiven für eine ganzheitliche Logistik durch Flussgradoptimierung und Wertorientierung. In: Tagungsband der Aachener ERP Tage. 9.-10. Mai 2007, Aachen.

Schuh, G. (2008): Effiziente Auftragsabwicklung mit myOpenFactory. Carl-Hanser-Verlag, München et al. 2008.

Schuh, G. (2010): Durchbruch mit High Resolution Production Management. In: Tagungsband der Aachener ERP Tage. 15.-16. Juni 2010, Aachen.

Schuh, G. (2011): Produktion am Standort Deutschland: Vorsprung durch Echtzeit- und Wandlungsfähigkeit. In: Tagungsband der Aachener ERP Tage. 10.-11. Mai 2011, Aachen.

Schuh, G., Stich, V. (2011): Produktion am Standort Deutschland. Ausgabe 2011. FIR-Edition Studien, Aachen 2011.

Schuh, G., Westkämper, E. (2006): Liefertreue im Maschinen- und Anlagenbau. Stand - Potenziale - Trends. Aachen, Stuttgart 2006.

Schuh, G., Kampker, A., Höhne, T. (2006a): Adaptive Logistik. In: wt Werkstattstechnik online 96 (2006) 5, S. 321-324.

Schuh, G., Schweicher, B., Schmidt, C. (2006b): Globale Produktion mit flexiblem Quasi-Standard - Unternehmensübergreifende Auftrags- und Projektabwicklung im Maschinen- und Anlagenbau. In: wt Werkstattstechnik online 96 (2006) 4, S. 226-232.

Schuh, G., Gottschalk, S., Höhne, T. (2007a): High Resolution Production Management. In: Annals of the CIRP International Conference on Reconfigurable Manufacturing. 56 (2007) 1, S. 439-442.

Schuh, G., Orilski, S., Kreysa, J., Publica, F. (2007b): Integrierte Produktionstechnik - Chancen für die Produktion in Hochlohnländern. In: Schuh, G., Klocke, F., Brecher, C., Schmitt, R. (Hrsg.): Excellence in Production. Apprimus-Verlag, Aachen 2007, S. 31-53.

Schuh, G., Gottschalk, S., Kupke, D. (2008a): Individualisierte Produktion - Flexible Konfigurationslogik zur Gestaltung von integrativen Produktionssystemen. In: wt Werkstattstechnik online 98 (2008) 4, S. 285-290.

Schuh, G., Stich, V., Schmidt, C. (2008b): Produktionsplanung und -steuerung in Logistiknetzwerken. In: Nyhuis, P. (Hrsg.): Beiträge zu einer Theorie der Logistik. Springer-Verlag, Berlin et al. 2008, S. 249-273.

Schuh, G., Stich, V., Brosze, T., Fuchs, S., Pulz, C., Quick, J., Schürmeyer, M., Bauhoff, F. (2011a): High resolution supply chain management: optimized processes based on self-optimizing control loops and real time data. In: Production Engineering - Research and Development (2011) 5, S. 433-442.

Schuh, G., Brosze, T., Kompa, S., Meier, C. (2011b): Real-time capable Production Planning and Control in the Order Management of built-to-order Companies. In: ElMaraghy, H. (Hrsg.): Enabling Manufacturing Competitiveness and Economic Sustainability. Proceedings of the 4th CARV International Conference on Changeable, Agile, Reconfigurable and Virtual Production, 2.-5. Oktober 2011, Montreal, Springer-Verlag, S. 557-562.

Schuh, G., Lödding, H., Stich, V., Reuter, C., Schmidt, O., Potente, T., Franzkoch, B., Brosze, T., Thomas, C., Wesch-Potente, C. (2011c): High Resolution Production Management. In: Brecher, C., Klocke F., Schmitt, R., Schuh, G. (Hrsg.): Wettbewerbsfaktor Produktionstechnik. Aachener Perspektiven. Apprimus-Verlag, Aachen 2011, S. 61-80.

Schuh, G., Meier, C., Brosze, T., Kompa, S. (2011d): Echtzeitfähige Produktionsplanung und -regelung. In: ZWF Zeitschrift für wirtschaftlichen Fabrikbetrieb 106 (2011) 12, S. 907-911.

Schuh, G., Stich, V., Runge, S. (2012a): Einführung. In: Schuh, G., Stich, V. (Hrsg.): Produktionsplanung und -steuerung 1. Grundlagen der PPS. 4., überarbeitete Auflage, Springer-Verlag, Berlin, Heidelberg 2012, S. 3-7.

Schuh, G., Brosze, T., Brandenburg, U. (2012b): Aachener PPS-Modell. In: Schuh, G., Stich, V. (Hrsg.): Produktionsplanung und -steuerung 1. Grundlagen der PPS. 4., überarbeitete Auflage, Springer-Verlag, Berlin, Heidelberg 2012, S. 11-27.

Schuh, G., Brandenburg, U., Cuber, S. (2012c): Aufgaben. In: Schuh, G., Stich, V. (Hrsg.): Produktionsplanung und -steuerung 1. Grundlagen der PPS. 4., überarbeitete Auflage, Springer-Verlag, Berlin, Heidelberg 2012, S. 29-80.

Schuh, G., Schenk, M., Quick, J. (2012d): Prozessarchitektur. In: Schuh, G., Stich, V. (Hrsg.): Produktionsplanung und -steuerung 1. Grundlagen der PPS. 4., überarbeitete Auflage, Springer-Verlag, Berlin, Heidelberg 2012, S. 82-108.

Schuh, G., Schmidt, C., Helmig, J. (2012e): Prozesse. In: Schuh, G., Stich, V. (Hrsg.): Produktionsplanung und -steuerung 1. Grundlagen der PPS. 4., überarbeitete Auflage, Springer-Verlag, Berlin, Heidelberg 2012, S. 109-194.

Schulte, C. (2009): Logistik – Wege zur Optimierung der Supply Chain. 5., überarbeitete und erweiterte Auflage, Verlag Franz Vahlen, München 2009.

Schulte-Zurhausen, M. (2010): Organisation. 5., überarbeitete und aktualisierte Auflage, Verlag Franz Vahlen, München 2010.

Schwaninger, M. (1994): Managementsysteme. Campus-Verlag, Frankfurt et al. 1994.

Schwaninger, M. (2004): Systemtheorie - Eine Einführung für Führungskräfte, Wirtschafts- und Sozialwissenschaftler. St. Gallen 2004.

Schwaninger, M. (2009): Intelligent organizations - Powerful models for systemic management. Springer-Verlag, Berlin et al. 2009.

Seiwert, L. (1979): Mitbestimmung und Zielsystem der Unternehmung, Verlag Vandenhoeck & Ruprecht, Göttingen 1979.

Shih, D.-H., Chiu, Y.-W., Chang, S., Yen, D. C. (2008): An Empirical Study of Factors Affecting RFID's Adoption in Taiwan. In: Journal of Global Information Management 16 (2008) 2, S. 58-80.

Shin, M., Mun, J., Jung, M. (2009): Self-evolution framework of manufacturing systems based on fractal organization. In: Computers & Industrial Engineering 56 (2009) 3, S. 1029-1039.

Shingo, S. (1992): Das Erfolgsgeheimnis der Toyota-Produktion: eine Studie über das Toyota-Produktionssystem - genannt die 'Schlanke Produktion'. Verlag Moderne Industrie, Landsberg am Lech 1992.

Simchi-Levi, D., Kaminsky, P., Simchi-Levi, E. (2003): Designing and Managing the Supply Chain – Concepts, Strategies and Case Studies. 2nd Edition, The McGraw-Hill Companies, New York 2003.

Simon, D. (1995): Fertigungsregelung durch zielgrößenorientierte Planung und logistisches Störungsmanagement. Dissertation Technische Universität München. Springer-Verlag, Berlin et al. 1995.

Spath, D., Barrho, T., Dill, C., Klinkel, S. (2001): Quo vadis, PPS?: Erfolgsfaktoren von Auftragssteuerungssystemen in dezentralen Strukturen im turbulenten Umfeld - Eine Studie. Stuttgart 2011.

Spearman, M., Woodruff, D., Hopp, W. (1990): CONWIP: A Pull Alternative to Kanban. In: International Journal of Production Research 28 (1990) 5, S. 879-894.

Sprung, L., Sprung, H. (1984): Grundlagen der Methodologie und Methodik der Psychologie. Eine Einführung in die Forschungs- und Diagnosemethodik für empirisch arbeitende Humanwissenschaftler. VEB Deutscher Verlag der Wissenschaften, Berlin 1984.

Spur, G. (2007): Kritik der logistischen Vernunft. In: ZWF Zeitschrift für wirtschaftlichen Fabrikbetrieb 102 (2007) 5, S. 254-259.

Stachowiak, H. (1973): Allgemeine Modelltheorie. Springer-Verlag, Berlin, Heidelberg 1973.

Stachowiak, H. (1992): Kybernetik. In: Seiffert, H., Radnitzky, G. (Hrsg.): Handlexikon zur Wissenschaftstheorie. München 1992, S. 182-186.

Staehle, W.H. (1980): Management: Eine verhaltenswissenschaftliche Einführung. Verlag Franz Vahlen, München 1980.

Stern (2012): Rekordbilanz 2011 - Deutschlands Exporte knacken Eine-Billion-Euro-Marke. URL: http://www.stern.de/wirtschaft/news/rekordbilanz-2011-deutschlands-exporte-knacken-eine-billion-euro-marke-1783746.html. Abruf am 11.02.2012.

Steven, M. (2005): Supply Chain Management für globale Wertschöpfungsprozesse. In: WiSt Wirtschaftswissenschaftliches Studium 34 (2005) 4, S. 195-200.

Stich, V., Kompa, S., Meier, C., Cuber, S. (2011): Produktion am Standort Deutschland - Faktoren für eine nachhaltige Wettbewerbssicherung. In: ZWF Zeitschrift für wirtschaftlichen Fabrikbetrieb 106 (2011) 10, S. 731-735.

Straube, F., Pfohl, H.-C., Günthner, W.A., Dangelmaier, W. (2005): Trends und Strategien in der Logistik. Ein Blick auf die Agenda des Logistik-Managements 2010. Deutscher Verkehrs-Verlag, Hamburg 2005.

Stratton, R., Warburton, R.D. H. (2003): The strategic integration of agile and lean supply. In: International Journal of Production Economics 85 (2003), S. 183–198.

Strina, G. (2007): Zur Messbarkeit nicht-quantitativer Größen im Rahmen unternehmenskybernetischer Prozesse. Habilitation RWTH Aachen. Aachen 2007.

Strobel, W. (1968): Betriebswirtschaftslehre und Wissenschaftstheorie. In: zfbf Zeitschrift für betriebswirtschaftliche Forschung 20 (1968), S. 129-145.

Sturrock, J. (1986): Structuralism. Paladin Grafton Books, London et al. 1986.

Sucky, E. (2004): Koordination in Supply Chains - Spieltheoretische Ansätze zur Ermittlung integrierter Bestell- und Produktionspolitiken. Dissertation Universität Frankfurt. Deutscher Universitäts-Verlag, Wiesbaden 2004.

Suda, H. (1989): Future Factory System Formulated in Japan. In: Techno Japan 22 (1989) 10, S. 15-25.

Suh, S.-H., Shin, S.-J., Yoon, J.-S., Um, J.-M. (2008): UbiDM: A new paradigm for product design and manufacturing via ubiquitous computing technology. In: International Journal of Computer Integrated Manufacturing 21 (2008) 5, S. 540-549.

Suhl, L., Voß, S. (2004): Quantitative Methoden. In: ERP und SCM. Books on Demand. Norderstedt 2004.

Suri, R. (2003): How to Plan and Implement POLCA - A Material Control System for High Variety or Custom-Engineered Products. University of Wisconsin 2003.

Swafford, P. M., Ghosh, S., Murthy, N. (2008): Achieving supply chain agility through IT integration and flexibility. In: International Journal of Production Economics 116 (2008) 2, S. 288-297.

Tang, D., Gu, W., Wang, L., Zheng, K. (2010): A neuroendocrine-inspired approach for adaptive manufacturing system control. In: International Journal of Production Research 49 (2011) 5, S. 1255-1268.

Teller, K.J. (1975): Die Allgemeine Systemtheorie als Basis für Richtlinien zur Gestaltung von Management-Informationssystemen. Dissertation RWTH Aachen. Aachen 1975.

ten Hompel, M., Follert, G. (2008): Internet der Dinge - Autonomie in einem serviceorientierten Materialfluss. In: Wissenschaft und Praxis im Dialog. Robuste und sichere Logistiksysteme. Hamburg 2008, S. 178-193.

ten Hompel, M., Heidenblut, V. (2007): Taschenlexikon Logistik: Abkürzungen, Definitionen und Erläuterungen der wichtigsten Begriffe aus Materialfluss und Logistik. Springer-Verlag, Berlin 2007.

Thiele, M. (1997): Kernkompetenzorientierte Unternehmensstrukturen - Ansätze zur Neugestaltung von Geschäftsbereichsorganisationen. Dissertation Universität Leipzig. Deutscher Universitäts-Verlag, Wiesbaden 1997.

Thiem, I. (1998): Ein Strukturmodell des Fertigungsmanagements. Dissertation Universität Bochum. Shaker-Verlag, Aachen 1998.

Thinnes, J. (2003): SCM-Softwaresysteme – Status quo und Anwendungsperspektiven. In: Supply Chain Management (2003) 1, S. 61-63.

Thome, R. (1977): Produktionskybernetik: Informationsfluß zur Steuerung und Regelung von Produktionsprozessen. Schmidt-Verlag, Berlin 1977.

Töpfer, A. (2007): Betriebswirtschaftslehre: anwendungs- und prozessorientierte Grundlagen. 2. Auflage, Springer-Verlag, Berlin et al. 2007.

Tröster, F. (2005): Steuerungs- und Regelungstechnik für Ingenieure. 2. Auflage, Oldenbourg-Wissenschaftsverlag, München 2005.

Turgay, S., Kubat, C., Taskin, H. (2007): Modelling and simulation of MRP II activities in multi agent systems. In: Production Planning & Control 18 (2007) 1, S. 25-34.

Ueda, K., Okhura, K.A. (1995): A Biological Approach to Complexity in Manufacturing Systems. In: Proceedings of the 27th CIRP International Seminar on Manufacturing Systems, Design, Control and Analysis of Manufacturing Systems. 1995, S. 69-78.

Ulrich, P. (2001): Gesammelte Schriften. Management - Aufsätze 1981-1998. Haupt-Vertag, Bern 2001.

Ulrich, P., Hill, W. (1976a): Wissenschaftstheoretische Grundlagen der Betriebswirtschaftslehre (Teil I). In: Zeitschrift für Ausbildung und Hochschulkontakt (1976) 7, S. 304-309.

Ulrich, P., Hill, W. (1976b): Wissenschaftstheoretische Grundlagen der Betriebswirtschaftslehre (Teil II). In: Zeitschrift für Ausbildung und Hochschulkontakt, (1976) 8, S. 345-350.

Unbehauen, H. (2008): Regelungstechnik I. Klassische Verfahren zur Analyse und Synthese linearer kontinuierlicher Regelsysteme, Fuzzy-Regelsysteme. 15., überarbeitete und erweiterte Auflage. Verlag Vieweg+Teubner, Wiesbaden 2008.

Vahrenkamp, R. (2008): Produktionsmanagement. 6., überarbeitete Auflage, Oldenbourg-Verlag, München, Wien 2008.

VDI (2000): VDI Richtlinie 3633: Simulation von Logistik-, Materialfluss- und Produktionssystemen. Grundlagen, Blatt 1. In: VDI-Handbuch Materialfluss und Fördertechnik, Band 8, Düsseldorf 2000.

VDMA (2011): Maschinenbau in Zahl und Bild. Verband Deutscher Maschinen- und Anlagenbau (VDMA) e. V., Frankfurt 2011.

Vogel-Heuser, B., Bayrak, G., Frank, U. (2011): Agenda CPS - Szenario smart factory? In: Vogel-Heuser, B. (Hrsg.): Erhöhte Verfügbarkeit und transparente Produktion. kassel university press GmbH, Kassel 2011, S. 6-21.

Voigt, K.-I., Saatmann, M., Schorr, S. (2006): Einsatzfelder und Grenzen der Selbststeuerung in flexiblen Logistiksystemen. In: Pfohl, H.-C., Wimmer, T. (Hrsg.): Wissenschaft und Praxis im Dialog. Steuerung von Logistiksystemen auf dem Weg zur Selbststeuerung. Deutscher Verkehrs-Verlag, Hamburg 2006, S. 96-115.

von Foerster, H., Rebitzer, B. (1974): Cybernetics of Cybernetics for the Control of Control and the Communication of Communication. University of Illinois, Illinois 1974.

Wall, F. (2001): Ursache-Wirkungsbeziehungen als ein zentraler Bestandteil der Balanced Scorecard. In: Controlling 2/2001, S. 65-74.

Wannenwetsch, H. (2004): Integrierte Materialwirtschaft und Logistik: Beschaffung, Logistik, Materialwirtschaft und Produktion. 2., überarbeitete Auflage, Springer-Verlag, Berlin et al. 2004.

Wannenwetsch, H., Nicolai, S. (2004): E-Supply-Chain-Management: Grundlagen, Strategien, Praxisanwendungen. Gabler-Verlag, Wiesbaden 2004.

Warnecke, H.-J. (1996): Die Fraktale Fabrik. Revolution der Unternehmenskultur. Rowohlt Taschenbuch-Verlag, Reinbeck bei Hamburg 1996.

Weidemann, M. (2005): Auswahl von Gestaltungsmöglichkeiten logistischer Schnittstellen in Produktionsnetzwerken mittelgroßer Stückgutfertiger unter besonderer Berücksichtigung der Zulieferindustrie. Dissertation RWTH Aachen. Shaker-Verlag, Aachen 2005.

Weinbrecht, J. (1993): Verfahren zur zielorientierten Reaktion auf Planabweichungen in der Werkstattregelung. Dissertation Technische Hochschule Karlsruhe. Ernst-Grasser-Verlag, Karlsruhe 1993.

Weiser, M. (1991): The computer for the 21st Century. In: Scientific American 265 (1991) 3, S. 94-110.

Wermers, H. (2000): Interventionen zur Steigerung der Datenqualität in Standard-PPS-Systemen. Dissertation RWTH Aachen. Shaker-Verlag, Aachen 2000.

Westkämper, E., Zahn, E. (2009): Wandlungsfähige Produktionssysteme - Das Stuttgarter Unternehmensmodell. Springer-Verlag, Berlin 2009.

Wiendahl, H.-H. (2002): Situative Konfiguration des Auftragsmanagements im turbulenten Umfeld. Dissertation Universität Stuttgart. Jost-Jetter-Verlag, Heimsheim 2002.

Wiendahl, H.-H. (2005): Planungs- und Steuerungslösungen nachhaltig betreiben - bei einem programmgesteuerten Investitionsgüterhersteller. In: Formkurve PPS. Planungs- und Steuerungslösungen nachhaltig einführen und betreiben. Tagungsband Stuttgarter PPS-Seminar F119. Fraunhofer Institut für Produktionstechnik und Automatisierung, Stuttgart 2005.

Wiendahl, H.-H. (2006): Auftragsmanagement im turbulenten Umfeld, In: wt Werkstattstechnik online 96 (2006) 4, S.183-189.

Wiendahl, H.-H. (2008): Stolpersteine der PPS – ein soziotechnischer Ansatz für das industrielle Auftragsmanagement. In: Nyhuis, P. (Hrsg.): Beiträge zu einer Theorie der Logistik. Springer-Verlag, Berlin et al. 2008, S. 275-304.

Wiendahl, H.-H. (2009): Adaptive Production Planning and Control - Elements and Enablers of Changeability. In: ElMaraghy, H. A. (Hrsg.): Changeable and Reconfigurable Manufacturing Systems. Springer-Verlag, London 2009, S. 197-212.

Wiendahl, H.-H. (2012): Auftragsmanagement der industriellen Produktion: Grundlagen, Konfiguration, Einführung. Springer-Verlag, Heidelberg et al. 2012.

Wiendahl, H.-H., Behringer, S. (2006): Stolpersteine der Lieferterminermittlung und -erfüllung. In: Schuh, G., Westkämper, E. (Hrsg.): Liefertreue im Maschinen- und Anlagenbau. Stand - Potenziale - Trends. Aachen, Stuttgart, S. 19-32.

Wiendahl, H.-H., Meyer, M. (2006): Methodische Grundlagen. In: Schuh, G., Westkämper, E. (Hrsg.): Liefertreue im Maschinen- und Anlagenbau. Stand - Potenziale - Trends. Aachen, Stuttgart, S. 11-18.

Wiendahl, H.-P. (1987): Belastungsorientierte Fertigungssteuerung. Carl-Hanser-Verlag, München et al. 1987.

Wiendahl, H.-P. (1997): Fertigungsregelung - logistische Beherrschung von Fertigungsabläufen auf Basis des Trichtermodells. Carl-Hanser-Verlag, München et al. 1997.

Wiendahl, H.-P. (2010): Betriebsorganisation für Ingenieure. 7., aktualisierte Auflage. Carl-Hanser-Verlag, München 2010.

Wiendahl, H.-P., Hernández, R. (2006): The Transformable Factory - Strategies, Methods and Examples. In: Dashchenko, A. I. (Hrsg.): Reconfigurable manufacturing systems and transformable factories. Springer-Verlag, Berlin et al. 2006, S. 383-394.

Wiendahl, H.-P., Pritschow, G., Milberg, J. (1993a): Produktionsregelung - interdisziplinäre Zusammenarbeit führt zu neuen Ansätzen. Teil 1: Ebenenkonzept als Basis einer kaskadierenden Produktionsregelung. In: ZWF Zeitschrift für wirtschaftlichen Fabrikbetrieb 88 (1993) 6, S. 265-268.

Wiendahl, H.-P., Pritschow, G., Milberg, J. (1993b): Produktionsregelung - interdisziplinäre Zusammenarbeit führt zu neuen Ansätzen. Teil 2: Modellierung auf Basis kontinuierlicher Regelungstheorie und der Fuzzy-Logic. In: ZWF Zeitschrift für wirtschaftlichen Fabrikbetrieb 88 (1993) 7-8, S. 352-354.

Wiendahl, H.-P., Nyhuis, P., Fischer, A., Grabe, D. (2006): Controlling in Lieferketten. In: Schuh (Hrsg.): Produktionsplanung und -steuerung. Grundlagen, Gestaltung und Konzepte. 3., völlig neu bearbeitete Auflage, Springer Verlag, Berlin, Heidelberg 2006, S. 467-510.

Wiendahl, H.P., ElMaraghy, H. A., Nyhuis, P., Zäh, M. F., Wiendahl, H.H., Duffie, N., Kolakowski, M. (2007): Changeable Manufacturing: Classification, Design and Operations. In: Annals of the CIRP International Conference on Reconfigurable Manufacturing. Manufacturing Technology 56 (2007) 2, S. 783-809.

Wiener, N. (1961): Cybernetics or Control and Communication in the Animal and the Machine. 2. Auflage. Boston 1961.

Wight, O. (1984): Production and inventory management in the computer age. Van Nostrand Reinhold, New York 1984.

Wildemann, H. (2004): Der Wertbeitrag der Produktion. In: Zeitschrift für Betriebswirtschaft 74 (2004) 4, S. 385-404.

Wildemann, H. (2008): Entwicklungslinien der Logistik. In: Nyhuis, P. (Hrsg.): Beiträge zu einer Theorie der Logistik. Springer-Verlag, Berlin et al. 2008, S. 19-41.

Windt, K. (2006): Selbststeuerung intelligenter Objekte in der Logistik. In: Vec, M., Hütt, M., Freund, A. (Hrsg.): Selbstorganisation: Ein Denksystem für Natur und Gesellschaft. Böhlau-Verlag, Köln 2006, S. 271-314.

Windt, K. (2008): Ermittlung des angemessenen Selbststeuerungsgrades in der Logistik. In: Nyhuis, P. (Hrsg.): Beiträge zu einer Theorie der Logistik. Springer-Verlag, Berlin et al. 2008, S. 349-372.

Windt, K., Jeken, O., Becker, T. (2010): Selbststeuerung in der Produktion - Verbesserte Logistikleistung durch Ausschöpfung von Flexibilitätspotenzialen in Fertigung und Montage. In: ZWF Zeitschrift für wirtschaftlichen Fabrikbetrieb 105 (2010) 5, S. 439-443.

Wöhe, G. (2010): Einführung in die Allgemeine Betriebswirtschaftslehre. 24., überarbeitete und aktualisierte Auflage. Verlag Franz Vahlen, München 2010.

Wörn, H., Brinkschulte, U. (2005): Echtzeitsysteme. Springer-Verlag, Berlin, Heidelberg 2005.

Womack, J. P., Jones, D. T. (1996): Lean thinking. Simon und Schuster Verlag, New York 1996.

Wong, C. Y. (2001): Integration of Auto-ID Tagging System with Holonic Manufacturing Systems. White Paper, Auto-ID Center, University of Cambridge 2001.

Wyssusek, B. (1999): Grundlagen der Systemanalyse. In: Krallmann, H., Frank, H., Gronau, N. (Hrsg.): Systemanalyse in Unternehmen. Partizipative Vorgehensmodelle, objekt- und prozessorientierte Analysen flexibler Organisationsarchitekturen. 3. Auflage, Oldenbourg-Verlag, München 1999.

Xiao, Y., Yu, S., Ni, Q., Janecek, C., Nordstad, J. (2006): Radio Frequency Identification: Technologies, Applications, and Research Issues. Wireless Communications And Mobile Computing 7 (2006) 4, S. 457--472.

Yu, K.-W. (2001): Terminkennlinie: Eine Beschreibungsmethodik für die Terminabweichung im Produktionsbereich. Dissertation Universität Hannover. VDI-Verlag, Düsseldorf 2001.

Zacher, S., Reuter, M. (2011): Regelungstechnik für Ingenieure - Analyse, Simulation und Entwurf von Regelkreisen. 13., überarbeitete und erweiterte Auflage, Verlag Vieweg+Teubner, Wiesbaden 2011.

Zäh, M. F. (2005): A Holistic Framework for Enhancing the Changeability of Production Systems. In: 1st Conference on Changeable, Agile and Virtual Production (CARV), München 2000.

Zäpfel, G. (2000): Strategisches Produktions-Management. 2., unwesentlich veränderte Auflage, Oldenbourg-Verlag, München, Wien 2000.

Zahn, E., Schmid, U. (1996): Produktionswirtschaft Band 1. Grundlagen und operatives Produktionsmanagement. Lucius&Lucius-Verlag, Stuttgart 1996.

Zahn, E., Dillerup, R., Foschiani, S. (1997): Ansätze zu einem ganzheitlichen Produktionsmanagement. In: Seghezzi, H. D. (Hrsg.): Ganzheitliche Unternehmensführung. Schäffer-Poeschel-Verlag, Stuttgart 1997, S. 129-166.

Zangemeister, C. (1976): Nutzwertanalyse in der Systemtechnik - Eine Methodik zur multidimensionalen Bewertung und Auswahl von Projektalternativen. 4. Auflage, Wittermann-Verlag, München 1976.

Zetlmayer, H. (1994): Verfahren zur simulationsgestützten Produktionsregelung. Dissertation Technische Universität München. Springer-Verlag, Berlin 1994.

Zhang, Y., Huang, G. Q., Qu, T., Ho, O. (2010): Agent-based workflow management for RFID-enabled real-time reconfigurable manufacturing. In: International Journal of Computer Integrated Manufacturing 23 (2010) 2, S. 101-112.

Zhang, Y., Qu, T., Ho, O., Huang, G. Q. (2011): Real-time work-in-progress management for smart object-enabled ubiquitous shop-floor environment. In: International Journal of Computer Integrated Manufacturing 24 (2011) 5, S. 431-445.

Zhao, F., Hong, Y., Yu, D., Yang, Y., Zhang, Q. (2010): A hybrid particle swarm optimisation algorithm and fuzzy logic for process planning and production scheduling integration in holonic manufacturing systems. In: International Journal of Computer Integrated Manufacturing 23 (2010) 1, S. 20-39.

Zhou, W. (2009): RFID and item-level information visibility. In: European Journal of Operational Research 198 (2009) 1, S. 252-258.

Zöbel, D. (2008): Echtzeitsysteme. Springer-Verlag, Berlin, Heidelberg 2008.

Zühlke, O., Schneider, G. (1994): Der Mensch - Das dritte Rad an der Maschine. In: Elektronik (1994) 19, S. 58-64.

Zülch, G., Stock, P. (2007): Selbstorganisierende Fertigungssteuerung auf Basis der Ant-Colony-Systeme. In: Industrie Management 23 (2007) 5, S. 67-70.

Anhang

A Ergänzungen zum MRPII-Konzept

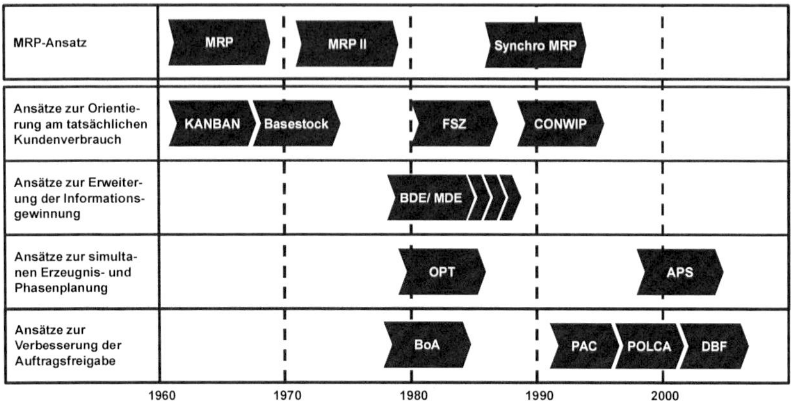

APS	Advanced Planning and Scheduling	MDE	Maschinendatenerfassung
BDE	Betriebsdatenerfassung	MRP	Material Requirements Planning
BoA	Belastungsorientierte Auftragsfreigabe	MRP II	Manufacturing Resource Planning
CONWIP	Constant-Work-in-Process	OPT	Optimised Production Technology
DBF	Dezentrale bestandsorientierte Fertigungsregelung	POLCA	Paired-cell overlapping Loops of Cards with Authorisation
FSZ	Fortschrittszahlenkonzept	PAC	Production Authorisation Cards

[in Anlehnung an MEYER 2006, S. 22]

Abbildung Anhang A 1: Ergänzungen zum MRPII-Konzept

Die verschiedenen Methoden und Hilfsmittel zur Umsetzung eines vom Kunden ausgehenden Informationsflusses werden in der Literatur unter dem Begriff der **Kanban-Steuerung** zusammengefasst (vgl. JONES U. WOMACK 2003). Der Kanban-Ansatz stammt aus Japan und wurde bereits in den 1950er Jahren vom Automobilhersteller Toyota eingeführt. Bei diesem Ansatz werden der jeweils vorgelagerten Stufe in der Wertschöpfungskette die Bedarfe durch Karten (Kanbans) mit dem Ziel signalisiert, durch eine kontinuierliche Prozessverbesserung neben einer Reduzierung der Bestände in der Folge deren Annäherung an eine Mindestbestandsmenge zu erreichen (vgl. CHRISTOPHER 1998, S. 186). Bei der Erweiterung zur elektronischen Kanban (eKanban) werden die Bedarfsübermittlung und damit die Auftragsauslösung bei der vorgelagerten Stufe softwarebasiert umgesetzt, wodurch das Konzept auch zur Koordination überbetrieblicher Supply Chains und somit zur Einbindung von Kunden und Lieferanten eingesetzt werden kann.

Werden nicht nur die unmittelbar, sondern sämtliche vorgelagerten Stationen über den aktuellen Verbrauch informiert, ist von einer sog. **Basestock-Steuerung** die Rede (vgl. CLARK U. SCARF 1960, S. 475ff.; KIMBALL 1988, S. 119ff.). Dabei liegt der Vorteil dieses Steuerungsansatzes insb. in der Synchronisierung und Stabilisierung mehrerer hintereinander gelagerter Fertigungszellen.

Eine Kombination von zentraler Produktionsplanung und -steuerung mit der dezentralen Kanban-Steuerung beschreibt das Verfahren **Synchro MRP** (vgl. HALL 1986). Vom japanischen Unternehmen Yamaha mit der Intention entwickelt, die Vorteile der Kanban-Steuerung auf eine Fertigungsumgebung zu übertragen, welche von häufigen Produktwechseln und Produktänderungen sowie von einer hohen Variantenvielfalt geprägt ist, funktioniert das Verfahren wie ein Zwei-Karten- Kanban. Je Arbeitssystem darf eine Variante nur dann nachgefertigt werden, wenn der geplante Abgang für die Variante noch nicht erreicht ist, wobei der Plan-Abgang je Variante in Tagesproduktionsprogrammen vorgegeben wird.

Ebenso wie das Kanban-Verfahren stammt das **Fortschrittszahlenkonzept** (FSZ) aus der Automobilindustrie und ist ein einfach umzusetzendes Verfahren für die Steuerung von unternehmensübergreifenden Lieferketten. Die lang- und mittelfristige Mengenplanung entspricht dem MRPII-Konzept, im Rahmen der kurzfristigen Mengenplanung werden für definierte Kontrollblöcke teilespezifisch aufsummierte Mengengrößen (Soll-Fortschrittszahlen) zentral vorgegeben und die kontinuierlich ermittelte Differenz zwischen Soll- und Ist-Fortschrittszahlen dient anschließend als Kennzahl für die Disposition und Auftragsfreigabe (vgl. HEINEMEYER 1992, S. 161ff.). Beim Vergleich von Soll- und Ist-Fortschrittszahlen werden Rückstände und Vorläufe sichtbar, sodass korrigierend eingegriffen werden kann. Als Voraussetzung für die Anwendung des FSZ müssen die Durchlaufzeiten für das Kapazitätsmanagement, insb. die Arbeitsgangübergangszeiten, korrekt angegeben werden (vgl. SCHÖNSLEBEN 2011, S. 232).

Beim **Constant-Work-in-Process-Verfahren** (CONWIP) wird der Auftrag analog der Kanban-Steuerung nach dem Pull-Prinzip durch eine Entnahme aus dem Fertigteilelager ausgelöst. Anschließend wird mit einer Glättung der im System befindlichen Aufträge eine konstante Verteilung dieser auf die unterschiedlichen Arbeitsstationen angestrebt (konstante Arbeitslast im System). Die weitere Auftragssteuerung erfolgt dann nach der Einreihung des Auftrags in die Auftragswarteschlange am Beginn der Produktionslinie nach dem Push-Prinzip (vgl. SPEARMAN ET AL. 1990, S. 879ff.; GSTETTNER U. KUHN 1996, S. 3253ff.).

Seit den 1980er Jahren werden bereits mittels **Betriebs-** (BDE) **und Maschinendatenerfassung** (MDE) Istwerte wie Bearbeitungszeiten und -mengen auf Fertigungsebene erfasst, in die jeweiligen planenden Systeme zurückgeführt und dort mit den festgelegten Sollwerten verglichen (vgl. FLEISCH ET AL. 2008, S. 455), wobei zur Datenerfassung dabei unterschiedliche Lösungen existieren. Strichcodierungen wie Barcodes können einfach und kostengünstig aufgedruckt und anschließend mit Hilfe von Scannern in das Planungs- und Steuerungssystem eingelesen werden. Den Nachteil der Notwendigkeit des optischen Kontakts zwischen Barcode und Scanner überwindet das RFID-Konzept (vgl. Kapitel 3.2), indem durch eine Informationsübermittlung mittels elektromagnetischer Wellen eine entsprechende Nähe zur Lesestation ausreicht (vgl. KURBEL U. ENDRES 2005, S. 304f.).

Während beim MRPII-Konzept die Kapazitätsauslastung vorrangiges Ziel ist, werden beim **Optimised-Production-Technology-Verfahren** (OPT) die Ziele „kurze Durchlaufzeiten" und eine „hohe Kapazitätsauslastung" gleichermaßen verfolgt (vgl. KURBEL U. ENDRES 2005, S. 158). Ausgangspunkt des auf ELIYAHU GOLDRATT's Theory of Constraints (vgl. GOLDRATT 1984) zurückgehenden OPT-Ansatzes ist die Identifikation der fertigungsbezogenen Engpasskapazitäten und die konsequente Ausrichtung der Fertigung an diesen, was sowohl die Priorisierung von Aufträgen als auch die Anpassung von Losgrößen beinhaltet. Zur Identifikation der jeweiligen Engpässe muss der Produktionsprozess inkl. sämtlicher Kapazitätsinformationen und Bearbeitungszeitangaben im Detail bekannt sein. Aus diesem Grund eignet sich der OPT-Ansatz vorrangig für stabile Serien- und Massenproduktionen mit festen Produktionsrhythmen (vgl. SCHÖNSLEBEN 2011, S. 557), wohingegen ein Einsatz innerhalb der Auftragsfertigung aufgrund der mangelnden Adaptionsfähigkeit bei sich verändernden Engpässen nicht zielführend ist (vgl. KURBEL U. ENDRES 2005, S. 158; ARNOLD ET AL. 2008).

Das Verfahren der **Belastungsorientierten Auftragsfreigabe** (BoA) wird vorrangig in der nach dem Werkstattprinzip organisierten Einzel- und Kleinserienfertigung eingesetzt, für welche große Streuungen bei der Anzahl der Arbeitsgänge sowie den Auftragszeiten typisch sind. Grundvoraussetzung für die Anwendung der BoA ist eine vorherige Unterteilung der abzuarbeitenden Aufträge im Rahmen einer konventionellen Durchlaufterminierung in dringliche und nicht dringliche Aufträge. Anschließend erfolgt anhand spezifischer Belastungsschranken der einzelnen Fertigungseinheiten die Freigabeprüfung für die dringlichen Aufträge (vgl. WIENDAHL, H.-P. 1987, S. 212).

Einen generischen Ansatz für die Fertigungssteuerung beschreiben BUZACOTT U. SHANTIKUMAR (vgl. 1992) mit der Methode der **Production Authorisation Cards** (PAC). Ähnlich der Fortschrittszahlensteuerung kann PAC durch das Setzen von Parametern verschiedene Verfahren der Fertigungsauftragserzeugung abbilden. Je nach Ausgestaltung des Verfahrens können die entsprechenden Ausführungen anschließend auf verwandte Steuerungsverfahren wie Kanban oder Basestock übertragen werden.

Wie bei der BoA ist auch bei der dezentralen POLCA-Steuerung (**Paired-cell overlapping Loops of Cards with Authorisation**) zunächst ein zentraler Durchlauf der MRPII-Planungslogik Grundvoraussetzung (vgl. SURI 2003, S. 5ff.). Für jede denkbare Paarung von Fertigungszellen ist jeweils eine bestimmte Anzahl von Karten, ähnlich den Kanban-Karten, im Umlauf. Die Anzahl der Karten ist die wichtigste Steuerungsgröße dieses Verfahrens und bedingt in der Folge die Auftragsfreigabe.

Im Rahmen der Methodik der **Dezentralen bestandsorientierten Fertigungssteuerung** (DBF) wird durch Marktinformationen und Kundenaufträge eine Liste dringlicher Aufträge generiert, welche anschließend über dezentrale Bestandsregelkreise zur Fertigung freigegeben werden (vgl. LÖDDING 2001; LÖDDING 2008, S. 423ff.). Dabei erfolgt die Freigabe eines Auftrags für ein spezifisches Arbeitssystem durch das nachfolgende Arbeitssystem, welches auf der Basis des eigenen Bestands die Entscheidung trifft.

B Weiterführende Ansätze zur Anwendung kybernetischer Methoden in (produzierenden) Unternehmen

Einen **allgemeinen Leitfaden zur lebensfähigen Gestaltung** im Hinblick auf die Verbesserung der Anwendbarkeit des VSM für Organisationen erarbeitet HEROLD im Rahmen ihrer Dissertation (vgl. 1991). Dazu erweitert die Autorin die Bildungs- und Beurteilungskriterien BEERS um die Aspekte der strategischen Geschäftsfelder und ordnet ihrem Anwendungsleitfaden in elf Schritten verschiedene Werkzeuge zur Umsetzung zu, wobei der Fokus auf der Veränderung und Restrukturierung der ersten zwei Rekursionsebenen eines Unternehmens liegt. Eine Evaluation des Leitfadens in der Praxis wurde dagegen nicht dokumentiert.

DÖRING entwickelt in seiner Dissertation ein **Gestaltungsmodell für das Netzwerkmanagement von Airlines aus kybernetischer Sicht** (vgl. 1999). Dazu bedient er sich der Systeme des VSM zur Beschreibung und Gestaltung eines auf den Anwendungsfall spezialisierten Systems. Die operativen Basiseinheiten der Systeme 1 bilden dabei die Bereiche Pricing, Yield-Management, Scheduling, Fleed-Assignment und Vertrieb/ Produktion. Verifiziert wird die Gültigkeit des Modells anschließend in Form von Workshops mit vier Fluglinien (Lufthansa Cargo, United Airlines, American Airlines und Swiss Cargo) sowie allgemein mit der Star Alliance.

Auf Basis des VSM konzipiert HAATS einen **Ansatz für den Aufbau eines schlanken, rechengestützten Systems zur PPS** (vgl. 2000). Dabei leitet er aus dem Gesamtkonzept eines schlanken PPS-Modells Teilkonzepte ab, konkretisiert diese und fasst sie anschließend zu einem Anforderungskatalog von Minimalforderungen an informationelle Prozesse zusammen. Der Autor weist nach, dass sich die Kommunikationssysteme insgesamt deutlich in ihrer funktionalen Komplexität reduzieren lassen, trotz steigender Anforderungen an die Kommunikationsunterstützung und einen integrierten Datenzugriff bedingt durch eine zunehmende Dezentralisierung. Abschließend wird die Realisierung des Konzepts im Rahmen eines Praxisbeispiels dargestellt und dessen Wirksamkeit nachgewiesen.

Im Rahmen seiner Untersuchungen zum **Management komplexer Systeme** erarbeitet MALIK unter der These, dass Komplexitätsbewältigung das zentrale Problem für das Management von Unternehmen darstellt, ein Konzept zu eben dieser Komplexitätsbewältigung im Unternehmensmanagement (vgl. 2006). Dabei stehen die strategischen Probleme von mit ihrer Umwelt interagierenden Unternehmen im Betrachtungsfokus und es werden zu deren Komplexitätsbewältigung zwei wesentliche Instrumente eingeführt, die organisationale Systemstruktur und die sich daraus ergebende Systemmethodik, sprich das Lenkungsverhalten. Die strukturellen Grundvoraussetzungen zur Komplexitätsbewältigung werden in diesem Zusammenhang durch die Integration zweier wichtiger Ordnungsformen erreicht, der Kombination von sog. taxischen und spontanen Ordnungsformen (vgl. MALIK 2006, S. 173ff.). Unter einer taxischen Ordnung wird dabei eine von außen vorgegebene bewusst herbeigeführte Ordnung verstanden, welche im Sinne ASHBY'S varietätsdämpfend wirken kann. Somit wird durch die spezifische Vorgabe von Strukturen und der Einschränkung möglicher Verhaltensweisen sichergestellt, dass die maximal resultierbare Komplexität die Komplexität der planenden und lenkenden Instanz nicht übersteigen kann. Der taxischen Ordnung steht die spontane Ordnung gegenüber, welche aus dem System selbst heraus entsteht und zu jedem beliebigen Komplexitätsgrad führen kann (vgl. MALIK 2006, S. 210ff.). Das Verhalten der operativen Lenkungseinheiten leitet MALIK aus der Integration von evolutionärer (alle sozialen Institutionen sind das Resultat von Wachstums- und Entwicklungsprozessen) und konstruktivistischer (alle sozialen Institutionen sind zweckorientiert konstruiert sowie bewusst geplant und gestaltet) Konzeption ab (vgl. MALIK 2006, S. 253ff.). Zusammenfassend entsteht somit durch die Integration von taxischen und spontanen Ordnungsformen und der Kombination von evolutionären und konstruktivistischen Lenkungsansätzen ein Komplexitätsbeherrschungskonzept, welches variabel gestaltet ist und somit die Vorteile der verschiedenen Methoden und Sichtweisen nutzt, ohne dabei deren Schwächen zu besitzen.

HERRMANN ET AL. übertragen in ihrem Beitrag zum **Produktionsmanagement in Netzwerken kleiner und mittlerer Unternehmen** den Gedanken des VSM auf Unternehmensnetzwerke (vgl. 2008). Dabei bilden die Systeme 1 die Managementeinheiten der jeweiligen Netzwerkpartner, synchronisiert vom System 2 und koordiniert vom ausführenden Netzwerkmanagement (System 3). Dem übergeordnet wirken das strategische (System 4) und das normative Netzwerkmanagement (System 5). Dem Rekursivitätsgedanken des VSM Rechnung tragend, bildet das Netzwerk selbst die oberste Rekursionsebene, gefolgt von den einzelnen Produktionsunternehmen auf Ebene 2 und einzelnen Produktionseinheiten der Unternehmen auf Ebene 3. Auf Basis der übertragenen Struktur identifizieren die Autoren anschließend verschiedene Informationsaustauschmechanismen und messen diesen eine entscheidende Rolle für ein erfolgreiches Netzwerkmanagement zu. Anschließend entwickeln HERRMANN ET AL. einen Ansatz zur Überprüfung des aktuellen Kooperationsgrades sowie zur Ableitung zukünftiger Handlungsfelder im Sinne des Netzwerkmanagements und wenden diesen am Beispiel der unternehmensübergreifenden Kapazitätsabstimmung an. Konkret eingesetzt wird der Ansatz laut den Autoren innerhalb der Kooperationsinitiative Maschinenbau der Technischen Universität Braunschweig.

Ein **Rahmenkonzept zum effizienten Umgang mit organisationaler Komplexität** entwickelt SCHWANINGER in seinem Werk zu Modellen für das Systemmanagement (vgl. 2009). Ergebnis der Untersuchung ist ein Leitfaden zur Gestaltung und Entwicklung intelligenter Organisationen, welche durch die Integration verschiedener Modelle aus den Bereichen der System-Dynamics und Organisational Cybernetics entstehen. Das integrative und multidimensionale Rahmenkonzept basiert dabei auf den fünf Dimensionen Aktivitäten, Struktur, Verhalten, fundamentale Parameter und Zeit, deren Interdependenzen der Autor untersucht und darstellt (vgl. SCHWANINGER 2009, S. 35ff.). Für die drei Dimensionen Aktivitäten, Struktur und Verhalten werden konkrete Managementmodelle eingeführt, die die jeweilige Dimension bestmöglich im Sinne einer intelligenten Organisation abbilden, wobei das VSM in diesem Zusammenhang das Rahmenkonzept für die Struktur der Organisation darstellt (vgl. SCHWANINGER 2009, S. 83ff.). Für eine effektive und umfassende Lenkung der organisationalen Aktivitäten wird das sog. Model of Systemic Control (MSC) eingeführt, welches auf den Einsatz vor- und rückgekoppelter Regelkreise zurückgreift (vgl. SCHWANINGER 2009, S. 48ff.). Die Dimension des Verhaltens innerhalb der Organisation wird über das von BEER entwickelte Team-Syntegrity-Model (TSM) abgebildet, welches einen strukturellen Rahmen zur Verbesserung der Kohärenz, Synergie und des Wissensaufbaus innerhalb großer Gruppen darstellt. Ebenso wie die Struktur einer Organisation müssen auch deren Identität und Normen dem Prinzip der Rekursivität unterliegen, d. h. allen Mitgliedern der Organisation in verständlicher Weise vorliegen (vgl. SCHWANINGER 2009, S. 133ff.). Über die Zeit muss die Organisation ein gewisses Maß an Kontinuität aufweisen, ohne dabei den Raum für innovationsfördernde Schwankungen zu sehr einzuengen (vgl. SCHWANINGER 2009, S. 166ff.). Die Anwendbarkeit und Relevanz des entwickelten Rahmenkonzepts in der Praxis stellt der Autor abschließend anhand von vier Fallbeispielen unter Beweis.

C Aufgabensicht des Managementmodells Wandlungsfähiger Produktionssysteme

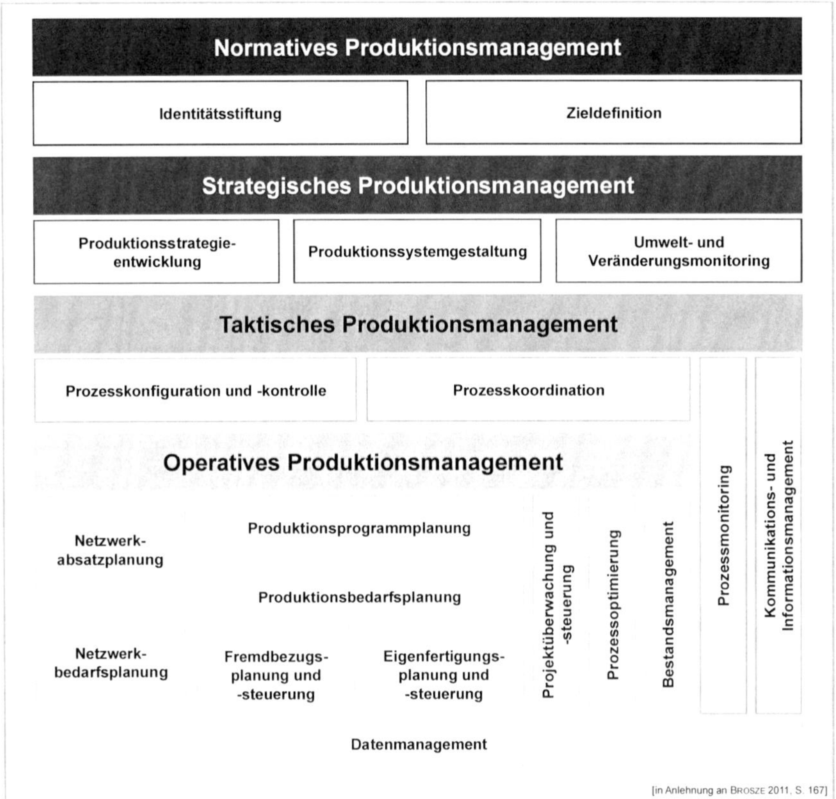

[in Anlehnung an BROSZE 2011, S. 167]

Abbildung Anhang C 1: Aufgabensicht des Managementmodells Wandlungsfähiger Produktionssysteme

Identitätsstiftung

Im Sinne der Identitätsstiftung, als normative Aufgabe des Produktionsmanagements (PM), sind in diesem Zusammenhang nur diejenigen Dimensionen zu betrachten, welche durch das PM direkt zu gestalten sind (vgl. BROSZE 2011, S. 161f.). Dies zielt insbesondere auf Entscheidungsdimensionen, welche außer vom normativen Management selbst nicht zu hinterfragen sind und damit Leitplanken für Prioritäten und Verhaltensweisen aller untergeordneten Systeme darstellen wie z. B. die Positionierung des Produktionssystems innerhalb bestehender Spannungsfelder bzw. die Abschaffung dieser Spannungsfelder (vgl. SCHUH ET AL. 2007b). Ebenfalls als normative Entscheidungsfunktion ist die grundsätzliche Positionierung als agiles, leagiles, responsives, schlankes oder einseitig kosteneffizientes Produktionssystem in Netzwerken zu sehen (vgl. CHRISTOPHER U. TOWILL 2001; GOLDSBY ET AL. 2006; MEYER 2010). In diesem Zusammenhang hat das normative PM die Aufgabe, den aktuellen Zustand des Produktionssystems zu reflektieren und eine Entscheidung zum Zweck und der identitätsstiftenden Ausrichtung des Produktionssystems zu treffen, wozu insbesondere Werte wie der Grad der Ausrichtung auf individuelle Kundenwünsche, der Umgang mit Veränderung, Lernbereitschaft, Innovationsverhalten usw. gehören.

Zieldefinition

Weitere Aufgabe des normativen PM ist die Interpretation der grundlegenden Entscheidungen zum Zweck und der Identität der Produktionstätigkeiten und die Ableitung eines sog. Vorzugszustandes auf Basis von Erfahrungswerten und unter Berücksichtigung der Rahmenbedingungen (vgl. BROSZE 2011, S. 162). Der Vorzugszustand dient dabei als Bewertungsmaßstab für sämtliche Informationen, welche das normative PM erreichen, und verbindet in diesem Zusammenhang „verschiedene Aspekte ethischer, moralischer, wirtschaftlicher, sozialer und technischer Natur" (THIEM 1998, S. 125; MALIK 2006, S. 152). Das daraus abgeleitete Zielsystem des Produktionssystems beinhaltet neben den logistischen Zielen und dem operativ resultierenden Return-On-Capital-Employed (ROCE) auch die befähigenden Dimensionen der Wandlungs- und Planungsfähigkeit.

Aus dem definierten Zielsystem resultieren im Umkehrschluss Anforderungen an die Gestaltungsdimensionen (z. B. zu realisierende Produkt- und Prozesskomplexität, Priorisierung der logistischen Zielgrößen, Planungs- und Wandlungsfähigkeit des Gesamtsystems, Umgang mit speziellen Kundenwünschen, Variantenvielfalt, Verhaltensstandards usw.), welche für die Entscheidungsfindung zu konkreten Produktionsstrategien und -programmen auf der Ebene des strategischen PM benötigt werden. Darüber hinaus dienen die definierten Anforderungen insbesondere als Basis zur Ableitung konkreter Maßnahmen (pakete), sobald die definierten Ziele in einer oder mehreren Dimensionen den vorher festgelegten Korridor verlassen haben.

Produktionsstrategieentwicklung

Abgeleitet aus der Definition der Ziele des Produktionssystems ist es zunächst die Aufgabe des strategischen, in Abstimmung mit dem taktischen PM, die strategischen Erfolgspositionen auf Basis der systemeigenen Kernkompetenzen festzulegen. BROSZE verweist in diesem Zusammenhang auf entsprechende Analysemodelle (vgl. u. a. PRAHALAD U. HAMEL 1990; PÜMPIN 1991; PÜMPIN 1992; KÖTZLE U. GÖBEL 1997; THIELE 1997; MARQUARDT U. KERSTEN 2003), welche stets als Ergebnis die Rahmenbedingungen (Struktur, Aktivitäten und Verhaltensmuster) für eine adäquate Produktionsstrategie formulieren sollen. Um Auswirkungen verschiedener möglicher Strategien auf das Zielsystem des Produktionssystems simulieren zu können, muss dem strategischen PM darüber hinaus ein inneres Modell der Wirkzusammenhänge zugrunde liegen, um anschließend logistische Prioritäten ableiten zu können. Für die Ableitung des spezifischen Zielsystems des kybernetischen Produktionssystems sei an dieser Stelle auf Kapitel 5.1 dieser Untersuchung verwiesen. Zum Aufbau von Wirkmodellen zur Strukturierung logistischer Entscheidungsprozesse nennt BROSZE die folgenden Beiträge als konkrete Beispiele: WEIDEMANN 2005, LÖDDING 2008, NYHUIS 2008b, MEYER 2010 und SCHNEIDER 2010. Inneres Wirkmodell, Zielsystem des Produktionssystems und entscheidungsunterstützende Werkzeuge werden schließlich zu einem Gesamtbild der Produktionsstrategie zusammengeführt, dem normativen PM zur Entscheidung vorgelegt und gemäß normativer Vorgaben bei Bedarf geändert bzw. angepasst.

Produktionssystemgestaltung

Um die innerhalb der Produktionsstrategieentwicklung identifizierten Erfolgspositionen in die betriebliche Praxis umsetzen zu können, sind im Rahmen der Produktionssystemgestaltung dazu konkrete Programme auszuarbeiten und anschließend deren Umsetzung zu initiieren (vgl. BROSZE 2011, S. 157f.). Dieser iterative Prozess aus dem Abgleich der strategischen Vorgaben zum Produktionsprogramm (Wertschöpfungstiefe/ -breite, Allokation usw.) mit den gegebenen Möglichkeiten des taktischen PM mündet schließlich im Sinne des Varietäts-Engineerings in entsprechenden Maßnahmen, die durch das taktische PM innerhalb dessen Aufgabe zur Prozesskonfiguration umzusetzen sind. BROSZE nennt als Beispiele für diese Vorgaben und Maßnahmen die Umsetzung und Perfektionierung der Operational-Excellence, die Gestaltung und Anpassung der Kapazitäten und Ressourcen, die Planung und Steuerung der Prozesse sowie die Dimensionierung der Planungs- und Wandlungsfähigkeit (vgl. BROSZE 2011, S. 157). Auch der mit einer Produktionssystemgestaltung einhergehende Veränderungsprozess benötigt entsprechende Programme, welche in die Struktur und Kultur des kybernetischen Produktionssystems einzubetten sind. Als Beispiele für solche Programme sind in diesem Zusammenhang die vielfältigen Derivate oder auch Alternativen zum Toyota-Produktionssystem und der Lean-Management-Theory zu nennen (vgl. u. a. SHINGO 1992; OHNO 1993; WOMACK U. JONES 1996; KOBAYASHI U. PANSKUS 2000; WILDEMANN 2004). Als Ergebnis beinhalten die Programme zur Produktionssystemgestaltung bspw. Vorgaben zu Termintreue und Bestandsniveaus des Produktionssystems, zu grundsätzlichen Planungsmechanismen wie Push oder Pull, zum Einsatz von Informationstechnologien zur Verbesserung der Informationsqualität wie RFID usw. (vgl. BROSZE 2011, S. 158).

Umwelt- und Veränderungsmonitoring

Zur permanenten Antizipation von Veränderungsnotwendigkeit im Hinblick auf die Produktionsstrategie bzw. die Gestalt des Produktionssystems besteht die dritte Aufgabe des strategischen PM in der kontinuierlichen Überwachung der Umwelt und seiner Veränderungen sowie dazu in der Informationsaufnahme und deren Interpretation (vgl. BROSZE 2011, S. 153f.). Dieses Monitoring schließt sowohl die bereits bekannten Umweltbereiche wie Kunden, Lieferanten, Technologiepartner, Aktionäre, Eigentümer usw., wie auch Teile der bis dato unbekannten Umwelt wie neue Märkte oder Marktsegmente, Produktionstechnologien, Informations- und Kommunikationstechnologien oder Materialien, Kundensegmente bzw. einzelne Kunden mit ein. Da sich der bekannte Teil der Umwelt stark mit den lokalen Umwelten der Prozesse überschneidet, werden die dort anfallenden Informationen über neuartige Entwicklungen entsprechend ihrer Relevanz für das gesamte Produktionssystem an das strategische PM weitergeleitet. Für die Gestaltung eines adäquaten Umwelt- und Veränderungsmonitorings bietet bspw. das St. Galler Management-Modell einen geeigneten Ordnungsrahmen (vgl. RÜEGG-STÜRM 2003; BROSZE 2011, S. 53f.). In jedem Fall ist die Kontinuität im Monitoring und in der Analyse der bekannten und unbekannten Umwelt von Bedeutung und sollte als permanenter Entwicklungsprozess verstanden werden.

Prozesskonfiguration und -kontrolle

Auf Basis der innerhalb des strategischen PM definierten Ziele des Produktionssystems, welche das Verständnis der externen Anforderungen an die logistische Leistung des Produktionssystems (z. B. Termintreue, Auftragsdurchlaufzeiten oder Preisniveaus) wiedergeben, ist es die Aufgabe des taktischen PM, die operativen Prozesse auf Basis des Zielsystems mittel- bis kurzfristig zu konfigurieren (vgl. BROSZE 2011, S. 136ff.). Dazu sind die strategischen Ziele in interne Prozessanforderungen zu übersetzen und gleichzeitig die maximale Effizienz des Gesamtablaufs zu gewährleisten, indem optimale Betriebspunkte für das Gesamtsystem und daraus abgeleitet für die einzelnen Kernprozesse definiert werden (vgl. Kapitel 5.1.3 dieser Untersuchung). Durch Informationstransparenz und organisatorische Vernetzung sind die Zielkonflikte der Ablaufplanung in diesem Zusammenhang bestmöglich zu minimieren. Das taktische PM hat nun die Aufgabe, die Soll-Betriebspunkte innerhalb der Zielkonflikte gemäß den strategischen Anforderungen zu positionieren, die Führungsgrößen je Kernprozess zu definieren und als Vorgabe zu übermitteln.

Ist es nicht möglich, die Sollwerte der Betriebspunkte mittels der bestehenden Prozesskonfiguration zu erreichen, besteht die Möglichkeit, die Prozesskonfiguration mittels dreier Stellhebel zu verändern. Stellhebel eins bezieht sich auf die Koordination und Klärung von Zielkonflikten bei der Durchführung der nicht auftragsbezogenen Aufgaben der mittelfristigen Systemauslegung, d. h. nach dem Verständnis des Aachener PPS-Modell auf die Netzwerkkonfiguration, die Netzwerkabsatz- und -bedarfsplanung sowie die Produktionsprogrammplanung (vgl. SCHUH ET AL. 2012C, S. 29ff.). Der zweite Stellhebel fokussiert die produktbezogenen Maßnahmen zur Dimensionierung der Produkt- und Produktionskomplexität, welche auf eine strategiekonforme Ausprägung des Produktprogramms abzielen (vgl. EVERSHEIM U. SCHUH 2005, S. 5ff.; SCHUH 2005, S. 104ff.; LINDEMANN 2009, S. 14f.). Der dritte Stellhebel bezieht sich auf die Dimensionierung des Ressourceneinsatzes im Hinblick auf die Festlegung maximaler und minimaler Kapazitäten, Investitionsentscheidungen zu neuen Technologien oder die Festlegung neuer Verhaltensstandards.

Prozesskoordination

Im Gegensatz zur Prozesskonfiguration und -kontrolle, welche sich mit der Wahrung des Gleichgewichts mit den externen Anforderungen befasst, steht bei der Prozesskoordination die Erreichung und Kontrolle des internen Gleichgewichts im Vordergrund (vgl. BROSZE 2011, S. 138f.). Dabei gilt der interne Gleichgewichtszustand als erreicht, wenn das produktive System die Sollwerte bzgl. Termintreue, Durchlaufzeit, Kosten sowie die Synergievorstellungen erfüllt, wobei die Definition von Sollwerten auch die Festlegung von Eskalationsstufen mit einschließt, welche alternative Prozesse zum Umgang mit Abweichungen innerhalb und außerhalb von Zielkorridoren beschreiben sollen. Die Verbindung von Sollwerten mit Eskalationsstufen führt im Ergebnis zu sog. Schwellwerten, welche eine Festlegung dahingehend treffen, wann welche Störung entweder lokal durch das Prozessregelzentrum des jeweiligen Prozesses, durch das Prozesskoordinationszentrum, das taktische oder gar das strategische PM ausgeglichen werden soll. In diesem Zusammenhang fungiert die Häufigkeit in Verbindung mit der Intensität der Abweichung von den Sollwerten als Gradmesser für die Stabilität und damit das interne Gleichgewicht des Produktionssystems. BROSZE gibt dazu einen Überblick über mögliche Störungen, denen mit standardisierten Gegenmaßnahmen und Koordinationsmechanismen begegnet werden kann (vgl. BROSZE 2001, S. 226ff.) und weist darauf hin, dass das taktische PM an dieser Stelle hauptsächlich Störungen im Hinblick auf die Zielerreichung in den prozessbezogenen Zielgrößen Auslastung, Arbeitsbestand, Durchlaufzeit, Termintreue und Prozesskosten, regelmäßige oder besonders schwerwiegende Abweichungen und die eingesetzten Gegenmaßnahmen erreichen, da auftragsbezogene Störungen in der Regel lokal durch den Lenkungsmechanismus des jeweiligen Prozesse behandelt werden (vgl. BROSZE 2011, S. 139).

Zur Störungsbekämpfung können durch das taktische PM in der Folge mittel- oder kurzfristige sowie einmalige oder wiederkehrende Gegenmaßnahmen definiert werden. Als Beispiele für einmalige Maßnahmen sind massive Interventionen in einzelne Aufträge (z. B. Maschinenbelegung, Auftragsreihenfolgen, Qualitäts- oder Kostenkompromisse), das Einbeziehen externer Berater oder ein Stellenab- bzw. -aufbau zu nennen. Da dies jedoch die Autonomie der dezentralen Einheiten massiv einschränkt, sollten solche Maßnahmen nur in Ausnahmesituationen initiiert werden. Im Gegensatz zu den einmaligen, gehen wiederkehrende Maßnahmen in das Repertoire der Standards und damit in das Gedächtnis der Einheiten in Form von Verhaltensanweisungen oder -regeln ein, welche sich u. a. in veränderten Sollwerten, Regeln zum Ressourceneinsatz, Prozessabläufen, Entscheidungsmechanismen, physischen Ressourcen oder Zuständigkeiten widerspiegeln. Sowohl einmalige als auch wiederkehrende Maßnahmen haben im Sinne der Prozesskoordination die Sicherung und Optimierung der Synergievorstellungen im Zusammenspiel der Kernprozesse zum Ziel.

Prozessmonitoring

Resultieren die Abweichungen von den Sollwerten aus einer mangelnden Synchronisation der Prozesse, so hat das Prozessmonitoring die tatsächliche, aktuelle Situation zu interpretieren und somit die Abweichungsursachen zu identifizieren (vgl. HEROLD 1991, S. 135f.; THIEM 1998, S. 110; MALIK 2006, S. 136f.). Dazu ist die Versorgung des taktischen PM mit ungefilterten Informationen aus den Prozessen selbst die Kernaufgabe des Prozessmonitorings (vgl. BROSZE 2011, S. 139f.). Zu diesem Zweck werden über direkte Schnittstellen zu den Prozessen absolute Informationen über die Situation der Aufträge und Kapazitäten (Art, Menge, Termin, Qualität, Fortschritt usw.) angefragt und geeignete Kennzahlen zur Identifikation der Abweichungen vom stabilen Zustand ermittelt. Indikatoren für solche prozessualen und kapazitiven Überlastungserscheinungen können ausgereizte Überstundenkonten, ein hoher Krankenstand, kontinuierlich hohe Auftragswarteschlangen, eine geringe Termintreue innerhalb der Prozesse, permanente Eilaufträge oder Kapazitätsengpässe sein. Das taktische PM sammelt diese Informationen und erzeugt daraufhin korrigierende Maßnahmen zum Ausgleich der temporären bzw. permanenten Engpässe oder zur kurzfristigen Reaktion auf unvorhergesehene Entwicklungen (z. B. Bereitstellung zusätzlicher Kapazitäten durch Genehmigung von Überstunden, Fremdbearbeitung oder Leiharbeiter, Übersteuerung der dezentral geplanten Auftragsreihenfolgen, Losgrößen und Ressourcenplanungen), welche über den Kontrollkanal eingesteuert werden und direkt in die Prozessabläufe eingreifen.

Kommunikations- und Informationsmanagement

Die Verfügbarkeit von Informationen sowie die Qualität von Informationsflüssen sind wesentliche Voraussetzungen für eine erfolgreiche Prozesskonfiguration und -koordination sowie das Prozessmonitoring (vgl. BROSZE 2011, S. 140ff.). In diesem Zusammenhang ist die anforderungsgerechte Gestaltung des Zeitverzugs bei der Informationsübergabe zwischen den Entscheidungspunkten ein Kernaspekt bei den Aufgaben des taktischen PM, denn erst durch eine adäquate Interaktion der Knotenpunkte verändert sich die Entscheidungsqualität der Regler maßgeblich. Im Gegensatz dazu mindern eine schlechte Informationsverfügbarkeit, fehlerhafte, unvollständige, unverständliche, aber auch irrelevante Informationen die Entscheidungsqualität eines Knotenpunktes und dadurch die Entscheidungsqualität des gesamten Lenkungsmechanismus. Zu diesem Zweck ist es die Aufgabe des taktischen PM, die Anforderungen an die Granularität sowie das Antwortzeitverhalten der einzelnen Lenkungsmechanismen und der dazugehörigen Führungs-, Stell- und Störgrößen im Sinne einer Echtzeitfähigkeit zu definieren (vgl. SCHUH 2010).

Prozessoptimierung

Die Veränderbarkeit einzelner Prozessschritte sowie des gesamten Produktionssystems ist zum zentralen Aspekt des Produktionsmanagements geworden (vgl. BLECKER U. KALUZA 2004, S. 2; ELMARAGHY 2005, S. 264; ZÄH 2005; DRABOW 2006; WIENDAHL U. HERNÁNDEZ 2006, S. 383f.), wobei als Ziele in diesem Zusammenhang die adäquate Herstellung von Produktflexibilität (Realisierung einer hohen Variantenvielfalt mit einer gegebenen Infrastruktur), Prozessflexibilität (Herstellung von Produkten unter Nutzung alternativer Prozesse, Maschinen, Materialien oder Prozesssequenzen) und Kapazitätsflexibilität (Skalierbarkeit der Menge der hergestellten Produkte) fokussiert werden (vgl. CHRYSSOLOURIS 2005). Dies meint insb. für die operative Ebene eine adäquate Gestaltung der Umrüstbarkeit, der Rekonfigurierbarkeit, der Flexibilität und der Wandlungsfähigkeit des physischen Produktionssystems sowie der logischen Prozesse und Lenkungsmechanismen (vgl. WIENDAHL, H.-P. ET AL. 2007, S. 787). In diesem Zusammenhang bedeutet Umrüstfähigkeit, dass Maschinen und Arbeitsstationen zu jedem Zeitpunkt operativ in der Lage sein müssen, jedes bereits bekannte Teil mit minimaler Verzögerung und minimalem Aufwand zu bearbeiten. Einen Schritt weiter geht die Rekonfigurierbarkeit, indem diese die operative Fähigkeit beschreibt, durch Hinzufügen oder Wegnehmen von Funktionseinheiten eine Umstellung auf ähnliche Teile oder Unterbaugruppen mit minimaler Verzögerung und minimalem Aufwand zu ermöglichen. Noch einen Schritt weiter geht die Flexibilität, bei welcher komplette, logistisch zusammenhängende Bereiche zur Herstellung von neuen, wenn auch ähnlichen Teilefamilien, mit einem vertretbaren (Zeit-) Aufwand durch das Ändern von Materialflüssen und Produktions- und Logistikprozessen umgestellt werden. Die Wandlungsfähigkeit schließlich charakterisiert die taktische Fähigkeit eines gesamten Produktionsstandorts, seine Struktur an eine neue Produktfamilie anzupassen, was strukturelle Veränderungen in den Produktions- und Logistiksystemen, im Aufbau und der Ausstattung der Gebäude sowie in den organisatorischen Prozessen und im Personaleinsatz nach sich zieht (WIENDAHL, H.-P. ET AL. 2007, S. 785ff.).

Im Hinblick auf eine Prozessoptimierung aus sich selbst heraus ist es Aufgabe des taktischen PM, die strategischen Vorgaben zur Wandlungsfähigkeit in den drei Hauptdimensionen Produkt-, Prozess- und Kapazitätsflexibilität in operative Vorgaben für die dezentralen Prozesse zu übersetzen und deren Einhaltung zu überwachen, wodurch die Vorgaben in Bezug auf Umrüstbarkeit, Rekonfigurierbarkeit, Flexibilität und Wandlungsfähigkeit so auf die Gestaltungselemente in den Kernprozessen übertragen und dort umgesetzt werden können. Als wesentliche Befähiger für die Umsetzung optimierter Prozesse im Rahmen des kybernetischen Produktionssystems werden eine rekonfigurierbare Prozessplanung, eine adaptive Produktionsplanung und -regelung, rekonfigurierbare Produktions- und Montagesysteme sowie die wandlungsfähige Fabrik propagiert (vgl. ELMARAGHY 2005, S. 261ff.; WIENDAHL, H.-P. ET AL. 2007, S. 789ff.). Dazu hat das taktische PM die Erfüllung der Wandlungsfähigkeitskriterien über den Monitoringkanal und das PKZ permanent zu überprüfen und zu optimieren.

Netzwerkabsatzplanung

Im Rahmen der Netzwerkabsatzplanung werden die Mengen an verkaufsfähigen Erzeugnissen, welche über das Netzwerk abgesetzt werden sollen, über den Zeitverlauf prognostiziert und in einem Netzwerkabsatzplan zusammengeführt (vgl. SCHUH ET AL. 2012C, S. 34f.). Durch ihren unternehmensübergreifenden Charakter grenzt sich die rein absatzmarkt- bzw. nachfrageorientierte Netzwerkabsatzplanung von der im Rahmen der Produktionsprogrammplanung durchgeführten innerbetrieblichen Absatzplanung ab. Für Projektnetzwerke ergibt sich neben der Planungsgrundlage für Teile und Komponenten, welche nicht kundenspezifisch gefertigt werden, auch die Festlegung des grundsätzlichen Kapazitätsbedarfs je Netzwerkpartner. Lieferanten unterschiedlicher Kunden können somit über die verschiedenen Absatzpläne ihre eigene Absatzplanung konsolidieren. In konzernartigen Strukturen findet die unternehmensbergreifende, aggregierte Absatzmengenermittlung auf Basis einer

Budget- und Umsatzplanung für das gesamte Netzwerk statt und wird durch eine zentrale Planungsinstanz koordiniert.

Netzwerkbedarfsplanung

Abgeleitet aus der Netzwerkabsatzplanung für Fertigerzeugnisse ergeben sich die zugehörigen Bedarfe auf Komponenten- und Teileebene (vgl. SCHUH ET AL. 2012C, S. 35ff.). In diesem Zusammenhang bedarf es im Rahmen der Netzwerkbedarfsplanung den Teilaufgaben der Netzwerkkapazitätsplanung, -bedarfsallokation und -beschaffungsplanung, wobei die Feinabstimmung zwischen diesen Teilaufgaben wiederum auf der lokalen Ebene stattfindet. Zunächst wird dazu der sog. Bruttoprimärbedarf an Fertigerzeugnissen ermittelt, welcher bei Unternehmen vom Typ Auftragsfertiger in der Regel dem Nettoprimärbedarf entspricht und in einem Netzwerkproduktionsprogrammplan resultiert, der als Basis für die Netzwerkkapazitätsdeckungsrechnung dient. Mit dem Ziel der Überprüfung der Realisierbarkeit des Produktionsprogrammvorschlags sowie der gleichmäßigen Belastung der Kapazitäten und Ressourcen innerhalb des Netzwerks werden dazu die erforderlichen und vorhandenen Ressourcen der netzwerkinternen Standorte mithilfe der übergreifenden Ressourcenüberwachung überprüft und die tatsächliche Belastung aller netzwerkinternen Kapazitäten für eine Planungsperiode abgestimmt. Unter Berücksichtigung der geographischen Netzwerkstruktur und der lokalen Produktionskapazitäten werden die einzelnen Bedarfe des grundsätzlich realisierbaren Produktionsprogrammvorschlags anschließend auf die einzelnen Partner verteilt. Stellt sich nach der Netzwerkkapazitätsplanung und -bedarfsallokation das Netzwerkproduktionsprogramm weiterhin als realisierbar heraus, erfolgt dessen Freigabe, wohingegen andernfalls zu prüfen ist, ob eine Umverteilung der Bedarfe innerhalb oder außerhalb des Netzwerks möglich ist. Im Anschluss daran erfolgt unter Berücksichtigung der aktuellen Materialbestände im Rahmen der Netzwerkbeschaffungsplanung die Ermittlung der Nettosekundärbedarfe und deren Zuteilung im Netzwerk. Dies impliziert für Projektnetzwerke im Maschinen- und Anlagenbau, innerhalb derer ein Großteil des Sekundärbedarfs kundenspezifisch gefertigt wird, insb. den Fremdbezug von Standardteilen wie Antriebs- oder Steuerungskomponenten. Als Ergebnis weist die Netzwerkbeschaffungs- und somit auch die Netzwerksbedarfsplanung das Netzwerkbeschaffungsprogramm aus, welches sowohl die Eigenfertigungs- als auch die Fremdbezugsbedarfe des Netzwerks enthält und somit als Eingangsgröße für die lokale Produktionsbedarfsplanung dient.

Produktionsprogrammplanung

Als oberste Kernaufgabe der eigentlichen Produktionsplanung und -steuerung nach dem Verständnis des Aachener PPS-Modells werden im Rahmen der Produktionsprogrammplanung (PPP) die innerhalb des Unternehmens herzustellenden Erzeugnisse nach Art, Menge und Termin für einen definierten Planungszeitraum festgelegt (vgl. SCHUH ET AL. 2012C, S. 39ff.). Als Ergebnis definiert der Produktionsplan verbindlich, welche Erzeugnisse in welchen Stückzahlen zu welchen Zeitpunkten produziert werden sollen (vgl. HACKSTEIN 1989). Die Planung des unternehmensinternen Produktionsprogramms hängt bei Projektnetzwerken sehr stark mit der Netzwerkabsatzplanung zusammen, da intern zu fertigende Erzeugnisse zumeist in komplexe Maschinen oder Anlagen vorgelagerter Netzwerkpartner eingehen. Um zu überprüfen, ob das Produktionsprogramm zu einer ausgeglichenen Belastung der internen Kapazitäten führt und ob der zu erwartende Materialbedarf gedeckt werden kann, wird im Rahmen der PPP zunächst eine grobe Ressourcenplanung durchgeführt. Zu diesem Zweck ist der Primärbedarf an zu fertigenden Erzeugnissen in Form einer Deckungsrechnung mit den in der Produktion zur Verfügung stehenden Ressourcen grob abzustimmen.

Ergibt sich dabei eine Diskrepanz zwischen den von den Kunden geforderten Lieferterminen und den unternehmensintern realisierbaren Durchlaufzeiten, muss bis zu einem definierten Punkt (Kundenauftragsentkopplungspunkt) teile- und komponentenspezifisch kundenauftragsanonym vorproduziert bzw. eingekauft und gelagert werden, wozu innerhalb der PPP die dafür entsprechenden Planmengen für die einzelnen Planungsperioden ermittelt werden. Im Betrachtungsbereich der Auftragsfertigung des Maschinen- und Anlagenbaus zielt dies insb. auf die bereits angesprochenen Standardkomponenten ab, welche in einer großen Zahl von Fertigerzeugnissen verbaut werden. Zu diesem Zweck sind dazu in der PPP entsprechende Planungsarten vorzusehen, die eine kundenanonyme Vorplanung von Komponenten auf Baugruppenebene oder auch von Gleich- und Unterschiedsteilen bei Varianten erlauben. Nach Eingang konkreter Kundenaufträge für Maschinen oder Anlagen werden die auftragsbezogenen Teile- und Komponentenbedarfe dann mit den Bedarfen aus der Vorplanung verrechnet. Somit ergeben sich als Ergebnisse einer umfassenden PPP sowohl ein Produktionsprogramm bzw. -plan für ausgewiesene Primärbedarfe, als auch ein Rahmenbeschaffungsplan für Standardzukaufteile.

Darüber hinaus ist die langfristige Liquiditätsplanung zur Abschätzung der zukünftigen Bedarfe an Finanzmitteln eine wesentliche Teilaufgabe der PPP bei Unternehmen des Maschinen- und Anlagenbaus (vgl. SCHUH ET AL. 2012e, S. 146), da diese Unternehmen aufgrund der langen Auftragsdurchlaufzeiten finanziell gegenüber dem Kunden in Vorleistung treten. Mittels Prognosen oder Marktabschätzungen lässt sich zunächst der zukünftige Absatz an Erzeugnissen vorhersagen, aus welchem anschließend im Rahmen der Liquiditätsplanung eine langfristig orientierte Liquiditätsvorschau durch eine Gegenüberstellung zukünftiger Mittelzu- und -abflüsse erstellt wird.

Produktionsbedarfsplanung

Ausgehend vom ermittelten Produktionsprogramm für Primärbedarfe erfolgt im Rahmen der Produktionsbedarfsplanung im Anschluss die Planung der dazu mittelfristig erforderlichen Ressourcen sowie die Sicherstellung der Realisierbarkeit des Produktionsprogramms mit geeignet geplanten Beschaffungsprogrammen (vgl. SCHUH ET AL. 2012C, S. 43ff.). Der Begriff der Ressourcen bezieht sich in diesem Zusammenhang auf die Produktionsfaktoren (Betriebsmittel, Material (Sekundärbedarfe), Personal, Transportmittel usw.), d. h. sämtliche Mittel, welche in den betrieblichen Produktionsprozess einfließen. Durch Stücklistenauflösung sind aus den Primär- die Sekundärbedarfe abzuleiten und anschließend aus den Brutto- mittels Lagerabgleich die Nettosekundärbedarfe zu ermitteln. Mit der Zuordnung der Nettosekundärbedarfe zu einer Beschaffungsart (Eigenfertigung oder Fremdbezug) und der Verankerung in einem Eigenfertigungs- oder Fremdbezugsprogramm, welche auf Basis von Arbeitsplänen und Wiederbeschaffungszeiten Ecktermine für Fertigstellung bzw. Lieferung enthalten, schließt die Produktionsbedarfsplanung.

Eigenfertigungsplanung und -steuerung

Im Anschluss an die Produktionsbedarfsplanung werden die eigen zu fertigenden Teile als Fertigungsaufträge in das Produktionssystem eingeplant und erhalten Arbeitsgänge, die in einem oder mehreren Fertigungsbereichen abzuarbeiten sind (vgl. SCHUH ET AL. 2012C, S. 50ff.). Eine Ressourcenfeinplanung sichert dazu die Verfügbarkeit der erforderlichen Kapazitäten. Anschließend erfolgt auf Basis des zur Verfügung stehenden Dispositionsspielraums die Detaillierung der innerhalb der Produktionsbedarfsplanung ermittelten Mengen und Zeiten. Im Rahmen der Auftragsfertigung im Maschinen- und Anlagenbau zielt dies insb. auf die kundenauftragsanonym vorzuproduzierenden Teile und Komponenten ab, da die Eigenfertigung komplexer Maschinen- und Anlagen nach den Regeln des Projektmanagements durchgeführt wird. Der sich aus der Differenz von frühest und spätest möglichem Starttermin der Fertigung und der Verteilung der zu fertigenden Mengen auf Fertigungsaufträge ergebende Dispositionsspielraum ermöglicht die individuelle Positionierung der Fertigungsaufträge innerhalb der konfliktionären logistischen Zielgrößen. Kurzen Durchlaufzeiten aufgrund hoher Losgrößen und reduzierten Umrüstaufwänden stehen hohe Bestände und somit Kosten gegenüber. Dies führt in der Folge zu der Bestrebung, einen optimalen Freigabetermin für die zu bildenden Fertigungsaufträge zu bestimmen, bei dem einerseits der Dispositionsspielraum für Optimierungsvorgänge erhalten bleibt und andererseits unter der Restriktion der Termineinhaltung die Durchlaufzeiten und Bestände minimiert werden.

Für den Betrachtungsbereich der Auftragsfertigung im Maschinen- und Anlagenbau besitzt die Planung und Steuerung von (kundenauftragsanonym) eigenzufertigenden Teilen und Komponenten aufgrund der projektorientierten Verrichtung des Kundenauftrags an sich (Maschine oder Anlage) eine eher untergeordnete Bedeutung. Vielmehr stehen in diesem Zusammenhang diejenigen Kern- und Detailprozesse zur Abwicklung von Kundenaufträgen im Vordergrund, welche Charakteristika der Eigenfertigungsplanung und -steuerung beinhalten (vgl. Kapitel 5.3.1.6 und 5.3.1.7 dieser Untersuchung).

Fremdbezugsplanung und -steuerung

Im Vergleich zur Eigenfertigungs- besitzt der steuernde Teil der Fremdbezugsplanung und -steuerung speziell im Maschinen- und Anlagenbau aufgrund des hohen Anteils kundenauftragsbezogen fremdzubeziehender Teile und Komponenten eine übergeordnete Bedeutung. Das Fremdbezugsprogramm als Ergebnis der Produktionsbedarfsplanung legt zunächst für diejenigen kundenauftragsanonym fremdzubeziehenden Teile und Komponenten fest, in welcher Menge und zu welchen Terminen diese zu beschaffen sind (vgl. SCHUH ET AL. 2012C, S. 57ff.). Im Anschluss daran erfolgen sukzessive die Aufgaben der Bestellrechnung, Angebotseinholung und -bewertung, Lieferantenauswahl, Bestellfreigabe und -überwachung.

Wie bei der Eigenfertigungsplanung und -steuerung stehen auch bei der Fremdbezugsplanung und -steuerung im Maschinen- und Anlagenbau die kundenauftragsbezogenen Tätigkeiten im Fokus, weswegen auch dazu auf die entsprechenden Kern- und Detailprozesse des Einkaufs im Kapitel 5.3.1.5 dieser Untersuchung verwiesen wird.

Projektüberwachung und -steuerung

Der Projektüberwachung und -steuerung kommt im Betrachtungsbereich der Auftragsabwicklung des Maschinen- und Anlagenbau eine übergeordnete Bedeutung zu, da diese die kundenauftragsbezogenen Tätigkeiten sowohl der Eigenfertigungs- als auch der Fremdbezugsplanung und -steuerung übernimmt. Teilaufgabe der Projektüberwachung und -steuerung ist zunächst die Erfassung von Änderungswünschen der Kunden hinsichtlich der technischen Maschinen- bzw. Anlagenspezifikation oder der Mengen- bzw. Terminanforderungen und deren anschließende Überprüfung auf Realisierbarkeit in Abstimmung mit den Kunden, was intensive und wechselseitige Kommunikationsprozesse erforderlich macht. Darüber hinaus ist es Aufgabe der Projektüberwachung und -steuerung, im Rahmen der Fortschrittsüberwachung mithilfe von Rückmeldungen aus den internen Fachabteilungen sowie von den externen Lieferanten bzw. Dienstleistern einen stets aktuellen Projektstand hinsichtlich der Termin- und Kostensituation des Projekts so darzustellen, dass Planabweichungen in der Auftragsabwicklung möglichst frühzeitig erkannt und anschließend korrigierende Maßnahmen initiiert werden können (vgl. WIENDAHL, H.-H. U. MEYER 2006, S. 11; SCHUH ET AL. 2012e, S. 152). Mit dem Ziel einer durchgängigen Störungstransparenz erfasst die Projektüberwachung die von Seiten der Lieferanten oder Dienstleister eingehenden Störungsmeldungen und konsolidiert diese mit den Fortschritts- und Störungsinformationen aus den fachbereichsspezifischen Überwachungsaufgaben (z. B. Konstruktions- oder Fertigungsüberwachung) sowie den Änderungswünschen der Kunden. Aus störungsbedingten Abweichungen resultierende Maßnahmen sollen zunächst auf lokaler Ebene der Prozesse wirken. Ist dies nicht ausreichend, erfolgt im Sinne der Struktur des kybernetischen Produktionssystems die Weiterleitung der Störungsmeldung an das taktische und bei Bedarf auch an das strategische PM.

Bestandsmanagement

Im Hinblick auf eine hohe Lieferfähigkeit bei möglichst geringen Lagerkosten ist es das Ziel eines effizienten Bestandsmanagements, die benötigten Materialien in der entsprechenden Menge und zum richtigen Zeitpunkt verfügbar zu haben (vgl. BROSZE 2011, S. 87f.). Im Maschinen- und Anlagenbau ist in diesem Zusammenhang zwischen Teilen und Komponenten mit und ohne konkreten Auftragsbezug zu unterscheiden. Komplexere Teile und Komponenten mit Bezug zu einem Kundenauftrag (bedarfsbezogen) werden in der Regel so disponiert, dass sie erst kurz vor ihrer Integration in die jeweilige Maschine oder Anlage eintreffen und somit nicht in den Betrachtungsbereich des Bestandsmanagements fallen. Im Fokus des Bestandsmanagements stehen dagegen diejenigen Teile und Komponenten, welche verbrauchsbezogen disponiert werden, d. h. denen die Teilaufgaben des Bestandsmanagement nach Verständnis des Aachener PPS-Modells zuzurechnen sind (Bestandsplanung, Bestandsanalyse, Lagerverwaltung, Bestandsführung, Chargenverwaltung und Nachschubsteuerung) (vgl. SCHUH ET AL. 2012C, S. 65ff.). Der Auftragsfertiger benötigt dabei für Rohmaterialien und die geringe Anzahl an kundenanonym vorgefertigten Baugruppen und Teilen vergleichsweise einfache Lagerstrukturen, da auch Enderzeugnisse zumeist nicht mehr eingelagert werden.

Datenmanagement

Als sog. Querschnittsaufgabe ist das Management der relevanten Daten für sämtliche Aufgaben innerhalb des kybernetischen Produktionsmanagements von Relevanz. In diesem Zusammenhang muss zunächst eine Unterscheidung in Stamm- und Bewegungsdaten vorgenommen werden (vgl. SCHUH ET AL. 2012c, S. 73f.). Stammdaten wie Material- und Ressourcenstammdaten, Stücklisten, Arbeitspläne oder Kunden- und Lieferantenstammdaten klassifizieren und beschreiben die dahinter liegenden Objekte sowie deren Status und weisen innerhalb des Planungsprozesses eine längere Lebensdauer auf bzw. beanspruchen einen umfassenden Pflegeaufwand. Im Vergleich dazu ist die Lebensdauer der Bewegungsdaten aufgrund der Nutzungsintention zeitlich begrenzt. Bewegungsdaten wie Kunden- oder Fertigungsaufträge werden vielmehr sachbezogen, d. h. mit Auftragsbezug generiert und besitzen ihre Wertigkeit auch nur solange, wie der Kundenauftrag im Produktionssystem an Wert gewinnt.

D Evaluierung des Gestaltungsmodells in der Einzel- und Kleinserienfertigung

		Angebotsbearbeitung
Führungsgrößen		
Durchlaufzeit [BKT]	Sollwert	keine Angabe
	obere Eingreifgrenze	5,00
	untere Eingreifgrenze	keine Angabe
Termintreue [%]	Sollwert	keine Angabe
	obere Eingreifgrenze	keine Angabe
	untere Eingreifgrenze	95%
Arbeitsbestand [Anzahl Vorgänge]	Sollwert	keine Angabe
	obere Eingreifgrenze	keine Angabe
	untere Eingreifgrenze	keine Angabe
Auslastung [%]	Sollwert	keine Angabe
	obere Eingreifgrenze	keine Angabe
	untere Eingreifgrenze	keine Angabe
Prozesskosten [€]	Sollwert	keine Angabe
	obere Eingreifgrenze	keine Angabe
	untere Eingreifgrenze	keine Angabe
Prozessergebnisqualität [individuelle Anforderungen]	Sollwert	keine Angabe
	obere Eingreifgrenze	keine Angabe
	untere Eingreifgrenze	Anforderungen laut Arbeitsanweisung
Zeitwerte für bleibende Regelabweichung [BKT]		
Durchlaufzeit [BKT]		5
Termintreue [%]		5
Arbeitsbestand [Anzahl Vorgänge]		keine Angabe
Auslastung [%]		keine Angabe
Prozesskosten [€]		keine Angabe
Prozessergebnisqualität [individuelle Anforderungen]		5
Zeitwerte für Störkompensation [BKT]		
Durchlaufzeit [BKT]	Prozentwert	30%
	Absolutwert [BKT]	1,50
Termintreue [%]	Prozentwert	30%
	Absolutwert [BKT]	1,50
Arbeitsbestand [Anzahl Vorgänge]	Prozentwert	keine Angabe
	Absolutwert [BKT]	keine Angabe
Auslastung [%]	Prozentwert	keine Angabe
	Absolutwert [BKT]	keine Angabe
Prozesskosten [€]	Prozentwert	keine Angabe
	Absolutwert [BKT]	keine Angabe
Prozessergebnisqualität [individuelle	Prozentwert	30%
	Absolutwert [BKT]	1,50

Abbildung Anhang D 1: Definition der Anforderungen und der Regelgrößen I/II

Zeitwerte für Durchlaufzeit des Lenkungsmechanismus		
Durchlaufzeit [BKT]	Maßnahmenermittlung prozentual	30%
	Maßnahmenermittlung absolut	0,45
	Maßnahmenwirkung prozentual	70%
	Maßnahmenwirkung absolut	1,05
	DLZ-Wert resultierend aus der Regelgröße	0,45
Termintreue [%]	Maßnahmenermittlung prozentual	30%
	Maßnahmenermittlung absolut	0,45
	Maßnahmenwirkung prozentual	70%
	Maßnahmenwirkung absolut	1,05
	DLZ-Wert resultierend aus der Regelgröße	0,45
Arbeitsbestand [Anzahl Vorgänge]	Maßnahmenermittlung prozentual	keine Angabe
	Maßnahmenermittlung absolut	keine Angabe
	Maßnahmenwirkung prozentual	keine Angabe
	Maßnahmenwirkung absolut	keine Angabe
	DLZ-Wert resultierend aus der Regelgröße	keine Angabe
Auslastung [%]	Maßnahmenermittlung prozentual	keine Angabe
	Maßnahmenermittlung absolut	keine Angabe
	Maßnahmenwirkung prozentual	keine Angabe
	Maßnahmenwirkung absolut	keine Angabe
	DLZ-Wert resultierend aus der Regelgröße	keine Angabe
Prozesskosten [€]	Maßnahmenermittlung prozentual	keine Angabe
	Maßnahmenermittlung absolut	keine Angabe
	Maßnahmenwirkung prozentual	keine Angabe
	Maßnahmenwirkung absolut	keine Angabe
	DLZ-Wert resultierend aus der Regelgröße	keine Angabe
Prozessergebnisqualität [individuelle Anforderungen]	Maßnahmenermittlung prozentual	30%
	Maßnahmenermittlung absolut	0,45
	Maßnahmenwirkung prozentual	70%
	Maßnahmenwirkung absolut	1,05
	DLZ-Wert resultierend aus der Regelgröße	0,45
Durchlaufzeit-Wert resultierend aus allen Regelgrößen		0,45
Abtastperioden		
Durchlaufzeit [BKT]	Abtastrate	10
	Abtastperiode [BKT]	0,045
	Abtastperiode [Min.]	43:12
Termintreue [%]	Abtastrate	10
	Abtastperiode [BKT]	0,045
	Abtastperiode [Min.]	43:12
Arbeitsbestand [Anzahl Vorgänge]	Abtastrate	keine Angabe
	Abtastperiode [BKT]	keine Angabe
	Abtastperiode [Min.]	keine Angabe
Auslastung [%]	Abtastrate	keine Angabe
	Abtastperiode [BKT]	keine Angabe
	Abtastperiode [Min.]	keine Angabe
Prozesskosten [€]	Abtastrate	keine Angabe
	Abtastperiode [BKT]	keine Angabe
	Abtastperiode [Min.]	keine Angabe
Prozessergebnisqualität [individuelle Anforderungen]	Abtastrate	10
	Abtastperiode [BKT]	0,045
	Abtastperiode [Min.]	43:12
Abtastperioden-Wert resultierend aus allen Regelgrößen		**43:12**

Abbildung Anhang D 2: Definition der Anforderungen und der Regelgrößen II/II

E Evaluierung des Gestaltungsmodells in der Projektfertigung

		Konstruktion	Einkauf	Fertigung	Montage	Inbetriebnahme
Führungsgrößen						
Durchlaufzeit [BKT]	Sollwert	PSE-spezifisch	PSE-spezifisch	PSE-spezifisch	PSE-spezifisch	PSE-spezifisch
	obere Eingreifgrenze	PSE-spezifisch	PSE-spezifisch	PSE-spezifisch	PSE-spezifisch	PSE-spezifisch
	untere Eingreifgrenze	PSE-spezifisch	PSE-spezifisch	PSE-spezifisch	PSE-spezifisch	PSE-spezifisch
Termintreue [%]	Sollwert	keine Angabe	keine Angabe	keine Angabe	keine Angabe	keine Angabe
	obere Eingreifgrenze	keine Angabe	keine Angabe	keine Angabe	keine Angabe	keine Angabe
	untere Eingreifgrenze	95%	95%	95%	95%	95%
Arbeitsbestand [Anzahl Vorgänge]	Sollwert	keine Angabe	keine Angabe	keine Angabe	keine Angabe	keine Angabe
	obere Eingreifgrenze	keine Angabe	keine Angabe	keine Angabe	keine Angabe	keine Angabe
	untere Eingreifgrenze	keine Angabe	keine Angabe	keine Angabe	keine Angabe	keine Angabe
Auslastung [%]	Sollwert	keine Angabe	keine Angabe	keine Angabe	keine Angabe	keine Angabe
	obere Eingreifgrenze	keine Angabe	keine Angabe	keine Angabe	keine Angabe	keine Angabe
	untere Eingreifgrenze	keine Angabe	keine Angabe	keine Angabe	keine Angabe	keine Angabe
Prozesskosten [€]	Sollwert	keine Angabe	keine Angabe	keine Angabe	keine Angabe	keine Angabe
	obere Eingreifgrenze	keine Angabe	keine Angabe	keine Angabe	keine Angabe	keine Angabe
	untere Eingreifgrenze	keine Angabe	keine Angabe	keine Angabe	keine Angabe	keine Angabe
Prozessergebnisqualität [individuelle Anforderungen]	Sollwert	keine Angabe	keine Angabe	keine Angabe	keine Angabe	keine Angabe
	obere Eingreifgrenze	keine Angabe	keine Angabe	keine Angabe	keine Angabe	keine Angabe
	untere Eingreifgrenze	Anforderungen laut Spezifikation/ Leistungsbeschreibung	Anforderungen laut Spezifikation/ Leistungsbeschreibung	Anforderungen laut Spezifikation/ Leistungsbeschreibung	Anforderungen laut Spezifikation/ Leistungsbeschreibung	Anforderungen laut Spezifikation/ Leistungsbeschreibung
Zeitwerte für bleibende Regelabweichung [BKT]						
Durchlaufzeit [BKT]		PSE-spezifische DLZ	PSE-spezifische DLZ	PSE-spezifische DLZ	PSE-spezifische DLZ	PSE-spezifische DLZ
Termintreue [%]		PSE-spezifische DLZ	PSE-spezifische DLZ	PSE-spezifische DLZ	PSE-spezifische DLZ	PSE-spezifische DLZ
Arbeitsbestand [Anzahl Vorgänge]		keine Angabe	keine Angabe	keine Angabe	keine Angabe	keine Angabe
Auslastung [%]		keine Angabe	keine Angabe	keine Angabe	keine Angabe	keine Angabe
Prozesskosten [€]		keine Angabe	keine Angabe	keine Angabe	keine Angabe	keine Angabe
Prozessergebnisqualität [individuelle Anforderungen]		PSE-spezifische DLZ	PSE-spezifische DLZ	PSE-spezifische DLZ	PSE-spezifische DLZ	PSE-spezifische DLZ
Zeitwerte für Störkompensation [BKT]						
Durchlaufzeit [BKT]	Prozentwert	20% der PSE-spezifischen DLZ	20% der PSE-spezifischen DLZ	20% der PSE-spezifischen DLZ	20% der PSE-spezifischen DLZ	20% der PSE-spezifischen DLZ
	Absolutwert [BKT]	PSE-spezifisch	PSE-spezifisch	PSE-spezifisch	PSE-spezifisch	PSE-spezifisch
Termintreue [%]	Prozentwert	20% der PSE-spezifischen DLZ	20% der PSE-spezifischen DLZ	20% der PSE-spezifischen DLZ	20% der PSE-spezifischen DLZ	20% der PSE-spezifischen DLZ
	Absolutwert [BKT]	PSE-spezifisch	PSE-spezifisch	PSE-spezifisch	PSE-spezifisch	PSE-spezifisch
Arbeitsbestand [Anzahl Vorgänge]	Prozentwert	keine Angabe	keine Angabe	keine Angabe	keine Angabe	keine Angabe
	Absolutwert [BKT]	keine Angabe	keine Angabe	keine Angabe	keine Angabe	keine Angabe
Auslastung [%]	Prozentwert	keine Angabe	keine Angabe	keine Angabe	keine Angabe	keine Angabe
	Absolutwert [BKT]	keine Angabe	keine Angabe	keine Angabe	keine Angabe	keine Angabe
Prozesskosten [€]	Prozentwert	keine Angabe	keine Angabe	keine Angabe	keine Angabe	keine Angabe
	Absolutwert [BKT]	keine Angabe	keine Angabe	keine Angabe	keine Angabe	keine Angabe
Prozessergebnisqualität [individuelle Anforderungen]	Prozentwert	20% der PSE-spezifischen DLZ	20% der PSE-spezifischen DLZ	20% der PSE-spezifischen DLZ	20% der PSE-spezifischen DLZ	20% der PSE-spezifischen DLZ
	Absolutwert [BKT]	PSE-spezifisch	PSE-spezifisch	PSE-spezifisch	PSE-spezifisch	PSE-spezifisch
Zeitwerte für Durchlaufzeit des Lenkungsmechanismus						
Durchlaufzeit [BKT]	Maßnahmenermittlung prozentual	25% der PSE-spezifischen DLZ	25% der PSE-spezifischen DLZ	25% der PSE-spezifischen DLZ	25% der PSE-spezifischen DLZ	25% der PSE-spezifischen DLZ
	Maßnahmenermittlung absolut	PSE-spezifisch	PSE-spezifisch	PSE-spezifisch	PSE-spezifisch	PSE-spezifisch
	Maßnahmenwirkung prozentual	75% der PSE-spezifischen DLZ	75% der PSE-spezifischen DLZ	75% der PSE-spezifischen DLZ	75% der PSE-spezifischen DLZ	75% der PSE-spezifischen DLZ
	Maßnahmenwirkung absolut	PSE-spezifisch	PSE-spezifisch	PSE-spezifisch	PSE-spezifisch	PSE-spezifisch
	DLZ-Wert resultierend aus der Regelgröße	PSE-spezifisch	PSE-spezifisch	PSE-spezifisch	PSE-spezifisch	PSE-spezifisch

Abbildung Anhang E 1: Definition der Anforderungen und der Regelgrößen der Lenkungsmechanismen I/II

Termintreue [%]	Maßnahmenermittlung prozentual	25% der PSE-spezifischen DLZ	25% der PSE-spezifischen DLZ	25% der PSE-spezifischen DLZ	25% der PSE-spezifischen DLZ	25% der PSE-spezifischen DLZ
	Maßnahmenermittlung absolut	PSE-spezifisch	PSE-spezifisch	PSE-spezifisch	PSE-spezifisch	PSE-spezifisch
	Maßnahmenwirkung prozentual	75% der PSE-spezifischen DLZ	75% der PSE-spezifischen DLZ	75% der PSE-spezifischen DLZ	75% der PSE-spezifischen DLZ	75% der PSE-spezifischen DLZ
	Maßnahmenwirkung absolut	PSE-spezifisch	PSE-spezifisch	PSE-spezifisch	PSE-spezifisch	PSE-spezifisch
	DLZ-Wert resultierend aus der Regelgröße	PSE-spezifisch	PSE-spezifisch	PSE-spezifisch	PSE-spezifisch	PSE-spezifisch
Arbeitsbestand [Anzahl Vorgänge]	Maßnahmenermittlung prozentual	keine Angabe	keine Angabe	keine Angabe	keine Angabe	keine Angabe
	Maßnahmenermittlung absolut	keine Angabe	keine Angabe	keine Angabe	keine Angabe	keine Angabe
	Maßnahmenwirkung prozentual	keine Angabe	keine Angabe	keine Angabe	keine Angabe	keine Angabe
	Maßnahmenwirkung absolut	keine Angabe	keine Angabe	keine Angabe	keine Angabe	keine Angabe
	DLZ-Wert resultierend aus der Regelgröße	keine Angabe	keine Angabe	keine Angabe	keine Angabe	keine Angabe
Auslastung [%]	Maßnahmenermittlung prozentual	keine Angabe	keine Angabe	keine Angabe	keine Angabe	keine Angabe
	Maßnahmenermittlung absolut	keine Angabe	keine Angabe	keine Angabe	keine Angabe	keine Angabe
	Maßnahmenwirkung prozentual	keine Angabe	keine Angabe	keine Angabe	keine Angabe	keine Angabe
	Maßnahmenwirkung absolut	keine Angabe	keine Angabe	keine Angabe	keine Angabe	keine Angabe
	DLZ-Wert resultierend aus der Regelgröße	keine Angabe	keine Angabe	keine Angabe	keine Angabe	keine Angabe
Prozesskosten [€]	Maßnahmenermittlung prozentual	keine Angabe	keine Angabe	keine Angabe	keine Angabe	keine Angabe
	Maßnahmenermittlung absolut	keine Angabe	keine Angabe	keine Angabe	keine Angabe	keine Angabe
	Maßnahmenwirkung prozentual	keine Angabe	keine Angabe	keine Angabe	keine Angabe	keine Angabe
	Maßnahmenwirkung absolut	keine Angabe	keine Angabe	keine Angabe	keine Angabe	keine Angabe
	DLZ-Wert resultierend aus der Regelgröße	keine Angabe	keine Angabe	keine Angabe	keine Angabe	keine Angabe
Prozessergebnisqualität [individuelle Anforderungen]	Maßnahmenermittlung prozentual	25% der PSE-spezifischen DLZ	25% der PSE-spezifischen DLZ	25% der PSE-spezifischen DLZ	25% der PSE-spezifischen DLZ	25% der PSE-spezifischen DLZ
	Maßnahmenermittlung absolut	PSE-spezifisch	PSE-spezifisch	PSE-spezifisch	PSE-spezifisch	PSE-spezifisch
	Maßnahmenwirkung prozentual	75% der PSE-spezifischen DLZ	75% der PSE-spezifischen DLZ	75% der PSE-spezifischen DLZ	75% der PSE-spezifischen DLZ	75% der PSE-spezifischen DLZ
	Maßnahmenwirkung absolut	PSE-spezifisch	PSE-spezifisch	PSE-spezifisch	PSE-spezifisch	PSE-spezifisch
	DLZ-Wert resultierend aus der Regelgröße	PSE-spezifisch	PSE-spezifisch	PSE-spezifisch	PSE-spezifisch	PSE-spezifisch
Durchlaufzeit-Wert resultierend aus allen Regelgrößen		PSE-spezifisch	PSE-spezifisch	PSE-spezifisch	PSE-spezifisch	PSE-spezifisch
Abtastperioden						
Durchlaufzeit [BKT]	Abtastrate	10	10	10	10	10
	Abtastperiode [BKT]	PSE-spezifisch	PSE-spezifisch	PSE-spezifisch	PSE-spezifisch	PSE-spezifisch
	Abtastperiode [Min.]	PSE-spezifisch	PSE-spezifisch	PSE-spezifisch	PSE-spezifisch	PSE-spezifisch
Termintreue [%]	Abtastrate	10	10	10	10	10
	Abtastperiode [BKT]	PSE-spezifisch	PSE-spezifisch	PSE-spezifisch	PSE-spezifisch	PSE-spezifisch
	Abtastperiode [Min.]	PSE-spezifisch	PSE-spezifisch	PSE-spezifisch	PSE-spezifisch	PSE-spezifisch
Arbeitsbestand [Anzahl Vorgänge]	Abtastrate	keine Angabe	keine Angabe	keine Angabe	keine Angabe	keine Angabe
	Abtastperiode [BKT]	keine Angabe	keine Angabe	keine Angabe	keine Angabe	keine Angabe
	Abtastperiode [Min.]	keine Angabe	keine Angabe	keine Angabe	keine Angabe	keine Angabe
Auslastung [%]	Abtastrate	keine Angabe	keine Angabe	keine Angabe	keine Angabe	keine Angabe
	Abtastperiode [BKT]	keine Angabe	keine Angabe	keine Angabe	keine Angabe	keine Angabe
	Abtastperiode [Min.]	keine Angabe	keine Angabe	keine Angabe	keine Angabe	keine Angabe
Prozesskosten [€]	Abtastrate	keine Angabe	keine Angabe	keine Angabe	keine Angabe	keine Angabe
	Abtastperiode [BKT]	keine Angabe	keine Angabe	keine Angabe	keine Angabe	keine Angabe
	Abtastperiode [Min.]	keine Angabe	keine Angabe	keine Angabe	keine Angabe	keine Angabe
Prozessergebnisqualität [individuelle Anforderungen]	Abtastrate	10	10	10	10	10
	Abtastperiode [BKT]	PSE-spezifisch	PSE-spezifisch	PSE-spezifisch	PSE-spezifisch	PSE-spezifisch
	Abtastperiode [Min.]	PSE-spezifisch	PSE-spezifisch	PSE-spezifisch	PSE-spezifisch	PSE-spezifisch
Abtastperioden-Wert resultierend aus allen Regelgrößen		**PSE-spezifisch**	**PSE-spezifisch**	**PSE-spezifisch**	**PSE-spezifisch**	**PSE-spezifisch**

Abbildung Anhang E 2: Definition der Anforderungen und der Regelgrößen der Lenkungsmechanismen II/II

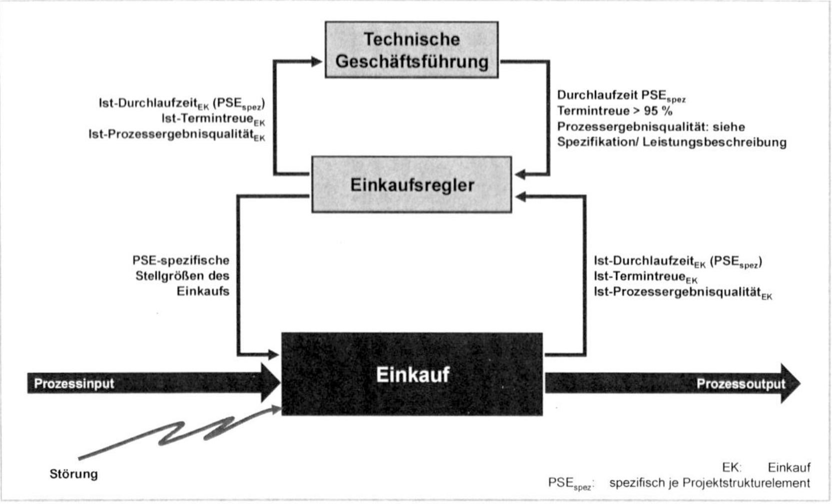

Abbildung Anhang E 3: Definition der Anforderungen, der Regel- und Stellgrößen der Lenkungsmechanismen des Einkaufs in Fallstudie B

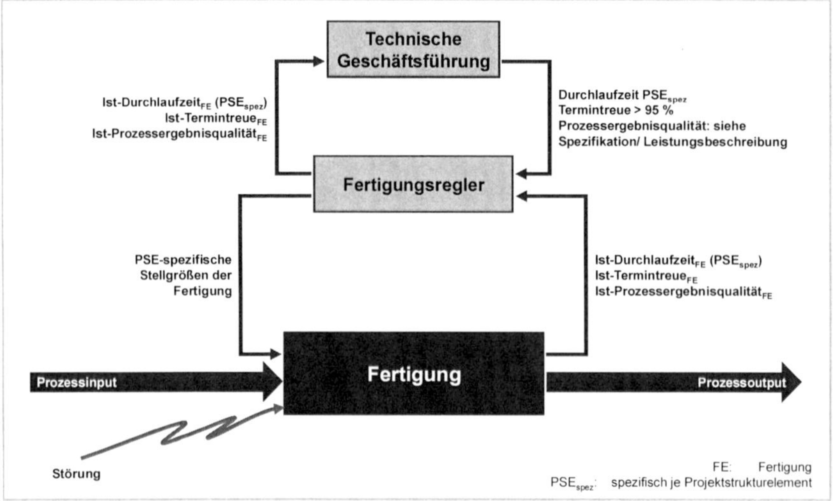

Abbildung Anhang E 4: Definition der Anforderungen, der Regel- und Stellgrößen der Lenkungsmechanismen der Fertigung in Fallstudie B

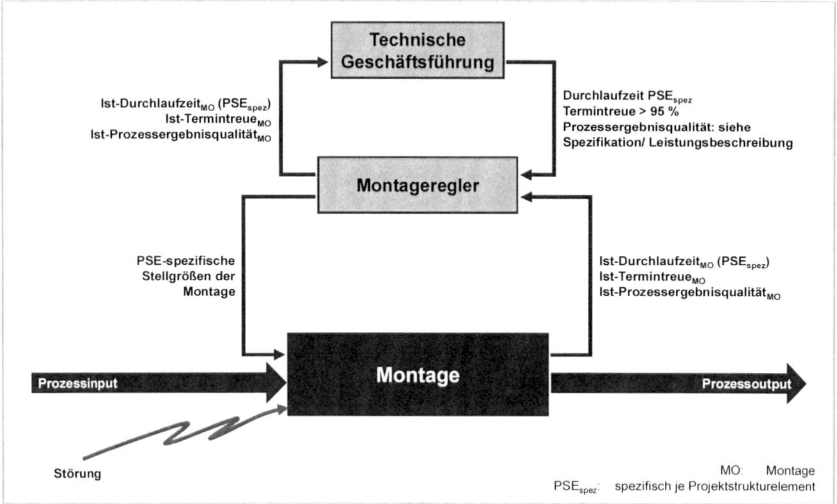

Abbildung Anhang E 5: Definition der Anforderungen, der Regel- und Stellgrößen der Lenkungsmechanismen der Montage in Fallstudie B

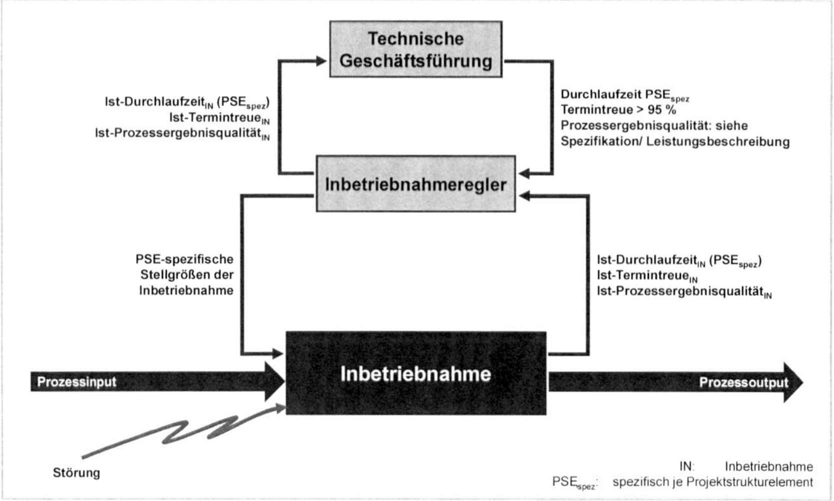

Abbildung Anhang E 6: Definition der Anforderungen, der Regel- und Stellgrößen der Lenkungsmechanismen der Inbetriebnahme in Fallstudie B